AF547304

EUL
VERLAG

Reihe: Personal, Organisation und Arbeitsbeziehungen · Band 39
Herausgegeben von Prof. Dr. Fred G. Becker, Bielefeld, Prof. Dr. Stefan Süß, Düsseldorf, und Prof. Dr. Maike Andresen, Bamberg

Dr. Anja Karlshaus

Weiche HR-Kennzahlen im strategischen Personalmanagement

Mit einem Geleitwort von Prof. Dr. Jean-Paul Thommen, European Business School (ebs) Oestrich-Winkel

Bibliographische Information der Deutschen Bibliothek

Die Deutsche Bibliothek verzeichnet diese Publikation in der Deutschen Nationalbibliographie; detaillierte bibliographische Daten sind im Internet über <http://dnb.ddb.de> abrufbar.

Dissertation, European Business School (ebs) Oestrich-Winkel, 2005, u. d. T.:
„Bestandsaufnahme, Bewertung und Erfolgsvoraussetzungen von weichen HR-Kennzahlen"

D 154 (2005)

ISBN 3-89936-391-4
1. Auflage September 2005

JOSEF EUL VERLAG GmbH
Brandsberg 6
53797 Lohmar
Tel.: 0 22 05 / 90 10 6-80
Fax: 0 22 05 / 90 10 6-88
E-Mail: info@eul-verlag.de
https://www.eul-verlag.de

Bei der Herstellung unserer Bücher möchten wir die Umwelt schonen. Dieses Buch ist daher auf säurefreiem, 100% chlorfrei gebleichtem, alterungsbeständigem Papier nach DIN 6738 gedruckt.

Geleitwort

Die zunehmende Bedeutung der Humanressourcen ist unbestritten und wird sowohl aus Sicht der Praxis als auch der Wissenschaft immer wieder hervorgehoben. Somit rückt auch das Management der Humanressourcen stärker in den Mittelpunkt. Allerdings ist es der Betriebswirtschaftslehre im Allgemeinen und dem Personalmanagement im Speziellen bislang noch wenig gelungen, entsprechende Instrumente zur Verfügung zu stellen. Dies nicht zuletzt deshalb, weil der Erfolg des strategischen HR-Managements primär in nicht-monetären Größen zum Ausdruck kommt und deshalb nur schwer zu quantifizieren ist. Dies hatte zur Folge, dass die Messung von relevanten subjektiven, weichen Personalkennzahlen nur ungenügend vorgenommen worden ist sowie deren Einsatz im strategischen HR-Management bisher nur selten professionell ausgestaltet vorzufinden ist.

Vor dem Hintergrund dieser Forschungslücke besteht die Zielsetzung der vorliegenden Arbeit zunächst in einer theoretisch fundierten Klärung des Begriffes "weiche HR-Kennzahl". Darüber hinaus analysiert und beschreibt die Autorin Rahmenbedingungen und Anwendungsvoraussetzungen für die praktische Verwendung von weichen HR-Kennzahlen.

Die Autorin stützt sich neben einer umfassenden und sehr systematischen Bestandsaufnahme bisheriger Forschungsarbeiten auf eine solide theoretische Basis. Im Mittelpunkt stehen der situative Ansatz und die Adoptionstheorie. Darauf aufbauend wird ein Forschungsmodell entwickelt, welches mittels einer eindrucksvollen Datenbasis auf hohem methodischem Niveau empirisch überprüft wurde. Zum einen wurden in einem ersten Schritt teilstrukturierte Interviews mit Experten aus der Praxis durchgeführt. Das auf diese Weise präzisierte Forschungsmodell wurde zum anderen im Rahmen einer branchenübergreifenden Datenerhebung bei Personalleitern deutscher Großunternehmen (mit mehr als 3.000 Mitarbeitern) validiert.

Bislang gibt es nur wenige theoretisch fundierte Untersuchungen zum Einsatz weicher HR-Kennzahlen. Außerdem liegen kaum empirische Untersuchungen über die Verbreitung dieses spezifischen Kennzahlentyps in strategischen Personalmanagementsystemen vor. Man darf deshalb sagen, dass die Autorin mit der wissenschaftstheoretischen und empirischen Durchdringung der Thematik der weichen HR-Kennzahlen einen wichtigen und originären Beitrag liefert. Die Arbeit schließt bisherige Forschungslücken und legt Ergebnisse dar, wie sie bis dahin nicht vorlagen. Auch für die Praxis liefert die Arbeit eine Reihe von interessanten Ansätzen und Ergebnissen. Vor diesem Hintergrund ist der Arbeit eine weite Verbreitung in Wissenschaft und Praxis zu wünschen.

Prof. Dr. Jean-Paul Thommen
Oestrich-Winkel, 8. April 2005

Vorwort

In zahlreichen, insbesondere aktuellen, Forschungsarbeiten findet sich ein immer stärkeres Bewusstsein für das Untersuchungsobjekt "weiche HR-Kennzahlen". Neben der Diskussion des Stellenwertes weicher HR-Kennzahlen im Rahmen eines modernen, strategischen Personalmanagements, werden v. a. potenzielle Anwendungsmöglichkeiten dieses speziellen Kennzahlentyps positiv beschrieben. Damit einher geht eine zunehmende Forderung nach einer systematischer Einbindung weicher HR-Kennzahlen in das strategische Personalmanagement.

Dabei wird zumeist eine intuitive Plausibilität des Kennzahleneinsatzes unterstellt, der jedoch in der vorliegenden Arbeit kritisch hinterfragt und geprüft wird. Kennzahlen können in unterschiedlichen Handlungsbereichen für ganz unterschiedliche Zwecke eingesetzt werden. Insbesondere für weiche HR-Kennzahlen scheint eine besondere Prüfung der mit diesem Einsatz verbundenen Anwendungsziele besonders relevant.

Dies zeigt bspw. die Diskrepanz zwischen der Bedeutung und dem tatsächlichen Einsatz weicher HR-Kennzahlen in der Praxis. Denn trotz der gestiegenen Bedeutung weicher HR-Kennzahlen, ist deren Einsatz zur Zeit immer noch mit einer Reihe von Problemen verbunden. Hierbei erweist sich als besonders schwierig, dass weiche HR-Kennzahlen in erster Linie in nicht-monetären Größen zum Ausdruck kommen und daher nur schwer zu quantifizieren sind. Vor allem aus diesem Grund findet sich eine Messung von relevanten weichen Plan- und Steuerungsgrößen durch geeignete Kennzahlen sowie deren professionelle Einbindung in die strategischen Personalarbeit bislang nur selten. Auch gibt es bisher nur wenige, theoretisch fundierte, wissenschaftliche Untersuchungen zum Einsatz dieses speziellen Kennzahlentyps.

Durch eine systematische Bestandsaufnahme bei Großunternehmen in der Bundesrepublik Deutschland soll das Entwicklungspotenzial analysiert werden, welches sich durch eine Erweiterung bestehender HR-Steuerungssysteme um weiche HR-Kennzahlen ergibt. Darüber hinaus wird durch die Einbeziehung des situativen Kontextes und weiterer interner Einflussgrößen auf unterschiedliche Adoptionsarten weicher HR-Kennzahlen ein Ansatz zur Identifizierung möglicher Erfolgsfaktoren für einen Einsatz weicher HR-Kennzahlen entwickelt.

Die vorliegende Arbeit wurde an der European Business School (ebs) am Lehrstuhl für Organisation und Personal unter der fachlichen Anleitung von Herrn Prof. Dr. Jean-Paul Thommen angefertigt. In diesem Zusammenhang möchte ich mich ganz herzlich bei Prof. Dr. Jean-Paul Thommen für die jederzeit sehr engagierte und fachlich auf ausgesprochen hohem Niveau stattfindende Betreuung bedanken. Aus dieser Zeit ist mir besonders die Offenheit und Unvoreingenommenheit von Herrn Prof. Dr. Thommen in Erinnerung geblieben, mit der er neuen Ideen und Ansätzen begegnet. Darüber hinaus gilt mein Dank Herrn Prof. Dr. Heinz Klandt für die bereitwillige und zügige Übernahme des Zweitgutachtens.

Meine Geschwister, Freunde und Bekannte haben mich durch hilfreiche inhaltliche und formelle Korrekturen meiner Arbeit sehr unterstützt: Petra und Martina Segger, Dr. Daniela Peterhoff, Jutta Combuechen, Anne Strasding, Hede-Gesine Fink, Annette von Alemann, Sabine Kottmann sowie Lucia Jüngling. Der aufwendige empirische Teil dieser Arbeit hätte des Weiteren nicht in der vorliegenden Form ohne die folgende Unterstützung durchgeführt werden können: Dr. Markus Gmür und Unda Karlshaus. Euch allen gebührt mein besonderer Dank. Insbesondere die uneingeschränkte und durchaus nicht selbstverständliche Hilfsbereitschaft meiner lieben, kleinen Schwestern war für mich ausgesprochen wichtig.

Schließlich gilt mein allergrößter Dank meiner Familie und meinem lieben Mann Jan Thido. Jan Thido war und ist mein wichtigster Kritiker und zeigt sich dabei in dieser Rolle als extrem strukturiert, zielorientiert, logisch und fachlich brilliant. Er stand mir immer ausgesprochen hilfsbereit, liebevoll und aufmunternd zur Seite. Das Verständnis und die Opfer, die er in den letzten Jahren für mich gebracht hat, werde ich ihm nie vergessen. Meinen Eltern Alfons und Elisabeth Segger danke ich von ganzen Herzen für ihren liebevollen Rückhalt und ihr Vertrauen, die das Fundament für meinen Erfolg in Studium und Promotion gelegt haben. Euch möchte ich in Liebe und Dankbarkeit diese Arbeit widmen.

Anja Karlshaus

Oestrich-Winkel, 8. April 2005

Inhaltsverzeichnis

3. Empirische Umsetzung 198

Abbildungsverzeichnis

Tabellenverzeichnis

1. Einleitung

Einleitend soll die in der vorliegenden Arbeit untersuchte Problemstellung und deren Relevanz aufgezeigt werden (vgl. Kap. 1.1). Anschließend erfolgt eine Darstellung der sich daraus ableitenden Zielsetzungen und Forschungsfragen (vgl. Kap. 1.2). Schließlich wird in Kap. 1.3 die gewählte Vorgehensweise bei der Untersuchung vorgestellt.

1.1. Problemstellung

Aus einer großen Zahl von jüngeren Forschungsarbeiten ist die zunehmende Bedeutung der Humanressource (vgl. u. a. Leidig, 2002: 27f.; Scherm, 2003: 24f.; Wall/Gebauer, 2002: 311)[1] und die wachsende Relevanz des strategischen HR-Managements zu erkennen (vgl. z. B. Borg, 2002: 23ff.; Fröhlich, 1998). Diese Entwicklung lässt sich vor dem Hintergrund einer vielfach konstatierten Veränderung der Wertschöpfungsbasis von Unternehmen erklären. Demnach gewinnen intangible bzw. immaterielle Werte (in diesem Kontext v. a. auch Personalgrößen) an Einfluss und Steuerungsrelevanz (vgl. u. a.. Daum, 2003b: 129ff.; Edvinsson/Kivikas, 2003: 163f.; Günther/Günther, 2003: 191f.)[2].

Zunehmende Management- und Steuerungsaufgaben im Personalbereich setzen eine verstärkte Verfügbarkeit von relevanten Informationen bzw. entsprechenden Instrumenten voraus. Durch diesen Umstand ist die wachsende Bedeutung von Personalkennzahlen in der betrieblichen Praxis zu erklären (vgl. Geiß, 1986: 14; Pirkner, 2002: 33ff.). Dabei wird in diesem Zusammenhang nicht nur den sogenannten objektiven, harten Personalkennziffern (wie bspw. einer Fluktuationsquote), sondern insbesondere auch den subjektiven, weichen Personalkennzahlen (wie bspw. einem Motivations-, Zufriedenheits- oder Bindungsindex) immer mehr Rechnung getragen (vgl. u. a. Weber, M., 2002: 122).

---

1 Vgl. darüber hinaus: Claßen/Ahrens (2000: 32f.); Fiedler-Winter (2002: 21); Fischer (2003: 16); Gebauer/Wall (2002: 685); Günther/Günther (2003: 192); Jonasch et al. (2001: 447); Kaps/Husmann (1995: 30); Scholz (2002: 483); Strack et al. (2000: 283); Wunderer (2000: 298); Wunderer/Jaritz (1999: 47); Wunderer/Schlagenhaufer (1994: 5).

2 Vgl. darüber hinaus: Bausch/Kaufmann (2000: 126); Brettel (1997: 231); Claßen/Ahrens (2000: 32f.); Daum (2003a: 150ff.); FASB (2001); Fischer/Fischer (2001: 29); Horváth (1993b: 477ff.); IfaA (2000: 44); Leidig (2002: 27f.); Lev (2003: 121); Mayer (2002: 493); Möller/Walker (2003: 492ff.); Neubäumer/Kohaut (2002: 403ff.); Neely et al. (2003: 129ff.); Philipps/Windheim (2003: 48); Reichmann (2001: Einleitung); Rose (2000: 238); Sandt (2003: 76); SEC (2001); Servatius (2003:

Trotz der gestiegenen Bedeutung des strategischen HR-Managements und der hiermit verbundenen Aufwertung von harten und weichen HR-Kennzahlen ist die Steuerung der Personalarbeit in der Unternehmenspraxis zur Zeit immer noch mit einer Reihe von Problemen verbunden. Hierbei erweist sich als besonders schwierig, dass der Erfolg des strategischen HR-Managements primär in nicht-monetären Größen zum Ausdruck kommt und daher nur schwer zu quantifizieren ist (vgl. u. a. Frank, 2003: 14; Vasic, 2004: 86; Wall/Gebauer, 2002: 311)[3]. Daneben finden sich ethische Argumente, die gegen eine zu umfassende Transparenz personalbezogener Sachverhalte sprechen (vgl. Gebauer/Wall, 2002: 689; Gutschelhofer, 1999; Wall/Gebauer, 2002: 311).

Aus den genannten Gründen ist der Versuch einer Messung von relevanten weichen Plan- und Steuerungsgrößen durch geeignete Kennzahlen sowie deren Einsatz in der strategischen Personalarbeit bislang nur selten professionell ausgestaltet vorzufinden (vgl. Stoi, 2003: 180; ähnlich Wunderer/Sailer, 1988: 178ff.; Wunderer/Schlagenhaufer, 1994: 43ff.)[4]: "Die immateriellen Vermögenswerte als eigentliche Quelle des Unternehmenswertes wurden dagegen weder strukturiert erfasst noch systematisch gesteuert". Dies gilt insbesondere für die Integration von (weichen), mitarbeiterorientierten Kennzahlen in bestehende Steuerungssysteme wie bspw. der Balanced Scorecard (vgl. Weber/Schäffer, 2000: 12): „..., dass die treibenden Faktoren dieser Ergebnisse bis heute eher generisch und noch nicht so weit entwickelt sind wie die der anderen Scorecard-Perspektiven – die Gefahr der Fehlsteuerung und unveränderten Vernachlässigung ist damit aber offensichtlich.“

Aus diesem Grund diskutieren eine Reihe von Autoren detaillierter die Frage nach dem idealen Ausmaß der Berücksichtigung solcher weicher Größen (vgl. Lev, 2003: 121): „While there is reasonable agreement about the causes and consequences of the intangibles-related information deficiencies, there is a heated controversy about the necessary

---

155); Steffens-Duch (2000: 295); Stoi (2003: 175ff.); Strack et al. (2000: 283ff.); Vollmuth (2002: 40); Weber, M. (2002: 122ff., 139).

[3] Vgl. darüber hinaus: Brandl (2002: 44); DGQ (1999: 18ff.); Fiedler-Winter (2002: 21); Gebauer/Wall (2002: 686); George (1999: 38f.); Horváth (2000: 228f.); Pfeffer (1997: 361); Rose (2000: 238); Schulte (1989: S.1ff.).

[4] Autoren, die eine bislang nur begrenzte systematische Einbindung immaterieller Kennzahlen kritisieren, sind bspw. Arnold et al. (2003: 391); Bischof/Speckbacher (2001: 17); Brandl (2002: 42ff.); Cisek (2003: 45); Fischer/Fischer (2003: 30); Gladen (2001: 174); Günther/Günther (2003: 192); Horváth (2000: 226); Jonasch et al. (2001: 447); Möller/Walker (2003: 491); Stoi (2003: 180); Strack et al. (2000: 283); Vollmuth (2002: 29); Wall/Gebauer (2002: 311).

remedies, ranging all the way from doing nothing (...), to a significant overhaul of corporate accounting and financial reporting practices."

Trotz der zunehmenden Beschäftigung mit dem Thema Intangibles sind immer noch Forschungslücken hinsichtlich des Umgangs mit weichen Größen festzustellen. Dies gilt insbesondere vor dem Hintergrund der Einbindungsschwierigkeiten weicher HR-Kennzahlen in Managementsysteme. Insgesamt ist zu konstatieren, dass sich bislang nur wenige Forschungsarbeiten mit der Integration weicher (HR-)Kennzahlen in strategische Steuerungssysteme beschäftigt haben (vgl. Kieckhöfel, 2000: S.26; Wunderer/Jaritz, 1999: S.47ff.). Auch finden sich kaum empirische Untersuchungen zur idealtypischen Anwendung von Kennzahlen (vgl. Staehle, 1967: 155; ähnlich Geiß, 1986: 48; George, 1999: 37; Staudt et al., 1985: 82): „Die Anwendungsmöglichkeiten von Kennzahlen im innerbetrieblichen Bereich sind dagegen bis heute noch keineswegs erschöpfend erforscht. Hier bestehen für die Forschung noch zahllose interessante Anknüpfungspunkte". Nach Weber/Sandt (2001: 7) wurde bislang weder intensiv über die Nutzung von Kennzahlen in konkreten Situationen geforscht, noch existieren Untersuchungsmodelle dazu, ob sich Kennzahlen für eine konkrete Problemsituation eignen und welche Kennzahlen in welcher Weise zu verwenden sind.

Demgegenüber findet sich in der Praxis trotz der theoretischen Forschungslücken ein immer stärkeres Bewusstsein für relevante Anwendungsmöglichkeiten der weichen Größen (vgl. Lev, 2003: 121f.). Damit einher geht eine zunehmende Forderung nach systematischer Nutzung und Einbindung auch z. T. speziell von weichen HR-Kennzahlen (vgl. Fischer, 2003: 19): "In Zukunft müssen diese rudimentären Ansätze [zur Erfassung und Integration weicher HR-Kennzahlen wie bspw. Mitarbeitermotivation oder –bindung] standardisiert, logisch verknüpft und als verbindlich etabliert werden...". Auch Kieckhöfel (2000: 26; ähnlich Fredersdorf, 2000: 7ff.; Weber/Schäffer, 1999: 2ff.) sieht hohes Entwicklungspotenzial in der Erweiterung bestehender HR-Steuerungssysteme um sogenannte weiche Stellgrößen. Er stellt fest, dass diese weichen Stellgrößen des Unternehmenserfolges noch erhebliche Potenziale zur Leistungssteigerung bieten.

Dabei wird zumeist eine intuitive Plausibilität des Kennzahleneinsatzes unterstellt, der jedoch in der vorliegenden Arbeit kritisch hinterfragt und geprüft werden soll. Kennzahlen können in unterschiedlichen Handlungsbereichen für ganz unterschiedliche Zwecke eingesetzt werden. Insbesondere für den Untersuchungsgegenstand weiche HR-Kennzahlen scheint eine besondere Prüfung der mit diesem Einsatz verbundenen Anwendungsziele besonders relevant. Dies zeigt bspw. die Diskrepanz zwischen der Bedeutung und der tatsächlicher Adoption weicher HR-Kennzahlen in der Praxis. Darüber hinaus kann durch die Einbeziehung des situativen Kontextes bzw. weiterer interner Einflussgrößen auf unterschiedliche Adoptionsarten weicher HR-Kennzahlen ein vielversprechender Ansatz zur Erklärung dieser Diskrepanz und zur Identifizierung möglicher Erfolgsfaktoren für einen Einsatz weicher HR-Kennzahlen geschaffen werden.

1.2. Zielsetzung

In der vorliegende Untersuchung werden zwei Kernzielsetzungen verfolgt: Die Untersuchung strebt in einem ersten Schritt, die Erarbeitung einer systematischen Bestandsaufnahme der Anwendung weicher HR-Kennzahlen in der Praxis an. Zum Zweiten soll eine Klärung und Analyse von Erfolgsvoraussetzungen für eine (erfolgreiche) Adoption der Kennzahlen in strategische Steuerungssysteme erfolgen.

Im Rahmen der *Bestandsaufnahme* ist v. a. eine begriffliche Klärung und Abgrenzung des Terminus weiche HR-Kennzahl erforderlich. Außerdem werden Verbreitung und Varianten in der betrieblichen Praxis erfasst. In diesem Zusammenhang richtet sich der Interessensfokus darüber hinaus auch auf eine Beschreibung von wahrgenommener Qualität, Akzeptanz und Anwendungsarten weicher HR-Kennzahlen. Hieraus ergibt sich die erste Forschungsfrage.

> *Forschungsfrage 1: Wie erfolgt die Ausgestaltung und der Einsatz weicher HR-Kennzahlen in der Praxis? Wie ist in diesem Zusammenhang die wahrgenommene Qualität, die Akzeptanz und die Adoption dieser Kennzahlen?*

In einem nächsten Schritt wird eine Analyse von *Erfolgsvoraussetzungen* weicher HR-Kennzahlen erarbeitet. Hierbei interessieren nicht nur Einflussfaktoren, die auf den Einsatz (Adoption) in Abgrenzung zu einem fehlenden Einsatz (Rejektion) weicher HR-Kennzahlen wirken. Darüber hinaus werden auch Einflussfaktoren auf unterschiedliche Adoptionsarten untersucht. In diesem Kontext wird in der vorliegenden Arbeit auf eine Vierfelder-Typologie zurückgegriffen, die sich mittels der Dimensionen Direktheitsgrad (direkt vs. indirekt) und Interessensfokus (unternehmensorientiert vs. individuumsorientiert) bilden lässt. Während unternehmensorientierte Adoptionen weicher HR-Kennzahlen als erfolgreich interpretiert werden, werden individuumsorientierte Einsatzarten als nicht-erfolgreiche Adoptionen angesehen. In der vorliegenden Untersuchung wird bei der Bestimmung der Einflussgrößen auf eine (erfolgreiche) Adoption zwischen unterschiedlichen Effekten unterschieden, wie die zweite Forschungsfrage deutlich macht:

Forschungsfrage 2: Welche Faktoren beeinflussen direkt, indirekt oder moderierend die Adoption weicher HR-Kennzahlen?

Ziel der vorliegenden Arbeit ist es also zum einen theoretische Grundlagenarbeit zur Klärung des Begriffes weiche HR-Kennzahl zu leisten. Zum anderen sollen Rahmenbedingungen und Anwendungsvoraussetzungen für die praktische Verwendung von weichen HR-Kennzahlen analysiert und aufgezeigt werden. In diesem Zusammenhang interessiert insbesondere die Identifikation von Treibern einer sogenannten erfolgreichen Adoption. Die Beantwortung dieser Forschungsfrage erfordert ein mehrstufiges empirisches Prüfverfahren sowie ein sorgfältiges methodisches Vorgehen. Im Rahmen der Untersuchung werden daher durchgängig Eignung, Vollständigkeit und Sinnhaftigkeit des konstruierten Forschungsmodells reflektiert und bewertet.

1.3. Gang der Untersuchung

Die vorliegende Arbeit ist in vier Hauptkapitel unterteilt. Zunächst werden einleitend die Problemstellung, die Forschungsfragen und das Vorgehen bei der Untersuchung vorgestellt.

Das konzeptionelle Fundament der Arbeit wird in Kap. 2 gelegt. Hierzu werden in Kap. 2.1 eingangs die wissenschaftstheoretischen Bezugspunkte der vorliegenden Untersuchung erarbeitet. In Kap. 2.2 erfolgt die begriffliche Klärung des Terminus weiche HR-Kennzahl. Darüber hinaus wird der Bezugsrahmen der Untersuchung über einen Rückgriff auf die für die Untersuchung jeweils relevante Forschungsliteratur aus verschiedenen Bereichen dargestellt und es werden Forschungshypothesen abgeleitet. Zur Analyse der Beziehungen zwischen den relevanten Konstrukten des Forschungsmodells werden im folgenden Kapitel der situative Ansatz und die Adoptionstheorie herangezogen (vgl.

Kap. 2.3). In Kap. 2.4. erfolgt eine Erläuterung der Vorgehensweise und der Methoden der empirischen Untersuchung, die neben Experteninterviews eine umfassende, quantitative schriftliche Erhebung beinhaltet. Eine zusammenfassende Darstellung des Bezugsrahmens der vorliegenden Arbeit, des zugrunde liegenden Forschungsmodells und der Forschungshypothesen findet sich schließlich in Kap. 2.5.

Basierend auf den in Kap. 2 festgelegten Grundlagen der Untersuchung behandelt Kap. 3 die empirische Überprüfung des in Kap. 2.5. vorgestellten Forschungsmodells zur Beantwortung der beiden Forschungsfragen. Dabei werden die Forschungshypothesen in mehreren Analyseschritten einer empirischen Prüfung unterzogen. Eingangs wird in Kap. 3.1. die Konstruktreliabilität und -validität der verwendeten Größen überprüft. Die Beantwortung der Forschungsfrage zur Bestandsaufnahme wird in Kap. 3.2 vorgenommen. Im Folgenden werden die Forschungshypothesen anhand der gewonnenen empirischen Daten auf die Gültigkeit der postulierten Beziehungen zwischen den Determinanten (Kontextfaktoren, Akzeptanz und Beurteilung) und der Adoption mittels statistischer Verfahren überprüft (vgl. Kap. 3.3 und 3.4).

Abschließend werden in Kap. 4 die theoretischen und empirischen Einsichten der Untersuchung zusammengefasst. Unter wissenschaftlicher Perspektive wird zunächst der Erkenntnisbeitrag der Arbeit diskutiert (und in Beziehung zu den Aussagegrenzen des gewählten Forschungsansatzes gesetzt). Anschließend werden Implikationen für die Praxis aufgezeigt, die aus den Forschungsergebnissen abgeleitet werden können. Der Praxis sollen dadurch theoretisch fundierte und empirisch überprüfte Empfehlungen für eine kontextadäquate und "erfolgstiftende" Einbeziehung weicher HR-Kennzahlen in Personalmanagementsysteme gegeben werden.

2. Konzeptionelle Grundlagen der Arbeit

Das nachfolgende Kapitel besteht aus fünf Teilkapiteln und beschreibt die konzeptionellen Grundlagen der vorliegenden Arbeit: Einleitend wird eine wissenschaftstheoretische Einordnung vorgenommen (vgl. Kap. 2.1). Im Anschluss erfolgt die thematische Auseinandersetzung mit dem Untersuchungsgegenstand weiche HR-Kennzahl (vgl. Kap. 2.2). Theoretische und methodische Grundlagen werden in den Kap. 2.3. und 2.4. beschrieben. Abschließend erfolgt im Rahmen des Kap. 2.5 eine Zusammenfassung der erarbeiteten Grundlagen und eine Darstellung des im zweiten Teil der Arbeit zu prüfenden Forschungsmodells.

2.1. Wissenschaftstheoretische Einordnung

Bevor eine wissenschaftstheoretische Einordnung für die vorliegende Untersuchung vorgenommen wird, sollen in Kap. 2.1.1 einige Aspekte der diesbezüglichen Diskussion in der Betriebswirtschaftslehre aufbereitet werden. Hierbei erfolgt eine Beschränkung auf die Aspekte, die im Zusammenhang mit der wissenschaftstheoretischen Ausrichtung dieser Untersuchung bedeutsam sind. In Kap. 2.1.2 werden konkrete wissenschaftstheoretische Merkmale der vorliegenden Arbeit beschrieben. Hierzu gehören: Forschungsobjekt, Forschungsziel, Forschungsstrategie und Forschungsphasen.

2.1.1. Wissenschaftstheoretische Positionen

In diesem Teilkapitel (2.1.1) wird einleitend ein kurzer allgemeiner Überblick über die Bandbreite wissenschaftstheoretischer Grundpositionen gegeben. Im Folgenden liegt der Fokus auf einer Vertiefung der analytisch-nomologischen Richtung, die wichtige Hintergrundinformationen für die Entwicklung der wissenschaftstheoretischen Ausrichtung der vorliegenden Arbeit beinhaltet. Abschließend erfolgt eine Beschreibung der dieser Arbeit zugrunde liegenden wissenschaftstheoretischen Ausrichtung - des wissenschaftlichen Realismus.

2.1.1.1. *Allgemeiner Überblick*

Wissenschaftstheoretische Überlegungen (auch Metatheorien genannt) beziehen sich insbesondere auf Ziele, Aussagen und grundlegende Verfahrensweisen der Wissenschaft (vgl. z. B. Raffée/Abel, 1979: 1; sowie allgemeiner: Ulrich/Hill, 1979: 161). Sie definieren intersubjektiv anzuwendende Anforderungen, „... wie über Begründungen begründet geredet werden kann" (vgl. Schreyögg/Steinmann, 1980: 2395) und gewährleisten auf diese Weise eine Art "Qualitätssicherung wissenschaftlicher Aussagen" (vgl. Schanz, 1988: 1). Die Festlegung dieser Anforderungen an Forschungsarbeiten sowie deren Bewertung erfolgt sowohl anhand ethischer als auch logischer Argumente (vgl. Schreyögg/Steinmann, 1980: 2396). Ausgehend von erkenntnistheoretischen Vorentscheidungen lassen sich folgende wissenschaftstheoretischen Grundorientierungen unterscheiden (vgl. Kromrey, 1998: 60f.; Wiswede, 1991: 47-61; Esser, 1989: 823f.):

- *Analytisch-Nomologische Richtung* mit Ausprägungen wie Empirismus, logischer Empirismus, Positivismus, Neo-Positivismus, Kritischer Rationalismus, Falsifikationismus, Fallibilismus, wissenschaftlicher Realismus (vgl. Kromrey, 1998: 61). Die analytisch-nomologische Grundausrichtung beruht nach Wiswede (1991: 47f.) auf der Annahme, dass wissenschaftliche Aussagen (raum-zeit-unabhängig) als Gesetze formuliert werden können und intersubjektiv prüfbar sind. Charakteristisch für diese Grundausrichtung ist ein positivistisches Element. Hierunter ist zu verstehen, dass sich die angewendeten Methoden insbesondere durch empirisch-analytische bzw. kritisch-rationale Elemente kennzeichnen.
- *Hermeneutisch-Dialektische Richtung* mit Ausprägungen wie Kritisch-Emanzipatorische Richtung, Frankfurter Schule, Kritische Theorie, Historismus, Verstehen-Ansatz, hermeneutischer Ansatz (vgl. Kromrey, 1998: 61). Die phänomenologisch-hermeneutische Methode betont die Einmaligkeit der historisch-gesellschaftlichen Wirklichkeit und bezweifelt insofern die Existenz allgemeiner Gesetze über historische Zusammenhänge (vgl. Wiswede, 1991: 58). Die zugrunde liegende Philosophie der dialektischen Methode konstatiert, dass sich Sachverhalte aus einer sogenannten dialektischen Triade entwickeln (vgl. Wiswede, 1991: 52), welche aus Thesis, Antithesis und Synthesis besteht.
- *Dialektisch-Materialistische Richtung* mit Ausprägungen wie marxistische bzw. neo-marxistische Schule, marxistisch-leninistische Wissenschaft, Materialismus (vgl. Kromrey, 1998: 61). Diese Grundausrichtung ist hinsichtlich des angestrebten Erkenntnisfortschritts und der Definition adäquater Methoden identisch mit der ana-

lytisch-nomologischen Grundrichtung. Der grundsätzliche Unterschied liegt in der Wahl des Forschungsgegenstandes, welcher etwa nach Vertretern der marxistischen Richtung nicht beliebig sein kann. Ein Forschungsgegenstand sollte hiernach gezielt eingesetzt werden, um "neues Wissen zu erlangen, mit dem wesentliche Probleme des gesellschaftlichen Lebens gelöst werden sollen" (vgl. Kromrey, 1998: 60 nach Friedrich/Henning, 1975: 27).

- *Qualitative Sozialforschung* verschiedener Richtungen wie Interpretatives Paradigma, symbolischer Interaktionismus, Ethnomethodologie, Verstehende Methode, rekonstruktive Sozialforschung, Natural Sociology (vgl. Kromrey, 1998: 61). Im Rahmen der verstehenden Methode werden die Begriffe Verstehen und Sinn in den Vordergrund gerückt (vgl. Wiswede, 1991: 54f.). Vertreter einer interaktionistischen oder interpretativen Sozialwissenschaft postulieren in diesem Zusammenhang, dass sich im "Bereich des Sozialen" keine gesetzmäßigen Regelmäßigkeiten finden lassen, sondern dass Wissen (in der Interaktion mit dem Individuum bzw. der Umwelt) immer wieder neu entwickelt und definiert werden müsse (vgl. Kromrey, 1998: 26f.).

Die in der vorliegenden Arbeit zugrunde gelegte metatheoretische Ausrichtung lässt sich der analytisch-nomologischen Richtung zuordnen. Durch eine ausführliche, kritische Auseinandersetzung mit dieser Grundausrichtung soll im folgenden Kapitel der für die vorliegende Arbeit gewählte Ansatz des Wissenschaftlichen Realismus, einer Ausprägung der analytisch-nomologischen Richtung, geschärft und herausgearbeitet werden.

2.1.1.2. *Analytisch–Nomologische Richtung*

In diesem Kapitel soll die analytisch-nomologische Richtung näher dargestellt werden. Dabei liegt der Fokus auf einer Darstellung der prägenden Annahmen des Kritischen Rationalismus (vgl. Wiswede, 1991: 47), die ebenfalls teilweise in die Grundausrichtung der vorliegenden Arbeit einfließen.

Der kritische Rationalismus, als dessen Hauptvertreter in Deutschland Popper und Albert gelten, vertritt die Position eines *hypothetischen Realismus*: Danach gibt es eine strukturierte Realität, die unabhängig vom menschlichen Bewusstsein existiert und die zumindest teilweise erkennbar ist (vgl. Kromrey, 1998: 25, 35f.; Wiswede, 1991: 46ff.). Aussagen über diese Realität haben nach Ansicht der Vertreter dieser Ausrichtung allerdings nur hypothetischen Charakter (vgl. Wiswede, 1991: 46).

Grundlegend für den kritischen Rationalismus ist darüber hinaus eine *kritische Einstellung* im Hinblick auf die "Grenzen der Erkenntnisfähigkeit" bzw. des "rekonstruktiven Charakters der Erkenntnis" (vgl. Kromrey, 1998: 38f.; Schreyögg/Steinmann, 1980: 2397; Wiswede, 1991: 51). Ein sogenanntes naturgetreues Abbild der Welt ist nach Ansicht der Vertreter dieser Richtung nicht möglich. Die Objektivität des wissenschaftlichen Prozesses soll daher durch gegenseitige Kritik, welche auf Grundlage methodischer Regeln stattfindet, gewährleistet werden (vgl. Kromrey, 1998: 38).

Wissenschaftsfortschritt ist beim kritischen Rationalismus durch das Ausscheiden empirisch nicht bewährter Theorien und durch das ständige Erfinden von neuen Hypothesen mit einem größeren Informationsgehalt möglich. Grundlage dieses gerade beschriebenen *Falsifikationsprinzips* ist ein sogenanntes „deduktives Argument" (vgl. Kromrey, 1998: 38). Durch logische Deduktion werden aus einem Gesetz (Hypothese) und einer Randbedingung Aussagen über singuläre Tatbestände abgeleitet.

Im Rahmen der vorliegenden Arbeit wurden einige Grundüberlegungen des kritischen Rationalismus aufgegriffen und übernommen[5]. Hierzu gehören:

- Die Annahme der Existenz einer sogenannten tatsächlichen Welt (erkenntnistheoretischer Realismus)
- Die Annahme einer geordneten, regelhaften, strukturvollen Welt (in der Gesetze, Kausalitätsprinzipien, etc. bestehen)
- Der Rückgriff auf die empirische Erfahrung als Wissensgrundlage (positivistische Orientierung)

Allerdings soll im Rahmen der vorliegenden Arbeit nicht auf alle Elemente des kritischen Rationalismus zurückgegriffen werden. Wie in den folgenden Abschnitten dargestellt wird, ist die Anwendung der folgenden Annahmen des kritischen Rationalismus für die vorliegende Untersuchung in dieser Form nicht mitzutragen: 1) ausschließliche Akzeptanz der deduktiven Schlussweise, 2) starke Betonung des hypothetischen Informationscharakters, 3) mangelnde Unterscheidung zwischen Sozial- und Naturwissenschaften sowie die 4) unzureichende Berücksichtigung potenzieller Messfehler. Eine Diskussion dieser für die vorliegende Untersuchung wichtigen Grundannahmen führt zu einer Präzisierung der vertretenen meta-theoretischen Ansichten.

- Vertreter des kritischen Rationalismus halten es für prinzipiell *unmöglich,* auf *empirisch-induktivem Wege* zu gesicherten Aussagen zu gelangen – es werden nur deduktive Argumentationsweisen akzeptiert (vgl. Hunt, 1991: 235f., 290 sowie die dort zitierte Literatur; Schreyögg/Steinmann, 1980: 2397). In diesem Zusammenhang spricht Witte (1977: 272) von einem „unrealistischen theoretischen Anspruch". Seiner Ansicht nach würde eine solche Forderung letztlich dazu führen, dass sich die „Energien eines Faches nur auf diejenigen Teilgebiete konzentrieren, in denen bereits weitgehende theoretische Vorarbeiten geleistet wurden" (Witte, 1977: 271). Auch nach Poser (2001: 130) lässt sich auf induktive Argumente nicht gänzlich verzichten.
- Eine weitere Schwachstelle in der Argumentation (und damit möglicher Ausgangspunkt für Kritik) ist die Tatsache, dass im kritischen Rationalismus Theorien *nie endgültig falsifiziert* werden können (vgl. Wiswede, 1991: 48f.). Dieser Absolutheitsanspruch ist u. a. nach Lazarsfeld (1965) mit der Forschungspraxis nicht vereinbar.
- Darüber hinaus ist kritisch zu konstatieren, dass sich im Kritischen Rationalismus keine adäquate Berücksichtigung der *Unterschiede zwischen Sozial- und Naturwissenschaften* findet (vgl. Kubicek, 1975: 48ff.; Poser, 2001: 131; Wiswede, 1991: 47): im Vergleich zu den Natur- hängen in den Sozialwissenschaften zu untersuchende Beziehungen i. d. R. von einer Reihe von Kontextfaktoren wie z. B. historischen oder kulturellen Parametern ab. Kubicek (1975: 49) weist in diesem Zusammenhang darauf hin, dass aufgrund der Vielzahl potenziell relevanter Einflussgrößen „Anwendungsbedingungen sozialwissenschaftlicher Gesetzmäßigkeiten wesentlich komplexer sein müssen". Die Falsifikation von Theorien wird hierdurch insofern erschwert, als dass man erst dann von einer Falsifikation sprechen kann, wenn sämtliche relevante Kontextfaktoren systematisch und vollständig untersucht werden. Dies ist im Rahmen wissenschaftlicher Untersuchungen kaum zu realisieren.

---

[5] Diese Grundannahmen finden sich nicht nur bei Vertretern des kritischen Rationalismus, sondern fast generell bei Vertretern einer empirischen Wissenschaft (Erfahrungswissenschaft).

- Messtheorien bzw. *Messfehlertheorien* werden im Theoriebegriff des kritischen Rationalismus nicht explizit berücksichtigt. Messfehler können jedoch insbesondere bei Messungen komplexer sozialwissenschaftlicher Konstrukte auftreten. Da nach Kubicek (1977: 8) grundsätzlich vom Vorhandensein von Messfehlern auszugehen ist, können Hypothesen im Grunde nie zweifelsfrei falsifiziert werden.

Die sich für die vorliegende Arbeit aus den genannten Kritikpunkten ergebenden Konsequenzen werden im folgenden Kapitel zum Wissenschaftlichen Realismus dargestellt.

2.1.1.3. Wissenschaftlicher Realismus

In der vorliegenden Arbeit erfolgt in wissenschaftstheoretischer Hinsicht eine Orientierung an den Prinzipien des wissenschaftlichen Realismus. Dieser Ausprägung, welche sich in die analytisch-nomologische Grundrichtung einordnen lässt, wird gefolgt, um den im vorherigen Teilkapitel erläuterten Kritikpunkten an der Grundausrichtung des analytisch-nomologischen Ansatzes, des Kritischen Rationalismus, zu begegnen.

Der in der englischsprachigen Literatur als „Scientific Realism“ bekannte Ansatz hat Causey (1979: 192; ähnlich Hunt, 1990: 13) zufolge in der modernen Wissenschaftstheorie eine dominante Bedeutung erlangt: „... the majority of philosophers of science profess to be scientific realists“. Es handelt sich bei dem wissenschaftlichen Realismus um keine geschlossene wissenschaftstheoretische Konzeption, sondern um eine Ausrichtung, die sich um einige zentrale Schriften gruppiert (vgl. den Überblick bei Hunt, 1991: 379f.)[6]. Leplin (1984: 1) konstatiert in diesem Zusammenhang: „Scientific realism is a majority position whose advocates are so divided as to appear a minority“.

Die Kerninhalte des wissenschaftlichen Realismus lassen sich folgendermaßen zusammenfassen: (1) Realistische Orientierung, (2) Kritische Herangehensweise, (3) Überzeugung von der Unvollkommenheit der Messinstrumente sowie (4) Akzeptanz der induktiven Schlussweise.

---

[6] Positionen des wissenschaftlichen Realismus sind z. B. bereits in den Arbeiten von Hunt (1984) unter den Bezeichnungen „modern empiricism“ sowie in den Arbeiten von Witte (1977, 1981) und Putnam (1978) zu finden. Es gibt hier allerdings noch keine einheitliche Terminologie.

Der wissenschaftliche Realismus unterstellt eine außerhalb des Bewusstseins liegende Existenz der Wirklichkeit (Hunt, 1990: 9): „A fundamental tenet of modern-day, scientific realism is the classical realist view that the world exists independently of its being perceived.“. Dementsprechend definiert diese *realistisch orientierte* Ausrichtung die Zielsetzung wissenschaftlichen Arbeitens wie folgt: „Science aims at a literally true account of the psysical world...“ (Leplin, 1984: 1 sowie Leplin, 1986: 31).

Vertreter des wissenschaftlichen Realismus grenzen sich darüber hinaus von Überzeugungen ab, die als Naiver Realismus oder auch als Direkter Realismus bezeichnet werden (vgl. Hunt, 1990: 9): „Advocates of scientific realism, though agreeing that our perceptual processes can yield genuine knowledge about an external world, emphatically reject direct realism. They argue for a fallibilistic and *critical realism*." Hinter dieser Aussage steht die Überzeugung, dass menschliche Wahrnehmungen falsch sein können (wie z. B. aufgrund von Illusionen, Halluzinationen, etc.). Hunt (1990: 9) charakterisiert die Position des wissenschaftlichen Realismus in diesem Zusammenhang als eine zwischen dem Direktem Realismus und dem Relativismus stehende. Der wissenschaftliche Realismus unterstellt insofern, ebenso wie der kritische Rationalismus, dass wissenschaftliches Arbeiten zwar in einem kumulativen Prozess der Wahrheit näher kommen kann – in dieser Beziehung jedoch niemals eine absolute Sicherheit erreichen wird (vgl. Hunt, 1984: Anhang A; Leplin, 1984: 1)[7].

Der wissenschaftliche Realismus ist zudem durch die Überzeugung geprägt, dass *Messinstrumente unvollkommen* sind (vgl. Hunt, 1984, 1990: 9f.). Vertreter dieses Ansatzes postulieren, dass Konstrukte innerhalb einer Theorie nur durch mehr oder weniger fehlerbehaftete Indikatoren gemessen werden können. Dementsprechend ist nach Hunt (1990: 9) die Aufgabe der Wissenschaft „... to use its method to improve our perceptual (measurement) processes, separate illusion from reality, and thereby generate the most accurate possible description and understanding of the world. The practice of developing multiple measures of constructs and testing them in multiple contexts in social science stems from this critical orientation.".

7 Somit lässt sich feststellen, dass Fallibilismus ein inhärenter Bestandteil dieses Ansatzes ist (vgl. hierzu Hunt, 1992: 308; Hunt, 1994: 151). Fallibilismus ist die Überzeugung, dass prinzipiell jede vermeintliche Wahrheit einer kritischen Prüfung zum Opfer fallen kann. Hunt (1990: 9) spricht in diesem Zusammenhang von „fallibilistic realism“.

Als weiteres essentielles Merkmal des wissenschaftlichen Realismus ist schließlich die *Akzeptanz der induktiven Schlussweise* zu nennen: „The basic claim made by scientific realism... is that the long-term success of a scientific theory gives reason to believe that something like the entities and structure postulated by the theory actually exists" (McMullin, 1984: 26; vgl. auch Hunt, 1984). Dieser Annahme „something like" liegt das Prinzip der schrittweise zunehmenden Bestätigung zugrunde (vgl. Carnap, 1953: 48), welches nicht so pessimistisch wie der kritische Rationalismus ist, der von permanenter Unsicherheit des Wissens ausgeht. Vertreter des wissenschaftlichen Realismus gestehen der Idee der empirischen Überprüfbarkeit von Hypothesen sowie des Erkenntnisfortschritts aus oben genannten Gründen eine sehr viel höhere Bedeutung zu als andere wissenschaftstheoretische Ansätze (vgl. Hunt, 1990: 9): Hypothesen lassen sich dann bestätigen, wenn sie konsistent mit der Sichtweise empirischer Ergebnisse sind (vgl. McMullin, 1984; Hunt, 1990). Dieser Gedanke wird von Hunt (1990: 12) in Anlehnung an Siegel (1983: 82) folgendermaßen beschrieben: „To claim that a scientific proposition is true is not to claim that it is certain; rather, it is to claim that the world is as the proposition says it is."

Abschließend bleibt zur gewählten wissenschaftstheoretischen Grundausrichtung, dem Wissenschaftlichen Realismus, kritisch festzuhalten, dass dieser Ansatz keine ganz klar abzugrenzende Ausrichtung darstellt. Zudem können auch nicht alle Inhalte als völlig neu gelten. So finden sich bereits in neueren Schriften des kritischen Rationalismus z. T. ähnliche Positionen im Hinblick auf methodischen Fragestellungen (vgl. Wiswede, 1991: 49). Auch wenn der wissenschaftliche Realismus die Idee des Erkenntnisfortschritts stärker würdigt als der kritische Rationalismus, hat diese Aussage unter der Beibehaltung des Falsifikationsprinzips nur einen begrenzten Aussagewert.

Insgesamt betrachtet ist der *wissenschaftliche Realismus* das Ergebnis einer konstruktiven, wissenschaftstheoretischen Diskussion, an deren Ausgangspunkte die beiden extremen Sichtweisen des kritischen Rationalismus und des Relativismus stehen. Hunt (1991: 393) weist in diesem Zusammenhang auf die Ausgewogenheit dieses Ansatzes hin: „...scientific realism occupies a kind of ‚middle ground' among varying philosophical systems". Anders als der kritische Rationalismus verspricht der wissenschaftliche Realismus eine ausgesprochene Realitätsnähe im Hinblick auf die Gegebenheiten in den (empirischen) Sozialwissenschaften: z. B. Akzeptanz der induktiven Schlussweise.

Auch in normativer Hinsicht lässt sich der wissenschaftliche Realismus als sehr ergiebig einschätzen. Dies wird insbesondere durch die Abhebung von dem eher deskriptiv ausgerichteten Relativismus deutlich. In Anlehnung an Hunt (1990: 13) sollen zusammenfassend noch einmal die Vorzüge des wissenschaftlichen Realismus beschrieben werden, aufgrund derer sich die vorliegende Arbeit im Wesentlichen an diese Ausrichtung orientiert: „... scientific realism is coherent and intelligible. [...] Scientific realism is also critical, without being nihilistic. [...] Therefore, scientific realism makes „sense" of science and gives due regard to the obvious success of science over the last 400 years. Finally, scientific realism is open without being anarchistic".

2.1.2. Wissenschaftstheoretische Merkmale

In diesem Teilkapitel wird der konzeptionelle und methodische Umgang mit den wissenschaftstheoretischen Merkmalen (1) Forschungsobjekt, (2) Forschungsziel, (3) Forschungsstrategie und (4) Forschungsphasen beschrieben, die der vorliegenden Arbeit zugrunde liegen.

2.1.2.1. Forschungsobjekt

Zur Bestimmung des Forschungsobjekts der vorliegenden Arbeit wird nachfolgend eine Unterteilung in ein Erfahrungs- und ein Erkenntnisobjekt vorgenommen. Während das Erfahrungsobjekt den Gegenstand darstellt, der betrachtet werden soll, wird mit der Umschreibung des Erkenntnisobjekts „der besondere Aspekt, vor dessen Hintergrund das Erfahrungsobjekt betrachtet werden soll, durch eine weitergehende, gedankliche Isolierung präzisiert" (Rühli, 1996: 30; ähnlich Wöhe, 2002; Thommen, 2004).

Das *Erfahrungsobjekt* ist nach der oben aufgeführten Definition demnach diejenige „gesellschaftliche Institution" (vgl. Ulrich, 1984: 1), die im Rahmen einer wissenschaftlichen Arbeit betrachtet wird. In der vorliegenden Arbeit fallen hierunter Unternehmungen mit der Absicht, Gewinne zu erzielen. Damit sind staatliche Betriebe und Non-Profit-Organisationen ausgeschlossen. Hinsichtlich der Branchenzugehörigkeit soll demgegenüber keine Einschränkung vorgenommen werden. Um die Komplexität des empirischen Untersuchungsdesigns zu reduzieren, werden allerdings ausschließlich Unternehmungen einbezogen, die in Deutschland ansässig sind.

Die unternehmensinterne Messung und Verwendung von weichen HR-Kennzahlen (unter unterschiedlichen situativen Bedingungen) als relevante Steuerungsinformationen stellt das *Erkenntnisobjekt* der vorliegenden Arbeit dar. Es setzt sich aus drei konstituierenden Elementen zusammen:

- der Ausgestaltung weicher HR-Kennzahlen
- der Berücksichtigung externer und interner Kontextfaktoren sowie dem Einbezug der mediierenden Größen Akzeptanz und Beurteilung
- dem Anspruch Steuerungsgröße und der damit verbundenen anvisierten Adoption im strategischen HR-Management

2.1.2.2. Forschungsziel

Innerhalb der Wissenschaftstheorie wird zwischen theoretischer Grundlagenforschung und angewandter Wissenschaft unterschieden (vgl. Ulrich/Hill, 1976a: 305). Unter Grundlagenforschung werden dabei nach Ulrich/Hill (1976a: 305) Erklärungsmodelle verstanden, die keinen realen und konkreten Verwendungsaspekt beinhalten. Demgegenüber definieren die Autoren angewandte Wissenschaft folgendermaßen: „Bei ‚angewandten' Wissenschaften steht die Analyse menschlicher Handlungsalternativen zwecks Gestaltung sozialer und technischer Systeme im Vordergrund."

Die vorliegende Untersuchung lässt sich als *angewandte Wissenschaft* beschreiben. Ihre Problemstellung, die Adoption weicher HR-Kennzahlen als Steuerungsgrößen, wird z. T. aus Praxis-Beobachtungen abgeleitet und weist zudem eine hohe Praxisrelevanz auf (vgl. Kap. 1). Darüber hinaus sollen die Ergebnisse der Arbeit unmittelbar für Unternehmungen anwendbar sein (vgl. Kap. 4.3); insofern findet der Aspekt Anwendungsnutzen starke Berücksichtigung bei der Definition des Forschungsziels bzw. –regulativs. Entscheidendes Forschungskriterium ist die praktische Problemlösekraft des in Kap. 2.5 entwickelten Forschungsmodells.

2.1.2.3. Forschungsstrategie

Innerhalb der Wissenschaftstheorie lassen sich vereinfachend drei unterschiedliche Forschungsstrategien unterscheiden, mittels derer das erklärte Forschungsziel einer wissenschaftlichen Arbeit erreicht werden soll (vgl. Ulrich/Hill, 1976b: 347f.): (1) Erheben und Systematisieren, (2) Deduktion und (3) Induktion.

Unter der Forschungsstrategie *Erheben und Systematisieren,* auch bekannt als terminologisch-deskriptive Ausrichtung, wird die „Schaffung eines Begriffssystems und dessen Anwendung für die Beschreibung der Forschungsobjekte" verstanden (vgl. Ulrich/Hill, 1976b: 347). Im Falle der vorliegenden Arbeit wird mittels des terminologisch-deskriptiven Verfahrens der Einsatz und die Nutzung weicher HR-Kennzahlen empirisch-deskriptiv erfasst (vgl. Kap. 3.2). Darüber hinaus sind die Festlegung einer adäquaten Definition der zugrunde liegenden Begriffe (vgl. Kap. 2.2), die Operationalisierung der relevanten Konstrukte (vgl. Kap. 3.1) und die Isolierung relevanter Konstruktdimensionen wesentliche Inhalte der in dieser Arbeit verfolgten Forschungsstrategie.

Unter *analytisch-deduktiven* Verfahren verstehen Ulrich/Hill (1976b: 347) „alle logischen (oder tautologischen) Schritte, die ohne zusätzliche Induktionsschlüsse auskommen, also insbesondere die deduktive Konstruktion von Modellen und ihre analytische Auswertung." Im Rahmen der vorliegenden Arbeit erfolgt die Modellkonstruktion (vgl. Kap. 2.5), die Ableitung der meisten Hypothesen (vgl. Kap. 2.5) sowie die Transformation der theoretisch postulierten Zusammenhänge weitgehend mittels analytisch-deduktiver Techniken.

Nach Ulrich/Hill (1976b: 347) befassen sich „*empirisch-induktive Aktivitäten* [...] mit der empirisch-statistischen Untersuchung beobachtbarer Zusammenhänge und der induktiven Ableitung von Hypothesen durch Generalisierung von Einzelbeobachtungen sowie mit deren empirischen Überprüfung." In diesem Zusammenhang wird im Rahmen der vorliegenden Arbeit die Konzeption des Forschungsmodells um Hypothesen erweitert, die sich aus den qualitativen Experten-Befragungen ergeben (vgl. Kap. 2.4.1.4). Zudem lassen sich die vorläufige Annahme des Modells als Theorie sowie die Untersuchung von Zusammenhängen zwischen den beobachteten Variablen (vgl. Kap. 2.5) als empirisch-induktive Verfahren bezeichnen.

2.1.2.4. Forschungsphasen

Der Forschungsprozess lässt sich in Anlehnung an Friedrichs (1990: 50f.; vgl. hierzu auch Kromrey, 1998: 77f.; Ulrich/Hill, 1976a: 306f.) in drei grundlegende Forschungsphasen einteilen: (1) Entdeckungs- (2) Begründungs- und (3) Verwendungszusammenhang. Dabei erweist sich die Unterscheidung zwischen einem Entdeckungs-, Begründungs- und Verwendungszusammenhang „... als nützlich in der Einschätzung des Werturteilsfreiheits-Postulats" (Kromrey, 1998: 77; vgl. auch Friedrichs, 1980: 50f.; Ulrich/Hill, 1976b: 306). In jeder der o. g. Forschungsphasen treten spezifische Probleme realwissenschaftlichen Denkens auf, wie z. B. Subjektivitätsprobleme, Wahrnehmungsfilter, Interessensbezüge, Kommunikationsschwierigkeiten, deren sich der Forscher bewusst sein sollte. Nachfolgend werden die drei Forschungsphasen dargestellt und die Umsetzung im Rahmen der vorliegenden Arbeit erläutert.

In der Phase des *Entdeckungszusammenhangs* wird der gedankliche Bezugsrahmen einer Arbeit geschaffen. Hierbei wird dargelegt, was der Anlass für das Forschungsprojekt ist. Außerdem erfolgt die Abgrenzung der Problemstellung, die Festlegung der Grundbegriffe und die Generierung von Hypothesen (vgl. Friedrichs, 1980: 50ff.; Kromrey, 1998: 77ff.; Ulrich/Hill, 1976a: 306; Wiswede, 1991: 79ff.). Diese Phase wird in der vorliegenden Arbeit in den Kap. 1 und 2 dargestellt. Dabei wird transparent, dass es sich bei der vorliegenden Arbeit um angewandte Forschung (vgl. Kap. 2.1.2.2) handelt, die dementsprechend kritisch bewertet werden muss. Der Entdeckungszusammenhang ist nach Ulrich/Hill (1976a: 307 in Anlehnung an Holzkamp) v. a. deshalb so bedeutsam, da Forscher Gefahr laufen, Wirklichkeiten zu „konstruieren" statt zu „entdecken". Um dieser Problematik zu begegnen, werden in der vorliegenden Arbeit die Forschungsfragen, grundlegende Begriffe und das Forschungsmodell mit neutralen Experten aus der Praxis diskutiert und dadurch überprüft (vgl. Kap. 2.4.1).

In der Phase des *Begründungszusammenhangs* (vgl. Ulrich/Hill, 1976a: 306) erfolgt die empirische Überprüfung des gedanklichen Bezugsrahmens. Dabei ist die zentrale Frage, wie vorhandene Hypothesen und Modelle auf ihren Wahrheitsgehalt überprüft werden können. Der Forscher hat sich in diesem Zusammenhang v. a. mit den beiden folgenden Problemen auseinander zu setzen: (1) Subjektivitätsprobleme und der (2) Induktionsproblematik, die als zentrale Forschungsfelder der Wissenschaftslogik gelten. In der vorliegenden Arbeit erfolgt sowohl eine Auseinandersetzung mit der Subjektivitätsproblematik in Kap. 2.4, die zu einer detaillierten methodischen Vorgehensweise führt, als auch mit der Induktionsproblematik (vgl. Kap. 2.1.1.3). Nach Abwägung logischer und ethischer Kriterien werden induktive Verfahren zur Erkenntnisgewinnung akzeptiert und eingesetzt.

Der *Verwendungszusammenhang* beschäftigt sich mit dem Zweck sowie der Verwertung und Anwendung wissenschaftlicher Aussagen. Aus bewährten Theorien sollen, wie im Falle der vorliegenden Arbeit, Handlungsempfehlungen für die Praxis abgeleitet werden (vgl. Ulrich/Hill, 1976a: 306f.). Nach Ulrich/Hill (1976b: 349 in Anlehnung an Hundt/Liebau, 1972) ist die "Parteilichkeit" der zu verwendenden Ergebnisse und Handlungsempfehlungen Ursache eines weiteren kritischen Moments in der Betriebswirtschaftslehre: „Diese [Parteilichkeit] äußere sich darin, dass alle Aussagen aus Sicht der Eigentümer- und Manager-Unternehmer erfolgen, während die Interessen von Mitarbeitern, Konsumenten und Öffentlichkeit systematisch aus der Analyse ausgeschlossen würden." Im Falle der vorliegenden Arbeit ist anzumerken, dass die Ergebnisse und Handlungsempfehlungen (vgl. Kap. 4) zwar einerseits an die Unternehmerseite adressiert sind, dass aber insbesondere bei der vorliegenden Thematik „Integration weicher HR-Kennzahlen in die Unternehmenssteuerung" auch gerade Mitarbeiterinteressen berücksichtigt werden. Neben der kritischen Bewertung der Ergebnisse in Kap. 4.3 wird durch die Wahl des situativen Ansatzes (vgl. Kap. 2.3.1) darüber hinaus der Versuch unternommen, mittels eines relativ offenen Grundmodells, Wechselwirkungen zwischen Unternehmung und gesellschaftlicher Umwelt zu berücksichtigen.

2.2. Thematische Einordnung

Im vorliegenden Kapitel wird eine thematische Einordnung des Untersuchungsgegenstandes weiche HR-Kennzahlen vorgenommen. Hierzu werden einleitend definitorische Grundlagen erarbeitet (vgl. Kap. 2.2.1). Im folgenden Teilkapitel 2.2.2 erfolgt eine Beschäftigung mit den inhaltlichen Grundlagen weicher HR-Kennzahlen. In Kap. 2.2.3 wird schließlich die relevante Forschungsliteratur zur Thematik vorgestellt und Hypothesen zum Zusammenhang zwischen Determinanten und dem Untersuchungsgegenstand weiche HR-Kennzahlen abgeleitet.

2.2.1. Definitorische Grundlagen des Kennzahlenbegriffs

Nachfolgend soll der Terminus weiche HR-Kennzahl definiert werden. Hierzu wird einleitend der Kennzahlenbegriff kritisch diskutiert (vgl. Kap. 2.2.1.1). Anschließend erfolgt eine Darstellung von in der Literatur üblichen Klassifizierungen unterschiedlicher Kennzahlentypen (vgl. Kap. 2.2.1.2). In Kap. 2.2.1.3 werden die Begriffszusätze HR und weich, die jeweils eine Subdimension des in der vorliegenden Arbeit verwendeten Kennzahlenbegriffes bezeichnen, analysiert. Abschließend wird in einer zusammenfassenden Betrachtung eine eigene Arbeitsdefinition für den Begriff weiche HR-Kennzahl erarbeitet (vgl. Kap. 2.2.1.4).

2.2.1.1. Diskussion des Kennzahlenbegriffes

Das Verständnis des Kennzahlenbegriffs hat sich im Zeitverlauf verändert (vgl. Hauschildt, 1971: 342). Da zum jetzigen Zeitpunkt keine eindeutige und allgemein anerkannte Begriffsdefinition existiert, wird im Folgenden der Kennzahlenbegriff kritisch diskutiert. Hierzu wird einleitend auf die Begriffsmerkmale einer Kennzahl eingegangen, zu denen sich innerhalb der Forschungsdiskussion ein weitgehender Konsens findet. Anschließend erfolgt eine Diskussion solcher Aspekte des Begriffes, bei denen z. T. kontroverse Positionen anzutreffen sind.

In der einschlägigen Forschungsliteratur werden folgende Merkmale einheitlich als Bestandteil einer Kennzahl genannt: (1) Erkenntnis- bzw. Informationscharakter, (2) Maßgrößencharakter, (3) Verdichtungscharakter sowie (4) Bezug auf einen betriebswirtschaftlichen Gegenstandsbereich.

Weitgehende Einigkeit bei der Präzisierung des Kennzahlenbegriffs besteht in der Betrachtung der Begriffsintension (Staudt et al., 1986: 22). Folgt man dem etymologischen Begriffsverständnis einer „Kenn-Zahl", so lassen sich zum einen das Merkmal der *Erkenntnisgewinnung* und zum anderen das Mittel der Erkenntnisgewinnung, und zwar die *Zahl*, ableiten. Diese grundlegende Definition findet sich bspw. bei Gladen (2001: 12): „[Kennzahlen] sind Maßgrößen, ... um als absolute oder Verhältniszahlen in einer konzentrierten Form über einen zahlenmäßig erfassbaren Sachverhalt berichten zu können." In dieser Definition zeigt sich zudem ein weiterer Aspekt, der in der diesbezüglichen

Forschungsdiskussion häufig zu finden ist: der *Informationscharakter* einer Kennzahl[8]. Nach Geiß (1986: 46) stehen demnach Kennzahlen in einem engen Zusammenhang zu den betrieblichen Entscheidungs- und Informationsprozessen. Dabei definiert sich der Informationsbegriff in Anlehnung an Szyperski (1980: 904) folgendermaßen: „Informationen sollen als Aussagen verstanden werden, die den Erkenntnis- bzw. Wissensstand eines Subjektes (...) über ein Objekt (...) in einer gegebenen Situation und Umwelt (...) zur Erfüllung einer Aufgabe (...) verbessern". Meyer (1994: 2; urspr. Wittmann, 1959: 8) spricht in diesem Zusammenhang zusammenfassend von „zweckorientiertem Wissen"[9].

Auch die zweite Forderung, dass Kennzahlen einen quantitativen bzw. Maßgrößencharakter besitzen müssen, findet sich in der gängigen Forschungsliteratur weitgehend einheitlich[10]. Hierzu definiert Geiß (1986: 42ff.): „Maßgrößen sind quantitative Begriffe". Szyperski (1962: 51)[11] beschreibt den geforderten *Maßgrößencharakter* einer Kennzahl folgendermaßen: „Die quantitativen Begriffe erlangen ihre Besonderheit dadurch, dass sie Dinge und Ereignisse mittels numerischer Werte charakterisieren." Darüber hinaus erläutert Szyperski (1962: 52) als weiteres Kriterium, welches den Maßgrößencharakter beschreibt, den Bezug zu monetären Größen. Maßgrößen können demnach direkt oder indirekt in Geldeinheiten ausgedrückt oder auf diese zurück geführt und so gemessen werden. Meyer (1994: 4) unterscheidet in diesem Zusammenhang die Quantifizierbarkeit von der Messbarkeit eines Gegenstandes. Nur Gegenstände, die kardinal[12] gemessen werden erfüllen seiner Ansicht nach den Anspruch der Quantifizierbarkeit. Dem widerspricht Weber, M. (2002: 12f.), der auch ordinale Messskalen[13] zulässt.

---

8 Vgl. hierzu auch u. a.: Börner (1972: 269); Geiß (1986: 40-47); Groll (1986: 11); Horváth/Partner (2000: 227); Lachnit (1979: 15ff.); Meyer (1994: 2); Reichmann (1995: 19); Reichmann/Lachnit (1976: 706); Serfling (1992: 255); Staudt et al. (1986: 24); Weber (1997: 17).

9 Mag (1977: 4; ähnlich Geiß, 1986: 47) macht den engen Bezug zwischen dem Informations- und dem Entscheidungscharakter einer Kennzahl durch seine Definition des Informationsbegriffes deutlich. Er beschreibt Informationen als entscheidungsrelevante Daten.

10 Vgl. hierzu: DGQ (1999: 10); Geiß (1986: 32, 42ff.); George (1999: 29); Gladen (2001: 9); Groll (1986: 11); Heinen (1970: 227-236); Horváth/Partner (2000: 227); Lachnit (1979: 15ff., 19); Meyer (1994: 2); Nowak (1966: 704); Reichmann (1993a: 343); Staehle (1967: 61f.); Weber, M. (2002: 12); Weber (1997: 172); Woratschek (2004: 73).

11 Ähnlich auch Heinen (1965: 48); Meyer (1994: 2); Staehle (1967: 47); Szyperski (1962: 109).

12 Weber, M. (2002: 19) definiert die kardinale Messmethode folgenderweise: „Das sogenannte 'kardinale Messen' bedeutet, dass Sie Sachverhalte quantitativ, z. B. in DM ausdrücken können. Es setzt natürlich voraus, dass die untersuchten Gegenstände auch eindeutig zählbar, messbar oder errechenbar sind.".

13 Ordinales Messen wird von Weber, M. (2002: 19) folgendermaßen definiert: „Die ordinale Messung beinhaltet einen Maßstab, der jedoch erst – nach bestimmten Kriterien – festgelegt werden muss. (...) Da bei solchen qualitativen Messungen häufig gefühlsmäßige Einschätzungen eine Rolle spielen, ist eine hundertprozentige objektive Zuordnung nicht immer möglich.". Er betont jedoch, dass die Ergeb-

Auch Geiß (1986) hebt hervor, dass die Forderung einer Quantifizierung nicht mit der Forderung nach metrisch erfassbaren Skalen gleichzusetzen ist. Dieser Ansicht, also der Akzeptanz auch ordinaler Messskalen, soll im Rahmen der vorliegenden Untersuchung gefolgt werden.

Ein weiteres Merkmal, der geforderte *Verdichtungscharakter* einer Kennzahl, findet sich bspw. in der Kennzahlendefinition von Weber (1997: 172). Hierunter ist die Bereitstellung fokussierter und aggregierter Aussagen zu verstehen[14]. In diesem Zusammenhang findet nach Geiß (1986: 45f.) eine Verdichtung von Informationen dann statt, wenn aus einer Vielzahl von Daten durch Aggregationsprozesse konzentrierte Größen gewonnen werden.

Abschließend bezeichnet eine Reihe von Autoren darüber hinaus auch den Gegenstandsbereich einer Kennzahl als *betriebswirtschaftlich* (vgl. z. B. DGQ, 1999: 10)[15], wie u. a. in der folgenden Definition von Weber (1997: 172 in Anlehnung an Lachnit, 1979: 15ff.) deutlich wird: "Kennzahlen sind quantitative Daten, die als bewusste Verdichtung der komplexen Realität über zahlenmäßig erfassbare betriebswirtschaftliche Sachverhalte informieren sollen. Kennzahlen dienen mit anderen Worten dazu, schnell und prägnant über ein ökonomisches Aufgabenfeld zu informieren." Über dieses Merkmal werden Kennzahlen somit v. a. hinsichtlich ihres Anwendungsbezuges definiert (Christmann, 1968: 32). Meyer (1994: 1f.) stellt in diesem Zusammenhang fest, dass eine eindeutige Abgrenzung betriebswirtschaftlicher Inhalte mit Problemen behaftet sei. Er versucht eine Klärung mittels des Bezuges auf die inhaltliche Sachebene "Wirtschaftlicher Bereich". Hierunter fasst der Autor Prozesse der Leistungserstellung und –verwertung, die in einen ökonomischen Kontext einzuordnen seien. Dieser Empfehlung soll im Rahmen der vorliegenden Arbeit gefolgt werden.

Im Hinblick auf eine weitere Präzisierung des Kennzahlenbegriffs wird in der aktuellen Forschungsliteratur auch eine Reihe von unterschiedlichen Standpunkten diskutiert, die

---

nisse aus ordinalen Messungen trotz ihrer aufgeführten Subjektivitätsmerkmale zur Kennzahlenbildung herangezogen werden können (vgl. Weber, M., 2001: 19).

14 Vgl. darüber hinaus: Caduff (1981: 22ff.); DGQ (1999: 10); Garbe (1971: 202ff.); Geiß (1986: 42ff.); George (1999: 29); Gladen (2001: 9); Groll (1986: 11); Horváth/Partner (2000: 227); Lachnit (1979: 15ff.); Meyer (1994: 1f.); Nowak (1966: 704); Pfaffenholz (1973: 94ff.); Reichmann (1993a: 343); Reichmann (1995: 19); Reichmann/Lachnit (1976: 706); Serfling (1992: 255); Staehle (1967: 61f.); Vollmuth (2002: 6); Weber, M. (2002: 12); Weber (1997: 172).

im Folgenden dargestellt werden (vgl. Geiß, 1986: 18f., 77f.; George, 1999: 28ff.; Groll, 1986: 11; Meyer, 1994: 1ff.; Staudt et al., 1985: 22f.):

Inhaltliche Kontroversen fokussieren sich im Allgemeinen auf die *Ausdehnung des Kennzahlenbegriffs*: einige Autoren postulieren einen sogenannten engen Kennzahlenbegriff, der nur Verhältniszahlen als Kennzahlen zulässt. Autoren, die diese Ansicht vertreten, begründen ihren Standpunkt damit, dass absolute Zahlen keine Aussagekraft enthalten. Aussagekraft entstünde erst im Kontext des Vergleichs mit anderen Größen, wie im Falle der Verhältniskennzahlen. Ein solches Verständnis entspricht dem angloamerikanischen Terminus Ratio (vgl. Coenenberg, 1984: 379; Staudt et al., 1985: 22f.; Wissenbach, 1967: 37ff.). Andere Autoren fassen den Kennzahlenbegriff weiter, in dem sie auch absolute Zahlen als solche akzeptieren (vgl. Geiß, 1986: 22f.; George, 1999: 29; Groll, 1986: 11)[16]. In der deutschsprachigen Literatur[17] überwiegt die weite Fassung des Kennzahlenbegriffs u. a. aufgrund des Argumentes, dass auch Absolutzahlen mit anderen Zahlen verglichen werden können und so ebenfalls Informationskraft besitzen (vgl. Staudt et al., 1985: 23). Staudt et al. (1985: 24) bekräftigen diesen Standpunkt durch die Formulierung folgender Kennzahlendefinition: „Kennzahl ist eine Zahl, die in Bezug auf das Erkenntnisziel relevant ist und damit im Vergleich zu anderen Zahlen einen besonderen Aussagewert hat, unabhängig von ihrer quantitativen Struktur". Dieser Position soll im Rahmen der vorliegenden Arbeit gefolgt werden.

Neben der Diskussion zur inhaltlichen Eingrenzung des Kennzahlenbegriffs finden sich darüber hinaus Debatten zur adäquaten Verwendung diverser *synonym gebrauchter Begriffe*, wie: Betriebsziffer, Kennquote; Kennziffern, Kontrollzahlen, Kontrollziffern, Messzahlen, Messziffern, Ratio, Richtzahlen, Schlüsselgrößen, Schlüsselzahlen, Standardzahlen, Standardziffern; Wertverhältnis, etc. (vgl. George, 1999: 28f.)[18]. Hierzu werten Staudt et al. (1985: 22): „Die grundlegenden Begriffe sind nicht einheitlich, sie werden mit unterschiedlichem Inhalt gefüllt und insbesondere der zentrale Begriff

---

15 Vgl. darüber hinaus: Geiß (1986: 31); Groll (1986: 11); Horváth/Partner (2000: 227); Nowak (1966: 704); Schenk (1939: 1); Staehle (1967: 61f.); Weber, M. (2002: 12).

16 Vgl. darüber hinaus: Antoine (1958: 23ff.); Galler (1969: 13ff.); Hofmann (1976: 186); Hummel et al. (1980: 94); Lachnit (1979: 15-18); Meyer (1994: 4); Nowak (1966: 704); Oeller (1979: 116f.); Reichmann/Lachnit (1976: 706); Wissenbach (1967: 23-33); eingeschränkt auch: Nowak (1966: 704); Staehle (1967: 61f.); Staudt et al. (1985: 23).

17 In der nicht-deutschsprachigen Literatur findet sich nach Staehle (1967: 63) keine solche inhaltliche Diskussion des Kennzahlenbegriffs. Die englische Übersetzung ratio impliziere eindeutig, dass ausschließlich Verhältniszahlen berücksichtigt würden (vgl. Staehle, 1967: 112, 148).

‚Kennzahl' wird unterschiedlich definiert." Da in der Forschungsliteratur keine durchgängig synonyme Begriffsverwendung der oben genannten Termini erfolgt, wird zur Vermeidung von Missverständnissen im Rahmen dieser Arbeit ausschließlich von Kennzahlen gesprochen.

Ferner bestehen unterschiedliche Auffassungen darüber, aus welchen Informationsquellen Kennzahlen abgeleitet werden dürfen. Unklarheit besteht diesbezüglich darüber, „... inwieweit das betriebliche Rechnungswesen ausschließlich Informationen bereitstellt oder ob darüber hinaus eine Erweiterung der Datenbasis, etwa durch Einbeziehung von Daten der Marktforschung zulässig ist." (vgl. Geiß, 1986: 37f.). Ein Vertreter einer solchen strengen Kennzahlenforderung nach der ausschließlichen Akzeptanz von Bilanzkennzahlen ist bspw. Galler (1969: 10ff.). In der vorliegenden Untersuchung wird einer liberaleren und in der aktuellen Kennzahlenforschung weiter verbreiteten Definition gefolgt, die auch die Verwendung von empirisch erhobenen Daten als Kennzahlen zulässt (vgl. z. B. Meyer, 1994: 7; Wottawa, 1998)[19].

2.2.1.2. *Klassifizierung von Kennzahlentypen*

Im vorliegenden Kapitel werden eingangs Ziele und die Bedeutung der für die Untersuchung gewählten Methode zur Begriffsbestimmung vorgestellt. Da insbesondere der Begriffszusatz weich in der aktuellen Forschungsliteratur nicht (einheitlich) verwendet wird, soll so eine Klärung des Untersuchungsgegenstandes herbeigeführt werden. Für die Anwendung der Methodik ist die systematische Erstellung einer sogenannten morphologischen Matrix notwendig, mittels derer in Tabellenform ein Überblick über gängige Kennzahlentypologien gegeben wird (vgl. Geiß, 1986: 19f.). Diese Tabelle wird in einem nächsten Schritt dargestellt und hinsichtlich der Zuschreibung relevanter Klassifikationsmerkmale zur Kennzeichnung einer weichen HR-Kennzahl kritisch diskutiert.

In der Forschungsliteratur zur Definition des Untersuchungsgegenstandes existiert eine theoretische Konzeptionalisierung sowie eine ausreichende Fundierung und Klärung im Rahmen der Begriffsbildung nur im Ansatz. Aus diesem Grund wird eine Präzisierung des Begriffes durch eine *intensionale Begriffsbestimmung* vorgenommen (vgl. Geiß,

---

[18] Vgl. darüber hinaus: Antoine (1958: 22f.); Geiß (1986: 19f.); Hofmann (1977: 207); Meyer (1994: 1); Nowak (1966: 708); Staehle (1967: 62f.); Weber, M. (2002: 12); Wissenbach (1967: 24-39).

[19] Vgl. auch: Geiß (1986: 22); George (1999: 31); Staehle (1967: 74); Staudt et al. (1985: 28f.).

1986: 19f.). Hierunter ist eine Zuschreibung einzelner kennzahlenspezifischer Merkmale zu verstehen, die mittels einer (kritischen) systematischen Analyse der gängigen Kennzahlenliteratur und dort diskutierter Merkmale erfolgt[20]. Im Rahmen dieser Vorgehensweise zur Begriffsklärung soll einleitend kurz die entsprechende Forschungsliteratur vorgestellt werden, welche sich mit der Quantität und Qualität möglicher Merkmale auseinandersetzt, die zu einer validen Beschreibung eines Kennzahlentypus herangezogen werden können.

In der frühen Forschungsliteratur sind einfache Kennzahlendifferenzierungen zur Charakterisierung einzelner Kennzahlentypen üblich. So beschränkt sich Mellerowicz (1963/1964: 123ff.) bei einer Erfassung und Klassifizierung unterschiedlicher Kennzahlentypen auf eine Zweiteilung in finanz- und produktionswirtschaftliche Kennzahlen. Auch Nowak (1966: 710) schlägt zur Systematisierung der Kennzahlen eine Unterscheidung anhand von nur zwei Kriterien vor: globale und funktional begrenzte Kennzahlen. In den 80ern, vor dem Hintergrund einer zunehmenden Kennzahlenausbreitung, erfolgte eine Einordnung einzelner Kennzahlentypen anhand mehrerer Merkmalsdimensionen. (Operative) Kennzahlen lassen sich so bspw. in Anlehnung an Heinen (1976: 59-89; ähnlich Geiß, 1986: 42) anhand folgender drei Dimensionen beschreiben: (1) Inhalt (z. B. monetäre vs. nicht-monetäre Größen), (2) Wert (Zuordnung einer Zahl) und (3) Zeitbezug (Zeiträume vs. Zeitpunkte; statische vs. dynamische Kennzahlen). In jüngerer Zeit findet sich durch das zunehmend erweiterte Begriffsverständnis einer Kennzahl eine Reihe zusätzlicher Merkmalskategorien, die zur Beschreibung eines bestimmten Kennzahlentypus herangezogen werden können (vgl. Tab. 2.2-1). Dabei existieren in der aktuellen Forschungsliteratur allerdings keine Verweise, wie viele und welche dieser Kategorien festgelegt werden müssen, um einen bestimmten Kennzahlentyp eindeutig zu definieren. Die Definition eines Kennzahlentyps ist jeweils individuell vor dem Hintergrund des spezifischen Untersuchungskontextes zu erarbeiten.

Hierzu werden im Folgenden Klassifikationen von Kennzahlentypen vorgestellt, die mit Bezugnahme auf das Forschungsobjekt weiche HR-Kennzahlen interpretiert werden (vgl. Tab. 2.2-1). Betriebswirtschaftliche Kennzahlen können nach verschiedenartigen

[20] Alternativ könnte der Begriff mittels einer extensionalen Herangehensweise präzisiert werden: „Die Extension des Begriffs umfasst die Gesamtheit der Gegenstände, die unter diesen fallen." (vgl. Geiß, 1986: 19). Aufgrund der dieser Herangehensweise inhärenten Subjektivität und der Unmöglichkeit einer vollständigen Erfassung wird dieses Vorgehen als problematisch betrachtet und aus diesem Grund nicht angewendet.

Gesichtspunkten systematisiert werden (vgl. für einen Überblick: Reichmann, 1995: 19)[21]. Zumeist werden Merkmalstypologien jedoch nach Hauptanwendungsgebieten in der Unternehmenspraxis strukturiert. In Tab. 2.2-1 finden sich jene Klassifikationskriterien (nach unternehmensrelevanten Merkmalen alphabetisch sortiert[22]), die vor dem Hintergrund der vorliegenden Forschungsfragen als besonders relevant gelten können[23]. Aus diesem Grund erhebt die Darstellung keinen Anspruch auf Vollständigkeit aller potenziellen Klassifikationsmerkmale. Bei der Interpretation der Tabelle sollte zudem berücksichtigt werden, dass aufgrund der systematischen Erfassung gängiger Klassifikationen aus der entsprechenden Forschungsliteratur, die im folgenden aufgeführten Klassifikationsmerkmale zwangsläufig nicht überschneidungsfrei sind und zudem z. T. auch unterschiedliche logische Ebenen berücksichtigen bzw. von verschiedenen Standpunkten aus formuliert sein können.

Das in der relevanten Forschungsliteratur mit am häufigsten anzutreffende Klassifikationskriterium sind *statistisch-methodische Merkmale* (vgl. u. a. Meyer, 1994: 6; Vollmuth, 2002: 9 bzw. Tab. 2.2-1: Statistische Form) nach denen zwischen absoluten und Verhältniszahlen differenziert wird. Nach Staehle (1967: 74; Meyer, 1994: 6) überwiegen daneben Systematisierungen nach *Funktionsbereichen* einer Unternehmung (z. B. Personal, Marketing, etc.) bzw. die einfache binäre Unterscheidung zwischen lokalen und globalen Kennzahlen (vgl. Tab. 2.2-1: Funktionsbereich). Darüber hinaus findet sich jedoch auch eine Reihe von Forschungspublikationen, in denen hinsichtlich der *Datenherkunft* bzw. der *Messmethode* unterschieden wird (vgl. Tab. 2.2-1: Datenursprung sowie Messmethode). In diesem Zusammenhang wird bspw. zwischen Bilanz- und Befragungskennzahlen getrennt. Weitere Klassifizierungsmerkmale stellen die Bewertung der *Relevanz* einer Kennzahl im Sinne der Differenzierung zwischen Spitzen- und Hilfskennzahlen (vgl. Tab. 2.2-1: Relevanz) oder aber die *Zielorientierung* dar, nach der Kennzahlen hinsichtlich ihrer Aufgabe (hier: Analyse, Planung, Steuerung, Kontrolle) bzw. noch allgemeiner hinsichtlich ihrer normativen oder aber deskriptiven Grundausrichtung eingeordnet werden können (vgl. Tab. 2.2-1: Zielorientierung). Neben dem Unterscheidungsmerkmal *Zeitbezug* einer Kennzahl (vgl. Tab. 2.2-1: Zeithori-

---

[21] Vgl. darüber hinaus: Antoine (1958: 30f.); Geiß (1986: 20ff.); George (1999: 31); März (1983: 10-23); Meyer (1994: 13); Meyer (1994: 6ff.); Serfling (1992: 255); Staehle (1969: 52ff.); Staudt et al. (1985: 27ff.); Wissenbach (1967: 39-52).

[22] Sollten sich unterschiedliche Klassifikationen zu gleichen Merkmalen finden, werden sämtliche Klassifikationsvorschläge hintereinander aufgeführt.

zont) finden sich zahlreiche, insbesondere aktuellere Publikationen, die Kennzahlen hinsichtlich ihres *inhaltlichen Charakters*[24] in harte oder weiche, quantitative oder qualitative bzw. monetäre oder nicht-monetäre Größen differenzieren (vgl. Tab. 2.2-1: Inhaltlicher Charakter).

Allgemein lässt sich feststellen, dass die Betrachtung gebräuchlicher Klassifikationen primär mit dem herkömmlichen Kennzahlenverständnis (i. S. v. Bilanzgrößen) in Verbindung gebracht wird. Darüber hinaus ist zu konstatieren, dass die Systematisierungen zumeist praxeologisch abgeleitet werden. Eine theoretische Fundierung fehlt in vielen Fällen. Jedoch ist nach Staehle (1967: 76) positiv anzumerken, dass im Rahmen der bislang angesprochenen Systematisierungen „... die betriebswirtschaftlichen Kennzahlen lediglich in eine mehr oder minder sinnvolle Ordnung gebracht werden, wobei die Kennzahlen weitgehend gleichberechtigt nebeneinander stehen, also keinerlei Wertung vorgenommen wird."

Betrachtet man im Folgenden nun die zusammenfassende Darstellung der in der Forschungsliteratur verbreiteten Klassifizierungen (vgl. Tab. 2.2-1) und interpretiert die Zuschreibung der einzelnen kennzahlenspezifischen Merkmale zum Untersuchungsobjekt weiche HR-Kennzahlen, so lassen sich folgende Kernergebnisse feststellen. Im Rahmen der Einordnung weicher HR-Kennzahlen in einzelne Merkmalskategorien können die Ausprägungen folgender Merkmalsdimensionen relativ klar bestimmt werden (vgl. Hervorhebungen in Tabelle):

- *Datenursprung bzw. Messmethode*: Hier lassen sich dem Kennzahlentyp weiche HR-Kennzahl die Ausprägungen Datenursprung aus Statistiken bzw. Befragungen und die ordinalskalierte Messmethode eindeutig zuordnen (vgl. Weber, M., 2002: 18f., 26, 127; ähnlich DGQ, 1999: 49).
- *Funktionsbereich*: Der Kennzahlentyp weiche HR-Kennzahl weist bei einer Klassifikation nach Funktionsbereichen die Ausprägungen Personal oder HR bzw. in Ausnahmefällen auch das Merkmal Unternehmensführung auf (vgl. George, 1999: 31).
- *Inhaltlicher Charakter*: Eine Einordnung weicher HR-Kennzahlen in die Klassifikation nach diesem, eng mit dem ersten Merkmal Datenursprung verwandten Merk-

---

23 Dem Untersuchungsobjekt zugeschriebene Klassifikationsmerkmale werden in der Tabelle jeweils grafisch hervorgehoben.

24 Nach Staehle (1967: 148) zeigt sich bei einer vergleichenden Gegenüberstellung der internationalen Kennzahlenliteratur, dass eine weitgehende Übereinstimmung hinsichtlich der Erfassungsdimensionen Inhalt, Abgrenzung und Zielfunktionen besteht.

mal, ist für den vorliegenden Untersuchungsgegenstand relativ eindeutig vorzunehmen. Dabei lassen sich den weichen HR-Kennzahlen v. a. die Merkmalsausprägungen weich, qualitativ bzw. nicht-monetär zuschreiben (vgl. Weber, 2002: 18, 26).

- *Relevanz*: Hinsichtlich dieser Merkmalsdimension sind weiche HR-Kennzahlen als Sekundär- bzw. Hilfskennzahlen zu bewerten. Auch hierbei kann eine weitgehend klare Zuordnung erfolgen.
- *Zeithorizont:* nach IfaA (2000: 24; in Anlehnung an Brown, 1997: 19; ähnlich Horváth, 1993a: 472) sind weiche HR-Kennzahlen zumeist langfristig ausgerichtet.

Abschließend kann festgestellt werden, dass für die Definition des Kennzahlentyps weiche HR-Kennzahlen die folgenden, eindeutig zu bestimmenden, Merkmalsdimensionen herangezogen werden: (1) Datenursprung bzw. Messmethode, (2) Funktionsbereich und (3) Inhaltlicher Charakter. Aus Gründen der Komplexitätsreduktion soll neben den für die vorliegende Untersuchung als irrelevant befundenen Merkmalskategorien Wert und Zeitbezug bzw. Zeithorizont auch auf die Dimension Relevanz verzichtet werden. Eine Arbeitsdefinition anhand der drei oben festgelegten Merkmale ist für die Bestimmung weicher HR-Kennzahlen ausreichend. Eine weitere Spezifizierung erbringt keinen Mehrwert. Eine detaillierte Darstellung der sich so ergebenden Kennzahlendefinition findet sich in Kap. 2.2.1.4, Abb. 2.2-1).

Während für die bisher erarbeiteten Merkmalskategorien eine relativ eindeutige Zuordnung möglich ist, bereitet die Spezifizierung der mit dem Einsatz weicher HR-Kennzahlen verbundenen Zielsetzung Probleme. In der relevanten Forschungsliteratur finden sich z. T. keine klaren Vorstellungen von der Zielfunktion weicher HR-Kennzahlen. Insbesondere in der Praxisliteratur werden sowohl deskriptive als auch normative Aufgabeninhalte für diesen speziellen Kennzahlentyp formuliert: Weiche HR-Kennzahlen sollen demnach der Analyse-, Frühwarn-, Planungs-, Steuerungs- und Kontrollfunktion in jeweils unterschiedlicher Ausprägung dienen. Darüber hinaus finden sich teilweise

Tab. 2.2-1: Klassifikation des Kennzahlenbegriffs zur intensionalen Begriffsklärung des Untersuchungsgegenstandes

Quelle (Auszug)	Merkmal	Ansätze zur Klassifikation ■ = Kategorien mit Relevanz für weiche HR-Kennzahlen						
Nowak (1966: 710ff.)	(Unternehmens-) Beurteilung	Ergebnisse/ Rentabilität	Erträge/ Ertragswirtschaftlichkeit	Kosten/ Kostenwirtschaftlichkeit	Leistung/ Produktivität	Beschäftigung/ Kapazitätsausnutzung	Kapital/ Vermögensverhältnisse	Belegschaft/ Sozialverhältnisse ■
Weber/Sandt (2001: 10)	(Unternehmens-) Beurteilung	Finanzkennzahl (z. B. Cash Flow)	Markt-/Kundenkennzahl (z. B. Marktanteil)	Prozesskennzahl (z. B. Durchlaufzeit)	Mitarbeiterkennzahl (z. B. Zufriedenheit) ■	Innovationskennzahl (z. B. Anzahl Patentanmeldung)		
Antoine (1958: 30); Geiß (1986: 22); George (1999: 31); Kaps/Husmann (1995: 31f.); Meyer (1994: 7); Staehle (1967: 74); Staudt et al. (1985: 28f.); Wottawa (1998)	Datenursprung	Bilanz	Buchhaltung	Kostenrechnung	Statistik bzw. Empirie ■			
Kaps/Husmann (1995: 31f.); Reichmann (1993a: 343f.)	Datenursprung	Kostenrechnung	Bilanzen	Mitarbeiterbefragung ■	Sonstige			
Groll (1988: 17); Staudt et al. (1985: 70)	Datenursprung	Externe Daten (Benchmarking-Daten)	Interne Daten ■					
Staudt et al. (1985: 70)	Datenursprung	Primärquelle (z. B. Befragung) ■	Sekundärquelle (z. B. Finanzbuchhaltung) ■					
Geiß (1986: 28); George (1999: 31); Meyer (1994: 6f.); Nowak (1966: 710f.); Reichmann (1993a: 343); Staudt et al. (1985: 28); Weber (1997: 173)	Funktionsbereich	Lokale Kennzahl (nur für einen bestimmten Bereich, z. B. Personal) ■	Globale Kennzahl (unternehmensbezogen verdichtbar) ■					
Altfelder (1979: 36ff.); George (1999: 31); Groll (1988: 17); Meyer (1994: 7, 18f.); Nowak (1966: 710); Staehle (1967: 74); Staudt et al. (1985: 29); Weber, M. (2002: 12)	Funktionsbereich	Unternehmensführung allgemein ■	Personal ■	Entwicklung	Einkauf, Logistik	Fertigung	Vertrieb	Finanz-, Rechnungswesen
George (1999: 31); Meyer (1994: 7); Schott (1991: 21); Radke (1975: 845); Staudt et al. (1985: 29)	Gültigkeit („Reichweite")	Allgemeine Beurteilungs- und Steuerungszahl	Branchenbezogene Kennzahl	Unternehmensspezifische Kennzahl ■				
Gladen (2001: 12ff., 164); Vollmuth (2002: 8); Wätzold (2000: 98ff.); Weber, M. (2002: 18f.,126)	Inhaltlicher Charakter	Harte Kennzahl (bzw. „Hard Factor")	Weiche Kennzahl (bzw. „Soft Factor") ■					
Daniel (1963: 166)	Inhaltlicher Charakter	Quantitative Finanzkennzahl (z. B. Umsatz, Kosten)	Quantitative, physische Kennzahl (z. B. Marktanteil, Produktivität) ■	Nichtquantitative Kennzahl (z. B. Arbeitnehmer – Arbeitgeberbeziehungen) ■				
Heinen (1966: 114f.)	Inhaltlicher Charakter	Quantifizierbare, monetäre Ziele	Bonitäre Ziele ■	Nicht-quantifizierbare Ziele ■				
DGQ (1999: 21); Großklaus (1997: 251f.)	Inhaltlicher Charakter	Quantitative Kennzahl	Qualitative Kennzahl ■					
Galler (1969: 17); Geiß (1986: 27); George (1999:	Inhaltlicher Charak-	Monetäre Kennzahl bzw.	Nicht-monetäre Kennzahl bzw. ■					

<table>
<tr><th>Quelle (Auszug)</th><th>Merkmal</th><th colspan="24">Ansätze zur Klassifikation
= Kategorien mit Relevanz für weiche HR-Kennzahlen</th></tr>
<tr><td>31); Hahn (1976: 36); Meyer (1994: 13); Horváth (2000: 235)</td><td>ter</td><td colspan="12">Finanzielle Kennzahl</td><td colspan="12">Nicht-finanzielle Kennzahl</td></tr>
<tr><td>Mellerowicz (1967: 123ff.); Meyer (1994: 7); Staudt et al. (1985: 29); Schenk (1939: 5)</td><td>Inhaltlicher Charakter</td><td colspan="12">Finanzwirtschaftliche Kennzahl</td><td colspan="12">Produktionswirtschaftliche Kennzahl</td></tr>
<tr><td>Staudt et al. (1985: 29); Zwicker (1975: 2)</td><td>Inhaltlicher Charakter</td><td colspan="12">Direkt kontrollierbare Kennzahl</td><td colspan="12">Indirekt kontrollierbare Kennzahl</td></tr>
<tr><td>Weber, M. (2002: 18f.);</td><td>Messmethode</td><td colspan="12">Kardinale Messmethode</td><td colspan="12">Ordinale Messmethode</td></tr>
<tr><td>Eckardstein (1982: 423); Geiß (1986: 27f.); George (1999: 31); Heinen (1969: 105-118); März (1983: 59); Staehle (1967: 67); Wissenbach (1967: 122ff.)</td><td>Nutzer</td><td colspan="12">Externer Empfänger</td><td colspan="12">Interner Empfänger</td></tr>
<tr><td>Staudt et al. (1985: 29); Wolf (1977: 13f.)</td><td>Produktionsfaktor</td><td colspan="6">Industrie</td><td colspan="6">Menschliche Arbeitskraft</td><td colspan="6">Werkstoff</td><td colspan="6">Betriebsmittel</td></tr>
<tr><td>Graf/Hunziker/Scheerer (1961: 82ff.); Hunziker/Scheerer (1975: 186); Staudt et al. (1985: 29)</td><td>Relevanz ("Ziele")</td><td colspan="12">Primäre Kennzahl (z. B. Rentabilität, Wirtschaftlichkeit)</td><td colspan="12">Sekundäre Kennzahl (z. B. Arbeitskräfte, Arbeitsleistung, Einkauf, Lager, Umsatz)</td></tr>
<tr><td>Schulz-Mehrin (1960: 12); Staehle (1967: 77)</td><td>Relevanz ("Ziele")</td><td colspan="12">Grundkennzahl (z. B. Rentabilität, Produktivität, Wirtschaftlichkeit)</td><td colspan="12">Abgeleitete Kennzahl bzw. Teilkennzahl (alle übrigen Kennzahlen)</td></tr>
<tr><td>Betriebswirtschaftlicher Ausschuss des ZVEI (1971: 100); Staudt et al. (1985: 29)</td><td>Relevanz</td><td colspan="8">Spitzenkennzahl</td><td colspan="8">Hauptkennzahl</td><td colspan="8">Hilfskennzahl</td></tr>
<tr><td>Reichmann (1993b: 346)</td><td>Relevanz</td><td colspan="12">Kennzahl, die durch andere Kennzahlen erklärt wird</td><td colspan="12">Kennzahl, die andere Kennzahlen erklären soll</td></tr>
<tr><td>George (1999: 31); Meyer (1994: 48f.; 1994: 7; 50f.); Staudt et al. (1985: 29)</td><td>Relevanz („Erkenntniswert“)</td><td colspan="12">Kennzahl mit selbstständigem Erkenntniswert</td><td colspan="12">Kennzahl mit unselbständigem Erkenntniswert (d. h. beschreibende, erklärende oder vorhersagende Kennzahl)</td></tr>
<tr><td rowspan="2">DGQ (1999: 20); Esenwein-Rothe (1970: 819-824); Gladen (2001: 15f.); Geiß (1986: 22-27); George (1999: 31); Groll (1988: 12); Kaps/Husmann (1995: 31f.); Lachnit (1979: 20f.); Meyer (1994: 6f.); Nowak (1966: 704); Reichmann (1993a: 343f.); Staehle (1967: 64; 1969: 52f.); Staudt et al. (1985: 24ff.); Weber (1997: 172f.); Weber, M. (2002: 16f.); Wissenbach (1967: 44-50)</td><td rowspan="2">Statistische Form</td><td colspan="12">Absolute Zahlen (Einzelzahlen; z. B. Gewinn)</td><td colspan="12">Relative Zahlen (Verhältniszahlen)</td></tr>
<tr><td colspan="3">Einzelzahlen</td><td colspan="3">Summen</td><td colspan="3">Differenzen</td><td colspan="3">Mittelwerte</td><td colspan="4">Gliederungszahlen</td><td colspan="4">Beziehungszahlen</td><td colspan="4">Indexzahlen</td></tr>
<tr><td>Horváth (2000: 227); Staudt et al. (1985: 29); Sturm (1979: 9)</td><td>Statistische Form</td><td colspan="8">Ursprüngliche Zahlen (z. B. Stück)</td><td colspan="8">Abgeleitete Zahlen (z. B. Summen)</td><td colspan="8">Verhältniszahlen (z. B. Stück per Periode)</td></tr>
<tr><td>George (1999: 31); Meyer (1994: 7)</td><td>Umfang der Erhebung</td><td colspan="12">Standardkennzahl</td><td colspan="12">Betriebsindividuelle Kennzahl</td></tr>
<tr><td>Geiß (1986: 21f.)</td><td>Zeithorizont</td><td colspan="8">Kurzfristig</td><td colspan="8">Mittelfristig</td><td colspan="8">Langfristig</td></tr>
</table>

<table>
<tr><th>Quelle (Auszug)</th><th>Merkmal</th><th colspan="12">Ansätze zur Klassifikation
= Kategorien mit Relevanz für weiche HR-Kennzahlen</th></tr>
<tr><td>George (1999: 31)</td><td>Zeithorizont</td><td colspan="4">Vergangenheitsbezug</td><td colspan="4">Gegenwartsbezug</td><td colspan="4">Zukunftsbezug</td></tr>
<tr><td>Reichmann (1993c: 347); Weber/Sandt (2001: 11)</td><td>Zeithorizont</td><td colspan="6">Retrospektive Anwendung</td><td colspan="6">Prospektive Anwendung</td></tr>
<tr><td>George (1999: 31); Meyer (1994: 6f.); Reichmann (1993c: 347); Schott (1991: 23); Staudt et al. (1985: 29)</td><td>Zeitraum</td><td colspan="6">Zeitpunktbezogene Kennzahlenwerte</td><td colspan="6">Zeitraumbezogene Kennzahlenwerte</td></tr>
<tr><td>Staudt et al. (1985: 29); Wissenbach (1967: 67)</td><td>Zielorientierung (alternativ: Zweck)</td><td colspan="6">Betriebliche Übersichtskennzahl (z. B. Darstellung von Vergangenheit und Zukunft)</td><td colspan="6">Betriebliche Vergleichskennzahl (z. B. Analyse von Kausalzusammenhängen)</td></tr>
<tr><td>Endres (1975: 2155ff.); Staudt et al. (1985: 29);</td><td>Zielorientierung (alternativ: Erkenntnisgewinnung)</td><td colspan="4">Beschreibende Kennzahl</td><td colspan="4">Erklärende Kennzahl</td><td colspan="4">Vorhersagende Kennzahl</td></tr>
<tr><td rowspan="2">Gladen (2001: 17; angelehnt an Küpper, 1995)</td><td rowspan="2">Zielorientierung</td><td colspan="6">Analysekennzahl</td><td colspan="6">Steuerungskennzahl</td></tr>
<tr><td colspan="3">Vergangenheitsbezogen (Beurteilungs- oder Ursachengrößen)</td><td colspan="3">Zukunftsbezogen (Frühindikatoren)</td><td colspan="3">Entscheidungsbezogen</td><td colspan="3">Stellenbezogen</td></tr>
<tr><td>Staehle (1969: 59); Staudt et al. (1985: 29)</td><td>Zielorientierung („Anwendungsart“)</td><td colspan="3">Analyse des Betriebes</td><td colspan="3">Planung des Betriebsgeschehens</td><td colspan="3">Steuerung des Betriebsablaufs</td><td colspan="3">Kontrolle der Betriebsergebnisse</td></tr>
<tr><td>Geiß (1986: 21); Weber (1997: 173); Reichmann (1985: 17f.; 1993a: 343);</td><td>Zielorientierung („Modus“)</td><td colspan="6">Normative Kennzahl (Ziele, interne Standards, Handlungsaufforderungen)</td><td colspan="6">Deskriptive Kennzahl (Beschreibung von Sachverhalten, die einer weiteren Erklärung bzw. Analyse bedürfen)</td></tr>
<tr><td rowspan="2">Wolf (1977: 13f.); Meyer (1994: 7); Staehle (1967: 148); Staudt et al. (1985: 29); Wissenbach (1967: 50)</td><td rowspan="2">Zielorientierung („Planungsgesichtspunkt“)</td><td colspan="6">Soll-Kennzahl (=Norm)</td><td colspan="6" rowspan="2">Ist-Kennzahl (= Ergebnis eines objektiven Messprozesses)</td></tr>
<tr><td colspan="3">Standardkennzahl</td><td colspan="3">Plankennzahl</td></tr>
<tr><td>Kaminski (1997: 305); Weber, M. (2002: 39)</td><td>Zielorientierung</td><td colspan="6">Strategische Kennzahl</td><td colspan="6">Operative Kennzahl</td></tr>
<tr><td rowspan="2">Botta (1997: 19f.)</td><td rowspan="2">Zielorientierung</td><td colspan="6" rowspan="2">Beschreibende Kennzahl</td><td colspan="6">Frühwarnindikator</td></tr>
<tr><td colspan="3">Externer Frühwarnindikator</td><td colspan="3">Interner Frühwarnindikator</td></tr>
<tr><td>Eckardstein (1982: 423)</td><td>Zielorientierung</td><td colspan="4">Kennzahl zur Beschreibung und Erklärung</td><td colspan="4">Kennzahl zur Ziel- und Kontrollunterstützung</td><td colspan="4">Kennzahl zur Analyse</td></tr>
</table>

(in weiter Anlehnung an Staudt et al., 1985: 27ff.)

noch speziellere Zuschreibungen von Funktionen weicher HR-Kennzahlen, wie bspw. eine Informations-, Vorgabe-, Prognose-, kulturstiftende oder Rückkopplungsfunktion (vgl. Kap. 2.2.2.2; bzw. Gladen, 2001; Horváth, 2000; Reichmann, 1993; Vollmuth, 2002; Weber, 1997; Weber, M., 2002). Aufgrund des bislang nur unzureichend definierten und untersuchten Aufgabenfelds erhält daher die erste Forschungsfrage der vorliegenden Arbeit, welche sich auf die Beschreibung des Einsatzes weicher HR-Kennzahlen bezieht, eine besondere Bedeutung. Im Rahmen dieser Forschungsfrage soll untersucht werden, welche Aufgaben von diesem speziellen Kennzahlentyp bislang abgedeckt werden und wo Stärken und Schwächen desselben liegen. Insofern wird in der vorliegenden Untersuchung Grundlagenarbeit zur Klärung dieser Merkmalsdimension geleistet (vgl. Kap. 2.2.2).

2.2.1.3. *Diskussion der Begriffszusätze „HR" und „weich"*

Zur Klärung des zentralen Untersuchungsgegenstandes der vorliegenden Arbeit, weiche HR-Kennzahlen, wird im vorliegenden Kapitel der Stand der Begriffsklärung der Zusätze „weich" und „HR" in der aktuellen Forschungsliteratur dargestellt und hinsichtlich ihrer Nutzbarkeit für die vorliegenden Untersuchung kritisch diskutiert. Während der Begriffszusatz HR (Human Resources) die in der vorliegenden Arbeit untersuchten Kennzahlen eindeutig als Teilgruppe der Kennzahlen einer betrieblichen Funktion, und zwar der Personalabteilung, kennzeichnet (vgl. Tab. 2.2-1), besteht hinsichtlich des Zusatzes „weich" ein größerer Erklärungsbedarf. Vor diesem Hintergrund wird im zweiten Teil des Kapitels detailliert auf diesen Begriffszusatz sowie in der Literatur verwendete Synonyme eingegangen.

Die Klassifizierung von Kennzahlen nach bestimmten Funktionsbereichen einer Unternehmung, von denen eine Kategorie als Personal bzw. Arbeitskraft (vgl. Riedel, 1973), Belegschaft (vgl. Radke, 1969, 1982), etc. definiert wird, ist in der Forschungsliteratur weit verbreitet (vgl. u. a. Lembcke, 1971: 638-654; Meyer, 1994: 7, 18f.)[25]. Dabei beschreibt Großklaus (1997: 251)[26] die Eingrenzung des oben definierten Kennzahlenbegriffs auf den Funktionsbereich Personal als eine Personal- bzw. *HR-Kennzahl* folgen-

[25] Vgl. auch: Altfelder (1979: 36ff.); Faltay (1947); George (1999: 31); Groll (1988: 17); Meyer (1994); Nowak (1966: 710); Scheuing (1976); Schwantag (1969); Staehle (1967: 74); Staudt et al. (1985: 29).

[26] Vgl. darüber hinaus: Faltay (1947); Meyer (1994: 92); Rehkugler (1975: 1106-1112); Schulte (1989: 12f.); Staehle (1976: 845–856).

dermaßen: "Personalkennzahlen beziehen sich auf quantitativ erfassbare Aspekte der Führung des Faktors Personal in den Bereichen Personalbedarfs- und -strukturplanung, Personalbeschaffung, Anreizsysteme sowie der Personalentwicklung.". Auch Staudt et al. (1985: 99) konstatieren, dass hinsichtlich der Themeninhalte von Personalkennzahlen eine Konzentration auf personalstatistische Fragestellungen festzustellen sei: „Im Bereich Personal- und Sozialwesen finden sich insbesondere Arbeiten, die Kennzahlen oder Kennzahlensysteme zu „Personalaufwand und -daten“ entwickeln.“ So wurde in den ersten Forschungsarbeiten zu dieser Thematik bspw. ein Personalkennzahlensystem entwickelt, das die Planung, Kontrolle und Analyse von Personalaufwand und -daten ermöglicht (vgl. Grünefeld, 1981). Zu einem ähnlichen Thema veröffentlichten Biecker et al. (1976) einen Beitrag mit dem Ziel, eine Vereinheitlichung der Personalstatistik (anhand der wesentlichen Bereiche: Personalbestand, Personalzeit sowie Personalaufwand) und damit eine Gewährleistung der zwischenbetrieblichen Vergleichbarkeit des Personalaufwandes zu erreichen. Weitere Autoren, die sich speziell auf das Thema Personalkosten konzentrieren, sind z. B. Denk/Schweizer (1979) oder Stächlin (1976).

In der aktuellen Forschungsliteratur wird im Rahmen der Abgrenzung des Personalkennzahlenbegriffs vermehrt die Bedeutung qualitativer Personalkennzahlen, welche bspw. auch die Einstellung und Motivation der Mitarbeiter umfassen (vgl. Weber, M., 2002: 26f.), hervorgehoben. Hierbei wird insbesondere die Frühwarnfunktion einer Reihe von Personalkennzahlen betont (vgl. Ahorner, 1979; Eckardstein, 1982: 423ff.; Oehler, 1980). Insgesamt ist festzustellen, dass den Personalkennzahlen eine zunehmende Bedeutung zugeschrieben wird. Dieses wird z. B. an folgendem Zitat von Meyer (1994: 92) deutlich: „Die Menschen und ihre Leistungen prägen das Unternehmen, bestimmen ihr Erscheinungsbild und ihre Handlungsweise gegenüber allen am Unternehmensgeschehen Beteiligten. Das Personal gehört mit zu den sensibelsten Bereichen; die Struktur und die Entwicklung des Personals sollte im Interesse der langfristigen Sicherung des Unternehmens kontrolliert und gesteuert werden.“

Eine Differenzierung innerhalb der Personalkennzahlen beruht in den meisten Fällen auf einzelnen funktionalen Kriterien, wie z. B. der Personalbeschaffung oder -bindung (vgl. u. a. Eckardstein, 1982: 423-426)[27]. Demgegenüber erfolgt eine Klassifizierung der Per-

[27] Vgl. darüber hinaus: DGQ (1999: 21); Gladen (2001: 14); Horváth (2000: 235); Rehkugler (1975: 1106-1112); Siegert (1967); Staehle (1976: 845-856); Vollmuth (2002: 8); Wätzold (2000: 98ff.); Weber, M. (2002: 18f.).

sonalkennzahlen nach messmethodischen oder inhaltlichen Kriterien (in z. B. weiche oder harte Personalkennzahlen) nur teilweise. In der Forschungsliteratur findet sich in diesem Zusammenhang eine Reihe z. T. synonym gebrauchter Begriffe, die nur selten explizit definiert werden (vgl. z. B. Vollmuth, 2002: 8)[28]. Die Analyse dieser Kennzahlentypen bezieht sich nur in wenigen Arbeiten explizit auf die Teilgruppe der Personal- bzw. HR-Kennzahlen (vgl. Weber, M., 2002: 18f.). Vielmehr beschränkt die Mehrheit der Autoren eine solche inhaltliche Unterscheidung nicht auf HR-Kennzahlen (vgl. z. B. Wätzold, 2000: 98ff.)[29]. In den folgenden Abschnitten erfolgt eine inhaltliche Klärung der in der Forschungsliteratur z. T. synonym gebrauchten Begriffe zur Klassifizierung von weichen HR-Kennzahlen. Hierbei wird speziell auf folgende Begrifflichkeiten eingegangen: (1) monetäre vs. nicht-monetäre Kennzahlen, (2) quantitative vs. qualitative Kennzahlen, (3) objektive vs. subjektive Kennzahlen sowie (4) harte vs. weiche Kennzahlen.

Besonders häufig anzutreffen ist die Unterscheidung zwischen *monetären und nicht-monetären* Größen (vgl. Tab. 2.2-1; Galler, 1969: 17; George, 1999: 31; Hahn, 1976: 36; Meyer, 1994: 13). Hierzu definiert Geiß (1986: 27): „Monetäre Größen sind Wertgrößen, nicht-monetäre Größen sind Mengen- und Zeitgrößen.“. Eine solche Unterscheidung ist im Falle der vorliegenden Arbeit problematisch, weil fast alle Personalkennzahlen nicht-monetäre Größen darstellen. Daher wäre bspw. mittels einer solchen Klassifikation der inhaltliche Unterschied zwischen einer Fluktuationsrate und einem Mitarbeiterzufriedenheitsindex nicht abbildbar. Zudem stehen auch in der allgemeinen Kennzahlenliteratur eine Vielzahl von Mengen- und Zeitgrößen ersatzweise für die (monetären) Wertgrößen (vgl. Geiß, 1986: 27). Gleiches gilt für die von Horváth (2000: 235ff.) beschriebene Unterscheidung zwischen finanziellen und nicht-finanziellen Kennzahlen.

Eine weitere gängige Differenzierung von Kennzahlen beruht auf der Unterscheidung zwischen *quantitativen und qualitativen* Kennzahlen (vgl. u. a. Daniel, 1963: 166; Heinen, 1966: 114f.)[30]. Hier wird der qualitative Inhalt (z. B. Personalarbeit) als Abgren-

---

[28] Vgl. darüber hinaus: DGQ (1999: 21); Gladen (2001: 14); Horváth (2000: 235); Wätzold (2000: 98ff.); Weber, M. (2002: 18f.).

[29] Vgl. darüber hinaus: DGQ (1999: 21); Gladen (2001: 14); Horváth (2000: 235); Vollmuth (2002: 8); Weber, M. (2002: 18f.).

[30] In der allgemeinen Kennzahlenliteratur werden die Termini quantitativ und qualitativ z. T. synonym zu den Begriffen monetäre vs. nicht-monetäre bzw. harte vs. weiche Kennzahlen verwendet.

zungskriterium genutzt, wie sich z. B. bei Großklaus (1997: 251ff.) zeigt, der u. a. die Fluktuationsrate als qualitative Kennzahl sieht. In anderen Forschungsbeiträgen (vgl. z. B. Geiß, 1986: 45; DGQ, 1999: 21) werden die Termini quantitativ und qualitativ über den geforderten Maßgrößencharakter einer Kennzahl definiert. Geiß (1986: 45f.) bemerkt hierzu, dass qualitative Größen, die nicht messbar bzw. quantifizierbar sind (z. B. ein Unternehmensleitbild), keine Kennzahlen darstellen können. Numerische Zahlen, die qualitative Sachverhalte (z. B. Mitarbeiter- oder Kundenzufriedenheit) mittels einer Ordinalskala erfassen, bezeichnet der Autor als qualitative Kennzahlen; kardinal messbare Größen als quantitative Kennzahlen. Andere Autoren wie bspw. Scholz (2002: 486) betrachten alle Kennzahlen (auch Befragungsergebnisse) aufgrund ihrer Begriffsethymologie als quantitativ. Aufgrund des geschilderten uneinheitlichen Begriffsverständnisses von quantitativen und qualitativen Personalkennzahlen, das zum einen über den Inhalt und zum anderen über die Messmethode begründet wird, erscheint eine Übernahme der Begrifflichkeit in der vorliegenden Arbeit als problematisch. Zudem widerspricht die umgangssprachliche Konnotation des Terminus qualitativ der äußeren Kennzahlendarstellung, die in Form einer numerischen Größe vorgenommen erscheint.

In der relevanten Forschungsliteratur findet sich das Klassifikationsmerkmal *subjektive vs. objektive Kennzahl* nur in wenigen Fällen. Im Rahmen einer Definition anhand von Beispielen stellt die DGQ (1999: 49) fest: "Beispiele für [subjektive] Kennzahlen sind [der] Mitarbeiterzufriedenheitsindex [oder die] Mitarbeiterstimmung.". Auch wenn in diesem Fall die geringste fachspezifische Vorprägung des Klassifikationsbegriffs vorliegt, soll auf die Verwendung der Begrifflichkeit subjektive vs. objektive HR-Kennzahl verzichtet werden. Zum einen fehlt die theoretische Auseinandersetzung mit dem Terminus und zum anderen ist die alltagssprachliche Konnotation des Begriffes subjektiv missverständlich (vgl. Kap. 2.4.2 Experteninterviews). Die Charakterisierung als subjektive Größe widerspricht dem geforderten, inhärenten Kennzahlenmerkmal des Informations- bzw. Entscheidungscharakters.

Alternativ zur Verwendung der aufgezeigten inhaltlichen Klassifikationen von Kennzahlen bzw. Personalkennzahlen, wird teilweise der Terminus *Indikator* verwendet (vgl. DGQ, 1999: 21; Gladen, 2001: 14f.). Diese Begrifflichkeit soll im Rahmen eines abschließenden Exkurses erläutert werden. Ganz allgemein findet sich folgende Einordnung des Indikator-Begriffes (DGQ, 1999: 21): "Innerhalb eines Unternehmens existiert eine breite Palette von Daten. Erst durch eine gezielte Verdichtung werden aus diesen Daten Informationen. Lassen aufbereitete Daten Rückschlüsse auf Veränderungen zu, so werden diese Informationen zu Indikatoren. Sind diese aussagefähig und präzisiert man anschließend die Aussage, so ergeben sich letztendlich Kennzahlen." Gladen (2001: 14; siehe auch Küpper, 1995; Weber, 2000) präzisiert diese Einordnung durch folgende Definition: "Indikatoren im engeren Sinn sind keine über Verdichtung gewonnenen quantitativen Informationen. Sie sind Ersatzgrößen, deren Ausprägung oder Veränderung den Schluss auf die Ausprägung und Veränderung einer anderen als wichtig erachteten Größe zulassen." Hiernach hätten Indikatoren eine sogenannte Stellvertreterfunktion, da sie nicht direkt messbare bzw. beobachtbare Tatbestände oder Größen abbilden. Insofern sind Indikatoren zwar leichter erfassbar, besitzen jedoch auch dementsprechend eine geringere Validität als Kennzahlen, welche direkt die interessierenden Sachverhalte abbilden (vgl. Gladen, 2001: 12, 14; Weber, 2000: 217ff.). Die DGQ (1999: 21) unterscheidet wiederum zwischen qualitativen und quantitativen Indikatoren. Hiernach wäre bspw. die Fluktuationsrate oder die Krankheitsquote ein quantitativer Indikator für Arbeitszufriedenheit. In der vorliegenden Untersuchung soll es nicht nur um solche Stellvertretergrößen gehen, sondern auch um direkt gemessene Kennzahlen zu qualitativen Themen wie bspw. der Mitarbeiterzufriedenheit. Aus diesem Grund wird auf die Verwendung des Begriffes Indikator verzichtet.

Während in der allgemeinen Kennzahlenliteratur *harte Kennzahlen* oftmals mit finanziellen Größen und *weiche Kennzahlen* mit nicht-finanziellen Größen gleich gesetzt werden (vgl. u. a. Strack et al., 2000: 285) werden die Termini hart und weich innerhalb der Personalkennzahlenliteratur teilweise in einem anderen Zusammenhang verwendet. Weber, M. (2002: 126; ähnlich Matiaske/Mellewigt, 2001: 9)[31] unterscheidet in diesem Zusammenhang explizit zwischen harten und weichen Personalkennzahlen. Dabei zählt der Autor zu den harten Personalkennzahlen bspw. die Produktivitätskennzahlen (z. B. Umsatz pro Mitarbeiter), Verfügbarkeitsquote, Fehlzeitenquote, Fluktuationsquote, Anzahl der Kündigungen sowie Ausgaben für Weiterbildung. Weiche Personalkennzahlen beziehen sich nach seiner Auffassung bspw. auf Kenntnisse und Fähigkeiten der Mitarbeiter, Mitarbeiterzufriedenheit, Arbeitsklima, Motivation, Loyalität, Kompetenz der Führungskräfte oder die Unternehmenskultur. Eine solche definitorische Annäherung

[31] An anderer Stelle spricht Weber, M. (2002: 18f., 26) alternativ von sogenannten weichen Faktoren bzw. von Soft Facts. Für beide Begriffe, die er synonym verwendet, nennt er die Beispiele Kundenzufriedenheit bzw. Mitarbeitermotivation.

durch eine Aufzählung von Beispielen an den Begriff weiche Kennzahl findet sich in der Forschungsliteratur häufig (vgl. z. B. DGQ, 1999: 49; Gladen, 2001: 14, 164). Eine Präzisierung des Begriffes weiche HR-Kennzahl erfolgt darüber hinaus teilweise durch die Einbeziehung der Merkmalsdimensionen Funktion und Messmethode (vgl. Kap. 2.2.1.2). So postuliert bspw. Weber (2002: 18f.), dass weiche Kennzahlen ordinal erfasst werden. Auch Gladen (2001: 14, 164)[32], Vollmuth (2002: 8) und Wätzold (2000: 98ff.) bezeichnen in diesem Zusammenhang Daten, die aus Mitarbeiterbefragungen bzw. aus "nicht direkt beobachtbaren Tatbeständen“ abgeleitet werden, als weiche Kennzahlen bzw. weiche Faktoren. Ersterer benennt Mitarbeiterzufriedenheit, Motivation und Treue als die relevanten weichen Faktoren für die HR-Funktion.

Auch wenn das teilweise unterschiedliche Begriffsverständnis der Termini hart und weich als problematisch zu bewerten ist, soll in der vorliegenden Untersuchung aus den folgenden Gründen auf diese Begriffszusätze zurückgegriffen werden:

- Der Terminus weich widerspricht den inhaltlichen Grundvoraussetzungen einer Kennzahl (numerisch, aggregiert, informativ und betriebswirtschaftlich) nicht.
- Obwohl nur in geringem Ausmaß theoretisch-begriffliche Grundlagenarbeit geleistet worden ist, existieren zahlreiche Literaturquellen, die den Terminus „weiche Kennzahl“ zumindest exemplarisch eingrenzen.
- Der Begriff weich ist alltagssprachlich nicht so konnotativ vorbelastet wie die Termini subjektiv oder qualitativ. Vielmehr hat sich im Rahmen der empirischen Untersuchung (vgl. Experteninterviews und Pretests) gezeigt, dass der Begriff weiche Kennzahl sowohl häufig in der betrieblichen Praxis verwendet als auch am ehesten verstanden wird.
- Darüber hinaus ist zu bemerken, dass die begriffliche Festlegung des Untersuchungsgegenstandes nicht allein an der (inhaltlichen) Dimension (hart vs. weich), sondern auch anhand der Dimensionen Funktion sowie Datenursprung festgemacht wird. So erfolgt eine zusätzliche Spezifizierung und Klärung des Begriffzusatzes weich.

Abschließend kann festgehalten werden, dass mit dem Terminus „weiche Kennzahl“ solche Kennzahlen bezeichnet werden, die nicht direkt erfassbar sind, sondern mittels

[32] Gladen (2001: 14, 164) macht den Unterschied zwischen harten und weichen Faktoren ursprünglich am Beispiel der Marktforschung fest. Während Kundenzufriedenheit einen weichen Faktor darstellt, ist die Anzahl der Kundenbeschwerden als harter Faktor zu werten.

Operationalisierungen gemessen werden. Eine konkrete Arbeitsdefinition wird im folgenden Kapitel erarbeitet.

2.2.1.4. *Ableitung der Definition „weiche HR-Kennzahl"*

In diesem Kapitel wird eine Arbeitsdefinition zum Begriff „weiche HR-Kennzahl" abgeleitet. Zusammenfassend lässt sich konstatieren, dass die Festlegung der Hauptmerkmale von Kennzahlen in der vorliegenden Arbeit in Anlehnung an einen weit gefassten Kennzahlenbegriff erfolgt (vgl. Kap. 2.2.1.1), der durch folgende Aspekte definiert wird:

- *Entscheidungs- bzw. Informationscharakter,* d. h. Kennzahlen dienen der Vermittlung sogenannten zweckorientierten Wissens. Sie lassen sich somit in diesem ersten Punkt durch ihren Anwendungsbezug beschreiben.
- *Maßgrößencharakter*, d. h. Dinge und Ereignisse werden mittels numerischer, quantifizierter Werte charakterisiert.
- *Verdichtungscharakter*, d. h. Aussagen werden fokussiert und aggregiert bereitgestellt. Kennzahlen sind in diesem Sinne als sogenannte verdichtete Informationen anzusehen.
- *Betriebswirtschaftlicher Gegenstandsbereich*, d. h. die durch die Kennzahlen abgebildeten Sachverhalte beziehen sich auf unternehmerisches Geschehen.

Im Folgenden wird eine intensionale Spezifizierung des Kennzahlenbegriffs hinsichtlich der zu definierenden Kennzahlengruppe weiche HR-Kennzahlen anhand der in Kap. 2.2.1.2 festgelegten Merkmalsdimensionen 1) Funktionsbereich, 2) Inhaltlicher Charakter und 3) Messmethode bzw. Datenherkunft vorgenommen (vgl. Abb. 2.2-1).

Dabei ergibt sich eine Zuordnung der Merkmalsausprägung der ersten Dimension *Funktionsbereich* bereits durch die Etymologie des Begriffzusatzes „HR". Unter HR-Kennzahlen werden nur solche Kennzahlen verstanden, die sich auf den Funktionsbereich Personal (bzw. der Unternehmensführung) beziehen.

Eine Beschreibung der Merkmalsausprägung der zweiten Dimension *inhaltlicher Charakter* bezieht sich auf die in Tab. 2.2-1 aufgeführten weichen, nicht-monetären bzw.

qualitativen Kategorien. Weiche Kennzahlen beruhen nach Weber, M. (2002: 26) „nicht auf harten Daten, sondern v. a. auf [weichen] Verhaltensweisen und Einstellungen.".

Hinsichtlich der dritten Merkmalsdimension lässt sich feststellen, dass weiche HR-Kennzahlen v. a. mittels *ordinaler Messmethoden* erhoben werden (Weber, 2002: 18): „Viele betriebswirtschaftliche Tatbestände sind quantitativer Natur [...]. Die klare Zuordnung des kardinalen Messens ist jedoch nicht möglich, wenn Sie qualitative bzw. weiche Faktoren, also bestimmte Einstellungen wie z. B. die Kundenzufriedenheit oder die Mitarbeitermotivation messen wollen. Hierfür haben Sie die Möglichkeit des ordinalen Messens, der Zuordnung zu bestimmten Wertgrößen." Dies geschieht nach Weber, M. (2002: 26, 127; ähnlich DGQ, 1999: 49) v. a. mittels Befragungen.

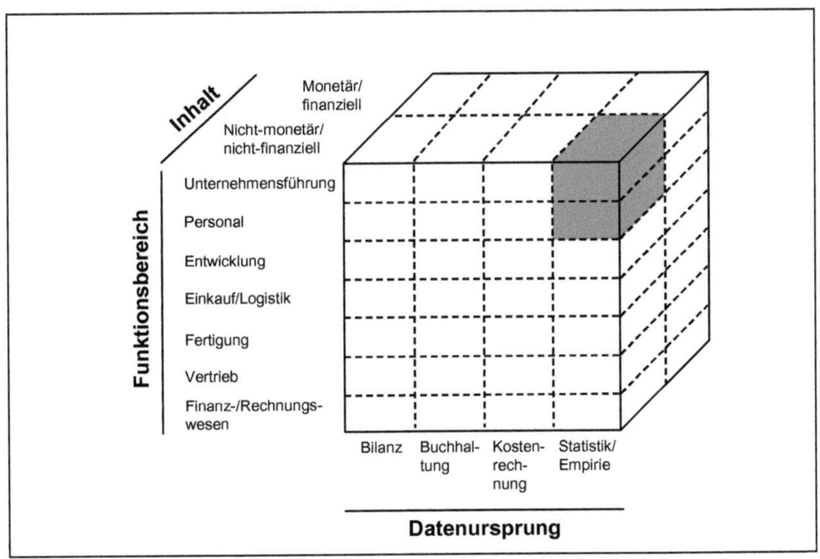

Abb. 2.2-1: Positionierung der eigenen Arbeitsdefinition

Die Bezeichnung Kennzahl ist nach Meyer (1994: 18) grundsätzlich auch für die gerade definierte Teilgruppe der weichen Personalkennzahlen zulässig, die sich über die Schnittmenge der eben aufgeführten drei Punkte (Inhalt, Funktionsbereich, Datenursprung) definiert (vgl. Abb. 2.2-1). Insofern lässt sich zusammenfassend folgende eigene Arbeitsdefinition weicher HR-Kennzahlen ableiten:

„Quantifizierte, zweckorientierte, aggregierte Informationen über Dimensionen, die sich auf menschliche Einstellungen oder Verhaltensweisen beziehen und in unmittelbarem Zusammenhang mit betriebswirtschaftlich wichtigen Tatbeständen einer Organisation (insbesondere der Personalarbeit) stehen sowie ferner nur indirekt aus Personalstatistiken oder mittels ordinaler, empirischer Erhebungen generiert werden können, werden als weiche HR-Kennzahlen bezeichnet."

2.2.2. Inhaltliche Grundlagen des Kennzahlenbegriffs

Im folgenden Kapitel soll eine Bewertung des Untersuchungsobjektes weiche HR-Kennzahlen erfolgen. Hierzu werden einleitend die in der relevanten Forschungsliteratur dargestellten Qualitätskriterien von Kennzahlen aufgeführt und kritisch diskutiert (vgl. Kap. 2.2.2.1). Des Weiteren werden die Funktionen und Ziele erörtert, die in empirischen und konzeptionellen Arbeiten mit Kennzahlen in Verbindung gebracht werden (vgl. Kap. 2.2.2.2). Anschließend werden inhärente Schwächen (vgl. Kap. 2.2.2.3) und Stärken (vgl. Kap. 2.2.2.4) von Kennzahlen dargestellt und hinsichtlich ihrer Übertragung auf den Untersuchungsgegenstand weiche HR-Kennzahlen kritisch geprüft.

2.2.2.1. Qualitätskriterien von Kennzahlen

Qualitätsbeurteilungen bzw. Anforderungen an Kennzahlen sind zentraler Bestandteil in der (Praxis-)Kennzahlenliteratur (vgl. Meyer, 1994: 25)[33]. Neben Qualitätskriterien von Einzelkennzahlen werden in diesem Zusammenhang insbesondere auch Qualitätskriterien von Kennzahlensystemen behandelt[34]. Jede einzelne Kennzahl ist demnach auch

[33] Vgl. darüber hinaus: Bruns (1968); Grotz-Martin (1976); Lee/Lindquist/Acito (1997); Maltz/Kohli (1996); Moenaert/Souder (1990b); Moorman/Austin (1995); Zmud (1978).

[34] Charakteristische Schwächen von Management- bzw. Kennzahlensystemen sind in der z. T. zu einseitigen Auswahl der Kennzahlen begründet. Folgende Kritikpunkte lassen sich in der Literatur finden: zu operativ (Gladen, 2001: 2; Horváth, 1998: 22, 2000: 237), zu vergangenheitsorientiert (Gladen, 2001: 2; Horváth, 1998: 22, 2000: 237; IfaA, 2000: 15; Klingebiel, 1998: 10; Lynch/Cross, 1991: 64ff.; Weber, M., 2002: 21ff.); zu enger inhaltlicher Fokus: fehlende Beachtung nicht-monetärer Leistungsgrößen (Großklaus, 1997: 174; Heinen, 1966: 221f.; Horváth, 1993b: 476, 1998: 22, 2000: 237; IfaA, 2000: 15; Klingebiel, 1998: 10; Lynch/Cross, 1991: 64ff.; Marr/Stitzel, 1979; Pfeffer, 1997: 363; Reichheld, 1996; Staehle, 1967: 82; Weber/Schäffer, 1999: 333; Weber, M., 2002: 25); Kurzfristorientierung (Gladen, 2001: 128); Konzentration auf Symptome, nicht auf Ursachen (Horváth, 1998: 22, 2000: 237); keine Verbindung zur Unternehmensstrategie (Horváth, 1998: 22, 2000: 237); ungeklärte Einbindung in Managementsysteme (Horváth, 1998: 22, 2000: 237); begrenzte Flexibilität (Horváth, 2000: 238; Klingebiel, 1998: 10; Lynch/Cross, 1991: 64ff.); einseitige Zielsetzung in bezug auf Kostenreduzierung (Horváth, 2000: 238; Klingebiel, 1998: 10; Lynch/Cross, 1991: 64ff.); isolierte Bewertung von Kosten, Ergebnissen und Qualität (Horváth, 2000: 238; Klingebiel, 1998: 10; Lynch/Cross, 1991: 64ff.; Pfeffer, 1997: 362); zu detailliert (Gladen, 2001: 2); oft nur sehr globale

daran zu beurteilen, ob sie zur Qualitätssicherung des gesamten Systems beiträgt. Die zuletzt genannten Fragestellungen sind jedoch nicht Inhalt der vorliegenden Arbeit und sollen daher nicht weiter vertieft werden.

Im Folgenden soll ein Überblick über die in ausgewählten Studien diskutierten Qualitätsmerkmale gegeben werden. Hierzu werden die identifizierten Qualitätskriterien, in Tabellenform, systematisch zusammengefasst. Hierbei wird zudem auf den Kontext eingegangen, aus dem die entsprechenden Qualitätsmerkmale abgeleitet wurden (vgl. Tab. 2.2-2).

In diesem Zusammenhang lässt sich feststellen, dass sich z. T. unsystematische Auflistungen möglicher Qualitätskriterien finden, welche sich teilweise zudem auf unterschiedlichen logischen Ebenen befinden und nicht immer überschneidungsfrei sind. Eine im Rahmen der Diskussion über Qualitätskriterien entwickelte Klassifikation stellt die von Galler (1969: 274) und Staudt et al. (1985: 106f.) vorgenomme Unterscheidung in (1) objektive Faktoren (z. B. Aktualität, Zweckorientierung, Wirtschaftlichkeit, Praktikabilität einer Kennzahl) sowie (2) subjektive Faktoren (z. B. Akzeptanz, Kompetenz) dar. Im Rahmen des vorliegenden Kapitels sollen nur die objektiven Größen berücksichtigt werden[35]. Eine weitere Systematisierung der Qualitätskriterien von Kennzahlen findet sich bei Gladen (2001: 9; 12; 66), der hinsichtlich formaler und funktionaler Anforderungen an Kennzahlen differenziert. Die vorliegende Untersuchung greift jedoch auf die von Geiß (1986: 37f.) und Liebig (1977: 71ff.) vorgenommene Unterscheidung zwischen (1) anwendungsbezogenen (z. B. Konzeption, Methodik, Umsetzung der Kennzahlenerhebung) und (2) sachbezogenen Kriterien (z. B. Wirtschaftlichkeit, Aktualität, Zweckorientierung) zurück. Diese Systematisierung entspricht der in der vorliegenden Untersuchung vorgenommen Unterscheidung in Ausprägungsmerkmale und Beurteilungsmerkmale weicher HR-Kennzahlen.

Abschließend soll die erarbeitete Tabelle (vgl. Tab. 2.2-2) hinsichtlich der aufgeführten Qualitätskriterien von Kennzahlen interpretiert werden. Dabei werden in einem ersten Schritt die anwendungsbezogenen Merkmale differenziert betrachtet und mögliche Imp-

Aussagen (Weber, M., 2002: 25); fehlender Fokus (Gladen, 2001: 2; Reichmann, 1993c: 347, Weber/Schäffer, 1999: 333; Pfeffer, 1997: 361; Sen, 1995).

35 Eine Diskussion und Einbindung der subjektiven Kriterien findet in den Kapiteln „Individuumszentrierte Kontextfaktoren“ (vgl. Kap. 2.2.3.1.3) sowie „Akzeptanz“ (vgl. Kap. 2.2.3.3) statt.

likationen für die vorliegende Arbeit abgeleitet. In einem nächsten Schritt erfolgt die Diskussion der sachbezogenen Qualitätskriterien. Generell ist zu konstatieren, dass die zusammengestellten Qualitätsmerkmale nicht nur Prädiktoren für den Implementierungsprozess, sondern insbesondere auch darüber hinaus für die erfolgreiche Implementierung der Kennzahlen in Steuerungssysteme darstellen (vgl. z. B. Kaps/Husman, 1995: 36; Staehle, 1967: 71ff.; Staudt et al., 1985: 69ff.).

Bei der Betrachtung der *anwendungsbezogenen Kriterien* zeigt sich, dass sich die aufgeführten Qualitätskriterien (vgl. Tab. 2.2-2) - wie bspw. die Definition einer Kennzahlenzielvorgabe oder die Sicherstellung der Richtigkeit der Messung - in eine chronologische Abfolge einordnen lassen, die von der Konzeption weicher HR-Kennzahlen bis zu deren Einbindung in Managementsysteme reicht. Eine solche mehr oder weniger explizite Prozessdarstellung findet sich u. a.[36] bei der DGQ (1999: 18-23), George (1999: 38ff.), Meyer (1994: 43f.) oder Staehle (1967). Dabei können i. d. R. vier Prozessschritte unterschieden werden, auf die in der vorliegenden Untersuchung im Rahmen der Erfassung der Ausgestaltung weicher HR-Kennzahlen zurückgegriffen wird. Die jeweiligen Kerninhalte der einzelnen Prozessschritte werden im Folgenden dargestellt:

- *Konzeption*: Im Rahmen dieses ersten Prozessschritts ist eine besondere Betonung eines theorie- bzw. hypothesengeleitenen Vorgehen (vgl. z. B. George, 1999: 38ff.; Staudt et al., 1985: 69ff.)[37] anzutreffen. Diese wird in der Praxis häufig über den Einbezug externer Experten bzw. der Etablierung von Fachabteilungen sichergestellt. Darüber hinaus existiert in zahlreichen Beiträgen die Forderung nach einer sogenannten adressatenorientierten Konzipierung (vgl. z. B. George, 1999: 38ff.)[38] von Kennzahlen, mit der die Notwendigkeit der Berücksichtigung von Nutzerinteressen bezeichnet wird. Auch diese Forderung findet sich eher in Unternehmen erfüllt, welche die Verantwortlichkeit für weiche HR-Kennzahlen professionell definieren. Auf dieser Basis kann folgende Forschungshypothese abgeleitet werden:

  H1: Je professioneller die Entwicklung weicher HR-Kennzahlen ausgestaltet ist, desto wahrscheinlicher ist deren (erfolgreiche) Adoption.

---

[36] Vgl. darüber hinaus: Gladen (2001: 9, 12, 66), Staudt et al. (1985: 69ff.), Vollmuth (2002: 23ff.), Weber, M. (2002: 21ff.).

[37] Vgl. darüber hinaus DGQ (1999: 18-23); Geiß (1986: 37f.); Meyer (1994: 24ff.); Staehle (1967: 71f.).

[38] Vgl. darüber hinaus: Gladen (2001: 11); Staudt et al. (1985: 69ff.).

- *Umsetzung*: Zu diesem Prozessschritt existieren insbesondere Verweise auf die Richtigkeit und Nachvollziehbarkeit des Messvorgangs (vgl. z. B. Vollmuth, 2002: 23ff.)[39]. Darüber hinaus finden sich in der Forschungsliteratur zu dieser Thematik Forderungen nach einer professionellen i. S. v. einer qualitativ und quantitativ ausreichenden Kommunikation (vgl. Day, 1994: 44; Hewitt, 2002). Hieraus ergibt sich die folgende Forschungshypothese:

  H2: Je ausführlicher die Kommunikation über die Ergebnisse weicher HR-Kennzahlen, desto wahrscheinlicher deren (erfolgreiche) Adoption.

- *Auswertung*: Bei dieser Phase wird im Allgemeinen auf die Bedeutung der Güte der Darstellung, der Vergleichsrechnungen sowie der Kompetenz der Verantwortlichen verwiesen (vgl. z. B. DGQ, 1999: 18-23; Gladen, 2001: 11)[40]. Speziell durch die Verknüpfung der weichen HR-Kennzahlen mit anderen Kennzahlen und der Betrachtung im Gesamtkontext sind Informationen im Zusammenhang interpretierbar. Auf diese Weise kann die Auswertungsqualität weicher HR-Kennzahlen verbessert werden. Auf Grundlage dieser Argumentation wird die folgende Forschungshypothese abgeleitet:

  H3: Je professioneller die Verknüpfung weicher HR-Kennzahlen mit anderen Kennzahlen, desto wahrscheinlicher ist deren (erfolgreiche) Adoption.

- *Einbindung*: Bei der Betrachtung der Kriterien des letzten Prozessschritts finden sich zumeist Forderungen hinsichtlich möglicher Verknüpfungen (vgl. DGQ, 1999: 18-23; Staehle, 1967: 71f.; Weber, M., 2002: 21ff.) der Kennzahlen mit Unternehmenszielen, bestehenden Steuerungs- und Anreizsystemen oder der gegebenen Infrastruktur. Auf dieser Basis wird die folgende Forschungshypothese generiert:

  H4: Je professioneller die Verknüpfung weicher HR-Kennzahlen mit bestehenden Anreizsystemen, desto wahrscheinlicher ist deren (erfolgreiche) Adoption.

Die Diskussion relevanter *sachbezogener Qualitätskriterien* für Kennzahlen geschieht nicht nur in der theoretischen, sondern auch in der Praxisliteratur zumeist im Kontext der Identifizierung wichtiger Merkmale für einen möglichst erfolgreichen Kennzahlen-

[39] Vgl. darüber hinaus DGQ (1999: 18-23); Horváth (2000: 228f.); Geiß (1986: 37f.); George (1999: 38ff.); Meyer (1994: 24ff.); Staehle (1967: 71f.); Staudt et al. (1985: 69ff.); Weber, M. (2002: 21ff.).

[40] Vgl. darüber hinaus: Geiß (1986: 37f.); Staudt et al. (1985: 69ff.); Vollmuth (2002: 23ff.).

einsatz (vgl. Tab. 2.2-2). In diesem Zusammenhang werden sowohl indirekte, psychosoziale Phänomene, wie z. B. Akzeptanz, jedoch auch einzelne, direkte Qualitätskriterien als wichtige mediierende Größen für den Einsatz von Kennzahlen aufgeführt (vgl. u. a. Galler, 1969: 274; Vollmuth, 2002: 23ff.). Die in diesem Zusammenhang am häufigsten genannten Kriterien, auf welche u. a. auch im Rahmen der vorliegenden Arbeit zurückgegriffen wird (vgl. Kap. 2.2.3.2), sind Kosten-Nutzen-Relation[41], Aktualität[42] und Steuerungsrelevanz[43].

Zusammenfassend lässt sich feststellen, dass eine systematische, theoretische Auseinandersetzung mit dem Qualitätsbegriff und der methodischen Erfassung von Qualitätsmerkmalen in vielen Fällen nicht vorgenommen wird. Jedoch lässt sich im Rahmen der Diskussion relevanter Qualitätskriterien zur Beurteilung einer Kennzahl zwischen anwendungs- und sachbezogenen Kriterien unterscheiden (vgl. Geiß, 1986: 37f.; Liebig, 1977: 71ff.). Dabei beziehen sich anwendungsbezogene Faktoren v. a. auf den (methodischen) Erstellungsprozess einer Kennzahl (z. B. DGQ, 1999: 18ff.; George, 1999: 38ff.; Gladen, 2001: 9f.; Vollmuth, 2002: 23ff.), während die sachbezogenen Kriterien mehr inhaltlicher Natur sind. So werden in diesem Zusammenhang bspw. eine hohe Steuerungsrelevanz, Zweckmäßigkeit und Kosten-Nutzen-Relation von Kennzahlen gefordert (vgl. DGQ, 1999: 18f.; Horváth, 2000: 22f.; Meyer, 1994: 24ff.; Weber, 2002: 21ff.). In der vorliegenden Untersuchung soll unter Berücksichtigung der in dem Kapitel 2.2.3.2 identifizierten Qualitätsmerkmale eine systematische Erarbeitung und Operationalisierung (vgl. Kap. 3.1) der relevanten Qualitätskonstrukte erfolgen.

---

[41] D. h. Gegenüberstellung der Kosten für die Beschaffung weicher HR-Kennzahlen und des Nutzens, der sich aus der Verwertung der Informationen ergibt (vgl. DGQ, 1999: 18f.; ähnlich Galler, 1969: 274; Geiß, 1986: 37f.; Horváth, 2000: 228; IfaA, 2000: 44ff.; Meyer, 1994: 24ff.; Staudt et al., 1985: 69ff.; Vollmuth, 2002: 23ff.).

[42] D. h. Zeitnähe; zeitlicher Abstand zwischen Erhebung und dem zugrunde liegenden Bezugszeitpunkt bzw. –zeitraum (vgl. Meyer, 1994: 24ff.; Staehle, 1967: 71f.; ähnlich Galler, 1969: 274; Geiß, 1986: 37f.; IfaA, 2000: 44ff.; Liebig, 1977: 71ff.).

[43] D. h. zielbezogene Messung von beeinflussbaren Sachverhalten, um Handlungsrelevanz zu gewährleisten (vgl. Weber, 2002: 21ff.; ähnlich DGQ, 1999: 18f.; Gladen, 2001: 9; IfaA, 2000: 44ff.).

Tab. 2.2-1: Qualitätskriterien von Kennzahlen (Auswahl)

Quelle	Untersuchungs-schwerpunkt	Qualitätskriterien
DGQ (1999: 18, 23)	Forderungen an Kennzahlen	Anwendungsbezogene Kriterien • *Konzeption*: Wahl eindeutiger Bezeichnungen, Festlegung dahinterstehender Hypothesen bzw. Zielvorgaben • *Verantwortlichkeiten*: Erfassungs- und Aufbereitungsverantwortung • *Methode*: geeignete Messmethode, nachvollziehbare Messpunkte und Berechnungswege • *Auswertung*: Aussagekraft, Möglichkeit der Vergleichbarkeit bzw. des Benchmarking, Güte der Darstellung, Aktualität, ganzheitliche Betrachtung • *Einbindung*: Verknüpfung mit bestehenden Systemen
DGQ (1999: 18f.)	Qualitätskriterien von Kennzahlen	Sachbezogene Kriterien • *Wirtschaftlichkeit* der Erhebung: Verfügbarkeit, Dauerhaftigkeit der Daten, Erhebungsaufwand, Nutzen • *Steuerung*: Zielbezogenheit, Steuerungsrelevanz, Beeinflussbarkeit • *Nutzung*: Verständlichkeit, Eindeutigkeit, Schnelligkeit bei der Interpretation, Glaubwürdigkeit der Datengrundlage
Horváth (2000: 228f.)	Qualitätskriterien von Kennzahlen	Anwendungsbezogene Kriterien • *Messung*: Quantifizierbarkeit und Umsetzung der Messung • *Kosten-Nutzen-Verhältnis* zwischen Informationsbeschaffung bzw. -aufbereitung und dem Nutzen der Information
Galler (1969: 274)	Anforderungen an Kennzahlen	Sachbezogene Kriterien • *Objektive Faktoren:* Aktualität, Zweckorientierung bzw. Geltungsbereich, Operationalität (im Sinne einer Praktikabilität), Wirtschaftlichkeit, Eindeutigkeit • *Subjektive Faktoren:* Individuelle Vorbehalte (Akzeptanz), Qualifikation bzw. Fachkompetenz, psychosoziale Phänomene
Geiß (1986: 37f., 73f.); Liebig (1977: 71ff.)	Qualitätskriterien von Kennzahlen	• *Sachbezogene Kriterien:* Wirtschaftlichkeit, Aktualität, Zweckorientierung • *Anwendungsbezogene Kriterien:* Richtige Konzeption und Methodik, Kompetenz der Anwender
George (1999: 38ff.); Meyer (1994: 43f.)	Kriterien zur Beurteilung der Zweckeignung einer Kennzahl	Anwendungsbezogene Kriterien • *Konzeption*: klare Definition des Untersuchungsobjektes; Deckungsgrad zwischen Aussageinhalt der Kennzahl und gefordertem Informationsbedarf; Quantifizierbarkeit bzw. Messbarkeit des Untersuchungsobjekts • *Methode*: Zweckgerechte Formalstruktur, geeignetes Erhebungsverfahren, saubere Dokumentation • *Auswertung*: Geeignetes Auswertungsverfahren, Vermeidung von Rechenfehlern, geeignete Verdichtungsmethoden
Gladen (2001: 9; 12; 66)	Anforderungen an Kennzahlen	• *Formale Anforderungen*: Einfachheit (Vermeidung irrelevanter Daten), Klarheit, Informationsverdichtung, Gewährleistung eines umfassenden und schnellen Überblicks, Objektivität, Widerspruchsfreiheit, Adressatenorientierung • *Funktionale Anforderungen*: Analyse-, Steuerungs-, Planungs- und Kontrollaufgaben
Kaps/Husmann (1995: 36)	Kriterien für den Einsatz von Kennzahlen	• *Formale Anforderungen:* Quantifizierbarkeit, Zeitpunktbezogenheit, geringe Überalterungsgefahr, wirtschaftliche und nutzerorientierte Auswahl der Kennzahl, geringe Isolation (d. h. hohe Verknüpfbarkeit der Kennzahl mit anderen Kennzahlen), Transparenz

Quelle	Untersuchungs-schwerpunkt	Qualitätskriterien
Albach (1961: 357f.); IfaA (2000: 44-51)	Kriterien an Messgrößen	• *Anwendungsbezogene Anforderungen*: Ebenenkompatibilität (interne und ggf. externe Quervergleiche), Periodizität (Turnus) • *Sachbezogene Anforderungen*: Eindeutigkeit, ausreichend präziser Informationsgehalt, Empfängerorientierung (bzgl. Quantität und Qualität), Ziel- und Handlungsrelevanz (Realitätsbezug), Verständlichkeit, Aktualität, Kosten-Nutzen, Variabilität
Meyer (1994: 24ff.)	Qualitätskriterien von Kennzahlen	• *Sachbezogenen Kriterien*: Zweckeignung, Genauigkeit, Aktualität, Kosten-Nutzen-Relation • *Anwendungsbezogene Kriterien*: Formalaufbau der Kennzahl, Ermittlung (Stufen, Methoden, Unterlagen, Aufbereitung, etc.)
Staehle (1967: 71f., 80)	Qualitätskriterien und mögliche Fehlerquellen	• *Anwendungsbezogene Kriterien*: Richtigkeit des zugrunde liegenden Zahlenmaterials, Prüfung der konzeptionellen Vorüberlegungen (insbesondere bei Beziehungszahlen), Sicherstellung der Fehlerfreiheit der methodischen Verfahren (insbesondere bei nicht-quantitativen Tatbeständen), Gewährleistung der Aktualität, sinnvolle Interpretation der Kennzahl, Operationalisierung, Auswahl der Kennzahl • *Sachbezogene Kriterien*: Bezug zur Unternehmensstrategie, Übersichtlichkeit und Verständlichkeit
Staudt et al. (1985: 69ff., 74f., 106)	Qualitätskriterien und mögliche Fehlerquellen	• *Anwendungsbezogene Kriterien*: Messbarkeit bzw. Quantifizierung eines Sachverhaltes, Erfassung der Komplexität, richtige Auswahl für zu erfüllenden Informationsbedarf, richtiger Formalaufbau der Kennzahl, adäquate Konzeptualisierung (Modellbildung, Abgrenzung, Erhebungsverfahren), einwandfreie Kennzahlenerhebung (Vermeidung von Erhebungslücken, ungeeigneten Methoden, falschem Datenmaterial und Messfehlern), richtige Kennzahlenverarbeitung (Vermeidung von Rechenfehlern, falschen statistischen Verfahren, Hard- bzw. Software-Fehlern und falschen Verdichtungsmethoden), Vermeidung technischer oder personell-organisatorischer Fehler bei der Kennzahlenübermittlung • *Sachbezogene Kriterien*: Zweckeignung, Kosten-Nutzen-Relation
Vollmuth (2002: 23-25)	Anforderungen an Kennzahlen	• *Sachbezogene Kriterien*: Kosten-Nutzen-Kriterien (Wirtschaftlichkeit bei der Erstellung und Auswertung, sogenannte Nutzenstiftung), Verknüpfung mit Ziel(en), Komplexität, Genauigkeit, Vollständigkeit, Verständlichkeit • *Anwendungsbezogene Kriterien*: Nachvollziehbarkeit der Berechnung, Übersichtlichkeit, Vermittlung von Transparenz, Aggregationsgrad, Messbarkeit bzw. Quantifizierbarkeit, Vergleichbarkeit (u. a. einheitliche Terminologie), Benutzerfreundlichkeit
Weber, M. (2002: 21-35)	Voraussetzungen für eine effektive Nutzung von Kennzahlen	• *Anwendungsbezogene Kriterien*: Wirklichkeitsgetreue Messung realer Verhältnisse; Regelmäßigkeit der Erhebung, Kürze und Klarheit der Information, Richtigkeit der Auswahl, Verknüpfung mit Zielen (keine unrealistischen Vorgaben), Möglichkeit der internen und externen Vergleichbarkeit • *Sachbezogene Kriterien*: Transparenz (insbesondere von Sinn und Zweck), Kommunikation, Motivation, Verständlichkeit, Aussagefähigkeit, Ausgewogenheit, Einbeziehung der Mitarbeiter, Integration eines Bewertungsmaßstabes der Kennzahl, Flexibilität, Auswahl relevanter Kennzahlen (Wichtigkeit, Steuerunsgrelevanz)

2.2.2.2. *Funktionen weicher HR-Kennzahlen*

Das vorliegende Kapitel enthält neben einer kurzen historischen Einführung des Kennzahleneinsatzes eine systematische Darstellung der in der Forschungsliteratur beschriebenen Funktionen und Zielsetzungen von Kennzahlen.

Der Einsatz von Kennzahlen weist eine lange Historie auf (vgl. Geiß, 1986: 30, 145; ähnlich Staehle, 1967: 112ff.): „Im englischsprachigen Raum und insbesondere in den USA wurden bereits um die Jahrhundertwende betriebswirtschaftliche Kennzahlen als gängige Mittel zur Unterstützung von Entscheidungen genutzt; die Kennzahlenanwendung in dem deutschsprachigen Raum folgte mit nur geringer Verzögerung der anglo-amerikanischen Praxis nach.“. Laut Staehle (1967: 113) schloss sich an die erste Euphorie bzgl. der Kennzahlennutzung bald Kritik an einer teilweise übertriebenen und manchmal auch unkritischen Anwendung von Kennzahlen an.

Eine Betrachtung der empirischen und theoretischen Kennzahlenliteratur zeigt v. a. folgende Entwicklungstendenzen bzgl. der Diskussion von Kennzahlenfunktionen in der Forschungsliteratur auf (vgl. Geiß, 1986: 35; Staehle, 1967: 153ff.):

- Die Kennzahl wird immer mehr in der Funktion eines sogenannten Frühwarn-Instrumentes genutzt (vgl. Staehle, 1967: 153): „Die Kennzahl entwickelt sich immer mehr von einem Instrument der ex-post Betrachtung (retrospektiv) zu einem solchen der ex-ante Betrachtung (prospektiv).“.
- Die Kennzahlenforschung und –anwendung orientiert sich im Zeitverlauf zunehmend unternehmensintern (vgl. Staehle, 1967: 154): „Die Kennzahl entwickelt sich immer mehr von einem Instrument der externen Analyse zu einem solchen der internen.“
- Im Rahmen einer historischen Betrachtungsweise wird deutlich, wie sich das bilanzanalytische Kennzahlenverständnis im Zeitverlauf zugunsten eines erweiterten Begriffsverständnisses wandelt (vgl. Geiß, 1986: 35), mit dem auch weitere betriebswirtschaftliche Sachverhalte abgebildet werden können.

Eine systematische Untersuchung der Funktionen von Kennzahlen liegt in der theoretischen und empirischen Forschungsliteratur nach Staudt et al. (1985: 82)[44] nicht vor. Allerdings ergibt sich bereits durch die umfangreiche Diskussion möglicher Zielfunktionen von Kennzahlentypen in der theoretischen Forschungsliteratur (vgl. Kap. 2.2.1.2) eine Vorstellung über die Breite der Verwendungsmöglichkeiten (Geiß, 1986: 48): „Kennzahlen werden unterschiedliche Funktionen zugeordnet, die sich einer systematischen Begriffsanalyse weitgehend entziehen. Beispielhaft sei hier angeführt, dass sie Planungshilfen, Maßgrößen der Unternehmensbeurteilung, zentrale Elemente der Planung und Kontrolle, Lenkungsinstrumente der Unternehmensführung sind und darüber hinaus zur übersichtlichen Gestaltung (...) beitragen.“. George (1999: 36)[45] ergänzt die soeben aufgeführten Zielfunktionen von Kennzahlen durch folgende weitere Funktionen: „... die Kommunikationsfunktion, die Komplexitätsreduktionsfunktion, die Informationsfunktion, die Planungsfunktion, die Vorgabefunktion, die Steuerungs- bzw. Koordinationsfunktion, die Kontrollfunktion, die Analysefunktion sowie die Unterstützungsfunktion im Entscheidungsprozess.“ Zusammenfassend bewertet Meyer (1994: 15) Kennzahlen als sogenannte betriebliche Führungsinstrumente, da diese entscheidende Managementfunktionen unterstützen (vgl. Staudt et al., 1985: 86, 103). Weber, M. (2002: 21f.) stellt speziell für den Untersuchungsgegenstand weiche HR-Kennzahlen fest, dass weiche Faktoren v. a. zur (Unternehmens-) Analyse eingesetzt werden.

Üblicherweise wird bei der Beschreibung von Kennzahlen eine anwendungsbezogene Darstellung und Funktionsanalyse gewählt (vgl. z. B. Geiß, 1986: 62), die im Weiteren in einzelne Prozessschritte ausdifferenziert wird. Eckardstein (1982: 423) systematisiert in diesem Kontext die Aufgaben von Kennzahlen in die Funktionen (1) Beschreibung und Erklärung, (2) Zielsetzung und Kontrolle sowie (3) Analyse für Controllingaufgaben und Schwachstellenforschung. Staudt et al. (1985: 95) unterscheiden bspw. zwischen einer Planungs-, Entscheidungs- sowie einer Durchführungsfunktion. Weiter verbreitet ist die u. a.

---

[44] Vgl. auch: Bak (1999: 21f.); Geiß (1986: 48); George (1999: 37); Staehle (1967: 68); Zwicker (1975: 1).

[45] Vgl. darüber hinaus: Geiß (1986: 49-71); Heinen (1970: 228); Heinen/Dietel (1983: 905); Horváth (1983: 349f.); Kranzelmayer (1977: 174f.); Meyer (1994: 13f.); Radke (1968: 59, 124); Reichmann (1995: 23f.); Schmidt (1986: 160, 165); Schwantag et al. (1969: 7); Staehle (1967: 68); Staehle (1969: 125); Staudt et al. (1985: 86, 103); Zwicker (1976: 226f.).

von Staehle (1969: 59) vorgenommene Unterteilung in die Anwendungsbereiche[46]: Analyse, Planung, Steuerung und Kontrolle.

Neben der Analyse möglicher Funktionen von Kennzahlen in konzeptionellen Arbeiten wird die Ausgestaltung und Verbreitung unterschiedlicher Kennzahlenadoptionen auch empirisch untersucht. Dabei findet sich bspw. in der empirischen Auswertung von Staudt et al. (1985: 96), in der mehr als 1000 Quellen aus dem Bereich der deutschsprachigen Kennzahlenliteratur gesichtet werden[47], das folgende Bild hinsichtlich der Häufigkeit der Anwendung einzelner Kennzahlenfunktionen: Mit jeweils über 50% werden Kennzahlen v. a. die Zielfunktionen *Analyse* und *Kontrolle* zugeschrieben. Eine *Planungsfunktion* (bzw. auch Informations- oder Vergleichsfunktion) von Kennzahlen wird bei etwa einem Drittel der Forschungsbeiträge festgestellt. Bei knapp einem Viertel aller Fälle werden *Steuerungs-* bzw. Führungs- oder Entscheidungszwecke genannt. Diesbezügliche Forschungsarbeiten sind insbesondere vor dem Hintergrund des Forschungsobjektes „weiche HR-Kennzahlen als Steuerungsgrößen" und der verwendeten Adoptionstypologie in direkt entscheidungsfundierende bzw. nicht entscheidungsfundierende Einsätze ausgesprochen interessant.

Im Rahmen der bisherigen Ausführungen wird deutlich, dass in der Forschungsliteratur eine große Anzahl von Zielfunktionen diskutiert werden, die mit dem Einsatz von Kennzahlen verbunden werden. Teilweise liegen lediglich unsystematische Auflistungen vor. Darüber hinaus sind auch inhaltliche Überschneidungen dieser Funktionen festzustellen, die eine tiefergehende Analyse erschweren. An dieser Stelle soll daher in Anlehnung an den informationstheoretischen Kennzahlenbegriff von Geiß (1986: 49f.) eine übergeordnete Unterscheidung grundsätzlicher Kennzahlenaufgaben als normative oder deskriptive Funktion erfolgen.

---

46 Dabei ist nach Geiß (1986: 62, 66; vgl. auch Gladen, 2001: 12; Horváth, 2000: 229; Vollmuth, 2002: 7; Weber, 1997: 172) unter der *Analysefunktion* das Messen und Beurteilen von Sachverhalten zu verstehen. Weitere Informationen zur Planungs-, Steuerungs- und Kontrollfunktion finden sich u. a. bei Geiß (1986: 48); Gladen (2001: 12); Horváth (2000: 229); Reichmann (1993a: 343); Vollmuth (2002: 6); Weber (1997: 172); Weber, M. (2002: 20); Zwicker (1976: 226f.).

47 Die Erhebung erfolgte mittels standardisierter Literaturerfassungsbögen. Zur Auswertung wurden insgesamt ca. 400 Beiträge einbezogen (vgl. Staudt et al., 1985: 17).

Bei der Definition relevanter Parameter zur Beschreibung *normativer Kennzahlenfunktionen*[48] sind nach Geiß (1986: 49 - 53) folgende drei Merkmale essentiell:

- Zielgrößencharakter: Kennzahlen können als sogenannte Imperative bezeichnet werden, die der Verhaltenssteuerung von Personen dienen (vgl. Eckardstein, 1982: 423)[49].
- Entscheidungscharakter: Kennzahlen unterstützen den Entscheidungsprozess, indem sie Vorgaben zur Orientierung bei der Entscheidungsfindung vermitteln (vgl. u. a. Vollmuth, 2002: 7).
- Beurteilungscharakter: Demnach dienen Kennzahlen als Beurteilungskriterium dazu, die Ergebnisse vollzogener Entscheidungen zu bewerten (vgl. z. B. Staudt et al., 1985: 95).

Demgegenüber definiert Geiß (1986: 57-61) *deskriptive Kennzahlen* als quantitative Erfassung ausgewählter Merkmale eines Gegenstandsbereichs, welche folgende Ausprägungen besitzen können:

- „Verkürzte Beschreibungssätze", mittels derer eine Kennzahl einem Gegenstandsbereich zugeordnet werden soll. Solche deskriptiven Kennzahlen haben die Aufgabe, zu informieren (vgl. Reichmann, 1993a: 343)[50], zu messen (vgl. Vollmuth, 2002: 7; Weber, M., 2002: 20f.) und einen Überblick zu geben (vgl. Wissenbach, 1967: 57)[51].
- „Dokumentierende Merkmalsgrößen", einer spezielle Form der deskriptiven Beschreibungsfunktion. Hiernach bezieht sich die Dokumentationsfunktion der Kennzahlen auf die systematische Erfassung von Sachverhalten aus der Vergangenheit (vgl. u. a. Berthel, 1974: 1199ff.; Grünefeld, 1981: 161).

Bei der Betrachtung der Zielfunktionen von Kennzahlen zeigt sich, dass diesen eine Reihe von teilweise unsystematisch nebeneinanderstehenden Einzelfunktionen zugeschrieben wird (vgl. Geiß, 1986: 48; George, 1999: 37; Staudt et al., 1985: 82). Hinsichtlich des Untersuchungsgegenstandes weiche HR-Kennzahl wird insbesondere die Analysefunktion (vgl. u. a. Staudt et al., 1985: 96) genannt. Die zur Systematisierung der Funktionen getrof-

---

48 Beispiele normativer Kennzahlenfunktionen für den Personalbereich finden sich u. a. bei Kupsch/Marr (1983: 681), die Kennzahlen, welche im Rahmen der Personalplanung eingesetzt werden, eine solche entscheidungsfundierende Funktion zuschreiben. Weber, M. (2002: 21f.) schreibt explizit sogenannten weichen Faktoren eine normative Funktion zu.

49 Vgl. auch: Staehle (1976: 846); Weber (1997: 172); Vollmuth (2002: 7); Weber, M. (2002: 20f.).

50 Vgl. darüber hinaus: Staudt et al. (1985: 87); Vollmuth (2002: 6ff.); Weber, M. (2002: 13).

fene binäre Unterscheidung zwischen normativen und deskriptiven Aufgaben einer (weichen HR-)Kennzahl soll als Grundlage für die Erstellung der Adoptionstypologie übernommen werden. Während normative Kennzahlen durch einen Zielgrößen- und Entscheidungscharakter gekennzeichnet sind (vgl. u. a. Geiß, 1986: 49ff.; Vollmuth, 2002: 7), somit also der instrumentellen oder manipulativen Entscheidungsfundierung und Zielvorgabe im Rahmen von Managemententscheidungen dienen, haben deskriptive Kennzahlen die konzeptionelle Kernaufgabe, zu informieren bzw. einen Überblick zu geben (vgl. z. B. Geiß, 1986: 57ff.; Reichmann, 1993a: 343; Weber. M., 2002: 13; Vollmuth, 2002: 6ff.).

2.2.2.3. *Schwächen weicher HR-Kennzahlen*

Im Rahmen des vorliegenden Kapitels sollen die den weichen HR-Kennzahlen inhärenten Schwächen diskutiert werden. Dabei kann eine Reihe von Kritikpunkten ganz allgemein dem Gegenstand Kennzahl zugeordnet werden und liegt unter anderem in der Quantifizierbarkeit oder dem Aggregationsgrad von Kennzahlen begründet. Diese Schwächen und sich hieraus ergebende Konsequenzen werden eingangs erläutert. Anschließend erfolgt eine Bewertung hinsichtlich der Übertragbarkeit der aufgeführten Schwächen auf den spezifischen Untersuchungsgegenstand weiche HR-Kennzahlen. Das Kapitel endet mit einer Diskussion spezifischer Schwachpunkte der Teilgruppe weiche HR-Kennzahlen.

Die im Folgenden thematisierten Kritikpunkte beinhalten sowohl inhaltliche, methodische als auch theoretische Einwände (vgl. Staehle, 1967: 71; ähnlich Kaps/Husmann, 1995: 35f.; Siegwart, 1992: 145f.): „In Theorie und Praxis werden betriebswirtschaftlichen Kennzahlen zahlreiche Unzulänglichkeiten nachgewiesen, und häufig wird überhaupt vor ihrer Anwendung gewarnt.“.

Inhaltliche Kritikpunkte beziehen sich zum einen auf ethische Bedenken hinsichtlich der Schaffung einer zu tiefgehenden Transparenz über mitarbeiterbezogene Daten (vgl. Gebauer/Wall, 2002: 689; Gutschelhofer, 1999; Wall/Gebauer, 2002: 311)[52]. Zum anderen

[51] Vgl. auch: Eckardstein (1982: 423); Reichmann (1993a: 343); Geiß (1986: 48); Weber, M. (2002: 13).

[52] Horváth/Sprenger (2002: 513) sehen in diesem Zusammenhang bspw. in der Erfassung weicher HR-Kennzahlen die Gefahr einer zu mechanistischen und normierten Denkhaltung, die durch eine implizite Steuerungsillusion zur fehlender Flexibilität und Individualität führen kann.

wird im Rahmen der inhaltlichen Diskussion zu Stärken und Schwächen von Kennzahlen im Allgemeinen deren begrenzter Aussagewert bemängelt (vgl. Reichmann, 1993a: 344).

- Eine inhärente Schwäche von Kennzahlen ist die mit der Informationsreduktion verbundene Gefahr eines Informationsverlustes. George (1999: 40)[53] bewertet diesen Punkt folgendermaßen: „Dies stellt ein immanentes Fehlerpotenzial jeder Kennzahlenanwendung dar."
- Mit dem Informationsverlust geht die Gefahr von Fehldeutungen der gewonnenen Kennzahlen einher. Daher kann nach Geiß (1986: 46) „... eine intersubjektive Nachvollziehbarkeit (...) nicht gewährleistet werden.". Dabei ist zu konstatieren, dass die Gefahr von Fehldeutungen durch die menschliche Neigung zu subjektiven Betrachtungsweisen forciert wird (vgl. Geiß, 1986: 70; vgl. ähnlich Reichmann, 1993a: 344; Schäffer et al., 2003: 46): „Es bleibt anzumerken, dass die Leistungsfähigkeit der Kennzahlen im Beurteilungsprozess durch eine Reihe von theoretischen Unzulänglichkeiten gekennzeichnet ist. Insbesondere sind es die zahlreichen Subjektivismen, mit denen dieses Verfahren behaftet ist, die den Wert des jeweiligen Urteils schmälern." Darüber hinaus kann die Möglichkeit vieldeutiger Interpretationen ggf. zur Manipulation[54] von Kennzahlen führen, indem Kennzahlen zur Legitimation der eigenen Position missbraucht werden (vgl. hierzu Reichmann, 1993a: 344; Schäffer et al., 2003: 46; Schäffer/Steiners, 2004: 377ff.; Pfeffer, 1997: 360).
- Betrachtet man das Untersuchungsobjekt weiche HR-Kennzahlen, lässt sich hinsichtlich der soeben diskutierten, inhaltlichen Schwächen von Kennzahlen konstatieren, dass diese in einem noch höheren Ausmaß für die untersuchte Gruppe der weichen HR-Kennzahlen zutreffen. Die eingangs definierten Merkmale einer weichen HR-Kennzahl - wie bspw. die nur indirekte Möglichkeit der Erfassung von teilweise nicht direkt erkennbaren und komplexen Einstellungen - führt zu einer höheren Gefahr potenzieller Fehldeutungen. Eine weitere Schwierigkeit ergibt sich aus der Langfristorientierung weicher HR-Kennzahlen, aus der eine entsprechend höhere Vorhersageunsicherheit re-

---

[53] Vgl. darüber hinaus: Brandl (2002: 44f.); Geiß (1986: 76); Horváth (2000: 227); Reichmann (1993b: 345); Woratschek (2004: 73).

[54] In der Literatur findet sich unter dem Stichwort "Opportunismus" (vgl. u. a. Schäffer, 2003: 46) das aufgeführte Phänomen beschrieben: "Das konsequente Verfolgen der eigenen Nutzenfunktion zu Lasten der Ziele anderer reicht bis zu Täuschung und Betrug. Hierfür hat die ökonomische Theorie den Begriff des Opportunismus geprägt."

sultiert (vgl. Arnold et al., 2003: 393; Weizsäcker, 1999: 97; Weber, M., 2002: 24; Scherm, 2003: 26; Weber/Sandt, 2001: 15).

Methodische Einwände beziehen sich v. a. auf Erhebungs- und Messfehler:

- Zur Ableitung von Aussagen aus Kennzahlen muss Datenmaterial in einer festgelegten methodischen Umsetzungsform aufbereitet werden. Auch wenn eine Richtigkeit und Nachvollziehbarkeit des Messvorgangs prinzipiell zu erreichen ist, beinhalten solche Verfahren jedoch im Allgemeinen Fehlerquellen (vgl. z. B. DGQ, 1999: 18-23; Geiß, 1986: 74)[55].
- Fehler im Rahmen des Genierungsprozesses einer Kennzahl können zu falschen Grundannahmen und infolgedessen zu Fehldeutungen führen. Des Weiteren kann es vorkommen, dass bei Erstellern und Nutzern das Vertrauen in die Leistungsfähigkeit der Kennzahlen geschmälert und die Akzeptanz gegenüber den Kennzahlen beeinträchtigt wird (vgl. u. a. Geiß, 1986: 72).
- Bei der Übertragung auf den Untersuchungsgegenstand weiche HR-Kennzahlen lässt sich feststellen, da solche methodische Einwände insbesondere bei der Diskussion von Personal bzw. speziell weichen Kennzahlen zutreffen, dass bei deren Erfassung die "Grenzen des Messbaren" klarer hervortreten (vgl. u. a. Gebauer/Wall, 2002: 686; Vasic, 2004: 86)[56]. Die Erhebung weicher HR-Kennzahlen ist im Allgemeinen aufwendiger und somit kostspieliger als die Erhebung objektiver Kennzahlen (vgl. Brandl, 2002: 44; Neely et al., 2003: 132; Sandt, 2003: 77; Weber/Sandt, 2001: 15). Weiche Themeninhalte sind mittels methodisch anspruchsvoller Operationalisierungen (vgl. u. a. DGQ, 1999: 18-23; Fiedler-Winter, 2002: 21; PwC, 2001: 5; Vasic, 2004: 86)[57] und oftmals nur durch einen Einbezug zahlreicher Mitarbeiter z. B. mittels Befragungen zu ermitteln. Dies beinhaltet die Gefahr, dass subjektiv geprägtes bzw. potenziell manipuliertes Datenmaterial generiert wird (vgl. Pfeffer, 1997: 361; ähnlich Günther/Günther, 2003: 196; Ulrich, 1997: 312): „... such ratings are subject to numerous forms of bias, ranging from human resources prevailing upon friends to give them good score to the problem

---

[55] Vgl. darüber hinaus: Horváth (2000: 228f.); Geiß (1986: 37f.); George (1999: 38ff.); Meyer (1994: 24ff.); Staehle (1967: 71f.); Staudt et al. (1985: 69ff.); Vollmuth (2002: 23ff.); Weber, M. (2002: 21ff.).

[56] Vgl. darüber hinaus: Brandl (2002: 44); Fiedler-Winter (2002: 21); Günther/Günther (2003: 194ff.); Wall/Gebauer (2002: 311).

[57] Vgl. darüber hinaus: Brandl (2002: 44); Frank (2003: 14); Horváth (2000: 228f.); Horváth (2001: Einleitung); George (1999: 38f.); Pfeffer (1997: 361); Rose (2000: 238); Wall/Gebauer (2002: 311).

of clients who do not fully understand or appreciate the role of human resources in the organization ...". Diese Gefahr wird vor dem Hintergrund der (insbesondere bei qualitativen Sachverhalten) notwendigen starken Komplexitätsreduktion abzubildender Sachverhalte verstärkt (vgl. u. a. George, 1999: 40; Günther/Günther, 2003: 194)[58].

Neben den bisher genannten inhaltlichen und methodischen Schwächen von Kennzahlen finden sich in der Forschungsliteratur auch *theoretische* Einwände. Schwächen resultieren in diesem Zusammenhang insbesondere aus der Betrachtung der Kennzahl als Teil eines Gesamtsystems und der hierdurch notwendigen Interaktionen der Kennzahl mit der Systemumgebung.

- Die Qualität von Kennzahlen hängt von einer umfassenden Berücksichtigung des jeweiligen Kontextes ab (vgl. Reichmann, 1993a: 344ff.; ähnlich Geiß, 1986: 74; Pfeuffer, 1993: 120; Weber, M., 2002: 140). Aus der Tatsache, dass dieser Kontext niemals bis ins kleinste Detail berücksichtigt werden kann, resultiert ein für jede Kennzahl inhärentes Fehlerpotenzial. Darüber hinaus ergibt sich ein Fehler- bzw. Fehldeutungspotenzial aus der Notwendigkeit der Betrachtung der Kennzahlen als Teil eines größeren Systems. Damit ist die Qualität von Kennzahlen von vielen Parametern, und teilweise sehr aufwendigen Anforderungen an die Systemumgebung, abhängig, wie z. B. der Güte von Controlling-Systemen, Steuerungssystemen, Strategien, etc. (vgl. hierzu Brandl, 2002: 44; Lev, 2003: 123; Reichmann, 1993a: 344).
- Durch die notwendige Reduktion der Darstellung des Systemkontextes wird das den Kennzahlen inhärente Fehlerpotenzial und somit die unter den „inhaltlichen Kritikpunkten" beschriebenen Folgen noch weiter verstärkt. Mit der Fehldeutungsgefahr einer Kennzahl steigt die Möglichkeit einer individuellen Instrumentalisierung der Kennzahl durch einzelne Anwender.
- Bei dem zu untersuchenden Forschungsobjekt weiche HR-Kennzahlen ist zu vermuten, dass die aufgeführten Fehlerpotenziale in besonderer Weise auftreten, da weiche Kennzahleninhalte als außerordentlich komplex einzuschätzen sind (vgl. Günther/Günther, 2003: 194; Weber, M., 2002: 21ff.). Somit sind diese in hohem Maße auch von einer Reihe externer Umstände beeinflussbar und lassen sich nach Günther/Günther (2003: 196) nicht isoliert und separat erfassen (z. B. ist Arbeitszufriedenheit im Kontext der

[58] Vgl. darüber hinaus: Brandl (2002: 44); Horváth (2000: 227); Reichmann (1993b: 345); Rose (2000: 238).

allgemeinen Lebenszufriedenheit zu betrachten). Zudem ist bei dem Untersuchungsobjekt auch die Einbindung in Managementsysteme und die Bildung klarer Zielformulierungen schwieriger (vgl. Cisek, 2003: 45), da weiche HR-Kennzahlen durch zahlreiche Parameter beeinflusst werden, die zumeist nicht nur in der Verantwortung der Personalabteilung, sondern im Rahmen der Erfüllung von Managementaufgaben in jeder einzelnen Abteilung liegen (vgl. Pfeffer, 1977: 362; Servatius, 2003: 156). Insofern werden auch Verknüpfungen weicher HR-Kennzahlen zu anderen Finanzgrößen erschwert (vgl. z. B. Cisek, 2003: 45; Strack et al., 2000: 284)[59]. Diese Wahrnehmung zahlreicher Anwender führt zu dem teilweise vorgebrachtem Argument, dass die Verbindung weicher HR-Kennzahlen zu den letztlich entscheidenden finanziellen Kennzahlen wie z. B. dem Unternehmens- bzw. Markterfolg nicht ausreichend belegt sei (vgl. u. a. Günther/Günther, 2003: 196; Kieser, 1999: 116; Wolf/Zwick, 2003: 54)[60]. Hieraus resultiert oftmals eine Vernachlässigung weicher Kenngrößen in der Unternehmens- bzw. speziell Personalsteuerung[61] (vgl. Arnold et al., 2003: 391; Gladen, 2001: 174; Vollmuth, 2002: 29; Wall/Gebauer, 2002: 311)[62].

Die aufgezeigten inhärenten Schwächen weicher HR-Kennzahlen werden durch *ausgewählte Faktoren* weiter verstärkt, die im Folgenden dargestellt werden:

- Die z. T. unkritische Messung vieler HR-Leistungen erfolgt aufgrund inneren und äußeren Drucks (vgl. Pfeffer, 1997: 357ff.). Eine zunehmend kompetitive Umwelt (vgl. hierzu auch Fitz-enz, 1984, 1991; Kaps/Husmann, 1995: 30), die sich verstärkende Popularität des Benchmarking (vgl. Pfeffer, 1997: 359f.) sowie der interne Druck, sich als Personalabteilung rechtfertigen zu müssen (vgl. Pfeffer, 1997: 363; Wintermantel/Mattimore, 1997) führen nach Pfeffer (1997) zu der Entwicklung von teilweise „unsinnigen" bzw. nur oberflächlich konzipierten Kennzahlen, deren nutzbringende und (erfolgreiche) Adoption in Personalmanagementsysteme fraglich ist.

---

59 Vgl. darüber hinaus: Horváth (2001: Einleitung); Reichmann (1993a: 344ff.).

60 Vgl. darüber hinaus: Cisek (2003: 45); Reichmann (2001: Einleitung); Stoi (2003: 180).

61 Trotz hoher Bedeutung intangibler Ressourcen (allen voran das Humankapital) erfolgt nach einer empirischen Studie von Price Waterhouse Coopers/Günther/Beyer (2003) nur bei ca. 20% der befragten Unternehmen eine systematische Erfassung solcher Kenngrößen.

62 Vgl. darüber hinaus: Bischof/Speckbacher (2001: 17); Brandl (2002: 42ff.); Cisek (2003: 45); Fischer/Fischer (2003: 30); Günther/Günther (2003: 192); Horváth (2000: 226); Jonasch et al. (2001: 447); Möller/Walker (2003: 491); Stoi (2003: 180); Strack et al. (2000: 283).

- Problematisch sieht Pfeffer (1997: 360) die in der Praxis aus Kostengründen[63] und aus Gründen der Praktikabilität oftmals vorzufindene Konzentration auf „das Messbare" (vgl. u. a. Reichheld, 1996) sowie die z. T. methodisch unkritische Übernahme von Berechnungs- und Messmodellen aus dem Bereich Rechnungswesen (vgl. z. B. Johnson/Kaplan, 1987). Solche Messverfahren sind nach Reichheld (1996) für weiche Faktoren nicht adäquat.
- Abschließend thematisiert Pfeffer (1997: 357, ähnlich Pfeffer, 1992; Pfeffer/Salancik, 1977: 642ff.; Salancik/Pfeffer, 1974) die Tatsache, dass unternehmenspolitische Interessen in den Erhebungsprozess von Kennzahlen einfließen[64]: „Effective department leaders have well-developed skills in advocating measures that favor their units interests.".

Alles in allem lässt sich zusammenfassen, dass sich mit dem Einsatz weicher HR-Kennzahlen als Steuerungskennzahlen eine Reihe inhaltlicher, methodischer und theoretischer Probleme ausmachen lassen. Vor diesem Hintergrund ist in der Praxis bislang eine nur begrenzte, systematische Einbindung weicher HR-Kennzahlen in die Personalsteuerung bzw. Unternehmenssteuerung festzustellen (vgl. Arnold et al., 2003: 391; Gladen, 2001: 174; Vollmuth, 2002: 29; Wall/Gebauer, 2002: 311)[65]. In diesem Zusammenhang soll insbesondere auf die mit der Kennzahlenanwendung verbundene (bewusste oder unbewusste) Fehldeutungsgefahr hingewiesen werden. Diese gilt für die Teilgruppe der weichen HR-Kennzahlen in verstärktem Maße. Mit der Fehldeutungsgefahr geht die Gefahr der Instrumentalisierung der Kennzahl für individuelle Interessen einher. Diese Missbrauchsmöglichkeit soll im Rahmen der vorliegenden Untersuchung speziell für weiche HR-Kennzahlen analysiert werden. Hierzu wird bei der Erfassung der Adoption von Kennzahlen speziell zwischen positiven und negativen Adoptionsarten unterschieden (vgl. Kap. 2.2.3.4).

---

[63] Die Entstehung höherer Kosten insbesondere bei der Messung weicher Faktoren lässt sich durch den erhöhten Erhebungsaufwand erklären (vgl. Brandl, 2002: 44; Neely et al., 2003: 132).

[64] Pfeffer (1997: 363) führt in diesem Zusammenhang die besondere Bedeutung von Kennzahlen in unternehmenspolitischen Auseinandersetzungen auf deren scheinbare Genauigkeit und Präzision zurück, die durch eine Quantifizierung suggeriert wird.

[65] Vgl. darüber hinaus: Bischof/Speckbacher (2001: 17); Brandl (2002: 42, 44f.); Cisek (2003: 45); Fischer/Fischer (2003: 30); Günther/Günther (2003: 192); Horváth (2000: 226); Jonasch et al. (2001: 447); Möller/Walker (2003: 491); Stoi (2003: 180); Strack et al. (2000: 283).

2.2.2.4. *Stärken weicher HR-Kennzahlen*

In dem vorliegenden Kapitel werden eingangs allgemein die Stärken von Kennzahlen diskutiert. Im Folgenden wird die Bedeutung und das besondere Leistungspotenzial des speziellen Kennzahlentyps Personalkennzahlen bzw. weichen Kennzahlen im Vergleich zu der Gesamtgruppe aller Kennzahlen dargestellt.

Die den Kennzahlen inhärenten Stärken sind eng mit den bereits formulierten Zielen und Funktionsansprüchen verknüpft (vgl. Kap. 2.2.1.2 und 2.2.2.2). Ein zentraler Anspruch an Kennzahlen ist, dass diese in kurzer, prägnanter Form einen Überblick über betriebswirtschaftliche Sachverhalte geben können (vgl. u. a. vgl. Scheer, 1960: 81ff., 104ff.; Staudt et al., 1985: 103; Woratschek, 2004: 73). Damit erfüllen Kennzahlen nach Reichmann (1993b: 345; ähnlich IfaA, 2000: 15) eine ureigene Aufgabe der Betriebswirtschaftslehre. Kennzahlen unterstützen im Rahmen von Analyse-, Planungs-, Steuerungs- und Kontrollaufgaben die Unternehmensführung. Allgemein wird Kennzahlen auch der Vorteil zugeschrieben, Kommunikationsbeziehungen zwischen Sendern und Empfängern innerhalb einer Unternehmung zu erleichtern (vgl. Geiß, 1986: 71; Staehle, 1969: 124).

Allerdings ist festzustellen, dass die in der relevanten Forschungsliteratur genannten Vorteile von Kennzahlen zum Teil erheblich voneinander abweichen. Geiß (1986: 71f.) bemängelt neben der „dogmatischen Einfärbung“ bei der Bewertung der Qualität und der Stärken einer Kennzahl auch die häufigen Pauschalurteile, die entweder eine euphorische Zustimmung oder eine kategorische Ablehnung zur Folge haben. Eine Ursache hierfür liegt „im Fehlen einer Systematik von Kriterien zur Beurteilung von Einzelkennzahlen“ (vgl. Geiß, 1986: 71f.).

Vor diesem Hintergrund soll in der vorliegenden Untersuchung das Ausmaß der Funktionserfüllung von Kennzahlen als Beurteilungskriterium der Leistungsfähigkeit herangezogen werden (in Anlehnung an: Geiß, 1986: 71). Dabei wird auf die im Rahmen des Kap. 2.2.2.2 erarbeitete binäre Funktionsdarstellung zurückgegriffen und geprüft, inwieweit Kennzahlen in der Lage sind, normative oder deskriptive Aufgaben zu erfüllen.

- Eine Erfüllung der *normativen Funktion* im Sinne des angestrebten Zielgrößen-, Entscheidungs- sowie Beurteilungscharakters von Kennzahlen ergibt sich durch eine klare Bewertung der Erfüllung dieser Grundfunktionen. Eine eindeutige Stellungnahme zur generellen Eignungsbewertung des Instrumentes Kennzahl wird in der relevanten Forschungsliteratur jedoch von vielen Autoren vermieden. Geiß (1986: 73; ähnlich Heinen, 1970: 233ff.; Staehle, 1969: 134ff.) stellt hierzu grundsätzlich fest: „Sofern für spezielle Problembereiche geeignete Kennzahlen gefunden und adäquate Werte festgeschrieben werden können, erscheint ihr Einsatz für Steuerungszwecke realistisch."
- Eine Erfüllung der *deskriptiven Funktion* ergibt sich, sofern eine Beschreibung von unternehmerischen Tatbeständen durch Kennzahlen ermöglicht wird: In der Forschungsliteratur findet sich im Allgemeinen eine breite Zustimmung hinsichtlich der Umsetzung der geforderten deskriptiven Eigenschaften einer Kennzahl (vgl. Kap. 2.2.1; u. a. Reichmann, 1993b: 345). In diesem Zusammenhang unterstellt Geiß (1986: 72), dass der Erfüllungsgrad der deskriptiven Kennzahlenfunktion v. a. bei folgenden Prämissen als besonders positiv beurteilt werden kann: (1) Hohe Güte der Datenermittlung und (2) Klarheit bzw. Quantifizierbarkeit des abzubildenden Tatbestandes.

Zusammenfassend lässt sich anmerken, dass die inhärenten Stärken von Kennzahlen in der Funktionserfüllung deskriptiver und normativer Aufgaben der Unternehmung gesehen werden können. Dabei finden sich jedoch, betrachtet man unterschiedliche Kennzahlentypen, besondere Stärken einzelner Kennzahlen-Arten im Vergleich zu anderen. Nachfolgend wird daher auf besondere Vorteile weicher HR-Kennzahlen eingegangen. Die spezielle Bedeutung weicher HR-Kennzahlen ist zum einen der zunehmenden Relevanz von Personalkennzahlen zuzuschreiben. Diesem Kennzahlentyp sind zum anderen aber auch, insbesondere im Vergleich zu monetären Finanzgrößen, nachfolgende Merkmale inhärent, die als ausdrückliche Stärken weicher HR-Kennzahlen bezeichnet werden können:

- Bei der Planung, Steuerung und Kontrolle im Personalbereich können weiche Kennzahlen insbesondere als Analyse-Instrument einen wichtigen Beitrag leisten (vgl. Weber, M., 2002: 130).

- Auch über die Personalfunktion hinaus kommt u. a. nach Eccles (1991) oder Klingebiel (2000: 31)[66] Personalkennzahlen eine hohe Relevanz zu. Gladen (2001: 163f.)[67] bezeichnet das Personal bzw. den Mitarbeiter als wichtigsten Erfolgsfaktor im Unternehmen und stellt auf diese Weise die nachhaltige Bedeutung weicher Personalkennzahlen für die Unternehmensführung und den Unternehmenserfolg heraus (vgl. auch Arnold et al., 2003: 393, Mayer, 2002: 496; Rose, 2000: 236ff.; Scherm, 2003: 26).
- Weichen HR-Kennzahlen ist darüber hinaus speziell im Bereich der Frühwarnfunktion eine besondere Bedeutung zuzuschreiben (vgl. Weber, M., 2002: 27; ähnlich auch Sandt, 2003: 76)[68]: „Während harte Kennzahlen [...] aufzeigen, wie gut das Unternehmen bisher war, weisen weiche Kennzahlen häufig in die Zukunft. Wenn Sie heute weiche Faktoren messen, erhalten Sie Einblicke in Trends, können Entwicklungen Ihres Unternehmens besser einschätzen und Fehlern wirksam entgegensteuern."
- Daneben besitzen weiche HR-Kennzahlen einen hohen Nutzen als erklärende Größen (vgl. z. B. Backes, 1996: 3f.; Brandl, 2002: 43f.; Weber, M., 2002: 134). Mittels dieses Kennzahlentyps werden relevante Informationen für die Ursachen-Analyse der erzielten Werte anderer Unternehmenskennzahlen geliefert (vgl. Weber, M., 2002: 134).
- Darüber hinaus haben weiche HR-Kennzahlen nach Gladen (2001: 13) schließlich nicht den in Kap. 2.2.2.3 erwähnten Nachteil, der v. a. vielen finanziellen Spitzenkennzahlen zuzuschreiben ist, nämlich einen zu hohen Aggregationsgrad. Die Erhebung weicher Kennzahlen erfolgt zwar nicht zwingend auf detailliertere Bereiche bezogen - ist aber häufig so aufgebaut, dass sich spezifische Aussagen für einzelne Unternehmenseinheiten ableiten lassen.
- Ferner ist festzuhalten, dass es in einigen Bereichen keine bessere Alternative hinsichtlich eines strategischen Umgangs mit den durch die weichen HR-Kennzahlen erfassten Themenfeldern gibt (vgl. DGQ, 1999: 49; Weber, M., 2002: 126, 134. 143). Beispielsweise lassen sich nach Vollmuth (2002: 40) kaum harte Ersatzgrößen finden, die ähn-

66 Vgl. darüber hinaus: Weber, M. (2002: 25, 122); Gladen (2001: 20f., 103); Horváth (2000: 235).
67 Vgl. darüber hinaus: Weber, M. (2002: 123); Großklaus (1997: 175); Wätzold (2000: 98f.).
68 Vgl. darüber hinaus: Gerlach (2000: 18); Gladen (2001: 13); Jonasch (2001: 448); Küpper (1995); Scholz (2000: 251); Vollmuth (2002: 44); Weber, M. (2002: 27).

lich viele Ansatzpunkte für Handlungsentscheidungen für ein weiches Themenfeld, wie z. B. Motivation, beinhalten[69].

Abschließend lässt sich feststellen, dass sich besondere Stärken weicher HR-Kennzahlen ausmachen lassen, welche u. a. in ihrem Frühwarn- und Erklärungscharakter liegen. Vor dem Hintergrund der zunehmenden Bedeutung des Faktors Personal auf der einen Seite (vgl. u. a. Claßen/Ahrens, 2000: 32f.; Gebauer/Wall, 2002: 685; Scherm, 2003: 24f.)[70] und Soft Factors bzw. Intangibles auf der anderen (vgl. u. a. Daum, 2003a: 150ff.; Günther/Günther, 2003: 191f.; Lev, 2003: 121)[71] lässt sich konstatieren, dass vielfach eine Forderung nach der Einbindung weicher bzw. nicht-monetärer Größen in Unternehmenssteuerungssysteme besteht, die derzeit auch nicht durch andere Größen substituierbar scheint. Weiche HR-Kennzahlen stellen, ebenso wie finanzielle Kennzahlen, Informationen zu sogenannten kritischen Erfolgsfaktoren bereit (vgl. u. a. Fischer, 2003: 18f.; Gladen, 2001: 3, 162; Wall/Gebauer, 2002: 311; Weber, M., 2002: 23)[72]. Insofern lässt sich abschließend die positive Bewertung von Staehle (1967: 73) zur strategischen Bedeutung von Kennzahlen als Instrument der Unternehmenssteuerung auch auf das Untersuchungsobjekt weiche HR-Kennzahlen übertragen.

2.2.3. Thematischer Bezugsrahmen der Untersuchung

Im Folgenden wird die konzeptionelle und empirische Forschungsliteratur nach den relevanten Modellgrößen des Bezugsrahmens thematisch strukturiert dargestellt: (1) Kontext-

---

69 Vgl. z. B. Geiß (1986: 70): „Allerdings muss dabei beachtet werden, dass der Einsatz von Kennzahlen hauptsächlich dort vorgeschlagen wird, wo keine genauen Verfahren aufgrund mangelnder Exaktheit der Datenbasis vorhanden sind.“.

70 Vgl. darüber hinaus: Fiedler-Winter (2002: 21); Fischer (2003: 16); Günther/Günther (2003: 192); Jonasch et al. (2001: 447); Kaps/Husmann (1995: 30); Leidig (2002: 27f.); Scholz (2002: 483); Strack et al. (2000: 283); Wall/Gebauer (2002: 311); Wunderer (2000: 298). In diesem Zusammenhang wird häufig die zunehmende Bedeutung eines strategischen Personalmanagements angeführt (vgl. u. a. Claßen/Ahrens, 2000: 32f.; Edvinsson/Brüning, 2000; Wunderer/Jaritz, 1999).

71 Vgl. auch: Bausch/Kaufmann (2000: 126); Brettel (1997: 231); Claßen/Ahrens (2000: 32f.); Daum (2003b: 129, 134); Edvinsson/Kivikas (2003: 163f.); FASB (2001); Fischer/Fischer (2001: 29); Horváth (1993b: 477ff., 2001: Einleitung); IfaA (2000: 44); Leidig (2002: 27f.); Lev (2001); Matiaske/Mellewigt (2001: 8); Mayer (2002: 493); Möller/Walker (2003: 492, 494); Neubäumer/Kohaut (2002: 403f., 412f.); Neely et al. (2003: 129, 132); Philipps/Windheim (2003: 48); Reichmann (2001: Einleitung); Rose (2000: 238); Sandt (2003: 76); SEC (2001); Servatius (2003: 155); Steffens-Duch (2000: 295); Stoi (2003: 175, 181); Strack et al. (2000: 283, 286); Vollmuth (2002: 40); Weber, M. (2002: 122ff., 139).

faktoren (vgl. Kap. 2.2.3.1), (2) Beurteilung (vgl. Kap. 2.2.3.2), (3) Akzeptanz (vgl. Kap. 2.2.3.3) und (4) Adoption von HR-Kennzahlen (vgl. Kap. 2.2.3.4). In diesem Zusammenhang wird zum einen auf Forschungsliteratur zurückgegriffen, die sich direkt mit dem Untersuchungsgegenstand weiche HR-Kennzahlen auseinandersetzt. Zum anderen wird Literatur zum Thema Innovation, Kennzahlen oder Information betrachtet, die ebenfalls Implikationen zu den Modellgrößen des Bezugsrahmens liefert.

2.2.3.1. Forschungsarbeiten zu Kontextfaktoren

Im Rahmen dieses Teilkapitels soll eine theoriegeleitete und inhaltlich begründete Selektion (vgl. Meißners, 1989: 45, Gebert, 1978: 30) der relevanten Aspekte der externen Kontextbedingungen (vgl. Kap. 2.2.3.1.1), der Organisationsstruktur (vgl. Kap. 2.2.3.1.2) sowie individueller Merkmale (vgl. Kap. 2.2.3.1.3) vorgenommen werden, die das Untersuchungsobjekt weiche HR-Kennzahlen determinieren.

2.2.3.1.1. Externe Kontextfaktoren

Im vorliegenden Kapitel wird die Forschungsliteratur diskutiert, die sich mit der Abhängigkeit weicher HR-Kennzahlen von externen Einflussfaktoren beschäftigt. In diesem Zusammenhang fordert Geiß (1986: 73) bspw. generell die Anpassung von Kennzahlen an die jeweilige Situation. Auch Reichmann (1993c: 347) betont die Bedeutung sachgerechter Informationen, wie sie durch Kennzahlen dargestellt werden können, in unterschiedlichen externen Kontexten[73]. Studien, die explizit den Zusammenhang zwischen externen Kontextfaktoren und dem Untersuchungsgegenstand weiche HR-Kennzahlen analysieren, existieren bislang nicht. Wie jedoch die Experteninterviews (vgl. Kap. 2.4.1) zeigen, ist insbesondere den potenziellen Determinanten Kostendruck und Wettbewerberverhalten eine besondere Bedeutung zu zuschreiben. Diese Größen sollen nachfolgend vorgestellt werden.

---

[72] Vgl. darüber hinaus: Fischer/Fischer (2003: 30); Gebauer/Wall (2002: 685); Horváth (2000: 237f.); Mayer (2002: 491); Rose (2000: 236); Stoi (2003: 179f.); Vollmuth (2002: 25).

[73] Schäffer et al. (2003: 42) relativieren durch ihre empirische Studie zum Kennzahleneinsatz die Bedeutung externer Einflussgrößen (wie z. B. Dynamik, Komplexität) vor dem Hintergrund der Betonung interner Einflussgrößen (wie bspw. Unternehmenskultur bzw. opportunistisches Verhalten).

Die Größe *Kostendruck* lehnt sich an übliche Definitionen des Kostenbegriffs in der Betriebswirtschaftslehre an (Schmalenbach, 1963: 6; Wöhe, 2002: 1218): Demnach sind Dienstleistungs- und Güterverbrauch im unternehmerischen Kontext als Kosten zu verstehen. Kostendruck stellt somit die Notwendigkeit dar, den Dienstleistungs- und Güterverbrauch möglichst effizient und sparsam zu gestalten. In der Kennzahlenliteratur finden sich keine Studien, die den Einfluss von Kostendruck auf den Einsatz weicher HR-Kennzahlen untersuchen. Hingegen existieren Beiträge, die die Rolle von Kennzahlen als Mittel zur (Personal-)Kostenplanung analysieren (z. B. Brander, 1998: 66ff.). Im Rahmen der Informationsforschung steht zudem in einigen Studien die Frage zum Kosten-Nutzen-Verhältnis von Informationen im Mittelpunkt (u. a. Borg, 2002: 115; Pfeuffer, 1993: 116; Seidel, 2003: 564ff.). Darüber hinaus beschäftigt sich eine Reihe von Studien mit dem Zusammenhang zwischen Kostendruck und Innovationen: hier wird z. B. untersucht, auf welche Weise Kostendruck zur Innovationsdynamik (allerdings für den technischen Bereich) führen kann (vgl. o. V., 1999). Der sich hier insbesondere vor dem Hintergrund der Innovationsforschung abzeichnende Zusammenhang ist derart, dass bei zunehmendem Kostendruck die Wahrscheinlichkeit einer Investition in (unsichere) Innovationen sinkt (vgl. Gierl, 1995: 310ff.; Lin, 1998; Schmalen, 1993: 782). Begründet wird dieser Zusammenhang zum einen mit dem moderierenden Konstrukt der Unsicherheit bzw. des Sicherheitsbedürfnisses: Je höher der Kostendruck, desto größer das Sicherheitsbedürfnis (vgl. o. V., 1997). Zum anderen ist anzunehmen, dass zunehmender Kostendruck zu verstärkter Ressourcenknappheit führt. Dieses kann die Implementierung weicher HR-Kennzahlen beeinträchtigen (vgl. Meyer, 1994: 19): „Die Verwendung von Kennzahlen [...] erfordert zum einen personelle Voraussetzungen [...] und zum anderen organisatorische Vorkehrungen zur Sicherung eines reibungslosen und wirtschaftlichen Verfahrensablaufes." Vor diesem Hintergrund soll auch für die vorliegende Arbeit die Hypothese zugrunde gelegt werden, dass ein negativer Zusammenhang zwischen dem Ausmaß des Kostendrucks und der Implementierungswahrscheinlichkeit weicher HR-Kennzahlen besteht:

H5: Je höher der Kostendruck (in einer Personalabteilung), desto geringer die Wahrscheinlichkeit einer (erfolgreichen) Adoption weicher HR-Kennzahlen.

Die Größe *Wettbewerberverhalten*, stellt eine der für die vorliegende Untersuchung wichtigsten Determinanten des organisationalen Umfelds dar. Schmalen (1993: 778f.) und Felten (2001: 9ff.; 16f.) unterscheiden in diesem Zusammengang unterschiedliche Abstufungen einer Einflussnahme durch Wettbewerber, die von einem einfachen sogenannten Modell-Lernen bis hin zu sozialem Übernahmedruck reichen kann (vgl. Schmalen/Binninger, 1994: 6; Pechtl, 1991: 38ff.). In der Kennzahlenliteratur wird im Allgemeinen nicht die Determinante Wettbewerberverhalten auf den Kennzahleneinsatz untersucht, sondern die Betrachtung erfolgt zumeist umgekehrt. Das Benchmarking wird als Analyseinstrument im Rahmen des Kennzahleneinsatzes betrachtet (vgl. z. B. George, 1999: 44; Groll, 1988: 59f.)[74]. Ebenso findet sich auch in der Informationsforschung eine Reihe von Studien, die das Benchmarking als Instrument eines umfassenden Informationsmanagements untersuchen. Darüber hinaus gibt es Forschungsarbeiten, die sich mit der Bedeutung von Informationen im Wettbewerb beschäftigen. Auch in der aktuellen Innovationsforschung lassen sich zahlreiche Studien ausmachen, die sich mit der Beobachtung des innovativen Verhaltens der Wettbewerber beschäftigen (vgl. Ahmed, 1997: 45ff.; Bobe/Bobe, 1998; Zairi, 1998). Es finden sich in diesem Zusammenhang explizite Studien zum Einfluss des Benchmarking auf die Innovationstätigkeit im Dienstleistungssektor (vgl. Brumby/Päßler, 2002: 3ff.; Pässler/Brumby, 2001: 56ff.). Zusammenfassend lässt sich feststellen, dass v. a. in der Diffusions- bzw. Innovationsforschung Erkenntnisse existieren, die den Zusammenhang zwischen Wettbewerberverhalten und der Geschwindigkeit der Einführung einer Innovation postulieren (vgl. u. a. Schmalen/Binninger, 1994: 6; Pechtl, 1991: 38ff.)[75]. Hieraus lässt sich die Hypothese ableiten, dass der Einsatz und die Verbreitung weicher HR-Kennzahlen bei Wettbewerbern zu einem ähnlichen Verhalten und somit zu einer höheren Wahrscheinlichkeit einer Adoption weicher Kennzahlen führt (vgl. Pauschert, 1999). Dabei lässt sich zwischen zwei unterschiedlichen Ausprägungen der Wettbewerbsorientierung unterscheiden.

H6: Je umfangreicher die Informationen über den Einsatz weicher HR-Kennzahlen bei den Wettbewerbern, desto wahrscheinlicher ist eine (erfolgreiche) Adoption.

---

[74] Vgl. darüber hinaus: Horváth (2003: 555); März (1983: 61); Merkle (1982: 329); Meyer (1994: 52ff.); Stähle (1969: 60, 66).

[75] Vgl. darüber hinaus: Felten (2001: 9ff., 16f.); Schmalen (1993: 778f.); Wiswede (1995: 201).

H7: Je stärker der Übernahmedruck, der von Wettbewerbern vermittelt wird, desto wahrscheinlicher ist eine (erfolgreiche) Adoption weicher HR-Kennzahlen.

2.2.3.1.2. *Interne, organisationszentrierte Kontextfaktoren*

Inhalt des vorliegenden Kapitels ist die Diskussion interner, organisationszentrierter Merkmale, welche die Ausgestaltung und die Adoption weicher HR-Kennzahlen beeinflussen können. Dazu liegen insbesondere bei den Themenfeldern Organisationsstruktur, strategische Ausrichtung und Unternehmenskultur interessante Überlegungen zu bestehenden Zusammenhängen vor.

Hinsichtlich der *Organisationsstruktur* werden zum einen allgemeine Merkmale zur Charakterisierung der Unternehmung, die sich am Bürokratiekonzept Webers orientieren, vorgestellt. Daran anschließend erfolgt die Bezugnahme auf einige spezielle Einzelmerkmale wie bspw. der Unternehmensgröße oder Branche.

Organisationsstrukturen und -konzepte, die Innovationen, wie z. B. neue Personalinstrumente (weiche HR-Kennzahlen), fördern, werden v. a. in der empirischen Organisationsforschung diskutiert. Sie lassen sich grob in mechanistische[76] bzw. organische[77] Strukturkonzepte unterscheiden und können durch die Teildimensionen Zentralisierung, Differenzierung, Spezialisierung, Standardisierung sowie Formalisierung charakterisiert werden (vgl. Meier, 1982: 181ff.; Thom, 1980: 243ff.; Meißner, 1989: 42ff.)[78]. Aus Gründen der Komplexitätsreduktion soll die Organisationsstruktur anhand der beiden Merkmale Formalisierung und Zentralisierung dargestellt werden. Diese wurden zum einen - in Anlehnung an das Bürokratiekonzept Webers - als relevante Teildimensionen identifiziert. Zum anderen werden diese in zahlreichen Forschungsarbeiten zur Beschreibung von Organisationsstrukturen herangezogen (vgl. Dawes/Lee/Dowling, 1998: 56f.; Kieser/Kubicek, 1992: 73ff.; Menon et al., 1999: 23).

---

76 Die mechanistische Struktur ist durch eine ausgeprägte Hierarchie mit klarer Struktur, großer Formalisierung und stark zentralisierten Entscheidungsstrukturen gekennzeichnet.

77 Demgegenüber weist eine organische Struktur eine flachere Hierarchie, weniger klar abgegrenzte Kompetenzen und stärker vertikal ausgerichtete Kommunikationsflüsse auf.

Nach Eickhof (1982: 176; vgl. auch Meißner, 1989: 43; Hall/Haas/Johnson, 1967) bezieht sich der *Formalisierungsgrad* eines Unternehmens auf alle schriftlich gefassten Regeln, Anweisungen und Mitteilungen sowie auf die von der Organisationsleitung vorgenommene Beeinflussung zur Regelbeachtung (bzw. die durch Tradition zum Standard gewordenen Verhaltenserwartungen). In der Forschungsliteratur zur Implementierung von Innovationen finden sich Verweise, dass der Formalisierungsgrad möglichst gering sein sollte, um eine erfolgreiche Adoption von Innovationen zu ermöglichen[79] (vgl. Meißner, 1989: 43; Gebert, 1978: 110; Eickhof, 1982: 176). Hierfür spricht eine Reihe empirischer Befunde (vgl. z. B. Gebert, 1979; Harvey, 1968; Lorsch/Morse, 1974; Paulson, 1974). Nur wenige Studien konnten keinen entsprechenden Zusammenhang aufzeigen (vgl. Aiken/Hage, 1971; Hage/-Dewar, 1973). Da im Fall der vorliegenden Untersuchung die Innovation weicher HR-Kennzahlen als ein Instrument zu sehen ist, welches das Ausmaß der Formalisierung stärken soll, ist die Übernahme des vielfach postulierten negativen Zusammenhangs zwischen Formalisierungsgrad und Einsatz einer Innovation möglicherweise nicht so eindeutig. Jedoch soll aus den oben genannten Gründen ein solcher Zusammenhang postuliert werden.

H8: Je höher der Formalisierungsgrad (in einer Personalabteilung), desto geringer die Wahrscheinlichkeit einer (erfolgreichen) Adoption weicher HR-Kennzahlen.

Unter dem Aspekt der *Zentralisierung* wird nach Meißner (1989: 42) „der Grad der Machtverteilung bzw. die Verteilung von Entscheidungsbefugnissen über die verschiedenen hierarchischen Ebenen in der Organisation“ verstanden (vgl. auch Gebert, 1978: 36; Hagen/Aiken, 1967; Eickhof, 1982: 175). Theoretische Argumentationen und empirische Studien, die sich mit dem Zusammenhang zwischen dem Zentralisierungsgrad und der Adoption von Innovationen beschäftigen, weisen nach Thom (1980: 279) und Gebert (1978: 107) folgende polarisierende Stellungnahmen auf:

- Argumente für einen positiven Zusammenhang finden sich dahingehend, dass bei einer größeren Entscheidungsautonomie, die Möglichkeit der Überprüfung neuer Ideen und

---

78 Im Rahmen der Experteninterviews (vgl. Kap. 2.4.1) wurde die Relevanz dieser Teildimensionen für die Ausprägung und –gestaltung weicher HR-Kennzahlen in HR-Managementsystemen kritisch geprüft.

79 Potenzielle Gründe hierfür sind neben Einigungsschwierigkeiten (vgl. Eickhof, 1982: 176) auch das mangelnde Engagement der Mitarbeiter zur Einführung neuer Instrumente (vgl. Bessoth, 1975: 99).

die Motivation zum Experimentieren steigt. Zugleich sinken die sogenannten psychologischen Kosten des Erprobens, da weniger Genehmigungsbarrieren existieren[80].

- Argumente für einen fehlenden[81] oder einen negativen Zusammenhang lauten folgendermaßen: (1) Dezentrale Organisationen haben eine offenere Kommunikation bzw. eine bessere Informationsverarbeitungskapazität. Hierdurch sind gute Voraussetzungen für Innovativität gegeben. (2) Die Mehrzahl der Organisationsmitglieder ist bei zentralen Organisationsstrukturen vom Entscheidungsprozess ausgeschlossen, so dass organisationsinternes Wissenspotenzial unausgeschöpft bleibt. (3) Es zeigt sich in zentralen Organisationsformen eine Tendenz zum „Festhalten am organisatorischen Status quo" (vgl. Eickhof, 1982: 175).

Auch wenn eine Vergleichbarkeit dieser Studien aufgrund unterschiedlicher Ausgangsfragestellungen, Operationalisierungen, methodischer Vorgehensweisen (z. B. Stichproben) nur unter Vorbehalt möglich ist, findet sich eine schwache (quantitativ begründete) Tendenz in Richtung einer positiven Korrelation zwischen dem Zentralisierungsgrad und der Adoption von Innovationen, zumal auch nur in Corwins Studie (1973) von einem signifikant negativen Zusammenhang berichtet wurde. In der vorliegenden Arbeit soll daher von einem positiven Zusammenhang zwischen Zentralisierung und dem Einsatz weicher HR-Kennzahlen ausgegangen werden[82].

H9: Je höher der Zentralisierungsgrad (einer Personalabteilung), desto wahrscheinlicher ist eine (erfolgreiche) Adoption weicher HR-Kennzahlen.

Bei den im Zusammenhang mit potenziellen organisationszentrierten Kontextfaktoren genannten Einzelmerkmalen findet sich in zahlreichen Studien v. a. der Verweis auf die Relevanz des Kontextmerkmals Unternehmensgröße (vgl. Blau/Schönherr, 1971; Child, 1972; Pugh et al., 1969) Insbesondere der Zusammenhang zwischen der *Unternehmensgröße* und dem Einsatz von Kennzahlen wird häufig thematisiert (vgl. Reichmann, 1993c: 347; ähnlich Geiß, 1986: 142; Staudt et al., 1985: 111; Töpfer, 1976: 292): „Je größer eine Unter-

---

[80] Vgl. hierzu die empirischen Befunde von: Aiken/Hage (1971); Child (1973a); Gebert (1977); Kieser (1974); Lorsch/Morse (1974); Pelz/Andrews (1966, 1978); Smith (1970).

[81] Vgl. hierzu die empirischen Befunde von: Corwin (1973); Hage/Dewar (1973); Paulson (1974); Pizam (1974); Bessoth (1975: 94ff.).

nehmung ist, [...] desto wichtiger ist es, sachgerechte Informationen über die betriebliche und marktliche Lage zu erfassen. In diesem Zusammenhang haben Kennzahlensysteme seit langem die Funktion, Informationen bereitzustellen.“ Ebenso existieren in der relevanten Forschungsliteratur Hypothesen zu Zusammenhängen von Größe und Innovationsbereitschaft eines Unternehmens (vgl. Macharzina, 1995: 598f.; Thom, 2001)[83]. Auch wenn es nach Eickhof (1982: 162) keine innovationsoptimale Unternehmensgröße gibt, soll dieses Kriterium im Rahmen der vorliegenden Arbeit als potenzieller Einflussfaktor untersucht werden. Beim Untersuchungsgegenstand weiche HR-Kennzahlen sprechen darüber hinaus auch thematisch-inhaltliche Gründe dafür: Bei kleinen Mitarbeiterzahlen ist z. B. die Verwendung von Zufriedenheitskennzahlen weniger notwendig, da sich ein Eindruck von der Stimmung der Mitarbeiter ggf. auch ohne aufwendige Kennzahlenerhebungen erschließt. Zudem ist laut Meyer (1994: 19) die Implementierung weicher HR-Kennzahlen von vorhandenen personellen Ressourcen und bestehenden infrastrukturellen Merkmalen abhängig. Diese sei eher bei größeren als bei kleineren Unternehmungen festzustellen. Aus den oben aufgeführten Gründen ist ein positiver Zusammenhang zwischen der Unternehmensgröße und dem Einsatz weicher HR-Kennzahlen zu vermuten.

H10: Je größer das Unternehmen, desto wahrscheinlicher ist eine Adoption weicher HR-Kennzahlen.

Hinsichtlich des Einflusses der *Branche* auf den Einsatz und die Adoption weicher HR-Kennzahlen ist im Allgemeinen der Verweis auf die besondere Bedeutung solcher Kennzahlen für Dienstleistungsunternehmen anzutreffen (vgl. Gladen, 2001: 14; ähnlich Weber, M., 2002: 35): "Auf Indikatoren [weiche Kennzahlen] müssen v. a. Dienstleistungsunternehmen oder unterstützende Bereiche in Industrieunternehmen zurückgreifen, ...". In diesem Sektor nimmt der Faktor Personal eine besonders wichtige Rolle ein. Die sich hieraus ergebende Hypothese lautet somit:

---

82 Zudem ergibt sich aus den Experteninterviews, dass die Implementierung weicher HR-Kennzahlen auch aus inhaltlichen Gründen leichter in zentralen Organisationsformen durchzuführen ist. In der Informationsforschung wird ein ähnlicher Zusammenhang postuliert (vgl. z. B. Wiendahl, 2001).

83 Vgl. darüber hinaus: Biehl (1982: 13ff.); Corsten (1984: 227); Frisch (1993); Kaplaner (1987: 55ff.); Keßler (1992); Kleine (1980); Penzkofer (1991); Schwer (1985: 145ff.); Wicher (1986: 91) bzw. die empirischen Befunde von Müller (1975: 117f., 139f., 155f.).

H11: Die Adoption weicher HR-Kennzahlen ist in Dienstleistungsunternehmen weiter verbreitet als in anderen Branchen.

Im Anschluss an die Diskussion der Organisationsstruktur werden im Folgenden die Determinanten *Einfluss der Personalabteilung* sowie die *strategische Ausrichtung* vorgestellt. Während unter dem Einfluss der Personalabteilung dass Ausmaß der Möglicheit einer Mitgestaltung unternehmensstrategischer Entscheidungen durch die Personalabteilung verstanden wird (vgl. Piercy, 1986), ist unter strategischer Ausrichtung v. a. der Aspekt der Verknüpfung mit der übergreifenden Unternehmensstrategie sowie der Planungs- und Kontrollgedanke zu fassen (vgl. z. B. Geiß, 1986: 172f.). Zwischen beiden Größen besteht ein sehr enger Zusammenhang. Im Rahmen der Kennzahlenforschung wurde die Betrachtung der strategischen Ausrichtung einer Unternehmung bzw. einer Geschäftseinheit als Determinante für einen bestimmten Kennzahleneinsatz bislang kaum untersucht[84]. Hingegen finden sich zahlreiche Forschungsarbeiten zur Steuerungsfunktion von Kennzahlen. In diesem Sinne werden Kennzahlen als Instrument der Strategieumsetzung beschrieben (vgl. Kap. 2.2.1)[85]. Untersuchungen zum Zusammenhang der strategischen Ausrichtung und der Innovationstätigkeit einer Unternehmung sind in der Innovationsforschung weit verbreitet. Bei diesen Arbeiten stehen jedoch Forschungshypothesen im Fokus, die sich mit der idealen strategischen Ausrichtung beschäftigen, die der Generierung neuer Innovationen dient (vgl. z. B. Afuah, 2003; Faure, 1972: 7f.; Harris, 1990: 7). In der vorliegenden Untersuchung wird demgegenüber die strategische Ausrichtung der Personalabteilung als Determinante einer (erfolgreichen) Implementierung einer Neuerung betrachtet (vgl. Sommerlatte, 1988: 161; Peske/Perlitz, 2003). Hierzu lautet die Hypothese, dass der Einfluss und die strategische Ausrichtung der Personalabteilung positiv auf die Adoptionsbereitschaft von weichen HR-Kennzahlen wirken[86].

---

84 Servatius (2003: 156) postuliert lediglich, dass sich der Wertbeitrag immaterieller Größen aus der Rolle derselben im Unternehmen ergibt und somit von der strategischen Ausrichtung abhängt.

85 Vgl. darüber hinaus: Staudt et al. (1985: 95f.); Botta (1997); Gerberich (1996: 235ff., 1998); Göbel (2001); Kaps (1995: 29f.); Läge (2003: 117ff.); o. V. (2004: 20f.).

86 Allerdings ist zu konstatieren, dass die Hypothese richtigerweise nicht auf die Quantität, also dem Ausmaß der strategischen Ausrichtung, sondern eher auf die inhaltliche Dimension der Qualität, wie z. B. einer mehr oder weniger kennzahlen- bzw. mitarbeiterorientierte Strategie, abzielen müsste. Vor dem Hintergrund einer bislang in der Praxis nur mäßig gelebten Personalstrategie wird auf die Erfassung unterschiedlicher Strategietypen zugunsten einer komplexitätsreduzierenden Größe „Ausmaß der strategischen Ausrichtung" verzichtet.

H12: Je größer der Einfluss der Personalabteilung auf die Unternehmensführung ist, desto wahrscheinlicher ist eine Adoption weicher HR-Kennzahlen.

H13: Je strategischer die Personalabteilung ausgerichtet ist, desto wahrscheinlicher ist eine (erfolgreiche) Adoption weicher HR-Kennzahlen.

Abschließend wird in diesem Kapitel die Einflussgröße *Unternehmenskultur* untersucht. Die Rolle der Unternehmenskultur als bedeutsamer Prädiktor für die Akzeptanz und den Implementierungserfolg unterschiedlicher Personalinstrumente wurde umfassend theoretisch und empirisch untersucht (vgl. Lewis/Shea, 1996; Sinkula/Baker/Nordewier, 1997)[87]. Jedoch findet sich in der Literatur, trotz der weitgehend einheitlichen Akzeptanz des Konstruktes Unternehmenskultur als bedeutsame Determinante (vgl. z. B. Moorman, 1995; Lewis/Shea, 1996; Sinkula/Baker/Nordewier, 1997)[88], z. T. sehr uneinheitliche Ansätze zur Definition und Messung dieser Größe (vgl. z. B. Calori/Sarnin, 1991; Ernst, 2003: 25; Pflesser, 1999: 29). Eine in den Wirtschaftswissenschaften weit verbreitete Definition liefert Schein (1985: 9): "Organizational Culture: a pattern of basic assumption - invented, discovered, or developed by a given group as it learns to cope with its problems of external adaption and internal integration - that has worked well enough to be considered valid and, therefore, to be taught to new members as the correct way to perceive, think, and feel in relation to those problems." Vor diesem Hintergrund wird in dieser Arbeit ein Kulturverständnis zugrunde gelegt, dass ein langfristig stabiles Werte- und Normensystem umfasst, welches einen Orientierungsrahmen für das Handeln der Mitarbeiter und Führungskräfte sowie für die Gestaltung organisationaler Parameter darstellt (vgl. auch Hofstede, 1980: 1169; Sackmann, 2000: 146; Ulrich, 1984: 312).

Während in der Kennzahlenliteratur der Zusammenhang zwischen Unternehmenskultur und dem Einsatz von speziellen Kennzahlentypen nicht behandelt wird, existieren in der Informationsforschung Untersuchungen zu den wechselseitigen Beziehungen von Unternehmenskultur (zumeist als Determinante) und dem Einsatz bestimmter Informationen (vgl. Ernst, 2003: 23f.; Grudowski, 1998; o. V., 1989). Auch in der Innovationsforschung finden

[87] Vgl. darüber hinaus: Borg (2002: 115); Ernst (2003: 23f.); Burns/Stalker (1961); Kenis (1979); Flamholtz/Das/Tsui (1985); Moorman/Deshpandé/Zaltman (1993); Moorman (1995); Pfeuffer (1993: 116).

[88] Vgl. darüber hinaus: Kenis (1979); Flamholtz/Das/Tsui (1985); Moorman/Deshpandé/Zaltman (1993).

sich zahlreiche Studien, die sich explizit mit dem Zusammenhang zwischen Unternehmenskultur und der Förderung von Innovationen auseinander setzen (vgl. u. a. Hauschildt, 1997; Marxt, 2000; Lasek, 1997: 14ff.)[89]. Berücksichtigt man darüber hinaus den sich aus der Adoptionstheorie ergebenden Faktor der Kompatibilität (vgl. Kap. 2.3.2.4), so lässt sich eine konkrete Hypothese ableiten. Die Kompatibilität, die insbesondere die Konsistenz mit bestehenden kognitiven Strukturen, kulturellen Werten, Normen und Lebensstilen beschreibt, wird allgemein als relevanter Prädiktor für die Implementierung einer Innovation anerkannt (Gierl, 1995: 310, Rogers, 1983: 211ff.; Schmalen, 1993: 782)[90]. Insofern ist das Vorhandensein einer Unternehmenskultur, welche kompatibel mit der geplanten Steuerungsfunktion weicher Größen, wie bspw. der Mitarbeiterzufriedenheit ist, als eine positive Determinante für einen solchen Einsatz zu bewerten. Hieraus ergibt sich die Hypothese, dass die Adoption weicher HR-Kennzahlen von der bestehenden Unternehmenskultur beeinflusst wird:

H14: Je mitarbeiterorientierter die Unternehmenskultur ist, desto wahrscheinlicher ist eine (erfolgreiche) Adoption weicher HR-Kennzahlen.

H15: Je innovativer die Unternehmenskultur ist, desto wahrscheinlicher ist eine (erfolgreiche) Adoption weicher HR-Kennzahlen.

2.2.3.1.3. Interne, individuumszentrierte Kontextfaktoren

Abschließend werden die individuumszentrierten, internen Kontextfaktoren, die auf die Adoption weicher HR-Kennzahlen wirken, vorgestellt. Die besondere Bedeutung individuumszentrierter Einflussgrößen ergibt sich nicht nur aus der adoptionstheoretischen Forschungsliteratur (vgl. Meißner, 1989: 46; Thom, 1980: 57), sondern findet sich auch explizit in der relevanten Kennzahlen- und Informationsmanagementliteratur (vgl. u. a. Gladen,

89 Vgl. darüber hinaus: Burns/Stalker (1961); Ernst (2003: 23ff.); Gussmann (1988); Mayer (1998: 15ff.); Kieser (1990).

90 Vgl. darüber hinaus: Meißner (1989); Thom (1980: 23), Schulz (1972: 469); Wiswede (1995: 274f.).

2001: 9ff.; Macintosh, 1981)[91]. Im Folgenden werden die Merkmale Berufserfahrung, Bildung, Fachwissen und Involviertheit vorgestellt und kritisch diskutiert.

Zu den am häufigsten genannten personengebundenen Einflussgrößen auf die Haltung gegenüber neuen betrieblichen (Personal-)instrumenten zählt das Alter[92] bzw. die *Berufserfahrung*[93] der Betroffenen (vgl. Kühlmann, 1988: 147; Moorman/Deshpandé/Zaltman, 1993; Perkins/Rao, 1990)[94]. Geiß (1986: 73ff.) postuliert in diesem Zusammenhang speziell die Abhängigkeit der Kennzahlennutzung von der jeweiligen Berufserfahrung[95]. Der postulierte negative Zusammenhang zwischen der Berufserfahrung und dem Einsatz von Neuerungen lässt sich in empirischen Untersuchungen bestätigen (vgl. Überblick bei Müller-Böling, 1978: 56ff.). Nicht nur hinsichtlich der Einführung von Neuerungen, auch bzgl. deren Nutzung bzw. speziell der Nutzung von Kennzahlen, sind Auswirkungen der Berufserfahrung des Anwenders zu vermuten (vgl. Geiß, 1986: 75). Ebenso finden sich zahlreiche Forschungsarbeiten, die Zusammenhänge zwischen Berufserfahrung und Informationsverhalten untersuchen, wenn auch allerdings mit z. T. widersprüchlichen Ergebnissen (vgl. z. B. Gilly et al., 1998; Perkins/Rao 1990; Rahman/McCosh, 1976). Auf Basis der Erkenntnisse der genannten Forschungsbeiträge soll in der vorliegenden Untersuchung folgende Hypothese untersucht werden:

> *H16: Je größer die Berufserfahrung der Personalleiter ist, desto weniger wahrscheinlich ist eine (erfolgreiche) Adoption weicher HR-Kennzahlen.*

---

[91] Nach Gladen (2001: 9ff.) spielen folgende Verhaltenseigenschaften der Empfänger eine wichtige Rolle: fachliche Eignung, Erfahrung, intellektuelle oder pragmatische Orientierung, Präferenzen gegenüber verbaler oder bildlicher Darstellung der Information, Risikoneigung sowie Prestige- oder Machtinteresse.

[92] Vgl. z. B. Enderlein/Reif (1998); Ermert (1999); Göpfert (2003); Wolff/Spieß/Mohr (2001).

[93] Die Merkmale Alter und Berufserfahrung korrelieren sehr stark miteinander. Gleiches gilt (wenn auch in etwas geringerem Ausmaß) für das Merkmal Erfahrung, so dass im Falle der vorliegenden Untersuchung auch auf Forschungsergebnisse hinsichtlich dieser Größen zurückgegriffen werden kann (vgl. Kühlmann, 1988: 147).

[94] Vgl. darüber hinaus: Kaas (1973: 24f.); Deshpandé (1982); Dickson/Senn/Chervany (1977); Gupta/Govindarajan (1986); Libby/Lewis (1982); Lucas (1975); Roberts/O`Reilly (1979); Taylor (1975); Tomassini (1976); Zmud (1979).

[95] Die dahinterstehenden theoretischen Überlegungen lassen sich nach Kühlmann (1988: 147f.) folgendermaßen zusammenfassen (wenn auch zu ergänzen ist, dass die im Folgenden aufgeführten Eigenschaften sehr stark von weiteren Personenattributen abhängig sind): (1) Ältere Menschen mangele es an der Fähigkeit, sich auf Veränderungen einzustellen. (2) Sie würden langsamer lernen und hätten mehr Schwierigkeiten mit neuartigem, komplexen Material. (3) Ältere Menschen seien unsicherer im Reproduzieren und Anwenden von Neuerungen.

Die Bedeutung der personenbezogenen Merkmale *Bildung* (vgl. O`Reilly, 1982; Lybaert, 1998) sowie *Fachwissen* in der betrieblichen Praxis wurde in zahlreichen Studien nachgewiesen (vgl. u. a. Melone, 1994; Brockmann/Simmonds, 1997; Gilly et al., 1998)[96]. Während die Determinante Bildung den formalen Ausbildungsstatus beschreibt, bezieht sich das Fachwissen auf den speziellen Umgang mit dem Untersuchungsobjekt weiche HR-Kennzahlen. Das Fachwissen wird dabei als das Ausmaß der Sicherheit verstanden, mit dem die Personalleiter die Qualität und Einsatzmöglichkeiten weicher HR-Kennzahlen beurteilen können (vgl. Deshpandé, 1982: 92; Moorman/Deshpandé/Zaltman, 1993: 92)[97]. Zusammenhänge zwischen Bildung und/oder Fachwissen auf der einen Seite und Innovationstätigkeit auf der anderen werden insbesondere in der Innovationsforschung untersucht (vgl. z. B. Arvanatis, 1998; Staudt/Kriegesmann, 2002)[98]. Hinsichtlich der Implementierung von Neuerungen existiert eine Reihe von Studien die den Zusammenhang zur Kompetenz und Fähigkeit der Nutzer bzw. des Managements herausstellt (vgl. Eickhof, 1982: 252; Macharzina, 1995: 598f.; Marschner, 1986: 35ff.). Auch in der adoptionstheoretischen Forschungsliteratur gibt es zahlreiche Studien zum Zusammenhang zwischen den oben genannten Determinanten und der erfolgreichen Adoption einer Innovation (für einen Überblick vgl. Kaas, 1973: 24f.). Ein gleichermaßen positiv gerichteter Zusammenhang wird auch in der Kennzahlenforschung unterstellt. Hierzu postulieren bspw. Geiß (1986: 13, 73) bzw. Staudt et al. (1985: 111f.) die Abhängigkeit der Kennzahl von dem Fachwissen und der Kompetenz des Anwenders[99]: „Eine Grundvoraussetzung für die Anwendung von Kennzahlen bzw. Kennzahlensystemen ist die entsprechende fachliche Qualifikation der Anwender." Insofern ergibt sich die folgende Hypothese:

H17: Je höher das Fachwissen der Personalleiter ist, desto wahrscheinlicher ist eine (erfolgreiche) Adoption weicher HR-Kennzahlen.

---

96 Vgl. darüber hinaus: Agor (1986); Simon (1987); Perkins/Rao (1990: 9).

97 Die Konstrukte Fachwissen und Berufserfahrung korrelieren zum Teil (Behling/Eckel, 1991: 49). Allerdings führt nach Melone (1994: 439; ähnlich Day/Lord, 1992: 44) eine große Berufserfahrung nicht automatisch auch zu einem hohen Fachwissen. Insofern scheint eine differenzierte Betrachtung beider Größen erforderlich, so dass beide Variablen in das Forschungsdesign dieser Arbeit integriert worden sind.

98 Vgl. darüber hinaus: Kröll (1997); Staudt (1996 a und b, 2002).

99 Vgl. darüber hinaus: Caduff (1981: 26ff.); Geiß (1986: 38f.); Gaitanides (1979: 58f.); Hauke (1978: 38); Hruschka (1971: 86); Staudt et al. (1985: 76f.); Wolf (1977: 56).

Abschließend soll die Determinante *Einbindung in die Thematik* (Involvement) behandelt werden. Diese Größe entstammt v. a. der Kaufverhaltens- bzw. der Adoptionsforschung (vgl. z. B. Engel/Blackwell/Miniard, 1993: 275; Kroeber-Riel, 1992: 168). Dabei ist unter der „Einbindung in die Thematik“ der Grad des Einbezugs der Personalleiter in die Entwicklung und Adoption weicher HR-Kennzahlen zu verstehen (vgl. u. a. Ives/Olson, 1984: 587; Tait/Vessey, 1988: 96)[100]. Dieser bezieht sich sowohl auf die Wahrnehmung als auch auf das Verhalten der Nutzer. Involvement wird somit definiert als die "Ich-Beteiligung oder das Engagement, das mit einem Verhalten verbunden ist" (vgl. Kroeber-Riel/Weinberg, 1999: 174; ähnlich Meffert/Bruhn, 1997: 81). Während in der Kennzahlenforschung dieser Prädiktor nicht explizit hinsichtlich einer erfolgreichen Einbindung von Kennzahlen in das Management analysiert worden ist, existieren entsprechende Untersuchungen in der etwas breiter ausgerichteten Informationsforschung sehr wohl (vgl. z. B. Eagly, 1967). Dabei wird in diesen Studien ein positiver Zusammenhang zwischen einem hohen Involvement und der positiven Wahrnehmung und Adoption einer Information postuliert (vgl. z. B. Bei/Widdows, 1999; Hupp, 1998; Martin, 1987). Auch in der Innovationsforschung finden sich Studien, die den Einfluss der Determinante Involviertheit auf den Innovationsprozess nachweisen (vgl. z. B. Kirchmann, 1996). Dieser Einfluss wird in der Adoptionsforschung u. a. auch unter dem Stichwort Partizipation behandelt und v. a. mittels individualtheoretischer Annahmen erklärt (vgl. Kühlmann, 1988: 266f.; Wiendieck, 1992: 95ff.; Wiswede, 1995: 274, Lawrence, 1954). Insofern soll in der vorliegenden Untersuchung die Hypothese untersucht werden, dass das Involvement einen positiven Einfluss auf die (erfolgreiche) Adoption weicher HR-Kennzahlen ausübt.

H18: Je stärker der Personalleiter in die Thematik „weiche HR-Kennzahlen“ eingebunden ist, desto wahrscheinlicher ist deren (erfolgreiche) Adoption.

2.2.3.2. Forschungsarbeiten zu Beurteilungskriterien

In dem vorliegenden Kapitel soll zunächst der Begriff (Qualitäts-)Beurteilung näher spezifiziert und erläutert werden. Weiterhin wird ein Überblick über bisherige Konzeptualisierungsansätze von Beurteilungskriterien für Kennzahlen mit Fokus auf für weiche HR-

[100] Vgl. darüber hinaus: Edström (1977: 591); Moorman/Zaltman/Deshpandé (1992: 316).

Kennzahlen relevante Merkmale gegeben (vgl. Kap. 2.2.3.2.1). Anschließend erfolgt eine Einteilung in eine Prozess- (vgl. Kap. 2.2.3.2.2), Produkt- (vgl. Kap. 2.2.3.2.3) und Potenzialbeurteilung (vgl. Kap. 2.2.3.2.4).

2.2.3.2.1. Beurteilungskriterien von Kennzahlen

In der Forschung, die sich mit Nutzung der Kennzahlen beschäftigt, stellt die Variable Qualitätsbeurteilung eine zentrale Größe dar (vgl. Meyer, 1994: 25)[101]: „Die Informationsqualität bestimmt entscheidend die Verwendbarkeit von Informationen zur Lösung betrieblicher Aufgaben. Deshalb muss untersucht werden, welche Bedeutung den verschiedenen Eigenschaften[102] als Kriterien für die Bildung [...] von betriebswirtschaftlichen Kennzahlen [...] zukommt." Aus diesem Zitat wird deutlich, dass die Qualität der Kennzahl einen bedeutenden Einfluss auf die Verwendung bzw. Adoption derselben hat.

In diesem Zusammenhang wird die Informationsqualität als Erreichungsgrad einer bestimmten Anzahl vorab definierter Merkmale (z. B. Aktualität, Zweckgenauigkeit) beschrieben (vgl. DGQ, 1995: 30; 1999: 11, 18)[103]. In der Diskussion des Qualitätsbegriffs lassen sich zwei grundsätzliche Ansätze unterscheiden (vgl. Haller, 1993: 20)[104]:

- In einer klassischen, ingenieurwissenschaftlich geprägten Begriffsauffassung spiegelt sich Qualität unmittelbar in Merkmalen der untersuchten Leistung wider, die sich objektiv anhand von Daten erfassen lassen.
- Die zweite Auslegung des Qualitätsbegriffs stellt die subjektive Komponente der Qualität in den Mittelpunkt, indem davon ausgegangen wird, dass die „Qualität einer Leistung allein von den subjektiven Bedürfnissen der Nachfrager abhängig ist" (vgl. Benkenstein, 1993: 100) und dementsprechend eingeschätzt werden sollte.

---

[101] Vgl. auch: Bruns (1968); Grotz-Martin (1976); Lee/Lindquist/Acito (1997); Maltz/Kohli (1996); Moenaert/Souder (1990b); Moorman/Austin (1995); Zmud (1978).

[102] Unter Eigenschaften versteht der Autor u. a. die Zweckeignung, die Genauigkeit, die Aktualität und die Kosten-Nutzen-Relation.

[103] Vgl. darüber hinaus: DIN EN ISO 8402 (1995: 9f.); ISO/CD2 9000 (1999: 5); Meyer (1994: 29).

[104] Es gibt durchaus eine Reihe von Autoren, die stärker zwischen einzelnen Qualitätsansätzen differenzieren, wie z. B. Garvin (1984: 25ff.), der insgesamt fünf verschiedene Definitionsansätze unterscheidet, die auch Parallelen zur aufgeführten Dichotomie aufweisen: (1) absoluter (2) produktorientierter (3) kundenorientierter (4) herstellungsorientierter und (5) wertorientierter Qualitätsbegriff.

Im Kontext der vorliegenden Untersuchung interessiert v. a. die subjektive Ausprägung des Qualitätsbegriffs. Insofern wird die Qualitätsbeurteilung der weichen HR-Kennzahlen als das subjektive Empfinden eines Nutzers über ausgewählte Eigenschaften des Produktes weiche HR-Kennzahl definiert. Als Bezugspunkt für die Urteilsbildung dienen hierbei die Erwartungen des Nutzers (vgl. u. a. Weber/Sandt, 2001; Woratschek, 2004: 77)[105]. In diesem Zusammenhang betont Meyer (1994: 24)[106] im Rahmen subjektiver Nutzererwartungen die Bedeutung sogenannter qualitativer Eigenschaften des Produktes Kennzahl, wie z. B. Wirtschaftlichkeit oder Aktualität.

Zur Erfassung einer solchen subjektiven Qualitätsbeurteilung sind zahlreiche konzeptionelle und empirische Beiträge veröffentlicht worden, die sich mit der Begriffsstrukturierung in relevante Teildimensionen auseinandersetzen. Woratschek (2004: 77f.) systematisiert diese originären, nutzerbezogenen Messverfahren zur Qualität in problemorientierte, merkmalsorientierte[107] und ereignisorientierte Ansätze[108]. Aufgrund ihrer weiten Verbreitung, höheren Repräsentativität und ihrer Übertragbarkeit auf Nicht-Nutzer-Einstellungen (vgl. Woratschek, 2004: 78f.) soll in der vorliegenden Untersuchung auf merkmalsbezogene Ansätze zurückgegriffen werden. Diese lassen sich wiederum in Einstellungs- (vgl. Benkenstein, 1993: 1101; Stauss, 1999: 12), Nutzen- (vgl. Green/Srinivasan, 1990: 3f.) und Zufriedenheitsmessungen (vgl. Stauss, 1999) unterscheiden. Im Gegensatz zu den zufriedenheitsorientierten Messverfahren werden bei den einstellungsorientierten Verfahren keine Erfahrungen mit dem Produkt weiche HR-Kennzahlen vorausgesetzt. Aus diesem Grund verspricht das zufriedenheitsorientierte Verfahren eine klarere und schärfere Identifizierung relevanter Indikatoren (vgl. Woratschek, 2004: 80) und soll demzufolge in der vorliegenden Arbeit angewendet werden.

---

105 Vgl. darüber hinaus: Bolton/Drew (1991); Hentschel (1992); Parasuraman/Zeithaml/Berry (1988: 15); Sandt (2003: 76).

106 Vgl. darüber hinaus: Gaiser/Stölzle (1996: 42); Geiß (1986: 37f.); George (1999: 38); Liebig (1977: 78); Meyer (1994: 24-29); Staudt et al. (1985: 76f.).

107 Bei den merkmalsorientierten Ansätzen wird mittels einer Auswahl von Einzelmerkmalen ein grober Beurteilungsmaßstab konstruiert (Stauss/Hentschel, 1990: 7; Bruhn, 1995: 621f.; Benkenstein/Güthoff, 1998: 436). Solche Ansätze sind, trotz der inhärenten Schwäche einer möglichen Unvollständigkeit der aufgeführten Einzelmerkmale, weit verbreitet (Stauss/Hentschel, 1990: 9; Bruhn, 1995: 623).

108 Bei den ereignisorientierten Ansätzen erfolgt eine Beurteilung von wichtigen oder für den Nutzer kritischen Erlebnissen durch eine möglichst umfassende Sammlung potenziell relevanter Informationen, die mit diesem speziellen Ereignis zusammenhängen (Stauss/Hentschel, 1990: 10; Bruhn, 1995: 624).

Im Folgenden werden einige ausgewählte zufriedenheitsorientierte Ansätze vorgestellt, die für die vorliegende Untersuchung relevant sind[109]. Donabedian (1980: 77ff.) unterscheidet bspw. drei Dimensionen: Potenzialqualität, i. S. v. Leistungsvoraussetzungen, Prozess- und Ergebnisqualität (hierunter versteht der Autor den Erreichungsgrad der Leistungsziele). Ähnliche Ansätze finden sich bei Meyer/Mattmüller (1987: 191ff.) und Corsten (1990: 116), die folgende vier Dimensionen identifizieren: Potenzialqualität der Anbieter, Potenzialqualität der Nachfrager, Qualität des (Integrations-)Prozesses sowie das Ergebnis bzw. die Folgeleistung.

Zusammenfassend kann festgestellt werden, dass der für die vorliegende Arbeit gewählte Ansatz im Wesentlichen zwei Kriterien entsprechen sollte: Der gewählte Ansatz sollte kennzahlenspezifische Merkmale adäquat berücksichtigen und dennoch so generell sein, dass er sich auf die Bewertung von Infomationsqualität allgemein übertragen lässt. Für die vorliegende Untersuchung wird deshalb auf die Unterscheidung von Donabedian (1980) zurückgegriffen[110]. Diese Unterscheidung wurde von einer Vielzahl von Autoren in unveränderter oder leicht modifizierter Weise übernommen (vgl. u. a. Bauer, 2003: 118f.; Steinle et al., 2000: 281f.)[111]. Danach lassen sich drei grundsätzliche Dimensionen für die Qualitätsbeurteilung von weichen HR-Kennzahlen unterscheiden: (1) Beurteilung des Prozesses, (2) Beurteilung des Produktes und (3) Beurteilung des Potenzials[112].

2.2.3.2.2. *Prozessbeurteilung*

Die Prozessbeurteilung beschreibt Merkmale des Erstellungsprozesses weicher HR-Kennzahlen (vgl. Kleinaltenkamp, 1998: 34). Dabei werden alle Aktivitäten eines Anbie-

---

109 Eine grundsätzlich verschiedene, wenn auch ebenso beachtete Sichtweise stellt der (auf die Messung von Dienstleistungsqualität bezogene) SERVQUAL-Ansatz von Parasuraman/Zeithaml/Berry (1985; 1988) dar, welcher folgende fünf Bewertungsdimensionen beinhaltet: Umfeld, Verlässlichkeit, Einsatzbereitschaft, Kompetenz und Einfühlungsvermögen. Die Bedeutung dieser Dimensionen lässt sich aus inhaltlichen Gründen allerdings nicht uneingeschränkt auf das Untersuchungsobjekt „weiche HR-Kennzahlen" übertragen und wird somit nur bedingt berücksichtigt.

110 Eine Darstellung der in der relevanten Forschung diskutierten Qualitätsmerkmale findet sich in Tabellenform dargestellt in Kap. 2.2.2.1 (vgl. Tab. 2.2-1).

111 Vgl. auch: Bruhn (1995: 627-633); Corsten (1985, 1993); Meyer/Mattmüller (1987); Stauss/Hentschel (1990: 4); Stiff/Gleason (1981).

112 Diese Dimension wird allerdings anders als bei Donabedian (1980) interpretiert. Eine Darstellung erfolgt in Kap. 2.2.3.2.4.

ters bzw. Produzenten bewertet, die dem Prozess der Leistungserstellung zugeordnet werden können (Stauss/Hentschel, 1990: 4; Bruhn, 1995: 631f.). Hinsichtlich der Identifizierung der relevanten Dimensionen einer Prozessbeurteilung weicher HR-Kennzahlen ist zu konstatieren, dass sich der Erstellungsprozess durch eine besondere Erstellungsmethodik, wie bspw. Befragungen, kennzeichnet. Insofern ist eine Übertragbarkeit der allgemeinen Kennzahlenliteratur zu dieser Thematik nur bedingt möglich. Relevante Dimensionen sind zum einen der Aspekt der Zusammenarbeit mit und das Vertrauen in die Kennzahlen-Verantwortlichen sowie die Forderung nach Kompatibilität mit bestehenden Strukturen und Systemen. Die besondere Relevanz dieser Dimensionen für das Untersuchungsobjekt weiche HR-Kennzahlen wird nachfolgend erläutert.

Im Rahmen der Arbeit wird das *Vertrauen in den Erstellungsprozess* durch das Ausmaß der Zuverlässigkeit erfasst, die den weichen HR-Kennzahlen zugeschrieben werden bzw. den Grad, in dem sich die Personalleiter auf die durch die weichen HR-Kennzahlen gelieferten Informationen verlassen (vgl. u. a. Doney/Cannon, 1997; Maltz/Kohli, 1996: 50)[113]. Die Bedeutung von Vertrauen wurde in unterschiedlichen Forschungsbereichen ausführlich analysiert; in jüngster Zeit vermehrt auch auf betriebswirtschaftliche Fragestellungen bezogen (vgl. Barabba/Zaltman, 1991: 146)[114]: "Of all the factors affecting the relationship between knowledge providers and users, none is more important than trust.“. Gierl (1995: 311)[115] betont in diesem Zusammenhang die besondere Bedeutung eines als kompetent erachteten sogenannten verantwortlichen Zulieferers. In der empirischen Forschung zum Einsatz von Kennzahlen wurde die Rolle von Vertrauen, trotz der ihr zugeschriebenen Relevanz, bislang allerdings nicht untersucht. In der vorliegenden Untersuchung soll jedoch aus den oben genannten Gründen die folgende zu prüfende Forschungshypothese aufgestellt werden:

H19: Je größer das Vertrauen in den Erstellungsprozess weicher HR-Kennzahlen ist, desto wahrscheinlicher ist deren (erfolgreiche) Adoption.

---

113 Vgl. darüber hinaus: Moorman/Zaltman/Deshpandé (1992: 315); Parasuraman/Zeithaml/Berry (1988).

114 Ähnlich auch: Diller/Kusterer (1988); Moorman/Zaltman/Deshpandé (1992: 315); Zaltman/Moorman (1988: 16).

115 Vgl. darüber hinaus: Abernathy/Utterback (1978).

Die Relevanz des Prädiktors *Kompatibilität* ergibt sich v. a. aus der adoptionstheoretischen Forschungsliteratur (vgl. Kap. 2.3.2; Meißner, 1989; Stefflre, 1965; Wiswede, 1995: 275). Hier finden sich weitere Forschungsbeiträge unter den Bezeichnungen Konfliktgehalt (Meißner, 1989; Wiswede, 1995: 275; Stefflre, 1965) oder Strafreizcharakter (Wiswede, 1995: 275). Unter Kompatibilität ist nach Rogers (1983: 211ff.) insbesondere die Konsistenz mit bestehenden kognitiven Strukturen, kulturellen Werten, Normen oder Lebensstilen zu verstehen. Diese ursprünglich von Rogers (1983: 211ff.) identifizierte Determinante wird in einer Vielzahl von Forschungsarbeiten als relevanter Prädiktor für eine (erfolgreiche) Adoption genannt (vgl. u. a. Gierl, 1995: 310f., Schmalen, 1993: 782; Schulz, 1972: 46)[116]. Eine Ursache liegt nach Aregger (1976: 121f.)[117] im sogenannten Konfliktpotenzial begründet, welches sich bei der Implementierung von Neuerungen zeigt: Je weniger kompatibel eine Neuerung, desto höher das hiermit verbundene Konfliktpotenzial, desto weniger wahrscheinlich ist eine erfolgreiche Adoption derselben. Insofern ergibt sich die folgende Hypothese:

H20: Je größer die Kompatibilität weicher HR-Kennzahlen mit bestehenden Strukturen und Prozessen ist, desto wahrscheinlicher ist deren (erfolgreiche) Adoption.

2.2.3.2.3. Produktbeurteilung

Als nächstes sollen die relevanten Dimensionen der Produktqualität weicher HR-Kennzahlen identifiziert werden. Dabei lassen sich nach Sandt (2003: 75) Kennzahlen explizit als Produkt betrachten. Die Produktqualität bezieht sich auf die am Ende des Leistungserstellungsprozesses vorliegenden Leistungen sowie auf den Grad der Erreichung dieser Leistung (vgl. Donabedian, 1980: 79-128). Hierzu kann eine große Anzahl potenzieller Qualitätskriterien herangezogen werden (vgl. exemplarisch: Zmud, 1979; Bruhn, 1995b; Moenaert/Souder, 1996)[118], von denen die Folgenden aufgrund ihrer besonderen Relevanz für

---

[116] Vgl. darüber hinaus: Meißner (1989); Thom (1980: 23), Rogers (1983: 211ff.); Wiswede (1995: 274f.).

[117] Vgl. darüber hinaus: Fischer (1982: 68); Meißner (1989: 81f.); Thom (1980: 29ff.).

[118] Darüber hinaus werden wesentliche Informationscharakteristika wie Realitätsnähe, Konsistenz, Plausibilität, Objektivität, Nachvollziehbarkeit, Fehlerfreiheit und der Neuigkeitsgrad unterschieden (vgl. Geldermann, 1998; Lucas, 1974; Meißner, 1989: 78; Fischer, 1982: 92f.; Witte, 1973b: 7). Schließlich finden sich Merkmale wie die Erprobbarkeit (Rogers, 1995: 212ff.; Mahler/Stoetzer, 1995: 7) oder Beobachtbarkeit (Rogers, 1995: 212ff.; Mahler/Stoetzer, 1995: 7) eines Produktes zur Bestimmung der Akzeptanz (vgl. hierzu Tab. 2.2-1 aus Kap. 2.2.2.1).

den Untersuchungsgegenstand weiche HR-Kennzahlen behandelt werden sollen: (1) Aktualität (vgl. Maltz/Kohli, 1996: 48; Moenart/Souder, 1990; Zmud, 1978), (2) Umfang (vgl. Maltz/Kohli, 1996: 48; Zmud, 1978; O'Reilly, 1982), (3) Verlässlichkeit (vgl. Wild, 1971; Grotz-Martin, 1976; Zmud, 1978; Maltz/Kohli, 1996: 48) und (4) Komplexität (vgl. Wild, 1971; Zmud, 1978; Moenaert/Souder, 1990b)

Nachfolgend wird zunächst das in der relevanten Kennzahlenliteratur häufig behandelte Qualitätsmerkmal *Aktualität* diskutiert (vgl. George, 1999: 38; Gaiser/Stölzle, 1996: 42)[119]. Unter Aktualität ist nach Meyer (1994: 24, 28) die Zeitnähe i. S. v. frühestmöglicher Bereitstellung einer Kennzahl zu verstehen. Demnach ist eine Information umso wertvoller, je aktueller sie ist (vgl. George, 1999: 42). Hierzu führen Staudt et al. (1985: 107)[120] aus: „Die Zeitspanne zwischen der Erhebung und der Anwendung durch den jeweiligen Entscheidungs- und/oder Realisationsträger muss möglichst kurz sein, da ansonsten die Gefahr der Anwendung bereits überholter Kennzahlen besteht.“ Hieraus wird die folgende Hypothese abgeleitet:

H21: Je höher die Aktualität weicher HR-Kennzahlen eingeschätzt wird, desto wahrscheinlicher ist deren (erfolgreiche) Adoption.

Mit Hilfe des Merkmals *Umfang* wird (die Angemessenheit) der Breite und Tiefe des Informationsgehaltes weicher HR-Kennzahlen beurteilt (vgl. u. a. Fisher, 1996; Hummel et al., 1980: 99)[121]. In diesem Zusammenhang stellt Meyer (1994: 13) fest, dass die Bestimmung des sachlichen und mengenmäßigen Umfangs von der zu lösenden Aufgabe abhängig ist. Ein wichtiges Kriterium bei der Beurteilung des Umfangs, stellt die Qualität der begleitenden Kennzahlenerläuterungen dar (George, 1999: 42)[122]: „Die Übermittlung von Kennzahlen sollte außerdem stets von den notwendigen Erläuterungen begleitet werden, die auch die Grenzen der Aussagefähigkeit der jeweiligen Kennzahlen aufzeigen und so Fehlern bei der Kennzahlenauswertung vorbeugen.“ Andere Kriterien sind nach Hummel et al. (1980:

[119] Vgl. darüber hinaus: Geiß (1986: 37f.); Liebig (1977: 78); Meyer (1994: 24ff.); Staehle (1969: 67); Staudt et al. (1985: 76f., 107); Sauer/Schlenker (1972: 178); Wolf (1977: 57).

[120] Vgl. hierzu auch: Geiß (1986: 38); Wolf (1977: 57).

[121] Vgl. darüber hinaus: Moenaert/Souder (1990a); O'Reilly (1982); Staudt et al. (1985: 76f.); Zmud (1978).

[122] Vgl. hierzu auch: Güntert (1988: 263); Noth/Töpelmann (1986: 306ff.).

99) die Größen „Vollständigkeit" und „Detailliertheit". Insofern ergibt sich bei diesem Qualitätskriterium folgende Forschungshypothese:

H22: Je positiver der Umfang des Informationsgehaltes einer weichen HR-Kennzahl beurteilt wird, desto wahrscheinlicher ist deren (erfolgreiche) Adoption.

Ein weiteres Merkmal, welches zur Beurteilung des Produktes herangezogen wurde, ist die Variable *Verlässlichkeit* (vgl. Wild, 1971; Grotz-Martin, 1976; Zmud, 1978; Maltz/Kohli, 1996). In diesem Zusammenhang steht die Forderung nach der Eindeutigkeit der Kennzahlenaussage (vgl. Geiß, 1986: 75): „Deshalb besteht die Notwendigkeit, eine Kennzahl vor dem Hintergrund eines möglichst genau zu bestimmenden Aussagekontextes zu verwenden. Somit ist die Eindeutigkeit der Kontextintegration ein Gradmesser für die Aussagekraft einer Einzelkennzahl." Ebenso lässt sich die Genauigkeit einer Kennzahl (als Merkmal der Verlässlichkeit) als Maßstab für das Qualitätsniveau einer Kennzahl bestimmen (vgl. Meyer, 1994: 24ff.; Neely et al., 2003: 132). Unter Genauigkeit ist nach Meyer (1994: 24) der „Grad der Übereinstimmung mit der Realität zu verstehen". Meyer (1994: 26f.) verweist in diesem Fall noch einmal auf die Prämisse der notwendigen Quantifizierbarkeit einer Kennzahl. Je schwieriger, die Quantifizierung eines Sachverhaltes, desto schwieriger ist es, ein möglichst realistisches Modell der Wirklichkeit abzubilden und desto unpräziser werden die mit der Kennzahl übermittelten Informationen. Insofern ergibt sich die besondere Relevanz gerade dieses Merkmals für den Untersuchungsgegenstand (vgl. Günther/Günther, 2003: 196f.), da eine Quantifizierung bei weichen HR-Kennzahlen nur indirekt über Operationalisierungen erfolgen kann. Die sich zu diesem Qualitätsmerkmal ergebende Forschungshypothese lautet:

H23: Je verlässlicher die weichen HR-Kennzahlen wahrgenommen werden, desto wahrscheinlicher ist deren (erfolgreiche) Adoption.

Die relevante Forschungsliteratur zum vierten der verwendeten Qualitätsmerkmale *Komplexität* bezieht sich v. a. auf die Adoptionstheorie (vgl. Kap. 2.3.2.; Rogers, 1983: 211ff.; Schmalen, 1993: 782)[123]. Auch unter den Stichwörtern Unsicherheitsstiftung bzw. Ver-

---

[123] Vgl. darüber hinaus: Gierl (1995: 310); Lin (1998); Meißner (1989); Thom (1980: 23).

ständlichkeit (vgl. u. a. Kaps/Husmann, 1995: 36; Cohen/Paquette, 1990)[124], im Rahmen der Informationsforschung (vgl. Esser, 2002; Rosemann, 1996) oder aber in der Kennzahlenliteratur (vgl. Brandl, 2002: 45f.; Hummel et al., 1980: 99) finden sich wichtige Hinweise auf die Bedeutung dieser Größe. Innerhalb der Komplexitätsdiskussion kann ein objektives von einem subjektiven Komplexitätsverständnis unterschieden werden. Dabei bezieht sich das subjektive Komplexitätsverständnis auf die Nutzersicht, während die objektive Sichtweise eine übergeordnete, neutrale Metasicht darstellt. Da im Rahmen der vorliegenden Untersuchung eine Nutzersicht zugrunde gelegt wurde, ist dementsprechend das subjektive Komplexitätsverständnis entscheidend. Hiernach definiert sich ein Produkt nach Schulz (1972: 46)[125] dann als komplex, wenn der potenzielle Adopter (im Fall der vorliegenden Arbeit der Personalleiter) Schwierigkeiten mit der Erfassung und Anwendung des innovativen Produktes (in diesem Fall der weichen HR-Kennzahl) hat. Die Komplexität kann sich in diesem Zusammenhang inhaltlich zum einen auf das Produkt selber beziehen (vgl. Rogers, 1983: 211ff.), zum anderen auf die Bedingungen und Voraussetzungen für die Übernahme bzw. Durchführung des Produktes (vgl. Zaltman/Duncan/Holbek, 1973: 38f.). Aus den existierenden Forschungsbeiträgen ergibt sich, dass eine hohe Komplexität zu einer problembehafteten und somit (weniger erfolgreichen) Adoption führen kann. Dieses wird über die folgende Forschungshypothese überprüft:

H24: Je komplexer weiche HR-Kennzahlen wahrgenommen werden, desto weniger wahrscheinlich ist deren (erfolgreiche) Adoption.

2.2.3.2.4. Potenzialbeurteilung

Als letzte Dimension zur Beurteilung von weichen HR-Kennzahlen wird das Potenzial analysiert. In der betriebswirtschaftlichen Literatur existieren zwei grundsätzlich verschiedene Begriffsverständnisse des Terminus Potenzial. Dieses kann nach Kleinaltenkamp (1998: 34) zum einen als Leistungspotenzial im Sinne zur Verfügung stehender interner Potenzial- und Verbrauchsfaktoren sowie erbrachter Vorleistungen interpretiert werden (im Falle der vorliegenden Arbeit wären hierunter bspw. die personelle und technische Ausstattung, die

---

124 Vgl. darüber hinaus: Gallagher (1974); Zmud (1978); Deshpandé/Zaltman (1982); Gupta (1988).

125 Ähnlich auch: Meißner (1989: 80); Thom (1980: 28f.).

vorhandene Fachkompetenz und die bestehende Infrastruktur zu verstehen). Darüber hinaus wird der Begriff des Potenzials jedoch auch in einem leicht anderen Kontext verwendet und zwar als zu erwartende quantitative und qualitative Erfolgspotenziale (vgl. Macharzina, 1995: 580). Dieses Verständnis überwiegt im Rahmen von Forschungsarbeiten zum Untersuchungsobjekt Innovationen (vgl. Macharzina, 1995: 590ff.; Rogers, 1984: 211f.). Aus diesem Grunde wird in der vorliegenden Arbeit dem zweiten Verständnis des Begriffs Potenzial gefolgt.

In der vorliegenden Arbeit werden in diesem Zusammenhang vier Subdimensionen zur Präzisierung des Begriffes herangezogen. Neben (1) dem Wirtschaftlichkeitsmerkmal Kosten-Nutzen-Effizienz (vgl. Rosenzweig, 1981; Bruhn, 1995), werden (2) die Steuerungsrelevanz, (3) die Wichtigkeit und (4) der Relative Vorteil eines Einsatzes weicher HR-Kennzahlen gegenüber anderen Verfahren erfasst. Während sich Kosten-Nutzen-Effizienz, Wichtigkeit und Steuerungsrelevanz aus der Literaturbestandsaufnahme zum Thema Qualität von Kennzahlen (vgl. DGQ, 1999) ableiten lassen, ist das Merkmal Relativer Vorteil aus der Adoptionsforschung abgeleitet worden (Kühlmann, 1988; Rogers, 1995)[126].

Das *Wirtschaftlichkeitskriterium* als relevante Qualitätsanforderung an Kennzahlen wird im Rahmen der Kennzahlenliteratur ausgiebig diskutiert und häufig gefordert (vgl. u. a. Gaiser/Stölzle, 1996: 42; George, 1999: 38; Staudt et al., 1985: 70, 76, 109)[127]. Auch im Rahmen der Informationsforschung erfolgt bereits seit längerem eine Auseinandersetzung mit der Kosten-Nutzen-Bewertung von Informationen (vgl. u. a. Hempel/Kehler, 1974; Müller, 1990: 175f.; Pastors, 1996). Dabei ist unter dem Begriff Wirtschaftlichkeit bzw. dem häufig synonym gebrauchten Ausdruck Kosten-Nutzen-Relation nach Meyer (1994: 24) die „Gegenüberstellung der Kosten für die Beschaffung und des Nutzens aus der Verwertung von Informationen“ zu verstehen. In diesem Zusammenhang wird gefordert, dass Kennzahlen nur dann zu erheben seien, wenn der zu erwartende Nutzen größer als der Aufwand der Erhebung und Aufbereitung der Kennzahlen ist (vgl. George, 1999: 43)[128]: „Die wirtschaft-

[126] Vgl. darüber hinaus: Lin (1999); Schmalen (1993); Sheth (1968); Wiswede (1995).

[127] Vgl. darüber hinaus: Caduff (1981: 1f.); Fieten (1981: 24); Geiß (1986: 37f.); Horváth (2000: 228); Hummel et al. (1980: 99); Liebig (1977: 78); Meyer (1994: 32, 1994: 24ff.); Rehberg (1973: 68); Sandt (2003: 77); Sturm (1979: 10ff.); Unger (1972: 23).

[128] Vgl. darüber hinaus: März (1983: 64); Meyer (1994: 28f.).

liche Verwendung von Kennzahlen setzt voraus, dass der Nutzen einer Kennzahl die Kosten für die Konstruktion, Erhebung, Verarbeitung, Übermittlung und Auswertung dieser Kennzahl übersteigt.“. An dieser Stelle unterstellt Meyer (1994: 29) eine abnehmende Kosten-Nutzen-Relation: „Häufig steigen die Kosten mit steigender Qualität überproportional, während der Nutzen nicht in gleichem Umfang zunimmt.“ Geiß (1986: 38) postuliert hierzu, dass die Ermittlung des Kosten-Nutzen-Verhältnisses in der Praxis erhebliche Schwierigkeiten bereitet[129], was er v. a. auf die Probleme der Quantifizierung der Informationsnutzung zurückführt (vgl. George, 1999: 43; Meyer, 1994: 28f.; Wild, 1971: 315-334). Da es im Fall der vorliegenden Arbeit jedoch um die wahrgenommene Kosten-Nutzen-Relation aus Anwendersicht geht, lässt sich folgende Hypothese ableiten:

H25: Je positiver das Kosten-Nutzen-Verhältnis für den Einsatz weicher HR-Kennzahlen empfunden wird, desto wahrscheinlicher ist deren (erfolgreiche) Adoption.

Die *Steuerungsrelevanz,* als weiteres Potenzialmerkmal einer Kennzahl ergibt sich insbesondere aus der Kennzahlenliteratur (vgl. u. a. Brandl, 2002: 45f.). Im Rahmen der Auseinandersetzung mit unterschiedlichen Kennzahlenklassifikationen und -funktionen (vgl. Kap. 2.2.1.2 und 2.2.2.2) steht die Forderung nach der Steuerungsrelevanz häufig im Zentrum der Diskussion (vgl. u. a. Geiß, 1986: 49-71; Meyer, 1994: 13f.; Reichmann, 1995: 23f.)[130]. Dabei wird unter Steuerungsrelevanz neben dem Ausmaß der Erfüllung von Analyse-, Planungs-, Steuerungs- und Kontrollfunktionen auch die Relevanz des durch die Kennzahl abgebildeten Sachverhaltes bewertet. Prämisse einer hohen Steuerungsrelevanz ist die Beeinflussbarkeit des durch die Kennzahl erhobenen Tatbestandes. Die sich hieraus ergebende Forschungshypothese lautet:

H26: Je größer die Steuerungsrelevanz weicher HR-Kennzahlen eingeschätzt wird, desto wahrscheinlicher ist deren (erfolgreiche) Adoption.

---

[129] Eine solche Problematik findet sich unter der Terminologie Nutzenbewertung von Informationen u. a. bei Teichmann (1971: 745-774) oder Wild (1971: 315-334); vgl. hierzu auch: Albach (1961: 364); Meyer (1994: 2); Staehle (1996: 46) sowie Rehberg (1973: 68).

[130] Vgl. darüber hinaus: Heinen (1970: 228); Horváth (1983: 349f.); Kranzelmayer (1977: 174f.); Radke (1968: 59, 124); Schmidt (1986: 160, 165); Schwantag et al. (1969: 7); Staehle (1967: 68); Staudt et al. (1985: 86, 103); Zwicker (1976: 226f.).

Ein weiteres Merkmal, über das die Qualität weicher HR-Kennzahlen beurteilt werden kann, ist deren *Wichtigkeit*. Insbesondere in der Kennzahlenliteratur findet sich eine Reihe von Forschungsbeiträgen, die sich mit der Relevanz von Kennzahlen in der Unternehmenssteuerung (vgl. Merkle, 1982: 325) bzw. mit der Wertigkeit einzelner Kennzahlentypen (z. B. die Unterscheidung in Haupt- und Hilfskennzahlen, siehe Tab. 2.2-1) befasst (vgl. u. a. Reichmann, 1993b: 346)[131]. Auch in der Informationsforschung liegen Beiträge vor, die sich mit der Wichtigkeit von Informationen beschäftigen (vgl. z. B. Igou, 2001). Diese Determinante, die im Sinne der „Bedeutung einer Leistung“ zu verstehen ist, wird in der vorliegenden Untersuchung in Anlehnung an Sriram/Krapfel/Spekman (1992) definiert. Demnach wird unter Wichtigkeit zum einen die Relevanz weicher HR-Kennzahlen für die Fundierung strategischer Management-Entscheidungen erfasst. Zum anderen bezieht sich diese Größe auf die Bewertung der negativen Auswirkungen, die sich bei Nichtvorhandensein der weichen HR-Kennzahlen ergeben würden. In den Forschungsbeiträgen existieren Hinweise auf einen positiven Zusammenhang zwischen dem Ausmaß der Wichtigkeit und der Adoption von Kennzahlen. Insofern wurde folgende Forschungshypothese abgeleitet:

H27: Je wichtiger weiche HR-Kennzahlen eingeschätzt werden, desto wahrscheinlicher ist deren (erfolgreiche) Adoption.

Abschließend soll der *Relative Vorteil* als Qualitätsmerkmal zur Einschätzung des Potenzials weicher HR-Kennzahlen herangezogen werden. Dabei bezieht sich der Relative Vorteil nach Rogers (1995: 212ff.; ähnlich Mahler/Stoetzer, 1995: 7) auf die wahrgenommene Verbesserung eines Sachverhaltes gegenüber dem Bestehenden durch den Einsatz einer Innovation (im Fall der vorliegenden Arbeit durch den Einsatz weicher HR-Kennzahlen). Insbesondere im Rahmen der Adoptionstheorie und –forschung existieren zahlreiche Beiträge zu dieser Determinante (vgl. Kap. 2.3.2; Kühlmann, 1988; Schmalen, 1993: 782)[132]. Kernergebnis dieser Forschungsbeiträge ist die Feststellung eines Zusammenhangs zwischen dem Relativem Vorteil einer Neuerung und der Wahrscheinlichkeit einer Adoption derselben. Insofern lautet die diesbezügliche Forschungshypothese:

---

[131] Vgl. darüber hinaus: Graf/Hunziker/Scheerer (1961: 82ff.); Hunziker/Scheerer (1975: 186); Schulz-Mehrin (1960: 12); Staehle (1967: 77); Staudt et al. (1985: 29).

[132] Vgl. darüber hinaus: Lin (1998); Rogers (1983: 211ff.); Sheth (1968: 181f.); Wiswede (1995: 274f.).

H28: Je höher der wahrgenommene Relative Vorteil weicher HR-Kennzahlen, desto wahrscheinlicher deren (erfolgreiche) Adoption.

2.2.3.3. *Forschungsarbeiten zu Akzeptanz*

In der Forschung, die sich mit der Adoption von Neuerungen beschäftigt, stellt die Variable Akzeptanz eine zentrale Größe dar (vgl. z. B. Terrahe, 1984: 42; Weiber, 1992: 135). Es hat sich zu diesem Themenfeld (sogar) eine eigene Forschungsrichtung, die Akzeptanzforschung, herausgebildet (vgl. Kaas, 1973: 13ff.). Diese soll einleitend in Form eines kurzen Exkurses vorgestellt werden. Anschließend erfolgt eine Klärung und Definition des Akzeptanzbegriffes. Schließlich wird die relevante Forschungsliteratur zu den Themenfeldern Kennzahlen, Informationen sowie Innovationen hinsichtlich relevanter Implikationen für die Ableitung einer entsprechenden Forschungshypothese analysiert.

Im Rahmen der Adoptions- und Diffusionsforschung beschäftigt sich die *Akzeptanzforschung* insbesondere mit der Adoption neuer Ideen, Produkte und Prozesse (vgl. Kaas, 1973: 13ff.). Nach Wiendieck (1992: 91) wurde der Akzeptanzbegriff zunehmend im Hinblick auf ökonomische Aspekte (erst im Konsum-, später im Produktionsbereich) betrachtet. Heutzutage ist die Akzeptanz von neuen Technologien Hauptuntersuchungsgegenstand (vgl. Kühlmann, 1988: 43; Wiendieck, 1992: 92). Kühlmann (1988: 45, ähnlich Reichwald, 1982: 36) bezeichnet vor diesem Hintergrund die Ermittlung und Beschreibung von „Bedingungen wie Folgen von Akzeptanz/Widerstand bei den Betroffenen einer organisatorischen oder technischen Veränderung“ als Aufgabe der Akzeptanzforschung. Dabei steht in der Akzeptanzforschung die Personengruppe der Anwender einer Innovation im Mittelpunkt (vgl. Reichwald, 1982: 36; ähnlich Wiendieck, 1992: 92).

Kernbestandteil der Akzeptanzforschung ist das Akzeptanzkonstrukt (vgl. Wiendieck, 1992: 91; Schönecker, 1982: 51). Eine mögliche Ursache für die Popularität und hohe Relevanz dieses Konstruktes liegt nach Kühlmann (1988: 43) in der Tatsache, dass diffuse Probleme unterschiedlichster Art vereinfacht in einem Begriff ausgedrückt und beschrieben werden können. Dieser Umstand ist zugleich als Schwäche des Akzeptanzbegriffes zu werten und erfordert eine besonders sorgfältige Klärung der Arbeitsdefinition des Begriffes

Akzeptanz. Diese soll im Folgenden dargestellt werden. So definieren Dierkes/Thienen (1985: 12) Akzeptanz als „eine zu einem bestimmten Zeitpunkt festzustellende und sich in bestimmten Meinungs- und Verhaltensformen äußernde Einstellung meist größerer gesellschaftlicher Gruppen gegenüber einzelnen Technologien". Reichwald (1982: 31) konkretisiert dies noch weiter und definiert Akzeptanz „als die Bereitschaft eines Anwenders, in einer konkreten Anwendungssituation das vom Techniksystem angebotene Technikpotenzial aufgabenbezogen abzurufen." Der in aktuellen Quellen oftmals anzutreffende Technikbezug im Kontext einer Akzeptanzdefinition ist jedoch nicht zwingend. Schlägt man in den herkömmlichen Lexika nach, bedeutet Akzeptanz zunächst nur die positive Annahme oder Übernahme einer Idee, eines Sachverhalts, eines Gegenstands oder einer Person und zwar i. S. v. aktiver Bereitwilligkeit. Damit beschreibt der Begriff zunächst nur eine menschliche Haltung[133].

In der vorliegenden Arbeit wird in Anlehnung an Schönecker (1980) und Reichwald (1982) ein zweidimensionales Akzeptanzmodell gewählt, welches zwischen evaluativen (wertschätzenden)[134] und conativen (handlungsbezogenen)[135] Aspekten differenziert. Dabei zeichnet sich Akzeptanz sowohl durch das Merkmal der positiven Wertschätzung als auch durch gleichzeitige aktive Handlungsbereitschaft aus. Dieser Typus der Akzeptanzdefinition, der gleichermaßen die Verhaltens- und die Einstellungsakzeptanz umfasst, hat sich laut Wiendieck (1992: 91) [136] innerhalb der Akzeptanzforschung weitgehend durchgesetzt, da sich auf diese Weise die seiner Ansicht nach bedeutsame Unterscheidung zwischen äußerer

---

133 Für eine bessere Klärung des Akzeptanzbegriffes ist eine weitere Differenzierung nach Akzeptanzgegenstand und -träger sinnvoll (vgl. Dierkes/Thienen, 1985; Wiendieck, 1992: 92f.). Im Rahmen der vorliegenden Arbeit ist der Akzeptanzgegenstand die zu untersuchende sogenannte Nutzerakzeptanz (Schönecker, 1985: 28; Reichwald, 1982: 39; Manz, 1983: 176) des Akzeptanzträgers Personalleitung.

134 Rein wertorientierte Akzeptanzkonzepte (vgl. Reichwald, 1978: 31; Gierl. 1975: 151ff.) erfassen Akzeptanz als eine Einstellung, die nach Kühlmann (1988: 44): „als relativ überdauernde Disposition oder Bereitschaft einer Person, den Neuerungsprozess mit charakteristischen Wahrnehmungen, Gedanken, Gefühlen und Verhaltensweisen entgegen zu treten, die allgemeine Zustimmung erkennen lassen." Abhängig von der wissenschaftlichen Ausrichtung betonen die Autoren die Komponente der kognitiven Orientierung, der emotionalen Reaktion oder der Verhaltensorientierung (vgl.: Müller-Böling/Müller, 1986: 24).

135 Für eine rein verhaltensorientierte Verwendung des Begriffes ist kennzeichnend, dass Akzeptanz einem Verhalten gleichgesetzt wird, welches sich den Veränderungen, die sich durch die Innovation ergeben, anpasst (vgl. Müller-Böling/Müller, 1986: 24f.). Dieses Verständnis ist in erzwungene, freiwillige und gleichgültige Akzeptanz zu differenzieren (vgl. Opp, 1970: 118).

136 Vgl. darüber hinaus: Allerbeck/Helmreich (1984); Picot/Reichwald (1984), Kühlmann (1988: 44f.), Müller-Böling/Müller (1986: 25); Schönecker (1980: 138). Ergänzend könnte das Akzeptanzspektrum in Anlehnung an Tiemeyer (1985: 152) in sechs verschiedene Stufen von offener Widerstand bis Euphorie aus-

Akzeptanz (verhaltensmäßige Akzeptanz) und innerer Akzeptanz (überzeugungsbezogene Akzeptanz) abbilden lässt. Manz (1983: 178) bezeichnet die gleichzeitige Existenz von Wertschätzung bzw. Einstellung auf der einen und Aktivität auf der anderen Seite sogar als konstitutiv.

Der Exkurs zur Akzeptanzforschung verdeutlicht die Bedeutung, die der Determinante Akzeptanz, für eine (erfolgreiche) Adoption von Neuerungen in der Innovationsforschung zugesprochen wird. In zahlreichen Beiträgen konnte dieser Zusammenhang empirisch bestätigt werden (vgl. u. a. Kollmann, 1996: 123ff.; Ortner, 1993: 201ff.)[137]. Ebenso wird im Rahmen der Informationsforschung die Bedeutung der Schaffung von Akzeptanz als wesentliche Grundlage für die Übermittlung neuer Informationen bzw. für die Anwendung neuer Kommunikationssysteme bzw. -instrumente festgestellt (vgl. u. a. Kemper, 1994: 394f.; Schlütter, 1990: 137f.)[138]. Während die oben genannten Studien sich teilweise auf die Kundenakzeptanz bzw. auf die Akzeptanz von technischen Produkten beziehen, liegen auch in der Kennzahlenliteratur Untersuchungen vor, in denen Akzeptanz als Determinante eines Kennzahleneinsatzes betrachtet wird (Kaps/Husmann, 1995: 35f.; Siegwart, 1992: 145f.). In diesem Zusammenhang finden sich Verweise auf mögliche Akzeptanzprobleme gegenüber dem Untersuchungsobjekt weiche HR-Kennzahlen bzw. generell der Integration weicher Größen in Steuerungssysteme (vgl. Gebauer/Wall, 2002: 689; Pfeuffer, 1993: 113; Reichmann, 2001: Einleitung). Gründe liegen z. B. in moralischen Befürchtungen, den sogenannten gläsernen Mitarbeiter zu erschaffen oder in der skeptischen Bewertung der Qualität bestehender Messverfahren. In Anknüpfung an diese Forschungsergebnisse wird in der vorliegenden Untersuchung die folgende Hypothese geprüft:

H29: Je höher die Akzeptanz, desto wahrscheinlicher eine (erfolgreiche) Adoption weicher HR-Kennzahlen.

Im Rahmen der relevanten Kennzahlenliteratur wird die Forschung zur Akzeptanz von Kennzahlen darüber hinaus häufig im Zusammenhang mit anderen Größen diskutiert. Diese

differenziert werden. Aus Gründen der Komplexitätsreduktion soll in der vorliegenden Arbeit jedoch hierauf verzichtet werden.

137 Vgl. auch: Binsack (2003); ETZ (1997: 4f.); Pfeiffer (1981); Schönecker (1980); Volkmann (1985).

138 Vgl. darüber hinaus: Maydl (1987); Müller-Böling/Ramme (1988); Swoboda (1996); Wallau (1990).

Größen beeinflussen entweder die Akzeptanz der Kennzahlennutzer oder aber werden durch die Akzeptanz (als moderierende Größe) beeinflusst. Es existieren z. B. Beiträge, die insbesondere den Zusammenhang zwischen Qualitätsmerkmalen und der Akzeptanz der Kennzahlen herausstreichen. Ehrlich/Dorau (2000: 71ff.) machen (in ihrem Praxisbeitrag) die Akzeptanz von Kennzahlen bspw. an der Erfüllung folgender Qualitätsmerkmale fest: Generierungsaufwand, Transparenz und Eindeutigkeit, Objektivität bzw. Manipulierbarkeit. Auch Gladen (2001: 65) sieht einen Zusammenhang zwischen dem Ausmaß der wahrgenommenen Qualität von Kennzahlen (z. B. Übersichtlichkeit) und der Akzeptanz derselben. Weitere Qualitätsmerkmale, die auf die Akzeptanz von Kennzahlen wirken, finden sich bspw. bei Vollmuth (2002: 27), der zwischen sach- und anwendungsbezogenen Kriterien unterscheidet (vgl. Tab. 2.2-1).

Andere Beiträge untersuchen den Zusammenhang zwischen der Akzeptanz und der Nutzung von Kennzahlen (Ehrlich/Dorau, 2000: 71): "Ein wesentliches Hemmnis beim Einsatz von Kennzahlen ist die Akzeptanzproblematik." Vor diesem Hintergrund soll die Akzeptanz im Rahmen der vorliegenden Untersuchung auch als mediierende Größe betrachtet werden, die den Zusammenhang zwischen der Ausgestaltung weicher HR-Kennzahlen und deren (erfolgreicher) Adoption beeinflussen kann. Für eine weiterführende Darstellung vgl. Kap. 2.5 bzw. 3.4.

2.2.3.4. Forschungsarbeiten zu Adoption

Im vorliegenden Kapitel erfolgt eingangs eine Klärung des Begriffes Adoption. Die Komplexität dieses Begriffes macht eine Beschäftigung mit unterschiedlichen Adoptionsklassifikationen erforderlich. Hieraus wird ein eigenes Verständnis sowie eine Systematisierung des Adoptionsbegriffes erarbeitet, das den Untersuchungsgegenstand weiche HR-Kennzahlen im strategischen Management beschreibt.

In zahlreichen Forschungsbeiträgen wird auf die Komplexität und Multidimensionalität des Adoptionsbegriffes verwiesen (vgl. hierzu auch Deshpandé/Zaltman, 1982: 17; Dunn, 1986a: 330). Im Rahmen der vorliegenden Untersuchung soll die Adoption weicher HR-

Kennzahlen als Steuerungsgröße[139] im Personalmanagement[140] untersucht werden. In diesem Kontext wird unter dem Begriff der Adoption weicher HR-Kennzahlen zunächst relativ allgemein die zweckorientierte Verwendung der durch die weichen HR-Kennzahlen bereitgestellten Informationen (durch einen Entscheidungsträger) verstanden.

Diese allgemeine Definition soll nun durch die Berücksichtigung unterschiedlicher Adoptionstypen konkretisiert werden. Hierzu werden im Folgenden drei in der relevanten Literatur weit verbreiteten Klassifikationen zu der Thematik Adoption bzw. Einsatz von Informationen oder Kennzahlen vorgestellt. Diese wurden im Rahmen der vorliegenden Untersuchung als konzeptionelle Grundideen bei der Entwicklung einer eigenen Adoptionsklassifikation verwendet (vgl. Kap. 2.2.1.2 bzw. Kap. 2.2.1.2). Bei den drei Klassifikationstypen handelt es sich um: (1) Bipolare Unterscheidungen (z. B. deskriptive vs. normative Adoption), (2) Differenzierte Typologien aus der Marktforschung sowie um (3) Typologien aus der Kennzahlen- und Informationsforschung.

In der relevanten Forschungsliteratur zum Einsatz von Kennzahlen finden sich besonders häufig *bipolare Funktionsunterscheidungen*, mittels derer zumeist zwischen einer deskriptiven und einer normativen Adoption differenziert wird (Reichmann, 1985: 17f.)[141]: "Normative Kennzahlen als Ziele und interne Standards enthalten Handlungsaufforderungen. Deskriptive Größen hingegen beschreiben lediglich Sachverhalte, die einer weiteren Erklärung oder zumindest einer weiteren Analyse bedürfen." Die hier vorgenommene Unterscheidung in normative Kennzahlen, welche direkt als Steuerungsgrößen eingesetzt werden und in deskriptive Kennzahlen, die lediglich indirekt im Rahmen von Steuerungsfragen herangezogen werden, sind Basis der eigenen Adoptionsklassifikation in direkte und indirekte Adoptionstypen (vgl. Abb. 2.2-2).

Über diese Systematisierung hinaus existieren insbesondere in der relevanten Forschung zur Erhebung und Einbindung weicher Informationen in die Unternehmenssteuerung (z. B.

---

139 Die Definition des Terminus Steuerungsgröße und die Zuschreibung einer entsprechenden Funktion für den Untersuchungsgegenstand erfolgt nach Groll (1988: 57) im Rahmen der Prozessbeschreibung allgemeiner Kennzahlenfunktionen wie Planung, Steuerung, Kontrolle, etc.

140 Groll (1988: 44) definiert Management als „... die zielorientierte Steuerung der Unternehmung." Diesem Begriffsverständnis soll im Rahmen der vorliegenden Arbeit gefolgt werden.

141 Vgl. ähnlich auch: Gladen (2001: 20); Weber (1997: 173).

Mitarbeiterbefragungs- oder Marktforschungsliteratur) z. T. sehr differenzierte typologische Darstellungen einzelner Einsatzarten. Im Folgenden wird die Klassifikation von Menon/Wilcox (1994) vorgestellt, in der insbesondere die Thematik des möglichen Missbrauchs solcher Informationen durch die Nutzer berücksichtigt wird. Dieser Gedanke ist zentraler Bestandteil des eigenen Adoptionsverständnisses und bildet neben dem Direktheitsgrad die zweite Dimension der Adoptionstypologie von Kennzahlen ab (vgl. Abb. 2.2-2). Menon/Wilcox (1994: 94-108) unterscheiden sechs unterschiedliche Einsatz- bzw. Adoptionsarten von weichen Informationen: (1) Kongruenter Einsatz, (2) Inkongruenter Einsatz, (3) Einsatz für das Produkt, (4) Einsatz für den Prozess, (5) Positiver Einsatz und (6) Zynischer Einsatz. Die Autoren differenzieren Adoptionsarten anhand dreier inhaltlicher Dimensionen: dem Direktheitsgrad des Einsatzes, der Funktion bzw. Art des Gebrauchs und schließlich der Zielbezogenheit des Einsatzes. Die Übernahme von Funktionstypologien auf den Untersuchungsgegenstand ist aus inhaltlichen und praktischen Argumenten nicht sinnvoll. Aufgrund der inhaltlichen Breite der Skala lässt sich diese nicht für den relativ detailliert eingegrenzten Untersuchungsgegenstand übernehmen. Die Bildung der beiden Kategorien Produkt- und Prozessbetrachtung findet zudem auf einer unterschiedlichen logischen Ebene statt, so dass auf eine Übernahme im Rahmen der vorliegenden Arbeit verzichtet wird.

Seit einiger Zeit ist eine neue Klassifizierung möglicher Einsatzarten in drei unterschiedliche Adoptionstypen sowohl in der Informationsnutzungsliteratur als auch in der Kennzahlenliteratur anzutreffen (Weber/Schäffer, 2000: 16f.): „In vielen Studien zeigt sich nun, dass diese Dreiteilung auch für die ‚klassischen' Informationen der Controller gelten, ... für Kennzahlen." Die Autoren[142] sprechen, in Anlehnung an Homburg et al. (1998: 36f.) und Menon/Varadarajan (1992: 54ff.), von (1) einem instrumentellen, (2) einem konzeptionellen und (3) einem symbolischen Einsatz der Kennzahlen:

- *Instrumenteller Einsatz*: Im Rahmen dieser Adoptionsart ist der direkte Einsatz von Kennzahlen zur Lösung eines spezifischen Problems zu verstehen (Weber/Schäffer, 1999: 337f.)[143]: „Unbestritten können Kennzahlen direkt zur Fundierung spezieller Entscheidungen genutzt werden. In diesem Fall lösen sie unmittelbar Handlungen aus. Die-

[142] Vgl. auch: Schäffer/Steiners (2004); Weber/Schäffer (1999: 337).
[143] Vgl. auch: Sandt (2003: 76); Weber/Sandt (2001: 27ff.); Weber/Schäffer (2000: 16).

se entscheidungs- und handlungsnahe Art der Nutzung von Kennzahlen sei instrumentell genannt.".

- *Konzeptioneller Einsatz*: Nach Weber/Schäffer (1999: 338)[144] ist unter dem Adoptionstyp „konzeptionell" der indirekte Einsatz von Kennzahlen zu verstehen, welcher zu einem allgemeinen Verständnis der Situation, des Unternehmen bzw. des Geschäfts führt: „Die Kennzahlen führen hier allerdings nicht zu konkreten Entscheidungen. Wenn die Kennzahlen jedoch die Denkprozesse und Haltungen der Akteure beeinflussen, sei dies konzeptionelle Nutzung der Kennzahlen genannt.".
- *Symbolischer Einsatz:* Der dritte durch Weber/Schäffer (1999: 338)[145] identifizierte Adoptionstyp bezieht sich auf den Einsatz von Kennzahlen zur Stärkung der persönlichen Position: „Als symbolische Nutzung sei es bezeichnet, wenn Kennzahlen erst dann eingesetzt werden, wenn die Entscheidung an sich schon getroffen ist, die Kennzahlen aber zur Durchsetzung eigener Entscheidungen und Beeinflussung anderer Akteure im Unternehmen angewandt werden."

Die Analyse der geschilderten Dreiteilung möglicher Adoptions- bzw. Einsatzarten von Kennzahlen zeigt, dass auch häufig in Forschungsbeiträgen aus der Informations- und Kennzahlenliteratur die Aspekte eines direkten vs. eines indirekten Einsatzes sowie des Nutzungsmissbrauchs thematisiert werden.

Zusammenfassend lässt sich feststellen, dass bei allen drei diskutierten Nutzungsmodellen die Dimension Direktheitsgrad (bzw. Steuerungseignung) unterschieden wird. In den beiden Modellen aus der Marktforschung sowie aus der Kennzahlen- und Informationsnutzungsliteratur findet sich darüber hinaus der Missbrauchsgedanke, welcher teilweise an der Dimension Interessensfokus oder aber am Ausmaß eines positiven Einsatzes festgemacht wird. Diese beiden Dimensionen, die im folgenden Absatz noch einmal kritisch diskutiert werden, stellen die beiden Kerndimensionen der vorliegenden Untersuchung dar:

- Zum einen wird insbesondere vor dem Kontext weicher HR-Kennzahlen über den *Direktheitsgrad* diskutiert, mit dem Steuerungsimplikationen aus den Kennzahlen abgeleitet werden. Speziell für weiche Größen wird häufig eine indirekte bzw. erklärende

[144] Vgl. auch (2003: 76); Weber/Sandt (2001: 27ff.); Weber/Schäffer (2000: 16).
[145] Vgl. auch: Weber/Sandt (2001: 27ff.); Weber/Schäffer (2000: 16).

Funktion erwartet. Andere Autoren, wie bspw. Geiß (1986: 63, 73), äußern sich hinsichtlich der Steuerungsfunktion von (weichen) Kennzahlen deutlich optimistischer und schreiben auch weichen Größen eine direkte Steuerungsfunktion zu.

- Die andere Dimension, die hinsichtlich der Steuerungsfunktion von Kennzahlen häufig diskutiert wird, ist der *Interessensfokus*, welcher mit dem Einsatz der Kennzahl verbunden ist. Nach Ansicht von Geiß (1986: 39) sind Kennzahlen jedoch subjektiv interpretierbar, was zu einem unbeabsichtigten oder einem mutwilligen Missbrauch führen kann. Geiß (1986: 75) spekuliert hierzu: „Auf der pragmatischen Ebene wird der jeweilige Anwender von Kennzahlen seine Präferenzen und seine Wertvorstellungen in die Überlegung einbeziehen." Auch Staehle (1967: 78; ähnlich Graf/Hunziker/Scheerer, 1961: 83f.) weist im Kontext der Interpretierbarkeit von Kennzahlen auf die Existenz der Verfolgung unterschiedlicher Gruppen- bzw. Abteilungsinteressen hin, welche ggf. im Gegensatz zu den Zielen der Unternehmung stehen können. Mittels der Dimension Interessensfokus soll die unternehmens- bzw. die individuumszentrierte Position unterschieden werden.

Interessens-fokus / *Direkt-heitsgrad*	**Unternehmens-orientierte Steuerung**	**Individuums-orientierte Steuerung**
Direkte Steuerung	Instrumentell	Manipulativ
Indirekte Steuerung	Konzeptionell	Politisch

Abb. 2.2-2: Klassifikation von Adoptionsarten

Vor diesem Hintergrund ergibt sich die Klassifikation der Adoption weicher HR-Kennzahlen in direkte bzw. indirekte sowie in unternehmensorientierte bzw. individuumsorientierte Nutzungsarten. Kombiniert man diese Dimensionen mittels einer Vierfeldermatrix ergeben sich vier Adoptionstypen (vgl. Abb. 2.2-2), die im Folgenden in weiter Anlehnung an Weber/Schäffer (1999: 337f.; ähnlich Homburg et al., 1998: 36f.; Weber/Schäffer, 2000: 16) als instrumentell, konzeptionell, manipulativ und politisch bezeichnet werden. Die Adoptionstypen lassen sich dabei wie folgt charakterisieren:

- Mit dem Klassifikationstyp *direkte, unternehmensorientierte Adoption* wird erfasst, in welchem Ausmaß Informationen (hier: weiche HR-Kennzahlen) direkt zur Ableitung konkreter, spezifischer Entscheidungen und Handlungen angewendet werden (vgl. u. a. Moorman/Zaltman/Deshpandé, 1992; Goodman, 1993; Weber/Schäffer, 1999: 337f.)[146]. Dabei lässt sich festhalten, dass bei diesem Adoptionstyp die Entscheidungsfindung mittels Informationen, wie bspw. weichen HR-Kennzahlen, bzw. die Fundierung von Management-Entscheidungen strukturiert ist und sich mit eindeutigen (möglichst objektiven) „Lösungsalgorithmen" beschreiben lässt (vgl. Burchell et al., 1980). In diesem Zusammenhang werden Informationen somit (ausschließlich) als objektives Bewertungsinstrument genutzt (vgl. Daft/Macintosh, 1978: 86f.; Burchell et al., 1980: 14f.). Alles in allem ist die Verwendungsart der Informationen (hier: weichen HR-Kennzahlen) im Rahmen dieses Adoptionstyps als instrumentell zu charakterisieren (vgl. u. a. Auster/Choo, 1994; Diamantopoulos/Souchon, 1996)[147].
- Bei der *indirekten, unternehmensorientierten Adoption* werden Informationen (hier: weiche HR-Kennzahlen) ebenfalls intensiv als objektives Entscheidungskriterium genutzt. Allerdings werden so erarbeitete Entscheidungen und Lösungsvorschläge nicht auf einem direkten Weg umgesetzt. Statt dessen soll durch die Adoption der weichen HR-Kennzahlen vielmehr ein Verständnis für die Unternehmenssituation entwickelt und mögliche Folgen von unterschiedlichen Handlungsalternativen antizipiert werden. Auf diese Weise baut sich das Management im Rahmen einer solchen Adoptionsart systematisch eine Erfahrungsbasis auf, die erst zu einem späteren Zeitpunkt zu konkreten Handlungen führt (vgl. Burchell et al., 1980: 15). Somit ist diesem Adoptionstyp weicher HR-Kennzahlen ein eher konzeptioneller Charakter zuzuschreiben.
- Im Rahmen unternehmenspolitischer Prozesse entwickeln Manager persönliche Vorstellungen bzw. Interpretationen über die Ziele der Organisation und Handlungsalternativen zu deren Erreichung. Beim dritten Adoptionstyp der *direkten, individuumszentrierten Adoption* werden Informationen (hier: weiche HR-Kennzahlen) als Argumentationshilfe eingesetzt, um diese Ziele und Handlungsweisen zu begründen (vgl. Burchell

[146] Vgl. darüber hinaus: Deshpandé/Zaltman (1982); Raymond/Magnenat-Thalmann (1982); O'Reilly (1983).

et al., 1980: 15; O`Reilly, 1983: 132f.). In diesem Sinne sind so genutzte Informationen ein Instrument, um die eigene Machtposition direkt und offensiv zu stärken und den Anschein einer rationalen, wenig angreifbaren Entscheidung zu geben (vgl. Knorr, 1977; Rich, 1977; Burchell et al., 1980; Ciarlo, 1981; O`Reilly, 1983). Eine derartige Adoption weist folglich einen manipulativen Charakter auf.

- Im Kontext des vierten Adoptionstyps *indirekte, individuumszentrierte Adoption* werden die weichen HR-Kennzahlen nicht aktiv und direkt genutzt oder eingesetzt. Die Erhebung erfolgt aus zweierlei Gründen: zum einen werden Informationen (hier: weiche HR-Kennzahlen) erhoben, um sich in unternehmenspolitisch kritischen Situationen besser absichern zu können. Eine solche Absicherung erfolgt ähnlich wie beim Adoptionstyp „Manipulativ" ggf. durch Verdrehung von Tatsachen, um bereits getroffene Entscheidungen nachträglich zu legitimieren (vgl. auch Ciarlo, 1981; Menon/Wilcox, 1994). Neben der Generierung solcher Argumentationshilfen werden die Informationen zum Teil um ihrer selbst Willen erhoben. Auch wenn ein Personalleiter in diesem Fall die weichen HR-Kennzahlen nicht direkt zur Entscheidungsfundierung einsetzt, lässt er diese jedoch pro forma erheben, um bspw. die Innovativität und strategische Ausrichtung seiner Personalabteilung nach innen und außen zu betonen. Zudem könnte der soziale Druck für die (äußere) augenscheinliche Verwendung weicher HR-Kennzahlen auch aus dem Verhalten möglicher Wettbewerber resultieren, die bereits mit diesem Personalinstrument arbeiten (vgl. Adoptionstheorie, Kap. 2.3.2). Ein solcher Adoptionstyp lässt sich mittels seines sogenannten politischen Charakters beschreiben.

Spezielle Hypothesen zum Einfluss einzelner Prädiktoren auf die vier Adoptionstypen lassen sich aus der relevanten Forschungsliteratur nur bedingt ableiten. Da die Konzipierung des Adoptionsmodells eine Neuentwicklung darstellt existieren keine Arbeiten zur Analyse potenzieller Determinanten auf die vier enthaltenen Adoptionstypen. Jedoch finden sich theoretische und empirische Arbeiten, aus denen sich allgemeine Hypothesen zum Zusammenhang zwischen Determinanten und einer Adoption bzw. einer Rejektion (d. h. Scheitern eines Adoptionsprozesses) ableiten lassen (vgl. Kap. 2.2.3.1 - 2.2.3.3; bzw. z. B. Brandyberry, 2003: 150f.; Geiß, 1986: 138ff.; Käuflin, 1995). Für die vorliegende Arbeit sollen

[147] Vgl. darüber hinaus: Knorr (1977); Rich (1977); Ciarlo (1981); Conner (1981); Feldman/March (1981); Weiss (1981); Beyer/Trice (1982); Rich (1991).

aus diesem Grund die beiden unternehmensorientierten Adoptionsarten als *erfolgreiche Adoption* und die beiden individuumszentrierten Adoptionstypen als weniger erfolgreiche Adoption betrachtet werden. Vor diesem Hintergrund sollen die in den Kapiteln 2.2.3.1 - 2.2.3.3 (vgl. für einen Überblick Kap. 2.5) gebildeten Forschungshypothesen H1 - H29, welche Determinanten für eine erfolgreiche Adoption beschreiben, für die unternehmensorientierten Adoptionstypen übernommen werden.

2.3. Theoretische Einordnung

Die vorliegende Arbeit orientiert sich an der Leitidee des komplementären theoretischen Pluralismus (vgl. Kap. 2.1), wie ihn z. B. Burrell/Morgan (1979) oder Kieser (1999a: 317f.) für die Organisationsforschung fordern. Hierbei werden zwei theoretische Bezugspunkte zur Fundierung der vorliegenden Arbeit herangezogen: der *Situative Ansatz* und die *Adoptionstheorie.*

Beide Ansätze sind empirisch ausgerichtet und passen somit sehr gut in den wissenschaftstheoretischen Kontext sowie in das empirisch angelegte Untersuchungsdesign. Darüber hinaus ergänzen sich die gewählten Ansätze im Hinblick auf die Betrachtungs- bzw. Analyseebene (vgl. hierzu z. B. Frese, 1992; Pfeffer, 1982): Während der Situative Ansatz (vgl. Kap. 2.3.1) einen konzeptionellen (Makro-)Bezugsrahmen zur Einordnung der internen und externen Umwelt-Einflussfaktoren auf die Ausgestaltung der weichen HR-Kennzahlen liefert, beschäftigt sich die Adoptionstheorie (vgl. Kap. 2.3.2) auf einer Mikroebene v. a. mit der Bedeutung einzelner Ausgestaltungsmerkmale weicher HR-Kennzahlen sowie mit sogenannten Nutzer-Merkmalen, die auf die Akzeptanz und den Einsatz derselben wirken. Während somit der Situative Ansatz an die Tradition der Managementtheorien anknüpft und sich auf die Organisationsstrukturen konzentriert, lassen sich im Rahmen der Adoptionstheorie verhaltenswissenschaftliche Wurzeln feststellen (Kieser, 1999: 169).

Neben dem Situativen Ansatz und der Adoptionstheorie könnten weitere Ansätze zur theoretischen Fundierung dieser Arbeit beitragen. Denkbar wären bspw. einzelne Theorien aus dem Bereich der Sozialpsychologie (z. B. Lerntheorien oder Motivationstheorien), die zum Verständnis der Akzeptanz und der Anwendung weicher HR-Kennzahlen im strategischen Personalmanagement herangezogen werden könnten. Da jedoch die zentralen Fragestellungen ausreichend mittels der gewählten theoretischen Bezugspunkte beantwortet werden und die Hinzuziehung weiterer Ansätze insofern keinen unmittelbaren Mehrwert für die vorliegende Untersuchung verspricht, wird nach eingehender Prüfung auf die Verwendung weiterer theoretischer Ansätze verzichtet. Lediglich im Einzelfall wird im Rahmen der verwendeten Adoptionstheorie auf ausgewählte individualpsychologische Ansätze (z. B. die Lerntheorie) verwiesen, die zu einer weiteren Klärung des Untersuchungsgegenstandes dienen können.

2.3.1. Situativer Ansatz

Nachfolgend wird der Situative Ansatz im Rahmen von fünf Teilkapiteln behandelt. Das erste Teilkapitel beginnt mit einer Darstellung des geschichtlichen Hintergrunds des Situativen Ansatzes (vgl. Kap. 2.3.1.1), wodurch eine differenziertere Einordnung des theoretischen Konzepts der vorliegenden Arbeit ermöglicht wird. Anschließend werden relevante Begriffe und Inhalte des Situativen Ansatzes vorgestellt sowie das Kernkonzept anhand des Forschungsmodells von Kieser und Kubicek (1992) erläutert (vgl. Kap. 2.3.1.2). Dieses im Situativen Ansatzes weit verbreitete Modell liefert wichtige Implikationen für die Erarbeitung des eigenen Forschungsmodells (vgl. Kap. 2.5). Darüber hinaus werden die im Rahmen des Situativen Ansatzes angefertigten zentralen Forschungsarbeiten überblicksartig dargestellt. Im dritten Teilkapitel (vgl. Kap. 2.3.1.3) werden Strukturierungskonzepte für die Generierung relevanter Einflussfaktoren erläutert, die insbesondere für die Ableitung der in dieser Arbeit verwendeten Variablen von besonderer Relevanz sind. Eine kritische Würdigung des Situativen Ansatzes erfolgt im vierten Teilkapitel (vgl. Kap. 2.3.1.4). Abschließend werden im fünften Teilkapitels (vgl. Kap. 2.3.1.5) die Implikationen vorgestellt, die sich aus der Wahl des Situativen Ansatzes für diese Untersuchung ergeben.

2.3.1.1. Geschichtlicher Hintergrund

Bereits 1925 weist Follett auf die Abhängigkeit aller Organisations- und Führungsinstrumente von der jeweiligen Situation hin: „Law of the Situation“ (vgl. Stähle, 1991: 48). Doch erst zu Beginn der 60er Jahre entwickelt sich aus der Organisationssoziologie eine neue Richtung der Organisationsforschung, die sich mit dem Einfluss kontextualer bzw. situativer Faktoren auf wesentliche Organisationsaspekte beschäftigt[148] (vgl. z. B. Kieser, 1999: 169ff.; Kieser/Kubicek, 1978: 105, 1992: 47f.)[149]. In dieser u. a. als Situativer Ansatz bezeichneten Forschungsrichtung, die sich v. a. in den USA entwickelte, wird anstelle einer allgemeinen Theorie mit einem hohen Abstraktionsniveau nun ein Ansatz auf mittlerem Abstraktionsniveau mit operationalen Aussagen über den Zusammenhang zwischen Situation, Organisation und Effizienz geschaffen (Stähle, 1991: 48).

Im Rahmen dieser neuen Richtung der Organisationsforschung haben sich insbesondere zwei Schulen des Situativen Ansatzes herausgebildet (Drazin/Van den Ven, 1985): die *klassische Schule* und die *konfigurative Schule.* Dabei lassen sich die sogenannten frühen Arbeiten der klassischen Schule des Situativen Ansatzes zuordnen. In diesen Arbeiten wird zunächst nur der Einfluss jeweils einer situativen Größe beobachtet. Woodward (1958) gehört zu den ersten, die (auf der Basis empirischer Analysen) den Einbezug der spezifischen Ausgangslage des Unternehmens in die Analyse der Organisationsstruktur fordern. Zu den frühen Arbeiten zählen bspw. auch die Studien von Burns/Stalker (1961), Hall (1963) sowie Lawrence/Lorsch (1969). Spätere Vertreter des Situativen Ansatzes kritisierten an den frühen Arbeiten (für einen Überblick vgl. Meyer/Tsui/Hinings, 1993; Scherer/Beyer, 1998), dass (1) das Beziehungsgeflecht zwischen Organisation, Strategie und Umwelt nur partiell und anhand bivariater Zusammenhänge erfasst wird, (2) dass von linearen Ursache-Wirkungs-Zusammenhängen ausgegangen wird, (3) dass unterstellt wird, dass es in jeder Umweltsituation nur genau eine erfolgreiche Organisationsstruktur gibt sowie (4) dass deterministisch vorausgesetzt wird, dass sich die Organisation der Umwelt anzupassen habe.

---

148 Die Entstehung des Situativen Ansatzes kann u. a. als Reaktion auf die Kritik an den stark verallgemeinernden Aussagen der Systemtheorie sowie den monodisziplinären und einseitigen Ansätzen bisheriger klassischer Managementtheorien interpretiert werden (vgl. Kast/Rosenzweig, 1972: 459ff.; Kieser, 1999: 169ff.; Kieser/Walgenbach, 2003: 43).

149 Vgl. darüber hinaus: Kast/Rosenzweig (1972: 459ff.); Lehnert (1983: 108); Macharzina (1995: 64); Stähle (1991: 47f.); Zeithaml/Varadarajan/Zeithaml (1988: 38f.).

Im Rahmen der Aston-Studien um Pugh (1968, 1969) erfolgte aufbauend auf der eben genannten Kritik an Arbeiten der klassischen Schule eine simultane Berücksichtigung mehrerer situativer Größen (Pugh, 1981; Anwander, 2002: 51) unter Berücksichtigung der sogenannten Equifinalthese[150] (Lehnert, 1983: 114), um die an dem Situativen Ansatz formulierten Kritikpunkte zu überwinden. Diese Vorgehensweise war verbunden mit der verstärkten Anwendung komplexer statistischer Methoden und der Verbesserung der Messinstrumente zur Erfassung der Organisationsstruktur. Zudem erfolgte der Versuch, die Trennung bei der Untersuchung von Zusammenhängen zwischen Situation und Struktur einerseits und Struktur und Effizienz andererseits aufzuheben und in einem gemeinsamen Modell zu verbinden (vgl. Kieser/Kubicek, 1992: 54). Diese als konfigurative Schule bezeichnete Ausrichtung des Situativen Ansatzes entwickelte sich insbesondere seit den 80er Jahren (vgl. Bailey, 1994; Doty/Glick, 1994; Ketchen/Thomas/Snow, 1993; Rich, 1992; Sanchez, 1993). Auch wenn einige Vertreter der konfigurativen Schule denselben in diesem Zusammenhang als „radically different approach“ (Miller, 1981: 2; ähnlich Meyer/Tsui/Hinings, 1993: 1176) bezeichnen, wird dieser Ansicht insbesondere in der jüngsten Literatur häufig widersprochen (vgl. Scherer/Beyer, 1998: 342): „... vergleicht man die Kritik am Kontingenzansatz [= Situativer Ansatz], die von den Konfigurationsforschern ursprünglich geäußert wurde, [...] mit den neuesten empirischen Studien und ihren empirischen Grundlagen, so wird deutlich, wie wenig die Autoren dieser Studien mit den Grundlagen der Kontingenztheorie gebrochen haben“.[151] Nichtsdestotrotz etablierte sich der Situative Ansatz als eine neue Forschungsrichtung, da die unterstellten situativen Effekte häufig empirisch nachgewiesen werden konnten (vgl. Anwander, 2002: 51).

Seit Mitte der 70er Jahre hat sich laut Stähle (1991: 47) parallel eine neue Forschungsrichtung entwickelt, die sich auf die organisationsinterne Konsistenz konzentriert. Diese Richtung interpretiert der Autor als Ergänzung zu den herkömmlichen Situativen Ansätzen (vgl. Ebers, 1992: 1835f.; Kieser, 1999: 191f.). Für die von Drazin/Van de Ven (1985) als „Sys-

[150] Nach der Equifinalthese existieren für jede Situation (mindestens zwei) gleichwertige Möglichkeiten zur Zielerreichung. Der Manager steht insofern in einer realen Entscheidungssituation und kann aus den möglichen Alternativen, die für ihn am passendsten scheinende Alternative wählen (vgl. Lehnert, 1983: 114; Child, 1972).

[151] Als Folge werden die klassische und die konfigurative Schule des Situativen Ansatzes in der Literatur überwiegend als komplementär angesehen (Drazin/Van den Ven, 1985; Mahajan/Churchill, 1990).

tems Approaches“ bezeichnete Richtung ist die Effizienz einer Unternehmung v. a. aus der internen Konsistenz der Struktur- und Kulturmerkmale einer Organisation abzuleiten.

Der Situative Forschungsansatz, auch als Kontingenzansatz, Kontingenztheorie oder Contingency Approach bezeichnet[152] (Kieser/Kubicek, 1992: 46), ist bis heute die „dominierende Forschungsrichtung der Organisationswissenschaft“ (vgl. Scherer, 1999: 12; ähnlich Zeithaml/Varadarajan/Zeithaml, 1988). Neben der weiten Verbreitung in der Organisationsforschung hat der Situative Ansatz darüber hinaus auch in der strategischen Managementlehre eine hohe Bedeutung erlangt (für einen Überblick vgl. Krohmer, 1999: 42ff.; Homburg, 2000: 67).

2.3.1.2. *Inhalte und begriffliche Klärung*

Eine allgemeine Beschreibung des Situativen Ansatzes findet sich in folgender Definition von Kast/Rosenzweig (1985: 116; ähnlich Stähle, 1991: 48), in der sich neben semantischen auch deutliche inhaltliche Überschneidungen zur Systemtheorie zeigen: „Die situative Analyse von Organisationen und ihrem Management betrachtet eine Organisation als ein aus Subsystemen zusammengesetztes System, das durch identifizierbare Grenzen von seinem Umsystem (Umwelt) getrennt ist. Der Situative Ansatz bemüht sich um ein Verständnis der Beziehungen sowohl innerhalb und zwischen Subsystemen als auch zwischen der Organisation und ihrer Umwelt; dabei strebt er nach einer Formulierung von Beziehungsmustern oder Variablensystemen.“.

Ein wesentliches Forschungsziel der Situativen Ansätze besteht somit in der Relativierung der traditionellen „one best way“-Aussagen[153] (vgl. Ebers, 1992: 1818; Galbraith, 1973: 2; Kieser/Kubicek, 1992: 60; Stähle, 1991: 47) zugunsten situationsadäquater Handlungsempfehlungen (vgl. Stähle, 1976: 36): „Es gibt nicht eine generell gültige optimale Handlungs-

[152] Obwohl im Angelsächsischen z. T. noch immer zwischen dem Situativen Ansatz und dem Kontigenzansatz unterschieden wird (vgl. Lehnert, 1983: 111ff.), hat sich die synonyme Nutzung der Begriffe Situativität und Kontingenz im deutschen Sprachgebrauch weitestgehend durchgesetzt. Nach Kieser/Kubicek (1992: 46) „[beziehen sich] alle vorgenannten Bezeichnungen [...] auf dieselbe inhaltliche Grundannahme und können somit als gleichbedeutend (synonym) betrachtet werden.“

alternative, sondern mehrere situationsbezogen angemessene". Demnach sind Unternehmungen zur Sicherstellung der Effizienz ihrer Entscheidungs- und Handlungsalternativen aufgefordert, ihre Struktur und Steuerung an die jeweilige Situation[154] anzupassen (vgl. Galbraith, 1973: 2; Kieser, 1999: 169)[155].

Ein umfassender Überblick über die zahlreichen konzeptionellen und empirischen Forschungsbeiträge des Situativen Ansatzes findet sich bei Frese (1992: 111ff.) und Kieser/Kubicek (1992)[156]. Für die vorliegende Arbeit sind insbesondere diejenigen Forschungsergebnisse relevant, die im Rahmen einer situativen Sichtweise das Forschungsfeld Personal (vgl. z. B. Pigors/Myers, 1973) bzw. die Rolle von Kennzahlen, Planungs-, Kontroll- oder allgemeinen Informationen im Unternehmen ausdrücklich berücksichtigen. Zum Beispiel existieren in der Organisationslehre eine Reihe diesbezüglicher Untersuchungen (vgl. Kieser/Kubicek, 1992: 57ff.; Kieser, 1993). Auch im Bereich der Analyse und Nutzungsbewertung von Planungsinformationen (im Fall der vorliegenden Arbeit: weiche HR-Kennzahlen) sind die Arbeiten von McCaskey (1974: 281) und Mockler (1971: 70ff.) zu nennen. Beide empfehlen Unternehmungen situationsorientierte und damit einhergehend flexible Planungskonzeptionen. Zum Einsatz von Kontrollinformationen, zu denen sich Kennzahlen rechnen lassen, forschen u. a. Mockler (1972) und McMahon/Perrit (1973: 624f.). An dieser Stelle ist außerdem die Situative Theorie des Rechnungswesens von Macharzina (1973:

153 Vergleiche hier z. B. die administrativen Managementlehren von Taylor (1911), Fayol (1916) oder Weber (1921). In diesen Ansätzen bleibt der Unternehmenskontext völlig unberücksichtigt. Das Unternehmen wird quasi als geschlossenes System betrachtet (Scherer/Beyer, 1998).

154 Unter dem Begriff Situation werden dabei eine Vielzahl von Einflussgrößen zusammengefasst (vgl. Kieser/Kubicek, 1992: 209), die im Kap. 2.3.1.3 ausführlicher dargestellt werden.

155 Hier zeigt sich z. B. ebenfalls Gedankengut der Systemtheorie, die das Unternehmen als offenes, anpassungsfähiges System im Austausch mit der Umwelt auffasst (Boulding, 1956; Katz/Kahn, 1966; Von Bertalanffy, 1949); auch wenn der Situative Ansatz anstrebt, den hohen Abstraktionsgrad der allgemeinen Systemtheorie zu reduzieren (Thompson, 1967).

156 Eine systematische Aufarbeitung der Forschungsarbeiten aus dem Situativen Ansatz ist bereits mehrfach (nach unterschiedlichsten Kriterien) geleistet worden und soll in der vorliegenden Arbeit nicht noch einmal reproduziert werden. Vergleiche z. B. Steiner (1979: 406ff.), der die Forschungsarbeiten nach dem Prinzip ihrer Entstehung bzw. nach der Erkenntnisabsicherung folgendermaßen klassifiziert: Kontingenzansätze auf der Basis von Fallstudien, empirischen Daten oder auf der Basis theoretischer, konzeptioneller Überlegungen. Kieser/Segler (1981: 175) kategorisieren dagegen die Ansätze nach der Anzahl der die Organisation bestimmenden Determinanten in monokausale Kontingenzansätze (Klassische Schule) und Multikausale Kontingenzansätze (Konfigurative Schule). Hingegen findet sich bei Stähle (1981: 217f.) eine Einordnung der wichtigsten Forschungsarbeiten nach der jeweiligen Prägnanz der Situationsbestimmung und der Rolle der intervenierenden Variablent: monistische, dualistische und pluralistische Ansätze. Schließlich leistet Segler (1981: 229fff.) eine Kategorisierung nach der Präzision der Situationsbestimmung und ordnet Forschungsarbeiten somit in Quasi-deterministisch-situative Ansätze, Personalistisch-situative Ansätze und Politisch-situative Ansätze.

3f.) zu nennen, der Hypothesen über die Wirkung von Berichtsinformationen in unterschiedlichen Situationskontexten (welche sich u. a. durch Organisationsstruktur, Unternehmenskultur, etc. definieren) auf das Nutzungsverhalten von Berichtsempfängern formuliert. Die aufgeführten Studien liefern neben inhaltlichen Implikationen weitere Argumente für die Übertragbarkeit des Situativen Ansatzes auf die vorliegende Forschungsarbeit.

Inhaltlich beschäftigt sich der Situative Ansatz mit den folgenden Untersuchungsschwerpunkten (Kieser, 1999: 171f.; Kieser/Kubicek, 1992: 63; Kieser/Walgenbach, 2003: 43f.): (1) der Charakterisierung bzw. Messbarmachung von Organisationsstrukturen, (2) der Analyse und Strukturierung von kontextualen Einflussfaktoren (Kieser 1993, Kieser/Kubicek, 1992: 63; Scott, 1992; Stähle, 1976: 37) und (3) der Untersuchung von Auswirkungen unterschiedlicher Situation-Struktur-Konstellationen auf die Zielerreichung (= Effizienz) einer Unternehmung (vgl. Ebers, 1992: 1818f.; Stähle, 1991: 49). Dabei nimmt der Situative Ansatz implizit ein rationales Management an, das durch Anpassung der Organisationsstruktur an die Situation versucht, die Effizienz der Organisation zu maximieren.

Das methodische Vorgehen des Situativen Ansatzes orientiert sich im Allgemeinen an der Vorgehensweise der Naturwissenschaften. Durch empirische Forschung wird nach generellen, gesetzmäßigen Ursache-Wirkungs-Beziehungen zwischen situativen Faktoren, Dimensionen der Organisationsstruktur und Erfolgsdimensionen gesucht (Scherer/Beyer, 1998). Hierzu geht man in den neueren Studien neben der verstärkten Verwendung komplexer statistischer Methoden dazu über, entsprechende Zusammenhänge zu formulieren: z. B. „Wenn-Dann“ bzw. „Je-Desto“ (vgl. Ebers, 1992: 1818). Dabei wird nach regelhaften Zusammenhängen zwischen Situation, Organisation und Effizienz gesucht (vgl. Stähle, 1976: 36f.). Voraussetzung hierfür sind eine saubere, methodische Auswahl und Konzipierung der Variablen, welche die Situation, die Organisation, das Verhalten der Organisationsmitglieder und die Effizienz erfassen (vgl. Kieser/Kubicek, 1992: 63).

2.3.1.3. Strukturierungskonzepte potenzieller Einflussdeterminanten

Für eine optimale Situations- und Organisationsbestimmung gilt es, die charakteristischen, relevanten Größen zur Beschreibung der Situation bzw. der Organisation zu identifizieren.

Dabei unterstreicht die Definition von Stewart (1980: 80) die Problematik bei der Auswahl der Situationsvariablen: „... are those variables which the theorist includes in the theoretical system set because they are believed to be relevant and have a potentially significant effect on the system relationship between focal variables ...“. Durch den Terminus “believed” wird deutlich, dass hier keine generelle, optimale Lösung anzubieten ist, sondern dass die Variablen problembezogen ausgesucht und in Bezug auf ihre Relevanz analysiert und gewichtet werden müssen. Um der Beliebigkeit bei der Auswahl relevanter Variablen vorzubeugen, erfolgt in der vorliegenden Arbeit in einem ersten Schritt eine Orientierung an bewährten Strukturierungskonzepten des Situativen Ansatzes, die in diesem Kapitel vorgestellt werden. Dabei geht es in diesem Zusammenhang insbesondere um die Konzeptualisierung der Situations- und der Organisationsfaktoren.

Die älteren, empirischen Studien (vgl. Burns/Stalker, 1961), haben sich v. a. mit der konzeptionellen Erfassung der Organisationsstruktur beschäftigt. In diesem Kontext unterscheiden die Autoren, in Anlehnung an das historisch-soziologisch fundierte Bürokratiemodell Webers, zwischen organischen und mechanistischen Organisationsstrukturen (vgl. auch Hall, 1963; Udy, 1959). Differenzierungsmerkmale zwischen den genannten Organisationsstrukturen sind bspw. der Grad der Formalisierung bzw. Zentralisierung, welche in der vorliegenden Untersuchung berücksichtigt werden (vgl. Kap. 2.2 und 3.1).

In der sogenannten Aston-Studie, in welcher erstmals in umfassender empirischer Form eine Reihe von Determinanten parallel analysiert werden, unterscheiden Pugh et al. (1968, 1978: 211ff.) drei Variablenkategorien als Bezugsrahmen für abhängige und unabhängige Größen: Situative Größen bzw. Kontextvariablen[157], Aktivitätsvariablen[158] und Strukturvariablen[159]. Während bei der Konzipierung der Strukturvariablen erneut eine enge Anlehnung an das Bürokratiemodell Webers (vgl. Pugh et al, 1968, Udy, 1959; Hall, 1963) bzw. an die klassische Organisationslehre (vgl. Woodward, 1958) erfolgt, fehlt ein solcher Theoriebezug bei der Auswahl und Konzipierung der relevanten Situations- und Aktivitätsvariablen weitgehend (vgl. Kieser, 1999: 175). Hierzu bemerkt Ebers (1992: 1823): „Vielmehr

[157] Hierunter fallen z. B. Alter, Größe, Technologie, Standort, Ressourcen.
[158] Hierzu gehören z. B. Arbeitsprozesse wie Produktion oder Distribution bzw. Kontrolle.
[159] Hierzu zählen die Strukturierung von Tätigkeiten (z. B. Standardisierung, Formalisierung) sowie die Konzentration und Kontrolle von Entscheidungsbefugnissen (z. B. Zentralisierung, Autonomie).

wird im Rahmen des Situativen Ansatzes postuliert, dass alle Situationsfaktoren einbezogen werden sollten, die geeignet sind, zur Erklärung organisatorischer Strukturunterschiede." An die Aston-Studie schließt sich eine Reihe von Folgeuntersuchungen an, in denen jeweils eine ähnliche Variablenauswahl und -abgrenzung vorgenommen wurde (Lehnert, 1983: 145f.; Stähle, 1991: 51; siehe auch Kap. 2.3.1.4).

In neueren Arbeiten des Situativen Ansatzes werden zusätzlich Variablen zur Erfassung der Koordination eingeführt (vgl. Kieser/Kubicek, 1992: 73ff.). Der Situative Ansatz von Kieser/Kubicek (1992: 25ff.) ist bspw. durch eine Ausweitung der Modellgrößen Situation, Struktur und Effizienz um die Größe „Verhalten der Mitglieder" gekennzeichnet. Zur Beschreibung der formalen Organisationsstruktur greifen Kieser/Kubicek (1992) auf eine Variablensystematik zurück, die sich an der Aston-Studie von Pugh et al. (1968) und somit dem Bürokratiemodell Webers orientiert und u. a. folgende Faktoren enthält: Spezialisierung, Formalisierung und Zentralisierung. Besonders interessant für die vorliegende Untersuchung ist jedoch die weitere Strukturierung der situativen Determinanten in zwei Kategorien (vgl. Kieser/Kubicek, 1992: 209; Kieser/Walgenbach, 2003: 44f.):

1. Externe Einflussgrößen, die sich in aufgabenspezifische und globale Faktoren unterscheiden lassen: z. B. die globale Umwelt, gesellschaftliche Bedingungen, Konkurrenz, Kundenstruktur und technologische Dynamik.
2. Interne Einflussgrößen, die sich in gegenwarts- und vergangenheitsbezogene Faktoren differenzieren lassen: z. B. Alter, Leistungsprogramm, Technologie, Rechtsform oder Größe.

Grundsätzlich scheinen sich somit relevante situative Einfluss-Variablen aus dem unternehmensinternen und –externen Bereich zu rekrutieren, wobei dem unternehmensexternen Bereich für die in der vorliegenden Untersuchung relevanten Fragestellungen eine eher nachgeordnete Bedeutung beizumessen ist. Zur Generierung der organisationsstrukturbeschreibenden Merkmale empfiehlt es sich, sich an bewährten Konzepten zu orientieren und Merkmale wie bspw. den Formalisierungs- bzw. den Zentralisierungsgrad zu erfassen.

2.3.1.4. *Kritische Bewertung des Situativen Ansatzes*

Der Situative Ansatz wird in der Literatur z. T. kritisch diskutiert (vgl. für einen Überblick Kieser, 1999: 183ff.; Kieser/Walgenbach, 2003: 44f.; Frese, 1992: 190ff.; Schoonhoven, 1981: 349-377). Im Folgenden erfolgt eine Darstellung, die in Anlehnung an Kieser (1999b: 183ff.) nach methodischen („endogenen“) und theoretischen („exogenen“) Argumenten differenziert vorgenommen wird. Hieraus wird eine allgemeine Beurteilung des Ansatzes hinsichtlich der grundsätzlichen Eignung als theoretischer Bezugsrahmen für die vorliegende Arbeit abgeleitet.

Zunächst setzt die Kritik an methodischen Mängeln der Forschungsbeiträge zum Situativen Ansatz an:

- Beispielsweise werden verwendete statistische Verfahren oder die Repräsentativität der untersuchten Stichprobe kritisiert (für einen Überblick vgl. z. B. Otley, 1980: 419)[160]. In der vorliegenden Untersuchung wird aus diesem Grunde ein besonderer Fokus auf ein methodisch einwandfreies und nachvollziehbares Vorgehen gelegt (vgl. Kap. 2.4).
- Darüber hinaus wird argumentiert, dass der Informationsgehalt der untersuchten Hypothesen als eher mittelmäßig einzustufen sei, da der Situative Ansatz vornehmlich mit Tendenzaussagen der Form „Je-desto“ arbeite, wobei die Komponenten dieser Aussagen relativ allgemein gehalten seien (vgl. Kieser/Segler, 1981: 180)[161]. Kieser (1999b: 184) bewertet den geringen Informationsgehalt bisheriger Ergebnisse des Situativen Ansatzes jedoch nicht als einen „irreparablen Mangel“. Er schlägt vor, die situativen Einflussgrößen zu präzisieren, also z. B. situative Analysen auf einzelne Branchen zu beschränken.
- Schließlich führen die im Rahmen der Aston-Studie und diverser Nachfolgeuntersuchungen festgestellten, z. T. widersprüchlichen Ergebnisse, v. a. zu einer Kritik an der Operationalisierung der Situationsdimensionen und der sich vielfach überschneidenden

[160] Vgl. darüber hinaus: Ebers (1992: 1829); Kieser (1999b: 183f.); Kieser/Walgenbach (2003: 44f.); Schoonhoven (1981: 359ff.); Stähle (1991: 51f.).

[161] Die Prognosekraft des Situativen Ansatz wird nach Lehnert (1983: 175ff.) darüber hinaus aus folgenden Gründen erheblich eingeschränkt: (1) stochastische Aussagen, die nur einen Wahrscheinlichkeitscharakter besitzen, (2) Austauschbarkeit, d. h. Veränderungen sind auch durch andere als die genannten Variablen möglich, (3) Aussagen sind nur „bedingt hinreichend“, d. h. Veränderungen sind nur durch ein Bündel von Aktionsvariablen möglich, sowie (4) die Raum- und Zeitabhängigkeit situativer Hypothesen, etc. (vgl. Ebers, 1992: 1831; Lehnert, 1983: 116; Köhler, 1977: 310ff.).

Variablen(gruppen) (vgl. Müller, 1980: 371). Lehnert (1983: 185) kritisiert in diesem Zusammenhang, dass in den meisten der Situativen Ansätze auf eine Präzisierung speziell der Effizienz-Variable weitgehend verzichtet wird. Ebenso kritisch urteilt Stähle (1991: 52): „Gemessen wird nur das, was [...] messbar erscheint". Deshalb wird in der vorliegenden Untersuchung ein besonderer Fokus auf eine sorgfältige Operationalisierung, v. a. mittels bereits bewährter Konstrukte, gelegt.

- Kieser (1999b: 183) bemerkt als abschließenden methodischen Kritikpunkt das Fehlen wichtiger Situations- bzw. Strukturmerkmale in situativen Studien an. Er wertet jedoch auch dieses Faktum nicht als essentiell kritisch, da im Rahmen des wissenschaftlichen Fortschrittsdenkens von einer ständigen Erweiterung und Verbesserung der Situations- und Organisationskonzepte auszugehen sei, welche langfristig zu einer vollständigeren und qualitativ hochwertigeren Merkmalsbeschreibung führen.

Wesentliche Kritikpunkte beziehen sich darüber hinaus auf die sogenannte Theorielosigkeit des Situativen Ansatzes (vgl. hierzu: Kieser, 1999: 185ff.; Lehnert, 1983: 115; Schoonhoven, 1981: 350; Schreyögg, 1980):

- Macharzina (1995: 65) kritisiert bspw., dass „in verschiedenen situativ differenzierenden empirischen Studien der Unternehmensführung ohne weitere theoretische Begründung eine Vielzahl von Variablen untersucht" werde (vgl. auch Ebers, 1992: 1831; Stähle, 1991: 49). Im Falle der vorliegenden Untersuchung werden die Variablen aufgrund theoretischer und inhaltlicher Überlegungen aus der entsprechenden Forschungsliteratur abgeleitet (vgl. Kap. 2.2.3.).
- Beispielsweise liefere der Situative Ansatz kein Konzept, das die Anpassung der Organisationstruktur an die Situation erkläre (Kieser, 1993: 181). Der Situative Ansatz sage lediglich aus, dass Unterschiede in der formalen Organisationsstruktur durch Unterschiede bzgl. situativer Größen erklärt werden könnten[162]. Eine kausale Beziehung wer-

[162] Scholz (1998: 54ff.) und Frese (1998: 460f.) halten den Situativen Ansatz z. B. für "überholt", weil u. a. die Fülle von Einflussgrößen kaum noch überschaubar sei. Außerdem bezeichnen Scholz (1998: 54ff.) und Frese (1998: 460f.) die Annahme früherer Situativer Ansätze, dass in einer bestimmten Situation eine bestimmte Gestaltung zwangsläufig erfolgen muss, für zu starr. Neben der bereits in den neueren Situativen Ansätzen postulierten Annahme „mehrerer gleich guter Organisationsstrukturen für eine bestimmte Situation" sei auch der vorausgesetzte Situations-Organisationsdeterminismus nicht haltbar (vgl. hierzu auch Kieser, 1999: 185; Child, 1972; Schoonhoven, 1981: 351f.; Stähle, 1991: 49, 52). Kieser (1999b: 185) begründet dies damit, dass Organisationen mit „suboptimalen Organisationsstrukturen" nicht völlig vom Markt eliminiert werden.

de jedoch nicht aufgezeigt. Stähle (1999: 53) stellt somit fest, dass der Situative Ansatz ein Forschungsansatz sei, dessen Inhalte eine „beliebige" Gestaltung erfahren könnten. Dies bezeichnet er als „Stärke und Schwäche zugleich".

- Kieser (1999b: 189), Stähle (1991: 52) und Ebers (1992: 1831) kritisieren weiterhin, dass der Situative Ansatz die Ausübung von Herrschaft in Organisationen verschleiere, indem er dieses Faktum nicht problematisiere[163]. Der Bedeutung unternehmenspolitischer Entscheidungen soll durch die Berücksichtigung entsprechender Konstrukte in der vorliegenden Arbeit hingegen in besonderem Maße Rechung getragen werden.
- Weiterhin ist die Vergangenheitsorientierung Situativer Ansätze nach Kieser (1999b: 189f.; vgl. auch Ebers, 1992: 1830; Kieser/Walgenbach, 2003: 45) als ein essentielles Problem zu werten: Situative Ansätze untersuchen überwiegend bewährte organisatorische Lösungen und vernachlässigen insofern die Analyse alternativer Lösungsansätze. Dies führe in letzter Konsequenz zu einer Befürwortung konservativer Organisationsgestaltungen. Dieser Tatbestand wird im Rahmen der vorliegenden Untersuchung berücksichtigt und kritisch reflektiert.
- Von konstruktivistischen Ansätzen in der Organisationstheorie wird schließlich bestritten, dass sich Organisationsstrukturen objektiv konzipieren und erfassen lassen. Insbesondere wird von ihnen angezweifelt, dass sich das Handeln der Organisationsmitglieder stark an formalen Regeln orientiere. Handeln sei vielmehr das Ergebnis von Verständigungsprozessen (vgl. Ebers, 1992: 1831; Kieser, 1999: 190). Insofern sollte nicht so sehr die (formale) Struktur einer Organisation im Mittelpunkt einer Untersuchung stehen, sondern eher Werte, Sinnsysteme oder Symbole, die im Situativen Ansatz nicht berücksichtigt seien. Im Falle der vorliegenden Untersuchung sollen neben formalen Organisationsmerkmalen v. a. auch potenzielle, weiche Einflussgrößen wie bspw. die Unternehmenskultur analysiert werden.
- Abschließend soll erwähnt werden, dass einige Autoren wie z. B. Ebers (1992: 1830), Schoonhoven (1981: 350), Stähle (1999: 53; 1991: 52) oder Lehnert (1983: 115) die vorgetragene Kritik zusammenfassend sogar dahingehend einschätzen, dass der Situative Ansatz nicht als Theorie bezeichnet werden könne. Solche Einwände sind kritischer zu bewerten als die eingangs aufgeführten methodischen Ansatzpunkte. Der Situative

[163] Daneben wird in diesem Zusammenhang oftmals das im Situativen Ansatz vorausgesetzte rationale Verhalten des Managements angezweifelt (vgl. Ebers, 1992: 1830; Stähle, 1991: 52).

Ansatz wird aus diesem Grund in der vorliegenden Arbeit somit eher als Bezugsrahmen denn als theoretischer Ansatz herangezogen, auch wenn Autoren wie bspw. Kast/Rosenzweig (1973) das gerade aufgeführte Argument nicht gelten lassen und sogar explizit von sogenannten Situationstheorien sprechen.

Trotz der oben aufgeführten Grenzen und Schwächen besitzt der Situative Ansatz eine ausgesprochene Popularität in der Betriebswirtschaftslehre (Mockler, 1971: 150; ähnlich auch Ebers, 1992: 1818; Meyer et al., 1978: 18): „The situational approach is not unique to any area of management theory. It is simply a basic, logical process which has been adapted to all areas of management theory (including systems development) to provide a more orderly and scientific basis for approaching problem solving, decision making, and action in all areas of management." Die große Verbreitung des Situativen Ansatzes (und insofern ihre Bedeutung) dokumentiert sich nach Kieser/Kubicek (1992: 46f.; ähnlich Kast/Rosenzweig, 1974; Tosi/Carroll, 1976) in den vielen Sammelwerken[164], in zahlreichen Beiträgen in führenden Fachzeitschriften[165] sowie in einer Reihe von Lehrbüchern[166]. Damit kann der Situative Ansatz nach Kieser/Kubicek (1992: 47) als „die am weitesten verbreitete Forschungs- und Lehrrichtung" betrachtet werden.

Auch sollte bei einer Bewertung des Situativen Ansatzes berücksichtigt werden, dass dieser zu wesentlichen Erkenntnissen im Bereich der Organisationsstruktur und möglicher Einflussfaktoren geführt hat (vgl. Ebers, 1992: 1829). Immer noch ist die Erkenntnis des Situativen Ansatzes unangefochten, dass bestimmte Organisationsformen nicht Vor- oder Nachteile per se haben, sondern dass deren Ausgestaltung von den Situationsbedingungen abhängig ist. Mit Hilfe des Situativen Ansatzes können bei entsprechender Vorsicht der Interpretation wertvolle Hinweise auf Zusammenhänge zwischen Kontext, Struktur und Effizienz gewonnen werden, die insbesondere im Bereich der Grundlagenforschung als sehr wertvoll einzuschätzen sind (vgl. Donaldson, 1985, 1999; Kieser/Walgenbach, 2003: 45).

164 Vgl. z. B.: Heydebrand (1973); Kast/Rosenzweig (1975); Lammers/Hickson (1979); Mayntz (1971); Negandhi (1973); Newstrom/Reif/Monczka (1975); Warner (1977).

165 Vgl. insbesondere: Administrative Science Quarterly, Academy of Management Journal, Organization Studies.

166 Vgl. z. B.: Child (1977); Dessler (1976); Hage (1980); Hall (1987); Hill/Fehlbaum/Ulrich (1989); Jackson/Morgan (1978); Khandwalla (1977); Mintzberg (1979); Schanz (1982); Staehle (1973); Zey-Ferrell (1979).

Zudem ist der Situative Ansatz aufgrund seiner theoretischen Grundannahmen offen für den Einbezug individuell definierter und ggf. über die in den Ursprungskonzepten des Ansatzes definierten situativen Einflussfaktoren (vgl. Kieser/Walgenbach, 2003: 45). Darüber hinaus wurde durch die Verbreitung des Situativen Ansatzes das methodische Instrumentarium der Managementforschung erheblich verfeinert. Dabei besteht nach Ebers (1992: 1818) die methodische Innovation des Situativen Ansatzes in der Etablierung der „... systematisch durchgeführte[n], vergleichende[n] empirisch-quantitative[n] Untersuchungen."

Zusammenfassend lässt sich feststellen, dass sich der Situative Ansatz, nach eingehender Prüfung der Stärken und Schwächen, somit als Bezugsrahmen für die vorliegende Untersuchung eignet (vgl. Kieser/Walgenbach, 2003: 45f.).

2.3.1.5. Implikationen des Situativen Ansatzes

Im vorliegenden Kapitel soll der Beitrag des Situativen Ansatzes für die vorliegende Arbeit dargestellt werden.

Der Situative Ansatz liefert v. a. relevante *inhaltlich-konzeptionelle Implikationen* für die vorliegende Untersuchung. Beispielsweise ist eine Kernaussage des Situativen Ansatzes, dass die spezifische Ausgestaltung und Adoption weicher HR-Kennzahlen nicht losgelöst von ihrem Kontext zu betrachten ist. Konkret lässt sich der Zusammenhang zwischen einem an die Situation angepasstem System und deren Effizienz bzw. Erfolg aus dem Ansatz ableiten. In diesem Zusammenhang eignet sich der Situative Ansatz somit zur Ableitung von entsprechenden kontextualen Hypothesen (Stähle, 1976: 36). Im Rahmen der vorliegenden Untersuchung sollen bspw. die Determinanten einer (erfolgreichen) Adoption analysiert werden. Bei der Untersuchung der Einflussgrößen einer Adoption weicher HR-Kennzahlen wird insbesondere untersucht, in welchem Maße situative Größen die Ausgestaltung und qualitative Ausprägung (instrumentelle, konzeptionelle, manipulative sowie politische Adoption) beeinflussen.

Darüber hinaus bietet der Situative Ansatz durch die Vielzahl existierender Studien im Rahmen der Organisationsforschung zahlreiche *Klassifizierungskonzepte* möglicher Einflussdeterminanten. Der Rückgriff auf bestehende und z. T. empirisch validierte Strukturierungskonzepten sichert im Rahmen der vorliegenden Arbeit neben der Systematik der Herangehensweise insbesondere den Anspruch der vollständigen Erfassung möglicher Einflussdeterminanten.

Außerdem lassen sich aus dem Situativen Ansatz Hinweise und Empfehlungen zur *methodischen Umsetzung* des Forschungsvorhabens ableiten. In diesem Zusammenhang begründet der Situative Ansatz z. B. die Unterscheidung zwischen den Einflussfaktoren als unabhängige Variable und der Ausgestaltung weicher HR-Kennzahlen als abhängiger Variable. Die Betrachtung einzelner Einflussfaktoren entspricht hierbei der klassischen Schule, während die simultane Betrachtung mehrerer Einflussfaktoren auf die tatsächliche Ausgestaltung der konfigurativen Schule zuzuordnen ist. Mahajan/Churchill (1990: 166) empfehlen in diesem Zusammenhang eine Kombination der beiden Schulen durch ein dreistufiges, methodisches Vorgehen, welches mit der klassischen Kontingenzanalyse[167] beginnt und mit einer konfigurativen Betrachtung[168] endet. In der vorliegenden Arbeit soll dieser aus der situativen Forschungsliteratur abgeleiteten methodischen Empfehlung gefolgt und mittels der vorgeschlagenen Dreiteilung gearbeitet werden.

Der Situative Ansatz eignet sich schließlich durch die zugrunde liegenden wissenschaftstheoretischen Annahmen insbesondere auch zur Ableitung von *Handlungsempfehlungen für die Praxis*. Im Rahmen des Situativen Ansatzes wird bspw. postuliert, dass das Management zur Sicherstellung von Effizienz und Erfolg, eine Anpassung ihrer Systeme und Handlungsentscheidungen an situative Umweltbedingungen vornehmen soll und auch kann. Diesbezügliche Hypothesen werden vor dem Hintergrund der Anwendungsorientierung der vorliegenden Arbeit (vgl. Kap. 2.1) entsprechend abgeleitet und geprüft (vgl. Kap. 4).

---

[167] In diesen Untersuchungsschritt fällt der Großteil der (frühen) Arbeiten, die dem Situativen Ansatz zugeordnet werden können: situative Faktoren werden zur Erklärung von Unterschieden in Organisationen herangezogen (Kieser, 1993: 168; für einen Überblick vgl. Donaldson, 1995; Child, 1970, 1973; Kieser, 1977 und Pugh et al., 1968).

[168] Hierzu liegen (vergleichsweise wenige) Forschungsarbeiten vor, die sich mit den Auswirkungen auf den Erfolg befassen (vgl. Kieser, 1999: 169ff.; Tosi/Slocum, 1984). Auch eine mehrstufige Analyse der Beziehung zwischen Situation, Struktur und Verhalten wurde nur in einer relativ kleinen Anzahl von Forschungsbeiträgen vorgenommen (Kieser/Kubicek, 1992: 54; Köhler, 1993: 138).

Zusammenfassend lässt sich festhalten, dass der Situative Ansatz im Rahmen dieser Arbeit nicht als eigenständige Theorie, sondern als erweiterter Bezugsrahmen berücksichtigt wird (vgl. Schoonhoven, 1981: 350): „... orienting strategy or metatheory, suggesting ways in which a phenomenon ought to be conceptualized or an approach to the phenomenon ought to be explained". Der Ansatz wird in diesem Zusammenhang als inhaltlich-konzeptionelle und methodische Leitidee der zweiten Forschungsfrage herangezogen, welche die Erfolgsvoraussetzungen der Adoption weicher HR-Kennzahlen als Steuerungsinformationen im strategischen HR-Management thematisiert (vgl. Kieser/Walgenbach, 2003: 45f.).

2.3.2. Adoptionstheorie

Das nachfolgende Kapitel enthält eine Darstellung und Diskussion der Adoptionstheorie. Das erste Teilkapitel beginnt mit einer Beschreibung des geschichtlichen Hintergrunds (vgl. Kap. 2.3.2.1). In Kap. 2.3.2.2 schließen sich eine Abgrenzung der Adoptions- zur Diffusionstheorie, die Klärung relevanter Begriffe sowie die Darstellung der Kerninhalte anhand eines Adoptionsmodells an. Im Kapitel 2.3.2.3 erfolgt eine differenzierte Klärung und Prüfung hinsichtlich der Übertragbarkeit des Innovationsbegriffes auf den Untersuchungsgegenstand weiche HR-Kennzahl. Diese Klärung ist Voraussetzung für die Anwendung der Adoptionstheorie als theoretischer Bezugsrahmen für die Beantwortung der Forschungsfrage zwei der vorliegenden Arbeit. Die Behandlung wichtiger Strukturierungskonzepte von potenziellen Einflussfaktoren einer Adoption wird im nächsten Teilkapitel (vgl. Kap. 2.3.2.4) vorgenommen. Aufgrund der Heterogenität und Vielfalt möglicher Adoptionskriterien ist es im Rahmen dieses Kapitels notwendig, z. T. differenzierter auf Kriterienkategorien einzugehen und dadurch die Auswahl einzelner Adoptionskriterien für das vorliegende Forschungsmodell zu begründen. Die Kapitel 2.3.2.5 und 2.3.2.6 beinhalten eine kritische, abschließende Auseinandersetzung mit dem theoretischen Ansatz sowie die Erarbeitung von Implikationen, die sich aus der Anwendung der Adoptionstheorie ergeben.

2.3.2.1. Geschichtlicher Hintergrund

Da die Adoptionstheorie als Teil der Diffusionstheorie zu betrachten ist und sich erst aus der Diffusionsforschung heraus entwickelt hat, wird an dieser Stelle zunächst auf die Anfänge der Diffusionsforschung eingegangen, soweit diese für die vorliegende Arbeit relevant sind. Eine besonders lange und bedeutsame Tradition der Adoptions- bzw. Diffusionsforschung findet sich insbesondere in der Anthropologie und Soziologie, die einleitend dargestellt wird. Danach werden die Anfänge der Adoptionsforschung in den Wirtschaftswissenschaften erörtert. Das Kapitel endet mit einer Beschreibung neuerer Tendenzen in der Adoptionsforschung.

Die ersten Diffusionsstudien wurden von *Anthropologen* durchgeführt. Bei diesen Studien lag der Fokus auf der grundlegenden Fragestellung, ob und wie einzelne Kulturen Neuerungen annehmen und wie auf diese Weise die Ausbreitung zivilisatorischer Errungenschaften erfolgt (vgl. Rogers, 1962: 24ff.; Kaas, 1973: 5 bzw. weiterführenden Literatur bei: Katz/Levin/Hamilton, 1963: 237ff.). Die für diese Untersuchung wichtigsten Implikationen der ersten empirischen Diffusionsstudien, die methodisch v. a. mittels Fallstudien durchgeführt worden sind, sind die Entdeckung von (allgemeingültigen) Determinanten, die auf die Annahme bzw. Ablehnung von Innovationen Einfluss haben: Bereits Linton (1936, 1964: 341) postulierte, dass Innovationen v. a. dann angenommen werden, wenn diese (1) nützlich, (2) kompatibel und (3) bei anderen nahestehenden Kulturen beobachtbar seien. Im Rahmen des von Barnett (1953: 378ff.) formulierten - eher individualpsychologisch ausgerichteten - Adoptionsansatzes wird die Bedeutung des sogenannten Relativen Vorteils von Innovationen hervorgehoben. Hierunter ist zu verstehen, dass durch eine Innovation ein Bedürfnis besser befriedigt werden muss als ohne diese Neuerung.

Eine tiefergehende Diskussion diffusions- und adoptionstheoretischer Erkenntnisse wurde hauptsächlich von *soziologischer Seite* initiiert (vgl. Wiswede, 1995: 200). Dabei lassen sich die Untersuchungen von Tarde (1903) zur Diffusion von Neuerungen zu den ersten soziologischen Studien aus dem Bereich der Diffusions- und Adoptionsforschung rechnen (vgl. Wüstendörfer, 1974: 11). Der für die vorliegende Untersuchung besonders interessante Beitrag Tardes besteht in der Identifikation der für die Adoption einer Neuerung entscheidenden Determinante Imitationsverhalten, welche auch in dieser Arbeit untersucht werden soll. Die folgenden Forschungsbeiträge der Soziologie zur Diffusion und Adoption beinhalteten v. a. die Überprüfung der Diffusionskurve sowie die Untersuchung von Determinanten, die den Diffusionsprozess beeinflussen (für weitergehende Informationen vgl.

Wüstendörfer, 1974: 11f.). Später beschäftigten sich insbesondere die Teildisziplinen Medizin-, Bildungs- und Agrarsoziologie mit der Adoption und Diffusion von Innovationen[169].

- Aus der nach Wüstendörfer (1974: 13f.) klassischen Untersuchung der Medizinsoziologie von Coleman/Katz/Menzel (1966) lässt sich speziell die Bedeutung der Determinante Imitationslernen ableiten.
- Aus der Teildisziplin der Bildungssoziologie ergeben sich bereits erste Hinweise auf den Prädiktor „Höhe der Kosten der Innovation", der auf die Annahme von Neuerungen einwirkt (vgl. Ross, 1958; Miles, 1964; Wüstendörfer, 1974: 15f.)[170].
- Die intensivste Auseinandersetzung mit der Diffusions- bzw. Adoptionsforschung erfolgte in der Agrarsoziologie (Rogers/Stanfield, 1968: 231). Von den hier einzuordnenden Arbeiten sollen für die vorliegende Arbeit zwei bedeutsame Studien genannt werden: die von Wüstendörfer (1974: 12f.) als „klassische Studie der Agrar-Soziologie" bezeichnete Untersuchung von Ryan/Gross (1943) und das Standardwerk von Rogers (1995), das einen wesentlichen Einfluss in der gesamten Diffusionsforschung aufweist (vgl. Wiswede, 1995: 274; Kaas, 1973: 7): Wichtigstes Ergebnis der Studie von Ryan und Gross (1943) ist für die vorliegende Untersuchung neben der Betonung des Imitationslernens als relevanter Prädiktor, die Entwicklung eines ersten Stadienmodells zur Beschreibung des Annahmeprozesses von Innovationen[171]. Vor allem Rogers (1995), der zum ersten Mal eine interdisziplinäre Betrachtungsweise der Diffusionsforschung verfolgte, verhalf schließlich dieser Forschungsrichtung in den 60er Jahren zum Durchbruch (vgl. Kaas, 1973: 7). Zentrales Ergebnis seiner Studien ist die Ableitung von fünf Haupteigenschaften von Neuerungen, welche die Akzeptanz bzw. die Adoption einer Neuerung beeinflussen (vgl. Rogers, 1995; Rogers/Shoemaker, 1971: 137ff.): „Je größer der Relative Vorteil, der Kompatibilitätsgrad, die Teilbarkeit und die Mitteilbarkeit sind, und je geringer die Komplexität des Produktes aus der Sicht des Individuums ist" (Schulz, 1972: 47), desto eher kommt es zur Akzeptanz bzw. Adoption der Neuerung

[169] In neueren soziologischen Arbeiten werden besonders die Aspekte der Kommunikation und der Imitation von Neuerungen in sozialen Systemen betrachtet (vgl. Kaas, 1973: 6).

[170] Im Rahmen der vorliegenden Untersuchung werden dementsprechend Anschaffungs- und laufenden Kosten weicher HR-Kennzahlen als potenzielle Einflussfaktoren berücksichtigt.

[171] Während Ryan/Gross (1943) noch von einem 3-Stadien-Modell vom „Gewahrwerden" einer Innovation bis zu ihrer Annahme ausgehen, finden sich in späteren Arbeiten zunehmend flexiblere Stadienmodelle (vgl. z. B. das 4-Stadienmodell von Rogers/Shoemaker (1971: 103ff.; ähnlich: Rogers/Shoemaker, 1971: 121; Wüstendörfer, 1974: 22f.), welches zwischen den Stadien Wissen, Überzeugung, Entscheidung und Bekräftigung unterscheidet.

(weitere Informationen hierzu finden sich u. a. bei Lionberger, 1960; Rogers, 1995; Wüstendörfer, 1974).

Schließlich hat sich in den *Wirtschaftswissenschaften*[172] seit den 60er/70er Jahren v. a. die Absatz- und Verbrauchsforschung mit der Adoptionsforschung unter der Fragestellung optimaler Verkaufs- und Werbestrategien für neue Produkte beschäftigt. Außerdem wird in diesem Zusammenhang über die Fortschrittlichkeit bzw. Innovativität von Unternehmungen intensiv geforscht (vgl. Wüstendörfer, 1974: 17). Hierbei steht die Analyse technischen Fortschritts in Form neuer Produkte, Produktionsverfahren bzw. Managementmethoden im Mittelpunkt (vgl. Kaas, 1973: 5; Macharzina, 1995: 593). Die neuere Akzeptanzforschung (vgl. z. B. Kühlmann, 1988; Meißner, 1989) beschäftigt sich v. a. mit Akzeptanzproblemen von Neuerungen auf gesellschaftlicher, organisatorischer oder individueller Ebene (Wiswede, 1995: S.201). Gegenstand der Forschung sind in diesem Zusammenhang technische, organisatorische, soziale bzw. politische Innovationen[173].

Alles in allem lässt sich konstatieren, dass inzwischen ein breites Spektrum theoretischer Modelle existiert (vgl. Macharzina, 1995: 593). Zu einem Abriss der Adoptions- bzw. Diffusionsforschungsgeschichte siehe z. B. Hofstätter (1977: 58ff.), Lutschewitz/Kutschker (1977: 4ff.) oder Mohr (1977: 32ff.)[174].

2.3.2.2. *Inhalte und begriffliche Klärung*

Das vorliegende Teilkapitel enthält eine Klärung und Definition der relevanten Begriffe innerhalb der Adoptionsforschung. Anschließend werden die Kerninhalte der Adoptionstheorie anhand des Modells von Felten (2001) dargestellt. Darüber hinaus werden die beiden großen theoretischen Ströme innerhalb der Adoptionstheorie erläutert. Abschließend folgt eine Vorstellung der in der Adoptionstheorie verwendeten Methodik.

---

[172] Weitere Ansätze der Diffusionsforschung finden sich im Bereich der Kommunikationsforschung (seit den 50er/60er Jahren) und der Geographie: Während in der Kommunikationsforschung v. a. die Ausbreitung von Innovationen über Massenmedien untersucht wird, geht es in der Geographie zumeist um die räumliche Ausbreitung von Innovationen (vgl. Wüstendörfer, 1974: 16.f.).

[173] Dabei hat die Frage nach den Bedingungen der Innovation in der angewandten und theoretischen Forschung zunehmend an Bedeutung gewonnen (vgl. Meißner, 1989: 6; Meier, 1982: 179).

Die Adoptionsforschung wird im Allgemeinen, in Abgrenzung zur Diffusionsforschung, als eines der beiden zentralen Forschungsgebiete der Diffusionstheorie betrachtet. Sie beschäftigt sich insbesondere mit individuellen Annahmemodellen in sozialen Systemen[175] (vgl. z. B. Felten, 2001: 6; Mahler/Stoetzer, 1995: 5)[176]. Dabei hat die Adoptionsforschung die Analyse der Determinanten der Akzeptanz bzw. Adoption von Neuerungen zum Inhalt (vgl. Wiswede, 1995: 200). Zur Abgrenzung der Termini Adoption und Diffusion sowie zur Präzisierung des Untersuchungsgegenstandes der Adoptionstheorie findet sich eine Reihe von Erklärungen, die z. T. auf sehr heterogenen Unterscheidungskriterien basieren[177]: Am weitesten verbreitet ist die Feststellung, dass die Diffusion bzw. der Diffusionsprozess sich aus den über die Zeit kumulierten Adoptionen ergibt und somit das aggregierte Ergebnis der individuellen Adoptionsentscheidungen darstellt (vgl. z. B. Eliashberg/Chatterjee, 1986: 157; Mahajan/Muller/Bass, 1993: 356f., 388)[178]. Ähnlich äußern sich Lutschewitz/Kutschker (1977: 1f.), welche die Diffusion als vielfache Adoption einer Innovation beschreiben (vgl. auch Midgley, 1977: 25; Terrahe, 1984: 44). Terrahe (1984: 40)[179] unterscheidet darüber hinaus zwischen der „Makroebene der Diffusion“ und der „Mikroebene der Adoption“. Eine ähnliche Differenzierung zwischen mikro- und makroökonomischen Diffusionsmodellen existiert z. B. bei Chatterjee/Eliashberg (1990: 1958) oder Mahler/Stötzer (1995: 4f.)[180].

---

[174] Vgl. auch: Bodenstein (1972: 7ff.); Kaas (1973: 4ff.); Pfeiffer/Bischof (1974: 189ff.); Rogers/Shoemaker (1971: 44ff.); Schmidt (1976: 8ff.), Wüstendörfer (1974: 8ff.).

[175] Die Diffusionsforschung beschäftigt sich demgegenüber v. a. mit makroorientierten Ausbreitungsmustern von Innovationen (vgl. Kaas, 1973; Nieschlag/Dichtl/Hörschgen, 2002: 574). Somit liegt der Schwerpunkt dieser Forschung eher in der Frage nach der Ausbreitungsgeschwindigkeit und dem -umfang der Innovation sowie deren Einflussgrößen (vgl. Lutschewitz/Kutschker, 1977: 2; Wüstendörfer, 1974: 5, 110).

[176] Vgl. darüber hinaus: Kaas (1973: 2ff.); Rogers (1995: 5); Schmalen (1993: 776); Weiber (1992: 3).

[177] Zur weiteren Klärung der Abgrenzungsproblematik zwischen Diffusion und Adoption vgl. Weiber (1992: 3), der eindeutig zwischen einer Diffusions- und einer Adoptionstheorie differenziert.

[178] Vgl. darüber hinaus: Felten (2001: 7f., 15ff.); Rogers (1962: 13); Schmalen/Binninger (1994: 5); Schulz (1972: 42). Schmalen (1993: 776) bezeichnet in diesem Zusammenhang die individuelle Übernahme einer Innovation (Adoption) durch die Nachfrager als einen Grundbaustein eines Diffusionsprozesses. Ähnlich Terrahe (1984: 45), für den die Adoption „Voraussetzung jeglicher Diffusion“ ist.

[179] Terrahe (1984: 45) warnt jedoch in diesem Zusammenhang davor, den engen Zusammenhang zwischen Adoption und Diffusion als lediglich symmetrische Betrachtungsperspektiven (Mikro bzw. Makro) des gleichen Gegenstandes (nämlich der Innovation) zu interpretieren. Seiner Ansicht nach unterscheiden sich die Forschungsinteressen hinsichtlich der Bearbeitung des Untersuchungsgegenstandes Innovation auch inhaltlich. Während sich die Adoption in erster Linie auf die individuelle Sicht der Übernahme, den Wahrnehmungs- und Entscheidungsprozess einzelner Adoptionseinheiten sowie deren Einflussgrößen bezieht (vgl. Wüstendörfer, 1974: 5), fokussiert sich die Diffusion hingegen auf die globale Sicht der Übernahme im sozialen System (vgl. Künzle, 1975: 36).

[180] Vgl. darüber hinaus: Felten (2001: 15f.), Kiefer (1967: 4); Klophaus (1995: 2); Lutschewitz/Kutschker (1977: 11.), Mahajan/Muller/Bass (1993: 356f.); Mühlmann (1972: 91f.).

Bei Anwendung der Adoptionstheorie ist kritisch zu prüfen, inwieweit das Adoptionskonzept auf die vorliegende Arbeit übertragbar ist. Außerdem ist aufzuzeigen, wie das zugrunde liegende Adoptionsverständnis aussieht. Die vorangestellte Diskussion zur Abgrenzung der Termini Adoption und Diffusion liefert bereits erste Implikationen für die Definition des Adoptionsbegriffes. Zusammenfassend lässt sich nach Mahler/Stoetzer (1995: S.4) „die Entscheidung eines Nachfragers zur Übernahme einer Innovation“ als Adoption bezeichnen (vgl. ähnlich Felten, 2001: 6f.). Dementsprechend ist unter dem Terminus Adoptionsprozess der Übernahmeprozess von Neuerungen zu verstehen, der entweder mit der Adoption (Übernahme) oder aber mit der Rejektion (Nicht-Übernahme) endet (vgl. Felten, 2001: 6f.; Terrahe, 1984: 44). Eine in der Literatur besonders weit verbreitete Definition ist die folgende Begriffsbeschreibung nach Rogers (1968: 76)[181]: „The adoption process is the mental process through which an individual passes from first hearing about an innovation to final adoption“. Allerdings wird insbesondere im Rahmen neuerer Adoptionsstudien vermehrt nach einer Präzisierung dieser eingängigen Definition verlangt. Hiermit beschäftigen sich die folgenden Absätze:

Im Rahmen der Präzisierung gilt es zunächst zu klären, ob eine Adoption durch ein *Individuum* oder auch durch eine Gruppe von Individuen erfolgen kann (vgl. Kiefer, 1967: 41; Terrahe, 1984: 41; Wüstendörfer, 1974: 2). Zu dieser Frage findet sich bereits in der oben aufgeführten Definition von Rogers (1968) die Forderung, dass die Adoption einer Neuerung als ein individueller Akt der Annahme oder der Ablehnung zu verstehen ist (vgl. Kiefer, 1967: 41; Terrahe, 1984: 41). Auch wenn in der Literatur somit zumeist von „individuellen Annahmeprozessen“ gesprochen wird, plädiert eine Reihe von Autoren dafür, auch Gruppen, Konsortien, Entscheidungsgremien, etc. als Adoptionseinheit zu akzeptieren (vgl. Felten, 2001: 20; Terrahe, 1984: 41; Wüstendörfer, 1974: 4). In der vorliegenden Arbeit ist für die Annahme weicher HR-Kennzahlen als strategische Steuerungsgrößen eine Einzelperson und zwar der Personalleiter verantwortlich. Im Falle eines kooperativen Führungsstils, in welchem über die Adoption der Kennzahlen etwa im Rahmen einer Bereichsleitersitzung gemeinsam entschieden wird, soll dieses Entscheidungsgremium aufgrund der oben genannten Argumente als Adoptionseinheit akzeptiert werden.

[181] Ähnlich: Rogers (1962: 76); Rogers/Shoemaker (1971: 99ff. „innovation-decision-process“); Midgley (1977: 26 „cognitive processes“); Scheuing (1970: 185); Schulz (1972: 42); Wüstendörfer (1974: 2).

Hinsichtlich der Frage, ob *soziale Bestimmungsfaktoren* als essentieller Bestandteil einer Adoptionstheorie zu sehen oder ob solche Rahmenbedingungen verzichtbar sind, verweist Wüstendörfer (1974: 2f.; ähnlich Weiber, 1992: 135) auf die Definition Rogers (1962: 76). Diese kennzeichnet sich durch die Hervorhebung der Bedeutung des „sozialen Rahmens", in welchem die individuell ablaufende Adoption einzubetten ist. Dieser Forderung wird in der vorliegenden Untersuchung bereits durch die Wahl des Situativen Ansatzes als theoretischer Bezugsrahmen gefolgt.

In der Adoptionsforschung wird im Rahmen der Begriffsfestlegung Adoption ferner diskutiert, ob der *bloße Kauf* bzw. die Anschaffung einer Innovation bereits den Terminus Adoption rechtfertigt. Nach Terrahe (1984: 42; ähnlich Weiber, 1992: 135) widerspricht ein solches Begriffsverständnis dem Kerninhalt des Adoptionskonzeptes, zumal der Adoptionsprozess in der Literatur weitgehend einheitlich als mentaler Ablauf definiert wird. Terrahe (1984: 43) spricht in diesem Zusammenhang von einer „positiven Übernahmeentscheidung", die eine gegebene hohe Akzeptanz (innere Überzeugung) voraussetzt. Andere Autoren wie z. B. Pfeiffer/Bischof (1974: 185), Midgley (1977: 172) oder Hofstätter (1977: 55) widersetzen sich einer solchen strengen Forderung. Wieder andere Autoren wie z. B. Wüstendörfer (1974: 2) vermeiden einen klaren Standpunkt zu dieser Streitfrage, indem sie den neutralen Terminus Annahme anstelle von Kauf oder Übernahme verwenden. An unterschiedlichen Beispielen verdeutlicht Wüstendörfer (1974: 2f.), dass die Übernahme einer Innovation in Unternehmen nicht zwangsläufig freiwillig erfolgen muss, sondern durchaus auch angeordnet werden kann. Insofern fordert er, bei einer Beschäftigung mit der Innovationsproblematik sowohl die Adoptionsträger als auch den Adoptionsgegenstand differenziert darzustellen und zu berücksichtigen. Vor diesem Hintergrund soll in dieser Arbeit untersucht werden, ob der Adoptionsträger (i. d. F. Personalleiter) wirklich aus innerer Überzeugung heraus weiche HR-Kennzahlen verwendet oder aber ob auch unternehmenspolitische Motive für die Verwendung der weichen HR-Kennzahlen eine Rolle spielen. Dieser Diskussionspunkt wird für die vorliegende Untersuchung als sehr relevant eingeschätzt. In diesem Kontext erfolgt eine Anlehnung an das liberale Begriffsverständnis Adoption, demzufolge bereits bei Übernahme von einer Adoption zu sprechen ist. Jedoch soll als Fazit dieser Diskussion zwischen unterschiedlichen qualitativen Ausprägungen einer Adoption differenziert werden. Hierzu wird das Konstrukt Akzeptanz herangezogen, das über die innere Überzeugung der Adoptionsträger Aufschluss geben kann. Darüber hinaus soll zwischen unterschiedlichen Adoptionstypen (z. B. positive bzw. negative Nutzung) unterschieden werden.

In der Literatur finden sich unterschiedliche Auffassungen hinsichtlich der *Übernahmehäufigkeit* einer Neuerung. Einige Autoren postulieren hierzu, dass die Adoption die erstmalige Übernahme einer Neuerung darstellt (vgl. z. B. Felten, 2001: 19f.)[182]. Andere Autoren sprechen von der „ersten und fortwährenden Verwendung" (vgl. Hofstätter, 1977: 22; ähnlich Terrahe, 1984: 43). Für die vorliegende Arbeit erscheint es aufgrund des Charakters des Untersuchungsgegenstandes praktikabel, ebenfalls von der ersten und fortwährenden Verwendung zu sprechen.

Ebenso wird in der Adoptionsforschung diskutiert, wie *intensiv,* über den oben bereits dargestellten Faktor der Dauerhaftigkeit hinaus, eine Neuerung verwendet werden muss, damit von einer Adoption gesprochen werden kann (vgl. Wüstendörfer, 1974: 4; Pareek/Chattopaduays, 1966; Schulz, 1972: 45). Rogers (1962: 79ff.) unterscheidet in diesem Zusammenhang zwischen versuchter und tatsächlicher Adoption. Wüstendörfer (1974: 4f.) kritisiert hierbei die Trennschärfe dieser Begrifflichkeiten. Die vorliegende Untersuchung orientiert sich deshalb an der Empfehlung von Pareek/Chattopaduays (1966), die fordern, die Intensität einer Adoption (anstelle bisher üblicher Stadien) graduell zu ermitteln. In der vorliegenden Arbeit erfolgt eine solche graduelle Abstufung der Adoptionsintensität durch die Nutzung einer 5er-Skala (vgl. Kap. 2.4).

Schließlich ist auch die Diskussion bzw. Klärung des *Innovationsgegenstandes* von entscheidender Bedeutung (vgl. Felten, 2001: 20). Nur bei der Annahme, dass eine weiche HR-Kennzahl als Innovation zu betrachten ist, ist die Anwendung der Adoptionstheorie als konzeptioneller Bezugsrahmen zu rechtfertigen. Insofern erfolgt die Diskussion dieser Frage im Rahmen eines kurzen Exkurses in Kap. 2.3.2.3. Bereits an dieser Stelle sei vorweggenommen, dass eine Übertragung des Innovationsbegriffes auf den Untersuchungsgegenstand der vorliegenden Arbeit als berechtigt angesehen wird.

---

[182] Vgl. darüber hinaus: Pfeiffer/Bischof (1974: 185); Lutschewitz/Kutschker (1977: 1); Midgley (1977: 171); Schulz (1972: 45).

Zusammenfassend lässt sich konstatieren, dass in der vorliegenden Untersuchung Adoption als die mehr oder weniger starke, erste und fortwährende Verwendung von subjektiv neuen Objekten bzw. Ideen durch individuelle oder kollektive Adoptionseinheiten definiert wird. Zentrale Forschungsfrage ist dabei die Modellierung von Erklärungsmodellen für die Übernahme einer Innovation. Hierzu ist festzustellen, dass aufgrund der Heterogenität von Innovationsgegenständen, -trägern und -kontexten eine Reihe sehr unterschiedlicher Modelle existiert. Exemplarisch soll an dieser Stelle das Adoptionsmodell von Felten (2001: 16) vorgestellt werden, welches aufgrund der enthaltenen und in das eigene Forschungsmodell übernommenen Parameter hohe Relevanz für die vorliegende Arbeit besitzt (vgl. Abb. 2.3-1). Grundsätzliche Parameter des Modells werden nachfolgend erläutert:

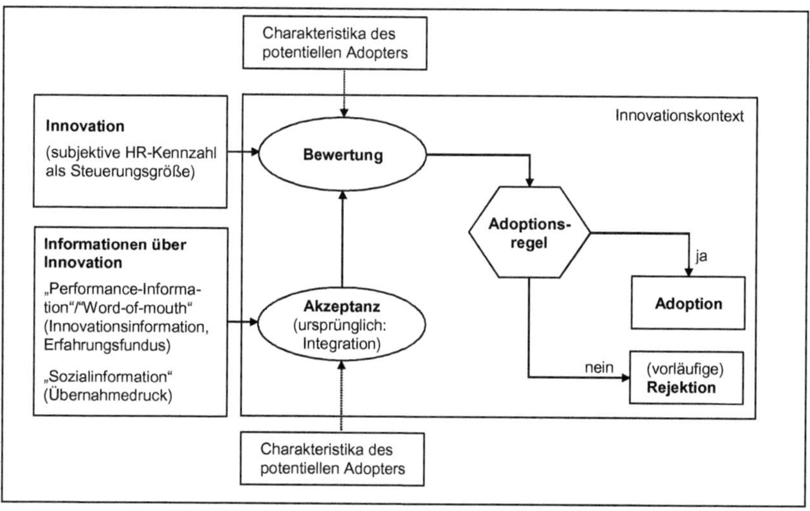

Abb. 2.3-1: Adoptionsmodell in Anlehnung an Felten (2001: 16)

Kernbestanteile des Modells sind die *Adoption und Rejektion* einer Innovation (vgl. Schulz, 1972: 43). Insofern setzt Felten (2001: 17) die Prämisse, dass aus Sicht eines potenziellen Adoptionsträgers die Entscheidung zur Annahme einer Innovation eine bewusst getroffene Auswahlentscheidung zwischen diesen beiden Alternativen darstellt (vgl. Schmalen/Pechtl, 1996: 816f.; Felten, 2001: 16). Zwischen der Kenntnis einer Innovation und der Übernahmeentscheidung (Adoptionsregel) erfolgt deren *Bewertung*. Auf diese Bewertung wirken neben Charakteristika der Innovation zusätzlich Charakteristika des potenziellen Adoptionsträgers sowie der Innovationskontext. Die Modellgröße „Bewertung" wird als zentraler Parameter in der vorliegenden Arbeit übernommen. Besondere Bedeutung misst Felten (2001: 17f.) den *Innovationsinformationen* (Word of Mouth) bei, d. h. den Erfahrungen, die andere Adopter mit der Innovation gemacht haben sowie dem hiervon ausgehenden Übernahmedruck. Die in dem Modell von Felten (2001: 16) ursprünglich als Integration bezeichnete Modellgröße wurde in *Akzeptanz* umbenannt. Akzeptanz ist Bestandteil vieler Adoptionsmodelle und soll im eigenen Forschungsmodell übernommen werden (vgl. Kap. 2.5).

Neben der Klärung relevanter Innovationstermini und –gegenstände sowie der Erläuterung eines entsprechenden Adoptionsmodells ist im Rahmen der Adoptionstheorie als letztes Element die Klärung der relevanten Grundausrichtung dieses Ansatzes zu definieren. Theoretische Adoptionsansätze können nach Meißner (1989: 40f.) in diesem Zusammenhang in zwei große Gruppen unterteilt werden: Ansätze (1) mit Bezug zur empirischen Organisationsforschung und (2) mit Bezug zu verhaltens- bzw. individualpsychologischen Theorien.

- Die Ansätze mit Bezug zur *empirischen Organisationsforschung* weisen hinsichtlich der Analyse potenzieller Determinanten für die Adoption oder Rejektion einer Innovation große Überschneidungen zum Situativen Ansatz auf. Herausragende Bedeutung wird in den meisten dieser Untersuchungen nach Meißner (1989: 41; vgl. Fischer, 1982: 114) der Organisationsstruktur als Determinante zugebilligt, was durch die große Zahl an hierzu bestehenden Modellen begründet wird. Aufgrund der engen Parallelen zum Situativen Ansatz erfolgt an dieser Stelle keine weitere Behandlung der für die vorliegende Untersuchung relevanten Studien[183].
- Zur Erklärung von Übernahmebedingungen einer Neuerung werden v. a. *individual- und sozialpsychologische Erklärungsansätze* herangezogen (vgl. Kaas, 1973: 7f.), die in diversen Adoptions- und Diffusionsmodellen beschrieben werden. Prämisse ist hierbei

[183] Insbesondere in den 60er/70er Jahren ist im Rahmen der empirischen Organisationsforschung der Frage nachgegangen worden, welche Organisationsstrukturen am besten innovative Prozesse begünstigen. Hier sind, in Anlehnung an Meißner (1989: 41f.) Forschungsarbeiten zu folgenden Themen zu benennen: Mechanistische und organische Organisationstypen (vgl. Burns/Stalker, 1961); differenzierte Betrachtung bürokratischer Strukturen (vgl. Thompson, 1965; Aiken/Hage, 1971); innovationshemmende und –fördernde Organisationsstrukturen (vgl. Bendixen, 1976: 54ff.; Shepard, 1967; Zaltman/Duncan/Holbek, 1973; Wit-

die Überzeugung, dass die Adoption von Neuerungen gewissen Gesetzmäßigkeiten unterliegt (Schmalen, 1993: 776). Beispielhaft sind an dieser Stelle die Bezüge zur Hypothesentheorie[184], zum Rational-Choice-Ansatz[185] und zur Lerntheorie[186] zu nennen[187]:

Im Rahmen der vorliegenden Untersuchung lässt sich die Adoptionstheorie insbesondere durch die Wahl des Situativen Ansatzes als weiteren theoretischen Bezugsrahmen in die erste Gruppe einordnen. Hierzu finden sich zahlreiche empirische Untersuchungen, die sich zumeist mit der Adoption neuer Technologien auseinandersetzen. Dabei hat die große Anzahl der empirischen Arbeiten[188] zur Ableitung einer Reihe von Hypothesen geführt, die sich jedoch nicht uneingeschränkt übertragen lassen, zumal es sich meistens um Ad-Hoc-Hypothesen handelt (für einen Überblick vgl. Rogers, 1962: 311ff.). Aus diesem Grund sollen die für die vorliegende Arbeit wichtigsten Ergebnisse und Determinanten jeweils im Detail auf die Übertragbarkeit geprüft und zusammen mit weiteren thematisch-inhaltlichen Überlegungen im Rahmen des Kap. 2.2 diskutiert werden. Ein allgemeines Strukturierungsschema, nach welchem die potenziellen Determinanten klassifiziert und geprüft werden sollen, findet sich in Kap. 2.3.2.4.

---

te, 1973b: 9ff.) sowie Studien zum betrieblichen Innovationsmanagement (vgl. Thom, 1980; Wilson, 1966; Lawrence/Lorsch, 1969; Kieser/Kubicek, 1992: 285f.).

184 Nach der Hypothesentheorie wird die Annahme- oder Verweigerungsneigung einer Neuerung durch bereits zugrunde liegende Hypothesen der Betroffenen mitbestimmt (Wiswede, 1995: 200f.). Hierzu stellt Wiendieck (1992: 94) fest: „Da die Akzeptanzforschung technische Innovationen behandelt und Innovation notwendigerweise Neues, d. h. Unbekanntes umfasst, ist generell und zunächst einmal mit einer Aktivierung menschlicher Grundängste vor dem Unbekannten zu rechnen".

185 Adoptionsprozesse werden hier als Konsequenz nutzenmaximierenden Verhaltens unter Berücksichtigung von Unsicherheit und Anpassungskosten interpretiert (vgl. Rogers, 1995). Die Bezugnahme auf Theorien und Erkenntnissen von hierauf aufsetzenden Entscheidungstheorien erfolgt in der Adoptionsforschung relativ häufig (vgl. Felten, 2001: 25f.).

186 Schließlich können zur Erklärung der Akzeptanz und Adoption von Neuerungen auch lerntheoretische Annahmen herangezogen werden: unter Bezugnahme auf Bayes läßt sich die Adoption neuer Techniken als Lernverhalten interpretieren (vgl. Lindner/Fischer/Pardey, 1979; Stoneman, 1981; Jensen, 1982, 1983). Durch adaptives Verhalten werden hierbei weniger effiziente Techniken schrittweise verdrängt, so dass sich langfristig die Technik durchsetzt, die die maximale Effizienz besitzt.

187 Weitere individualpsychologische Erklärungsansätze, die im Rahmen von Adoptions- bzw. Diffusionstheorien herangezogen werden, sind bspw. verhaltenswissenschaftliche Entscheidungstheorien (vgl. March/Simon, 1958, 1976; Cyert/March, 1963) bzw. system- und rollentheoretische Konzeptionen (vgl. Katz/Kahn, 1966, 1978).

188 Einen Überblick über die Anwendungsbereiche der Diffusionsforschung geben Dixon (1980); Griliches (1957, 1980); Katz/Levin/Hamilton (1963: 237-252); Kiefer (1967); Mansfield (1961); Nabseth/Ray (1974); Rogers (1962: 20-56); Rogers/Stanfield (1968: 227-250); Rogers/Shoemaker (1971) sowie Stoneman (1981).

2.3.2.3. *Exkurs: Innovation als Gegenstand der Adoptionstheorie*

Im folgenden Kapitel wird diskutiert, inwieweit die Bezeichnung Innovation für den Untersuchungsgegenstand weiche HR-Kennzahlen adäquat ist. Darüber hinaus erfolgt eine Einordnung in einen bestimmten Innovationstypus, um eine weitere Klärung des Untersuchungsgegenstandes zu erreichen.

Innovation leitet sich aus dem lateinischen „innovare" ab, das „erneuern" bedeutet (vgl. Hinterhuber, 1973: 158; Macharzina, 1995: 591). Trotz dieses etymologisch recht eindeutigen Wortursprungs ist jedoch - insbesondere vor dem Hintergrund der unterschiedlichen Fachrichtungen (vgl. Kirsch/Esser/Gabele, 1979: 2; Müller/Schienstock, 1978: 20ff.) - nach Meißner (1989: 16 in Anlehnung an Aregger, 1976: 101ff.; Zaltman/Duncan/Holbek, 1973: 7ff.) eine „überraschende Uneinheitlichkeit, Vielschichtigkeit und Mehrdimensionalität hinsichtlich der Begriffsfassung [Innovation]" zu konstatieren. Allerdings findet sich in fast allen Definitionsversuchen mehr oder weniger explizit der Aspekt der Neuerung. Die notwendige Präsenz der zusätzlichen Kriterien Verbesserung und Signifikanz wird zwar ebenfalls häufig gefordert, jedoch in der aktuellen Literatur kontrovers diskutiert.

Das Kriterium der *Neuheit* (vgl. Rogers, 1995; Aregger, 1976: 115; Schönecker, 1980: 16; Fischer, 1982: 30) kann entweder objektiv oder subjektiv betrachtet werden[189]: Dabei kennzeichnet sich die objektive Betrachtungsweise durch die Forderung, dass Innovation etwas absolut Neues sein muss. Ein Vertreter ist z. B. Barnett (1953: 7; vgl. auch Schumpeter, 1953: 100ff.; Ghiselin, 1963: 36), der Innovation als jeden neuen Gedanken, jedes neue Verhalten und Ding, das sich qualitativ vom Bestehenden unterscheidet, versteht. Allerdings dominiert in der wissenschaftlichen Auseinandersetzung die subjektive Betrachtungsweise, in der Neuheit subjektiv aus Sicht der beteiligten Individuen definiert wird, wie z. B. durch Rogers (1983: 11)[190]: „an innovation [is] an idea, practice, or object that is per-

[189] Einige Autoren legen sich nicht auf eine bestimmte Betrachtungsweise fest, sondern fordern für die Definition einer „Innovation", dass entweder das Objektivitätskriterium oder das Subjektivitätskriterium erfüllt sein muss (vgl. Lutschewitz/Kutschker, 1977: 1; Terrahe, 1984: 44).

[190] Vgl. auch: Becker/Whisler (1977: 181); Gierl (1987: 28f.); Kaas (1973: 2ff.); Rogers (1995: 11); Rogers/Shoemaker (1971: 19); Schulz (1972: 42); Wiswede (1995: 273f.); Witte (1973a); Wüstendörfer (1974: 1); Zaltman/Duncan/Holbek (1973: 10).

ceived as new by an individual or other unit of adoption"[191]. In der vorliegenden Arbeit soll neben diesen Gründen v. a. aufgrund von Praxisrelevanz (vgl. Bollinger/Greif, 1983: 397[192]) und Zweckmäßigkeit (vgl. Meißner, 1989: 17) die subjektive Betrachtungsweise bei der Definition weicher HR-Kennzahlen als Neuheit gewählt werden. Berücksichtigt man die Aktualität der Idee, mittels weicher HR-Kennzahlen zu steuern (vgl. Experteninterviews), so ist dieses Kriterium für den vorliegenden Untersuchungsgegenstand erfüllt.

Darüber hinaus stellt sich in der Innovationsforschung die Frage, ob alles Neue als Innovation bezeichnet werden kann (vgl. Barnett, 1953: 7; Rogers, 1995: 1; Zaltman/Duncan/Holbek, 1973: 10) oder ob zusätzlich ein Element der *Verbesserung* gegeben sein muss (vgl. Aregger, 1976: 118; Havelock, 1973: 4; Marr, 1973: 94, 105; Meißner, 1989: 17ff.). Auch wenn sich beim Verzicht auf das Kriterium Verbesserung konzeptionelle Unklarheiten ergeben könnten (vgl. Bollinger/Greif, 1983: 397), führt die Berücksichtigung dieses Aspektes zu einer weiteren Subjektivierung des Begriffs (vgl. Reichwald, 1978: 13; Schönecker, 1980: 19), der in der vorliegenden Arbeit nicht erwünscht ist.

Das dritte Element, das häufig im Zusammenhang mit der begrifflichen Klärung von Innovation aufgeführt wird, ist der Faktor *Bedeutsamkeit* bzw. *Signifikanz* einer Innovation (vgl. Aregger, 1976: 118; Meißner, 1989: 18f.; Schulz, 1972: 42). Eine Berücksichtigung dieses Faktors in einer Begriffsdefinition erscheint in Anlehnung an Bollinger/Greif (1983: 399) und Meißner (1989: 18) jedoch nur bei einer Unterscheidung zwischen weitreichenden und nicht-weitreichenden Innovationen von Bedeutung. Dies ist nicht Thema der vorliegenden Arbeit, weshalb auf dieses Kriterium ebenfalls verzichtet werden kann.

Im Allgemeinen lassen sich die unterschiedlichen Definitionen zwei großen Gruppen zuordnen, die jedoch in sich nicht einheitlich sind (vgl. Marr, 1980: 948; Mahler/Stoetzer,

---

[191] Eine solche subjektive Betrachtungsweise von Innovation ist auch unternehmensbezogen denkbar (vgl. Eickhof, 1982: 122) oder Kieser (1969: 742): „Als Innovationen sollen alle Änderungsprozesse bezeichnet werden, die die Organisation zum ersten Mal durchführt."

[192] Vgl. hierzu folgendes Zitat von Bollinger/Greif (1983: 397): „Auch muss vermutet werden, dass die strenge Fassung nur noch selten Anwendung findet und damit kaum praktische Bedeutung hat." Bzw. Witte (1973a: 24): "In der Literatur hat sich die Auffassung durchgesetzt, den Begriff der Innovation nicht mehr ausschließlich für solche Neuerungen zu reservieren, die aus gesamtwirtschaftlicher Sicht (objektiv) neuartig sind. Eine Innovation liegt auch dann vor, wenn eine Innovation für die betrachtete Institution (subjektiv) neuartig ist".

1995: 4), dem prozessbezogenen und den objekt- bzw. produktbezogenen Innovationsbegriff. Beim *prozessualen Innovationsbegriff* wird Innovation als „der gesamte organisatorische Prozess der Entwicklung, Bewertung und Realisation von Ideen“ (Macharzina, 1995: 591 in Anlehnung an Schwer, 1985) betrachtet. Dabei kann eine (a) (ganzheitliche) Interpretation aller Phasen[193] oder (b) eine nur phasenbezogene[194] Untersuchung erfolgen (vgl. Bollinger/Greif, 1983: 398; Marr, 1980: 948f.). Unter einer Prozessinnovation kann darüber hinaus auch eine Innovation verstanden werden, die sich auf die Veränderung bzw. Verbesserung von Prozessen bezieht (vgl. Macharzina, 1995: 592). Ein *objektbezogener Innovationsbegriff* bezieht sich hingegen im Allgemeinen auf die Beschreibung von Sach- oder Wirtschaftsgütern (vgl. Meißner, 1987: 27ff., Zaltman/Duncan/Holbeck, 1973: 16ff.). Einige Autoren sprechen zudem neben Prozess- und Objektinnovationen noch von organisatorisch-strukturellen sowie von personellen Innovationen bzw. Sozialinnovationen (vgl. Knight, 1967: 482; Kieser, 1969: 743; Meißner, 1989: 27ff.), die jedoch für die vorliegende Arbeit nicht relevant sind[195]. Die Qualität der zahlreichen weiteren Klassifikationen wird insbesondere von Meißner (1989: 27f.) und Becker/Whisler (1977: 182) kritisch beurteilt.

Unter Berücksichtigung der oben aufgeführten Definitionen und Klassifikationen scheint die Charakterisierung weicher HR-Kennzahlen als „phasenbezogene Prozessinnovation“ sinnvoll (vgl. Macharzina, 1995: 592f.). Dabei versteht Macharzina (1995: 592) in Anlehnung an Thom (1980: 35) unter Prozessinnovationen Veränderungen in Unternehmensprozessen, die oftmals der Rationalisierung von Produktionsabläufen und/oder der Kostensenkung sowie auch z. B. der Verbesserung der Produktqualität dienen. Hierbei reicht das Spektrum von Prozessinnovationen nach Macharzina (1995: 592) “von der Einführung

---

193 Vgl. Thom (1980: 45, 391), Mahler/Stoetzer (1995: 4f.) sowie kritische Anmerkungen von Kirsch/Esser/Gebele (1979: 38ff., 45ff.); Müller/Schienstock (1978: 181f.); Zaltman/Duncan/Holbek (1973: 60ff.).

194 Vgl. hierzu: Becker/Whisler (1977: 181); Meißner (1989: 24ff.); Rogers (1983: 246f.); Fischer (1982: 30); Thom (1980: S.24f.).

195 Meißner (1989: 27ff.; vgl. auch Zaltman/Duncan/Holbeck, 1973: 16ff.) unterscheidet generell drei Innovationsarten: Produkt-, Verfahrens- und Sozialinnovationen. Ähnlich Knight (1967: 482ff.), Kieser (1969: 743) und Macharzina (1995: 592), die diese Klassifizierung folgendermaßen erweitern: Product or Service Innovations, Production-Process Innovations, Organizational-Structure Innovations sowie People Innovations. Während Hinterhuber (1975: 31f.) zwischen Innovationen ohne technischen Inhalt, Verbesserungs- und Strukturinnovationen unterscheidet, differenziert Mensch (1972: 291ff.) schließlich nach Basis-, Verbesserungs- und Scheininnovationen. Kieser (1970: 100) und Bendixen (1976: 18f.) unterscheiden extern und intern orientierte Innovationen. Brandenburg et al. (1972: 19) schließlich unterscheiden nach dem Schwierigkeitsgrad in komplexe bzw. simplexe Innovationen, Menzel (1960: 708) nach dem Sachbezug in materielle und immaterielle Innovationen, wohingegen Brose (1982: 29) nach zeitlichen Gesichtspunkten zwischen Erst- und Folgeinnovationen differenziert.

neuer Arbeitsplatzbewertungs- und Personalbeurteilungsmethoden [...] bis hin zum erstmaligen Rückgriff auf neue Qualitätsmessverfahren ...".

2.3.2.4. *Strukturierungskonzepte potenzieller Einflussdeterminanten*

Ähnlich wie beim Situativen Ansatz lässt sich auch im Rahmen der Adoptionstheorie bereits aus der Vielzahl unterschiedlichster Forschungsarbeiten zum Thema „Adoption von Innovationen" (vgl. Kap. 2.3.2.1) erkennen, dass die Auswahl und Untersuchung bestimmter Adoptionskriterien weitgehend nach jeweils spezifischen, inhaltlichen Überlegungen erfolgt (Thom, 1976: 21; Kirsch, 1971: 241). Entscheidend für die Selektion der relevanten Größen sind nach Thom (1976: 21) insbesondere praktisch-logische Überlegungen. Diese werden in der vorliegenden Arbeit v. a. durch die Experteninterviews sichergestellt. Zur Strukturierung dieser Gespräche schien es allerdings vorab notwendig, die hohe Anzahl der im Rahmen der Adoptionsforschung bereits untersuchten Einflussvariablen darzustellen und zu klassifizieren. Damit soll gewährleistet werden, relevante Variablen bzw. Gruppen von Variablen, die auf die Adoption einer Innovation wirken können, systematisch und vollständig zu erfassen.

Hinsichtlich der relevanten Einflussgrößen, die auf die Innovationsneigung und –fähigkeit von Unternehmen wirken, können folgende Größen unterschieden werden (vgl. Utterback, 1971: 75ff.): Unternehmens-, Umwelt- und Schnittstellenfaktoren zwischen Unternehmen und Umwelt. Einen etwas anderen Schwerpunkt setzt Eickhof (1982: 129f.)[196], der die Determinanten, die auf Innovationstätigkeit wirken, in Persönlichkeits-, Unternehmens- und gesellschaftliche bzw. Marktfaktoren einteilt. Röpke (1970: 208) betont ergänzend die Interdependenz dieser drei Klassifikationsgruppen, wodurch die Schwierigkeit einer klaren Abgrenzung verdeutlicht wird. Als heuristisches Hilfsmittel für die vorliegende Arbeit dienen die Klassifizierungen von Reichwald (1978), Schönecker (1980) bzw. Kühlmann (1988: 46), welche die Adoptionskriterien in folgende vier Merkmalsgruppen einteilen: (1) Merkmale der einzuführenden Innovation wie z. B. physikalische Merkmale; Leistungsangebot, Kompatibilität, (2) Strategien der Implementierung wie z. B. Geschwindigkeit, Schulungsangebote, Mitarbeiterinformation, Partizipationsmöglichkeiten, (3) Personenmerkmale des Anwenders wie z. B. individuelle Eigenheiten, Erfahrungen, Fähigkeiten, Bedürfnisse sowie (4) Organisatorische Bedingungen wie z. B. Aufgabenspektrum, Kommunikation, Formalisierung, Standardisierung, soziales Umfeld. Im Folgenden sollen anhand dieser Klassifikation relevante Adoptionskriterien, die in zahlreichen Forschungsarbeiten vorzufinden sind, differenziert vorgestellt werden. Ziel des vorliegenden Kapitels ist es, einen kurzen Überblick über bewährte Adoptionskriterien zu geben.

Über die *Merkmale von Innovationen*[197] ist gerade in der Agrarsoziologie besonders intensiv geforscht worden (vgl. Kaas, 1973: 24f.). Bereits Ende der 60er Jahre finden sich zu diesem Thema schon rund 2.500 Studien (vgl. Engel/Blackwell/Miniard, 1993). Die diesbezüglichen Ergebnisse können zwar nicht unbesehen auf die Adoption von weichen HR-Kennzahlen als Steuerungsgrößen übertragen werden, sie sind aber durchaus als erste Arbeitshypothesen zu verwenden. Weite Verbreitung hat in diesem Zusammenhang die Auflistung von Rogers (1962: 124; 1983: 211) gefunden, der folgende fünf wesentliche Attribute von Innovationen hervorhebt: relative Vorteilhaftigkeit, Kompatibilität, Komplexität, Prüfbarkeit und Beobachtbarkeit. In der vorliegenden Arbeit sollen folgende Merkmale hinsichtlich ihrer Vorhersagekraft geprüft werden[198], die auch in anderen empirischen Studien eine besonders hohe Erklärungskraft aufweisen[199]:

---

[196] Vgl. hierzu auch: Röpke (1970: 207f., 1977: 83ff.); Fleischmann (1972: 35ff.).

[197] Schulz (1972: 45) ergänzt, dass weniger die objektiven Merkmale einer Innovation für deren Adoption ausschlaggebend sind, sondern eher die vom Individuum subjektiv wahrgenommenen Eigenschaften.

[198] In der Literatur sind darüber hinaus auch in anderen Forschungsdisziplinen z. T. recht umfangreiche Merkmalskataloge ausgearbeitet worden (für einen Überblick vgl. Aregger, 1976: 120ff.; Müller/Schienstock, 1978: 34). Häufig genannte Merkmale, die im Rahmen der vorliegenden Arbeit als potenzielle Determinanten insbesondere im Rahmen der Experteninterviews darüber hinaus geprüft werden sollen, sind z. B. folgende: Teilbarkeit (vgl. auch Gierl, 1995: 310; Rogers, 1983: 211ff.; Schulz, 1972: 47), Mitteilbarkeit (vgl. Gierl, 1995: 310; Kühlmann, 1988: 261; Rogers, 1983: 211ff.; Schulz, 1972: 47; Wiendieck, 1992: 95ff.; Wiswede, 1995: 274f.; Lawrence, 1954), Neuheitsgrad (vgl. Meißner, 1989; Thom, 1980: 23; Schmalen, 1993: 782), Bedienerfreundlichkeit (vgl. Wiendieck,1992: 95ff.; Müller-Böling/Müller, 1986; Manz, 1983: 188), Aufgabenbezogenheit (vgl. auch Manz, 1983: 188; Müller-Böling/Müller, 1986; Schmalen, 1993: 782; Wiendieck, 1992: 95ff.) sowie Unsicherheitsstiftung bzw. Risiko (vgl. Gierl, 1995: 310ff.; Meißner, 1989; Thom, 1980: 23; Schmalen, 1993: 782; Sheth, 1968: 181f.).

[199] Rogers/Stanfield (1968: 227ff.) haben hierzu bspw. 708 empirische Adoptionsuntersuchungen im Hinblick auf die Erklärungskraft der fünf genannten Merkmale auf die Adoptionswahrscheinlichkeit einer Innovation ausgewertet. Dabei zeigen die Ergebnisse (vgl. Rogers/Stanfield, 1968: 243), dass v. a. die Merkmale Relativer Vorteil und Kompatibilität der Innovation eine potenzielle Adoption beeinflussen, auch wenn aufgrund der Heterogenität der angewandten Methoden und der Vielfalt der untersuchten Inhalte keine unkritischen Verallgemeinerungen erfolgen sollten.

- Relativer Vorteil (vgl. ebenso Nützlichkeit oder erwartete Belohnung)[200]: Hierunter versteht Schmalen (1993: 783) die Überlegenheit der Innovation gegenüber bestehenden Produkten oder Verfahren.
- Kompatibilität (vgl. ebenso Konfliktgehalt oder geringer Strafreizcharakter)[201]: Diese Determinante, die insbesondere die Konsistenz mit bestehenden kognitiven Strukturen, kulturellen Werten, Normen, Lebensstilen beschreibt, wird fast grundsätzlich als relevanter Prädiktor anerkannt[202].
- Komplexität[203]: nach Schulz (1972: 46) wird eine Innovation dann als komplex bezeichnet, wenn der potenzielle Adopter Schwierigkeiten mit der Erfassung und Anwendung des innovativen Produktes hat. Diese Determinante wird teilweise kontrovers diskutiert, soll jedoch trotzdem in die Untersuchung aufgenommen werden (nähere Informationen und Begründungen hierzu finden sich in Kap. 2.2 und Kap. 3.1).

In der einschlägigen Literatur findet sich darüber hinaus eine Reihe von Empfehlungen zur Gestaltung von *Implementierungsstrategien* in Organisationen, deren Ziel es ist, die Akzeptanz des Nutzers zu gewinnen (vgl. Überblick bei Kühlmann, 1988: 261)[204]. Im Rahmen der vorliegenden Untersuchung sollen Strategien der Implementierung aus methodischen und inhaltlichen Gründen nicht berücksichtigt werden. Die empirische Erfassung der Implementierung weicher HR-Kennzahlen, die in den einzelnen Unternehmungen unterschiedlich weit in die Vergangenheit zurückreicht, ist zum einen schwer zu erheben. Zum anderen

---

200 Vgl. Kühlmann (1988: 261); Lin (1998); Rogers (1983: 211ff.); Schmalen (1993: 782); Sheth (1968: 181f.); Wiswede (1995: 274f.).

201 Vgl.: Gierl (1995: 310), Meißner (1989); Thom (1980: 23), Rogers (1983: 211ff.); Schmalen (1993: 782); Schulz (1972: 46); Wiswede (1995: 274f.).

202 Insbesondere Meißner (1989) schreibt in diesem Zusammenhang dem Konfliktgehalt speziell in Organisationen eine besondere Bedeutung zu. An dieser Stelle fließen z. T. dissonanztheoretische Überlegungen mit ein (Wiswede, 1995: 275; vgl. hierzu auch Stefflre, 1965): „Innovationen haben nur dann eine Chance, akzeptiert zu werden, wenn sie kognitiv konsistent sind, also keine Dissonanzen heraufbeschwören".

203 Vgl.: Gierl (1995: 310); Lin (1998); Meißner (1989); Thom (1980: 23); Rogers (1983: 211ff.); Schmalen (1993: 782).

204 Die empfohlenen Implementierungsprozesse bilden im Allgemeinen generalisierende Zusammenfassungen von Praktikererfahrungen bzw. lassen sich aus diversen individualpsychologischen Theorien ableiten (vgl. Kühlmann, 1988: 261). Die am häufigsten genannten Techniken können grob in drei Kategorien eingeteilt werden (vgl. Müller-Böling, 1978: 192; Kühlmann, 1988: 261): Information der Mitarbeiter (vgl. Müller-Böling, 1978: 54ff.; Kühlmann, 1988: 262f.), Schulung der Adopter (Kühlmann, 1988: 266f.) sowie Partizipation (vgl. Kühlmann, 1988: 266f.; Wiendieck, 1992: 95ff.; Wiswede, 1995: 274, Lawrence, 1954). Darüber hinaus sind die Einführungsgeschwindigkeit sowie die Vorbereitungsqualität (Kühlmann, 1988: 266f.; Wiendieck, 1992: 95ff.) wichtige Determinanten für die Adoption von Neuerungen.

haben die Experteninterviews und Pretests zu klareren Ergebnissen hinsichtlich der übrigen Strukturierungsmerkmale geführt.

Hinsichtlich der *Personenmerkmale* potenzieller Adopter werden insbesondere drei relevante Subgruppen unterschieden, die im Folgenden kurz dargestellt und im Rahmen der Experteninterviews sowie der schriftlichen Befragung überprüft werden sollen[205]:

- Soziodemografische Merkmale, wie z. B. Alter, Bildung oder Geschlecht (vgl. Schulz, 1972: 49; Schmalen, 1993: 783, der den sozialen Status, das Einkommen und die Schulbildung herausstreicht).
- Erfahrung bzw. Fachwissen (vgl. Sheth, 1968: 181f. bzw. Schmalen, 1993: 783, der in diesem Zusammenhang von „besseren Kenntnissen über die Innovation" bzw. „mehr Erfahrung mit ähnlichen Produkten" spricht).

Die vierte Kategorie *Organisatorische Bedingungen* bzw. Umwelt-Merkmale wird im Rahmen der Adoptionstheorie sowohl deterministisch (d. h. die Umwelt wirkt auf die Adoptionswahrscheinlichkeit bestimmter Innovationen) als auch interaktiv betrachtet (d. h. auch die Umwelt wird durch Adoptionsentscheidungen beeinflusst, was wiederum die Adoptionswahrscheinlichkeit für Innovationen beeinflusst) (vgl. Felten, 2001: 9ff.). Die besondere Abbildung dieser Umwelt-Adopter-Dynamik ist im Rahmen des individuellen Adoptionsprozesses, wie er in der vorliegenden Arbeit untersucht wird, nicht von Interesse. Insofern werden nachfolgend interaktive ebenso wie deterministisch wirkende Merkmale als unabhängige Einflussfaktoren des Umfelds gewertet. Zu den in der Adoptionstheorie oftmals untersuchten Merkmalen werden insbesondere die nachfolgend aufgeführten Aspekte gezählt (vgl. Felten, 2001: 9ff., 16f.)[206]:

[205] Eine weitere Kategorie, die in diesem Zusammenhang häufig benannt wird, beschreibt individuelle Merkmale, wie z. B. die Risikobereitschaft oder Aufgeschlossenheit gegenüber Innovationen (vgl. Lin, 1998 in Anlehnung an Robertson, 1971, der postuliert, dass sich Innovatoren durch eine höhere Risikobereitschaft auszeichnen). In diesem Kontext ist ebenfalls Schmalen (1993: 783) zu nennen, der frühe Adopter als „weltoffener", „weniger rigide" und als „innovationsbereiter" charakterisiert. Schulz (1972: 49f.) betrachtet darüber hinaus das Informationsverhalten des Individuums bzw. seine Beziehungen zur Umwelt als relevante Größen. Diese Größen werden in der vorliegenden Arbeit v. a. aufgrund methodischer Erfassungsprobleme nicht berücksichtigt.

[206] Vgl. darüber hinaus: Schmalen (1993: 778f.); Schmalen/Binninger (1994: 6); Pechtl (1991: 38ff.); Wiswede (1995: 201). In diesem Zusammenhang sind bei potenziellen Adoptionsdeterminanten Überschneidungen zum Situativen Ansatz zu finden. Doppelungen werden hier nicht noch einmal explizit ausgeführt.

- Innovationsinformationen (bzw. „Word of Mouth"): Felten (2001: 10f.) definiert dieses Merkmal folgendermaßen: "Word of Mouth bezeichnet den Einfluss auf die Adoptionsentscheidung eines potenziellen Adopters, der dadurch entsteht, dass der potenzielle Adopter die Information über die Erfahrungseigenschaft der Innovation, die er aus der Beobachtung von (bisherigen) Adoptern gewinnt, als Substitut für die mangelnde eigene Erfahrung mit der Innovation aktiv zur Reduktion seiner mit der Bewertung der Innovation verbundenen Unsicherheit nutzt." (ähnlich Schmalen et al., 1993: 514, 778 der hier weiter zwischen den Merkmalen Innovationsinformation und Erfahrungsfundus unterscheidet; Weiber, 1991: 14).
- Sozialer (Übernahme-)Druck: Hier definiert Felten (2001: 11)[207]: „Sozialer Druck wird hingegen von den (bisherigen) Adoptern auf potenzielle Adopter insofern ausgeübt, als dass erstere die Innovation eben schon besitzen und damit soziale Handlungsmotive potenzieller Adopter ansprechen.". In diesem Zusammenhang gilt nach Schmalen (1993: 780): „... dass sich der Übernahmedruck um so besser entwickeln kann, je stärker der Prestige- oder Wettbewerbsdruck im sozialen System ist."
- Schließlich werden weitere Unternehmens- bzw. Umwelt-Determinanten mit Relevanz für die vorliegende Arbeit in der Adoptionsforschung benannt, wie bspw. finanzielle Ressourcen (vgl. Lin, 1998; Gierl, 1995: 310ff.). Schmalen (1993: 782) betont in diesem Zusammenhang auch die Höhe der Investitionssumme als Adoptionsindikator.

Grundsätzlich können somit Umwelt bzw. Unternehmens-, Adopter- und Implementierungsmerkmale sowie Merkmale des innovativen Produkts als relevante Adoptionskriterien identifiziert werden. Da sich aufgrund inhaltlich-logischer Überlegungen hinsichtlich des zu untersuchenden Gegenstandes weiche HR-Kennzahlen keine dieser Gruppen per se ausschließen lässt, soll eine Vorauswahl relevanter Größen insbesondere auf Basis der Experteninterviews erfolgen (vgl. Kap. 2.4).

[207] Vgl. hierzu auch Pechtl (1991: 42-57); Mahajan/Muller/Kerin (1984: 1389); Midgley (1976: 32); Schmalen et al. (1993: 4f., 778).

2.3.2.5. *Kritische Bewertung der Adoptionstheorie*

In den bisher untersuchten Forschungsarbeiten werden immer wieder die große Komplexität und der hohe Schwierigkeitsgrad der Forschung zur Adoption von Neuerungen betont (vgl. Meißner, 1989: 6; Haire, 1973: 227; Pfeiffer/Staudt, 1975: 1943f.). Ebenso wie beim Situativen Ansatz ergeben sich dadurch Ansatzpunkte zur Kritik an der Adoptionstheorie, die sich z. T. auf inhaltliche und terminologische Schwächen des Ansatzes beziehen, teilweise auf die methodische Vorgehensweise einiger Vertreter dieses Ansatzes und z. T. das theoretische Fundament der Adoptionstheorie betreffen.

Inhaltlich-semantisch wird kritisiert, dass bisherige Untersuchungen vornehmlich den positiven Charakter von Innovationen betonen (vgl. Thom, 1980: 3; Rogers, 1983: 92[208]). In Anlehnung an Meißner (1989: 11) sollte eine kritische Distanz zum Untersuchungsgegenstand gewahrt werden, um auch potenzielle Unzulänglichkeiten hinterfragen zu können. In der vorliegenden Arbeit soll daher zunächst eine neutrale Grundhaltung gegenüber dem Untersuchungsgegenstand weiche HR-Kennzahlen zugrunde gelegt werden. Inwieweit weiche HR-Kennzahlen in einem positiven oder negativen Zusammenhang verwendet werden, soll erst im Rahmen der nachfolgenden Untersuchung analysiert werden.

Pfetsch (1975: 18) konstatiert darüber hinaus, dass der Innovationsbegriff v. a. auf technisch-ökonomische Produkte reduziert worden ist, so dass andere Gegenstandsobjekte potenzieller Innovationen nicht genügend untersucht worden seien. Eine Fokussierung erfolge zudem nicht nur auf den Innovationsgegenstand (in diesem Fall Technik), sondern ebenso auf einzelne Innovationsarten (z. B. Produktinnovativität). Eine derart fokussierte Forschung kann nach Meißner (1989: 13) keinesfalls als wertfrei bezeichnet werden. Daher sollte nach Meißner (1989: 13) zumindest eine Offenlegung der impliziten Annahmen und Forschungsimplikationen erfolgen, die bei der überwiegenden Zahl der Publikationen nicht zu entdecken sei. Um diesem Vorwurf zu begegnen, soll in der vorliegenden Arbeit eine intensive Auseinandersetzung mit diesen Fragen im Kap. 2.1 erfolgen.

---

[208] Rogers (1983: 92) möchte mit dem von ihm in diesem Zusammenhang geprägten Begriff „pro-innovation-bias", ausdrücken, dass in der Forschung vorwiegend davon ausgegangen wird, dass alle Innovationen nützlich sind und deshalb auch allgemein akzeptiert werden müssten.

Neben den genannten Kritikpunkten werden an der klassischen Adoptionsforschung z. T. eine Reihe von weiteren Aspekten (u. a. *methodischer und theoretischer Art*) bemängelt (Williams/Rice/Rogers, 1988: S.72ff.; Weiber, 1992: 23; 1993: 45; Frese, 1975: 96f.):

- Fischer (1982: 114) und Witte (1973b: 14) vermissen explizite Überlegungen zu den wissenschaftlichen Grundlagen des Innovationsproblems. Ähnlich konstatiert Thom (1980: 324ff.), dass Elemente des Ansatzes oftmals nicht theoriegeleitet entworfen werden, sondern dass diese mittels retrospektiver Plausibilitätsüberlegungen entwickelt und somit anfechtbar seien.
- Neben dem Kritikpunkt der fehlenden Hypothesenbildung finden sich in einzelnen Arbeiten Einwände, die sich auf die methodische Anwendung des Ansatzes beziehen. Es werden z. B. verwendete statistische Verfahren, die Repräsentativität der untersuchten Stichprobe oder das Fehlen empirischer Befunde kritisiert. Vor diesem Hintergrund soll das methodische Vorgehen in der vorliegenden Untersuchung nach strengen empirischen Gesichtspunkten, die in Kap. 2.4 ausführlich dargestellt werden, erfolgen.
- Zudem wird bemängelt, dass einzelne Forschungsarbeiten innerhalb der Adoptionstheorie nur schwer aufeinander zu beziehen und ihre Ergebnisse daher kaum zu vergleichen seien. Insofern sei die Ableitung allgemeiner Erkenntnisse problematisch (vgl. Wiendieck, 1992: 94). So konstatieren Becker/Whisler (1977: 186; 1967: 467): „Dringend erforderlich ist ein theoretischer Rahmen, der die externen und internen Faktoren, die strukturellen und psychologischen Faktoren und bestimmte Faktoren zusammenbringt."
- Es finden sich weitere spezifische Kritikpunkte zu einzelnen inhaltlichen Merkmalen der Adoptionstheorie. So kritisiert z. B. Weiber (1992: 135; ähnlich Fischer, 1982: 68; Meißner, 1989: 6; Wüstendörfer, 1974: 2f.) neben der fehlenden Beachtung wechselseitiger Beeinflussungsprozesse auch die oftmals nicht vorhandene Betrachtung des Systemkontextes, in den der Adoptionsprozess eingebunden ist. Als Beispiele werden die mangelnde Beachtung von Machtprozessen bzw. politisch motivierten Handlungen innerhalb von Unternehmen genannt. Beiden Kritikpunkten soll im Rahmen der vorliegenden Arbeit durch die Beachtung situativer Kontextfaktoren begegnet werden.
- Terrahe (1984: 42) und Weiber (1992: 135) beklagen darüber hinaus die nicht vorhandene Differenzierung zwischen Kauf- und Nutzungswiderständen von Innovationen. Zudem bleiben nach Schulz (1972: 53) durch die Konzentration auf die Adoption einer Innovation mögliche Verhaltensweisen (z. B. spätere Ablehnungsprozesse) nach der er-

sten Übernahme bzw. Adoption einer Innovation weitgehend unberücksichtigt. Auch diesem Kritikpunkt soll durch eine differenzierte Beschäftigung mit der moderierenden Größe Akzeptanz und dem Konstrukt Adoption begegnet werden.

- Zusammenfassend stellt Meißner (1989: 7f.; ähnlich Fischer, 1982: 191; Thom, 1976: 20f.; 1980: 14ff.) fest, dass der gegenwärtige Stand der Forschung durch „divergierende Ansätze" gekennzeichnet ist, denen kaum „praxeologischer Nutzen" zugesprochen wird. Zum Stand der theoretischen Durchdringung bemerkt Meißner (1989) darüber hinaus, dass eine explizite Beschäftigung mit dieser Thematik noch nicht stattgefunden hat. Diesen Umstand beschreibt Meißner (1989: S.7; ähnlich Fischer, 1982: 98; Kasper, 1985: 52) als „spärliche Theoriebildung". Im Rahmen der vorliegenden Arbeit wird neben einer detaillierten Beschäftigung mit dem Innovationsgegenstand (vgl. Kap. 2.3.2), explizit eine Ableitung von Implikationen für die Praxis vorgenommen (vgl. Kap. 4.3.).

Bei der Beurteilung der Adoptionsmodelle und der Kritik, dass durch einen z. T. sehr hohen Abstraktionsgrad in einigen Fällen eine Verminderung des Informationsgehaltes in Kauf genommen wird, ist zu berücksichtigen, dass diese oftmals für eine große Zahl unterschiedlicher Innovationstypen konzipiert wurden (vgl. z. B. Rogers, 1995). Der entscheidende Vorteil einer solchen Vorgehensweise liegt somit in einer weiterreichenden Anwendbarkeit. Darüber hinaus besitzt die Kernaussage der Adoptionstheorie, welche besagt, dass v. a. die subjektive Wahrnehmung der potenziellen Adopter über die Qualität der Innovation hinsichtlich einer potenziellen Adoption bzw. Rejektion entscheide, eine ungebrochene Gültigkeit (Stoetzer/Mahler, 1995: 7). Innovationsinhärente sowie personenbezogene Merkmale haben in diesem Zusammenhang schließlich eine höhere Vorhersagekraft als externe bzw. organisationsspezifische Merkmale. Vor allem die weite Verbreitung und die hohe Anzahl empirischer Forschungsbeiträge zum Adoptionsprozess sind bemerkenswert und schaffen eine breite Basis für die Identifizierung einzelner, potenzieller Adoptionsdeterminanten. Schließlich lässt sich feststellen, dass insbesondere die Merkmale des Untersuchungsgegenstandes als Prädiktor für seinen Einsatz nach Stoetzer/Mahler (1995: 7) außerhalb der Adoptionstheorie nicht vergleichbar untersucht worden sind.

2.3.2.6. *Implikationen der Adoptionstheorie*

Die Adoptionstheorie soll, ebenso wie der Situative Ansatz, als Bezugsrahmen der zweiten Forschungsfrage dieser Arbeit dienen, welche sich mit den Erfolgsvoraussetzungen der Adoption von weichen HR-Kennzahlen beschäftigt. Insbesondere Implikationen aus dem Adoptionsmodell von Felten (2001: 16) erlauben die Definition von unabhängigen Adoptionsdeterminanten, die - über das Grundmodell des Situativen Ansatzes hinausgehend - die Variablenblöcke „Personenbezogene Merkmale“, „Umweltmerkmale“ und „Merkmale der Innovation“ in den Fokus des Interesses rücken. Darüber hinaus ergeben sich Hinweise auf die Bedeutung von zwei zwischengelagerten Konstrukten „Bewertung der weichen HR-Kennzahlen“ und „Akzeptanz weicher HR-Kennzahlen“, die relevante moderierende Erklärungsgrößen für eine Adoption bzw. eine mögliche Rejektion darstellen können. Insofern eignet sich die Adoptionstheorie zur Ableitung potenzieller adoptionsdeterministischer Hypothesen, die im Rahmen der vorliegenden Arbeit untersucht werden sollen.

Darüber hinaus liefert die Adoptionstheorie einen Beitrag zu semantisch-inhaltlichen Fragestellungen. Durch die intensive Auseinandersetzung mit dem Innovationsbegriff innerhalb der Adoptionstheorie lassen sich die in der vorliegenden Arbeit untersuchten weichen HR-Kennzahlen als Innovation betrachten – unter der Voraussetzung, dass sie in einem Unternehmen als ein subjektiv neuartiges Personalinstrument eingeschätzt werden. Bereits hierdurch lässt sich die Übertragbarkeit der adoptionstheoretischen Annahmen auf die dieser Untersuchung zugrunde liegenden Forschungsfragen klären. Zudem sind die existierenden Forschungsarbeiten zur Akzeptanzforschung für die Operationalisierung und Konzeptualisierung dieses Begriffes wichtig. Abschließend ist der Forschungsdiskussion um den Terminus Adoption im Rahmen der vorliegenden Arbeit eine hohe Relevanz beizumessen (vgl. Kap. 2.3.2.2). Die Schwierigkeit bei der Definition dieses Begriffes zeigt die Notwendigkeit einer Präzisierung des Forschungsziels „Untersuchung der Adoption weicher HR-Kennzahlen“ im Hinblick auf die geforderte Intensität oder Qualität einer Adoption. Hieraus ergibt sich die Notwendigkeit einer Klassifizierung unterschiedlicher Adoptionstypen sowie der Prüfung der Akzeptanz potenzieller Adopter.

Über die kritische Auseinandersetzung mit der Adoptionstheorie können weitere, wichtige Implikationen für die Konzeption des Forschungsmodells sowie für methodische Fragestellungen abgeleitet werden.

- In der klassischen Adoptionstheorie werden zumeist unabhängig voneinander nutzbare Güter betrachtet. Diese sollten jedoch nach Weiber (1992: 135) im Kontext von Systemen betrachtet werden. Die Relevanz der Systembetrachtung greift in der vorliegenden Arbeit auf zweierlei Weise: Zum einen hängt die Adoption weicher HR-Kennzahlen als strategische Steuerungsgröße überhaupt erst vom Vorhandensein eines HR-Steuerungssystems ab. Zum anderen müssen die Rahmenbedingungen (z. B. technische Ausstattung) dergestalt sein, dass eine Erhebung von weichen HR-Kennzahlen möglich ist.
- Außerdem werden in der klassischen Adoptionstheorie Nachfragewiderstände im Wesentlichen als sogenannte Kaufwiderstände interpretiert. Jedoch sollten nach Terrahe (1984: 42; ähnlich Weiber, 1992: 135) auch Nutzungswiderstände berücksichtigt werden. Dies geschieht in der vorliegenden Arbeit auf explizite Art und Weise: Neben der Prüfung der Akzeptanz einer Neuerung wird die Adoption einer Innovation bzgl. ihrer wahrgenommen Qualität im Rahmen der definierten Vierer-Typologie (vgl. Kap. 2.2.3.4.) und möglicher dysfunktionaler Adoptionsmöglichkeiten untersucht.
- Abschließend soll auf den Faktor Unternehmenspolitik eingegangen werden, der - wie auch im Rahmen des Situativen Ansatzes - wenig Aufmerksamkeit findet. In der klassischen Adoptionsforschung wird die Adoption einer Innovation zumeist als Handlung interpretiert, die aus autonomen und rationalen Kosten-/Nutzenüberlegungen heraus motiviert ist. Daher soll im Rahmen der Arbeit berücksichtigt werden, dass eine Adoption auch aus politisch-strategischen Überlegungen bestimmt werden könnte (ähnlich Wüstendörfer, 1974: 2f.).

2.4. Methodische Einordnung

Um theoretische Sachverhalte empirisch zu überprüfen, bedarf es einer fundierten Messung der relevanten theoretischen Größen (vgl. Peter, 1979: 6): „Valid measurement is the sine qua non of science“. Im folgenden Kapitel sollen die methodischen Anforderungen aufgezeigt werden, die für die Überprüfung der Forschungshypothesen erforderlich sind.

Die Beantwortung der Forschungsfragen der vorliegenden Untersuchung erfolgt mittels einer mehrstufigen empirischen Untersuchung. Durch dieses Vorgehen können die Vorteile qualitativer und quantitativer Ansätze kombiniert werden (vgl. Sackmann, 1991). Dabei hat es sich als sinnvoll erwiesen, bei der Problemerfassung zuerst qualitative Methoden zu verwenden (vgl. Friedrichs, 1990: 208f.; Schnell/Hill/Esser, 1993: 329), mit deren Hilfe das zugrunde liegende Forschungsmodell konkretisiert werden kann. Hierdurch kann eine fundierte Grundlage für die quantitative Untersuchung geschaffen werden, deren Ziel die Verallgemeinerung der gewonnenen Erkenntnisse ist. Bevor eine Überprüfung von Forschungshypothesen mittels einer schriftlichen Befragung erfolgen kann, ist zudem eine grundlegende Prüfung des hierfür verwendeten Fragebogens durch einen Pretest notwendig.

Dementsprechend ist das vorliegende Kapitel aufgebaut: Zunächst wird ein Überblick über die verwendete qualitative Methode des Experteninterviews gegeben (vgl. Kap. 2.4.1). Im zweiten Teilkapitel folgt die Behandlung der Anforderungen an den Pretest (vgl. Kap. 2.4.2). Abschließend werden methodische Aspekte hinsichtlich der quantitativen, schriftlichen Erhebung dargestellt (vgl. Kap. 2.4.3).

2.4.1. Qualitative Untersuchung: Experteninterviews

Im folgenden Kapitel werden zunächst die inhaltlichen und methodischen Grundlagen eines Experteninterviews kritisch diskutiert (vgl. Kap. 2.4.1.1 und 2.4.1.2). Anschließend erfolgt eine Beschreibung der Datenerhebung und -grundlage hinsichtlich der durchgeführten Interviews (vgl. Kap. 2.4.1.3). Das letzte Teilkapitel enthält die wichtigsten Implikationen für die Generierung des Forschungsmodells (vgl. Kap. 2.4.1.4).

2.4.1.1. *Inhaltliche und methodische Grundlagen*

Das Experteninterview[209] ist eine Form des qualitativen, mündlichen Interviews (vgl. Atteslander, 1993: 155; Kepper, 1996: 34; Kromrey, 1998: 364; Schnell/Hill/Esser, 1993: 329). Wesentliche Charakteristika sind zum einen der geringe Strukturierungs- und Standardisierungsgrad[210], der die Festlegung individueller Schwerpunkte durch den Befragten erlaubt (Atteslander, 1993: S.155; Bortz/Döring, 2003: 283; Kepper, 1996: 34; Kromrey, 1998: 364). Zum anderen sind Experteninterviews dadurch gekennzeichnet, dass Einzelpersonen befragt werden (vgl. Kromrey, 1998: 364; Schnell/Hill/Esser, 1993: 329). Scheuch (1967: 138) und Friedrichs (1990: 207, 228) präzisieren darüber hinaus, dass sich das Experteninterview durch ein planmäßig-wissenschaftliches Vorgehen sowie durch eine asymmetrische Kommunikationsstruktur beschreiben lasse. Dabei bietet sich eine Nutzung dieser Methodik nach Schnell/Hill/Esser (1993: 329) z. B. dann an „... wenn in frühen Phasen einer Untersuchung der Forschungsgegenstand noch nicht in allen Dimensionen klar umrissen ist und eine Klärung notwendig erscheint, um Untersuchungen mit stärker standardisierten Methoden vorzubereiten oder zu ergänzen." Zur Durchführung von Experteninterviews hat es sich aus diesem Grund als sinnvoll erwiesen, möglichst unterschiedliche Ansprechpartner zu befragen (Atteslander, 1993: 169). Dadurch lässt sich eine Fragestellung facettenreicher beleuchten. Im Rahmen der vorliegenden Arbeit wurden daher Interviewpartner aus unterschiedlichen Branchen, Regionen sowie Hierarchiestufen in die Untersuchung einbezogen.

Die Durchführung eines Experteninterviews kann entweder „face to face" oder telefonisch durchgeführt werden. Während das direkte Expertengespräch bessere Motivations-, Kontroll- und Aufzeichnungsmöglichkeiten verspricht, sind die zu erwartenden Interviewereffekte beim Telefoninterview niedriger einzuschätzen (Schnell/Hill/Esser, 1993: 374f.; vgl. auch Diekmann, 1996: 430). Im Falle der vorliegenden Untersuchung wurde das mündlich-

[209] Alternativ wird auch von explorativen Interviews gesprochen (vgl. Schnell/Hill/Esser, 1993: 330).

[210] Während sich der Strukturierungsgrad auf die Interviewsituation bezieht, beschreibt der Standardisierungsgrad das (Mess-)Instrument (vgl. Atteslander, 1993: 175; Diekmann, 1996: 374f.). Atteslander (1993: 155, 158) bezeichnet in diesem Zusammenhang das Experteninterview als „teilstrukturiertes Interview": „Bei der teilstrukturierten Form der Befragung handelt es sich um Gespräche, die aufgrund vorbereiteter und vorformulierter Fragen stattfinden, wobei die Abfolge der Fragen offen ist. Die Möglichkeit besteht (...), aus dem Gespräch sich ergebende Themenfelder aufzunehmen und (...) weiter zu verfolgen.."

persönliche Experteninterview bevorzugt. Lediglich bei einzelnen Ansprechpartnern aus dem Ausland wurden (aufgrund zeitlicher und finanzieller Restriktionen) mündliche Telefoninterviews eingesetzt.

Aufgrund des geringen Standardisierungsgrads von Experteninterviews, ergibt sich die Gefahr, dass es zu Messfehlern bzw. Verzerrungen kommen kann (vgl. hierzu Kap. 2.4.1.2). Hieraus resultieren besondere methodische Anforderungen an den Interviewer und die Notwendigkeit „(Stimulus-)Situationen möglichst konstant zu halten" (vgl. Schnell/Hill/Esser, 1993: 331). Zur Gewährleistung einer Konstanthaltung dieser Stimulus-Situationen sollten v. a. folgende Aspekte berücksichtigt werden:

- Gründliche Festlegung und Vorbereitung des Forschungsplans, d. h. Festlegung von theoriegeleiteten Forschungszielen, expliziten Hypothesen (Schlüsselfragen) und weniger expliziten Fragestellungen (Eventualfragen) (vgl. Atteslander, 1993: 129f.; Friedrichs, 1990: 227f.).
- Nutzung eines Interviewleitfadens zur groben Strukturierung der ansonsten offen gestalteten Interviews (Kepper, 1996: 37): Auf diese Weise ist eine gewisse Vergleichbarkeit der Antworten gewährleistet (vgl. Schnell/Hill/Esser, 1993: 331).
- Schaffung einer möglichst natürlichen Gesprächssituation: Aus diesem Anlass wurden die Experten in ihren Büros besucht (bzw. in Ausnahmefällen antelefoniert).
- (Idealerweise) neutrale Grundhaltung des Interviewers gegenüber dem Untersuchungsgegenstand und dem Befragten: Antworten des Befragten werden daher mit diesen niemals diskutiert (vgl. Maccoby/Maccoby, 1965: 63). Dies wurde in der vorliegenden Untersuchung selbst nach expliziter Aufforderung des Befragten, doch mal „seine Meinung zu dieser Frage zu sagen" beherzigt. In diesem Fall wurde lediglich eine neutrale Antwort mit einem Pro- und einem Contra-Argument gegeben, um den Gesprächsfluss zu wahren und Reaktanzen des Befragten zu vermeiden.
- Verwendung von Zusammenfassungen, um sicherzustellen, dass die Gesprächsinhalte richtig verstanden wurden (vgl. Friedrichs, 1990: 234).

Standardisierte Befragungen enthalten nach Atteslander (1993: 174) solche Fragen „deren Antworten in Kategorien zusammengefasst werden, um ihre Vergleichbarkeit herzustellen.".

2.4.1.2. *Bewertung und Zielsetzung*

Nach Kromrey (1998: 378; ähnlich Diekmann, 1996: 451f.) sind hinsichtlich der Experteninterviews gewisse Einschränkungen bei der Erfüllung der Gütekriterien Reliabilität (Zuverlässigkeit) und Validität (Gültigkeit) festzustellen. Hierfür sind folgende Effekte verantwortlich: Reaktivitätsprobleme[211], Interviewereffekte[212] sowie Befragteneffekte[213] (Diekmann, 1996: 382). Darüber hinaus finden sich Tendenzen, Fragen unabhängig vom Fragegegenstand zuzustimmen (Bejahungstendenz bzw. Akquieszenz) sowie auch auf Fragen zu antworten, deren Antwort der Befragte nicht weiß bzw. zu denen er eigentlich noch keine Meinung hat (Diekmann, 1996: 387f.; Kromrey, 1998: 381). Aus diesen Gründen wird die Forschungsmethode Experteninterview als „reaktives Instrument der Informationserhebung" bezeichnet (vgl. Kromrey, 1998: 378; Schnell/Hill/Esser, 1993: 326). Die Experteninterviews kennzeichnen sich darüber hinaus durch besonders hohe Anforderungen an den Interviewer und den Befragten, z. B. hinsichtlich sprachlicher und sozialer Kompetenzen (vgl. Atteslander, 1993: 171). Zudem ist beim Experteninterview der Zeitaufwand deutlich höher als bei standardisierten Befragungen einzuschätzen. Eine Vergleichbarkeit bzw. Auswertbarkeit der Ergebnisse hingegen ist aufgrund der eingangs genannten Argumente schwieriger herzustellen(vgl. Atteslander, 1993: 171).

Aufgrund der hohen Zahl an Freiheitsgraden bieten Experteninterviews jedoch gute Möglichkeiten zur Erfassung problemrelevanter Informationen (vgl. Kepper, 1996: 34). Zudem hat die Expertenbefragung, im Vergleich zur schriftlichen Befragung, den Vorteil, dass der Interviewer Regel- und Kontrollfunktionen übernehmen kann (vgl. Atteslander, 1993: 159). Kromrey (1998: 364; ähnlich Friedrichs, 1990: 208f., 226f.) beurteilt den Stellenwert der Experteninterviews folgendermaßen: „In qualitativ orientierten Forschungsdesigns kommt offenen, nur wenig standardisierten Befragungstechniken ein relativ großer Stellenwert zu".

---

211 Reaktivitätsprobleme bezeichnen den Einfluss von Erwartungen des Interviewers, die zu einer bewussten oder unbewussten Fehlsteuerung der Kommunikation führen (vgl. Friedrichs, 1990: 226).

212 Unter Interviewereffekten sind Störfaktoren zu verstehen, die durch die Person des Interviewers bewirkt werden, wie z. B. sozial erwünschtes Antwortverhalten (vgl. Atteslander, 1993: 159, 171; Diekmann, 1996: 382ff., 399ff.; Friedrichs, 1990: 226; Kromrey, 1998: 378; Scheuch, 1973).

213 Befragteneffekte lassen sich auf die befragte Person zurückführen, z. B. Überforderung, Unwille, Stimmungen (vgl. Diekmann, 1996: 382-391; Friedrichs, 1990: 226; Kromrey, 1998: 378).

Dieser Auffassung wird im Rahmen der vorliegenden Untersuchung gefolgt. Die Experteninterviews haben folgende primär explorative Zielsetzungen zum Inhalt, die sich mittels der gewählten Methodik sehr gut beantworten lässt: Grundsätzlich soll durch die Gespräche mit den Experten ein umfassenderes Verständnis von der Ausgestaltung, Nutzung und Relevanz weicher HR-Kennzahlen in der Praxis erarbeitet werden. Darüber hinaus wird eine Validierung und Ergänzung der Ergebnisse der Literaturrecherche im Hinblick auf Vollständigkeit aller relevanten Facetten des Untersuchungsgegenstandes intendiert (vgl. Schnell/Hill/Esser, 1993: 122). Neben der Ableitung spezifischer Dimensionen bzw. Items für die empirische Operationalisierung ist schließlich auch die konkrete Diskussion und Validierung der entwickelten Modellstruktur beabsichtigt.

2.4.1.3. Datenerhebung und -grundlage

Im Rahmen der Experteninterviews wurden Interviews mit elf Experten unterschiedlicher Branchen, Hierarchiestufen und Regionen durchgeführt[214]. Dabei gelten für die vorliegende Untersuchung solche Personen als Experten, die sich mit der Thematik „Weiche HR-Kennzahlen als Steuerungsgröße im strategischen Personalmanagement" auseinander gesetzt und hierzu praktische Erfahrungen gesammelt haben (vgl. Atteslander, 1993: 169; Schnell/Hill/Esser, 1999: 279; Wiswede, 1998: 101). Die Auswahl der Gesprächspartner erfolgte bewusst[215] mittels einer kommerziellen Benchmarking-Agentur[216], um die Expertenbefragung möglichst breit anzulegen.

Die Experteninterviews wurden nach schriftlicher und persönlicher Abstimmung[217] mit Hilfe eines Gesprächsleitfadens durchgeführt. Die Gespräche dauerten i. d. R. zwischen 60 und

---

[214] Es handelt sich zur Hälfte um deutsche und zur Hälfte um amerikanische bzw. europäische Unternehmen. Die Auswahl der Branchen ist leicht finanzdienstleistungslastig, insgesamt aber noch als sehr heterogen zu bewerten. Ansprechpartner waren in erster Linie verantwortliche Personalleiter bzw. Leiter von Teilfunktionen, die im Rahmen ihrer Tätigkeit strategische Personalentscheidungen u. a. mittels weicher HR-Kennzahlen treffen und insofern Praxiserfahrung mit dem Untersuchungsobjekt besitzen.

[215] Weitergehende Informationen zu methodischen Diskussionen über „bewusst ausgewählte Stichproben" finden sich bei Schnell/Hill/Esser (1999: 279f.).

[216] Es handelt sich um ein amerikanisches Unternehmen, welches mit ca. 1.700 weltweit führenden Konzernen mit dem Ziel kooperiert, HR-Benchmarking-Informationen anzubieten.

[217] Den Gesprächspartnern wurde vorab eine Agenda und eine grobe Themenbeschreibung zugesandt. Außerdem wurden vor den eigentlichen Interviews Kontextinformationen zur Unternehmenssituation, Größe, Struktur etc. recherchiert.

90 Minuten und waren insofern offen, als dass die Befragten neben einer direkten Antwort auch vertiefend auf Begleitumstände eingehen konnten[218]. Auf diese Weise wurde ein flüssigerer Gesprächsverlauf ermöglicht (vgl. Schnell/Hill/Esser, 1999: 355). Die Aufzeichnung der Befragungsergebnisse erfolgte protokollarisch in Form kurzer Notizen parallel zum Interview. Aus Gründen der Anonymität[219] und der z. T. vertraulichen Fragen zu unternehmenspolitischen, ggf. kontraproduktiven Managementverhalten wurde auf einen Tonbandmitschnitt verzichtet[220].

Nach einer kurzen Einleitung mit gegenseitiger Vorstellung sowie einer Vorstellung des Themas, wesentlicher Begriffe und der geplanten Agenda begann das eigentliche Interview mit der Frage nach der *Ausgestaltung* der jeweils eingesetzten weichen HR-Kennzahlen[221]. Nach dem offenen Einstieg wurde gezielt nach einzelnen Ausgestaltungsmerkmalen gefragt. Auf diese Weise entstand bereits zu Beginn des Gespräches ein sehr detailliertes Bild von der Betrachtungsperspektive des Experten. Im Rahmen der Beschreibung weicher HR-Kennzahlen wurden die Experten gebeten, die Relevanz dieser Thematik im Personal-Alltag zu beschreiben und erste Eindrücke zu Nutzen, Funktionen und Schwächen weicher HR-Kennzahlen zu äußern.

Im nächsten Teil des Interviews wurden die *Determinanten* behandelt, die auf die spezifische Ausgestaltung und den Einsatz der weichen HR-Kennzahlen als Steuerungsgrößen wirken. Da diese Fragen z. T. theoretische bzw. hypothetische Aspekte enthalten, die im Allgemeinen für Befragte nur schwer zu beantworten sind, wurde versucht, einen realitätsbezogenen Anker zu schaffen. Dies geschah durch eine entsprechende Eingangsfrage nach der jeweils spezifischen Unternehmenssituation. Basierend auf der hiermit verbundenen Beschreibung wurde in einem nächsten Schritt der Bezug zu den weichen HR-Kennzahlen

---

218 In diesem Fall wurde die Struktur des Leitfadens unterbrochen und an geeigneter Stelle wieder aufgenommen. Ebenso entstand z. T. eine Veränderung der Reihenfolge, wenn z. B. der befragte Experte bereits vorab Meinungen und Erfahrungen zu einem Themenblock geäußert hatte, der eigentlich erst später beantwortet werden sollte.

219 Im Rahmen der Befragung wurde den Befragten zugesichert, dass ihre Angaben streng vertraulich behandelt und anstelle realer Firmennamen nur Angaben zur Branche, Größe und Region veröffentlicht werden.

220 Mit dem Notizverfahren sind Schwächen verbunden (vgl. Atteslander, 1993: 171f.; Friedrichs, 1990: 229), denen in der vorliegenden Arbeit dadurch begegnet wurde, dass den Gesprächspartnern Interviewprotokolle zugesandt wurden, die diese noch einmal kommentieren konnten.

221 Diese sehr einfach zu beantwortende Frage war als Warm-Up-Frage angedacht, um die Spannung bei den Befragten zu lockern und möglichst schnell zu einem flüssigen Gesprächsverlauf zu gelangen.

durch die Frage nach dem Beeinflussungspotenzial dieser nun konkreteren Merkmale geschaffen. Dabei wurde erst offen, dann gezielt nach einzelnen noch nicht genannten Merkmalen gefragt, die im Rahmen der Literaturrecherche identifiziert werden konnten.

Im folgenden Interviewabschnitt ging es um die *Bewertung* der weichen HR-Kennzahlen. Neben der Frage nach der wahrgenommenen Qualität interessierten in diesem Zusammenhang insbesondere die Merkmale, an denen die Experten ihr Urteil festmachen. Hierzu wurde auf folgende Bewertungsdimensionen eingegangen: den (Erstellungs-)Prozess, das Produkt weiche HR-Kennzahl sowie das Potenzial derselben. Innerhalb dieser drei Kategorien wurde jeweils eine Reihe von Merkmalen, die sich aus der Literaturrecherche ergeben haben, hinsichtlich Praxisrelevanz und Vollständigkeit diskutiert. Außerdem wurde nach der wahrgenommenen *Akzeptanz* der weichen HR-Kennzahlen bei verschiedenen Interessensgruppen in einem Unternehmen (wie z. B. Betriebsrat, Mitarbeiter, Management) gefragt. Hierbei interessierten wiederum konkrete Merkmale, an denen die Experten ihre Einschätzung hinsichtlich einer hohen oder niedrigen Akzeptanz festmachen.

Der nächste Themenabschnitt behandelte die *Adoption bzw. den Einsatz* der weichen HR-Kennzahlen. Hierbei wurde zwischen der anvisierten Soll- und der tatsächlichen Ist-Nutzung unterschieden. Durch intensives Nachfragen erfolgte in diesem Zusammenhang eine Identifizierung von Merkmalen, mittels derer sich verschiedene Einsatzarten erfassen lassen. Zudem wurden die Experten aufgefordert, den Einfluss bestimmter externer und interner Kontextdeterminanten auf die identifizierten Nutzungsarten bzw. Adoptionstypen zu beurteilen. Abschließend wurde die Vollständigkeit und Anwendbarkeit einer Typologisierung in vier Gruppen (instrumentell, konzeptionell, manipulativ und politisch) diskutiert.

Der abschließende Interviewabschnitt diente schließlich der *Beurteilung des Forschungsmodells.* Hierzu wurde den Experten ein grobes Forschungsmodell vorgelegt, mit der Bitte, dieses hinsichtlich der Vollständigkeit der enthaltenen Konstrukte zu beurteilen. Auch die aus der Literaturanalyse abgeleiteten Hypothesen über mögliche Zusammenhänge zwischen einzelnen Konstrukten wurden erläutert. Ziel war dabei die Beurteilung der Praxisrelevanz einzelner Hypothesen sowie die Generierung von Anmerkungen, Verbesserungs- bzw. Ergänzungsvorschlägen. In der abschließenden Phase konnten sich die Experten relativ frei zur Thematik äußern und weitere Anmerkungen oder Fragen platzieren.

2.4.1.4. Implikationen für die vorliegende Arbeit

In diesem Kapitel werden die Ergebnisse der Experteninterviews erläutert. Dabei erfolgt eine Darstellung der Ergebnisse nach den Themenblöcken Ausgestaltung, Einflussgrößen, Akzeptanz, Bewertung und Adoption weicher HR-Kennzahlen.

Hinsichtlich der *Ausgestaltung* weicher HR-Kennzahlen hat sich im Rahmen der Experteninterviews eine große Heterogenität gezeigt. Dabei haben sich, aufbauend auf den Ergebnissen der Literaturanalyse, folgende wesentliche Unterscheidungsmerkmale herauskristallisiert, die anhand der folgenden vier Prozessschritte (1) Konzept, (2) Umsetzung, (3) Analyse und (4) Einbindung in Steuerungssysteme dargestellt werden:

- Konzeptionelle Unterschiede liegen v. a. in der Professionalität der Herangehensweise (z. B. werden z. T. externe Spezialisten hinzu gezogen, z. T. wird auf bewährte Messmethoden aus der Wissenschaft zurückgegriffen und z. T. erfolgen komplette Eigenentwicklungen). Darüber hinaus sind die durch die weichen HR-Kennzahlen erfassten Inhalte sowie die Länge der Erhebungsinstrumente recht unterschiedlich. Bei Unternehmen in Deutschland existiert fast immer die Kennzahl Arbeitszufriedenheit (mehr oder weniger ausdifferenziert nach einzelnen Bereichen wie bspw. Bildung oder Vergütung). Weitere weit verbreitete Inhalte weicher HR-Kennzahlen beschreiben Commitment, Motivation, Kultur oder Führungsqualität innerhalb einer Unternehmung. Das Messkonzept kann dabei sowohl direkt (z. B. Messung über Mitarbeiterbefragungen) als auch indirekt (z. B. Erfassung durch andere Kennzahlen, die den Sachverhalt indirekt beschreiben) angelegt sein. Die befragten Experten berichten allerdings zumeist von direkten Messungen über Befragungen[222] oder Führungsfeedbacks. Zudem ist zu konstatieren, dass z. T. eine Messung zu mehreren Themen, z. T. parallele Messungen mit jeweils spezifischen Themen durchgeführt werden.

---

[222] Als Namen der Befragungen wurden genannt: Mitarbeiterbefragung, Monitor, Great Place to work, Health Check, Kompass, XY Pulse, Pulse Survey, Employer Feedback Management, Voice of the Employee, View Point, Q12.

- Die Umsetzung weist v. a. hinsichtlich des Erhebungsturnus (monatlich bis alle zwei Jahre), der Methode (online bzw. schriftlich) und der Verantwortlichkeit (HR-Leitung, spezifische interne Abteilung, etc.) Unterschiede auf.
- Auch die Auswertung und Analyse weicher HR-Kennzahlen erfolgt unterschiedlich. Hier variieren v. a. das Aggregationsniveau (Team- bis Unternehmensbereichsebene), der Verdichtungsgrad (Index-Bildung vs. Einzelzahlen), verwendete Analysefunktionen (wie z. B. Quervergleiche, Zeitvergleiche, externe Benchmarking-Daten) und das Ausmaß der Verknüpfung mit Kommunikations- und Verbesserungsmaßnahmen.
- Schließlich unterscheidet sich das Ausmaß der Einbindung weicher HR-Kennzahlen in die Personalsteuerung. Das Spektrum reicht von einer fehlenden systematischen Verknüpfung bis zu sehr ausgearbeiteten Einbindungskonzepten.

Die Darstellung der zusammengefassten Diskussion zum Themenblock *Einflussfaktoren* erfolgt strukturiert nach (1) externen, (2) internen organisationszentrierten und (3) internen individuumszentrierten Einflussgrößen:

- Als sehr praxisfern wurden hier insbesondere die aus der Literaturanalyse abgeleiteten Hypothesen für mögliche *externe Einflussgrößen,* wie z. B. der Marktdynamik, eingeschätzt. Mehrere Experten benannten unabhängig voneinander stattdessen die Aspekte Kostendruck bzw. Konjunkturumfeld[223] sowie das Verhalten der Wettbewerber bzw. generell anderer Unternehmen als relevante Einflussgrößen.
- Die Diskussion *interner, organisationszentrierter Einflussmerkmale* weist demgegenüber große Übereinstimmungen zu existierenden Forschungsergebnissen auf. Hier wurden spontan dieselben Merkmale (Größe, Branche, Formalisierungsgrat, Organisationsstruktur[224], Unternehmenskultur) genannt. Neben der Nennung der Unternehmenskultur als Prädiktor für den Einsatz weicher HR-Kennzahlen wurden unternehmenspolitische Fragestellungen und Machtaspekte innerhalb eines Unternehmens angeführt, die in der Literaturanalyse weniger explizit zu finden sind. Inwiefern ein Einsatz weicher HR-

[223] Der Zusammenhang zwischen dem Konjunkturumfeld und der Adoption weicher HR-Kennzahlen wurde von mehreren Experten folgendermaßen erklärt: In Krisenzeiten gibt es gewöhnlich eine Reihe anderer Top-Themen, wie z. B. Personalabbau, Umstrukturierungen, Verhandlungen mit Gremien, Streik etc., die eher mit Hilfe von harten Kennzahlen gemessen werden. Die Beschäftigung mit weichen Personalthemen bzw. der Rückgriff auf weiche HR-Kennzahlen wird demgegenüber auf das Nötigste reduziert.

Kennzahlen stattfindet, hängt nach Meinung der Experten entscheidend vom Stellenwert und Einfluss der Personalabteilung bzw. des handelnden Akteurs selber ab.

- Die Bedeutung dieses politischen Momentes zeigt sich auch bei den internen, individuumszentrierten Merkmalen. Mehrfach wurden Begebenheiten vom Scheitern der eigentlichen Implementierung weicher HR-Kennzahlen erwähnt, die auf eine nicht ausreichende Macht des handelnden Akteurs bzw. der Personalabteilung zurückgeführt werden. Weitere spontan genannte Einflussmerkmale entsprechen weitgehend den Ergebnissen der bisherigen Forschungsarbeiten: Ausbildung, Erfahrungswerte, Grundeinstellung, Wissen und Kompetenz sowie Innovativität bzw. Charisma des handelnden Akteurs werden als relevante Determinanten aufgezählt.

Die *Akzeptanz* weicher HR-Kennzahlen wird von den Experten deutlich positiver eingeschätzt als in der aktuellen Literatur, in der sich häufig Verweise auf Akzeptanzprobleme von Kennzahlen bzw. von weichen Themen finden (vgl. u. a. Ehrlich/Dorau, 2000: 71; Kap. 2.2) [225]. Die befragten Experten machen ihre positive Einschätzung v. a. daran fest, dass mit den Ergebnissen der Analysen durch weiche HR-Kennzahlen gearbeitet werde. Als Gründe hierfür werden die hohe wahrgenommene Qualität, hohe und zunehmende Bedeutung von Personal und HR-Arbeit, hohe Wertschätzung der generierten Informationen, Bedeutung des Einbezugs weicher HR-Kennzahlen für den Unternehmenserfolg, der Praxisbezug weicher HR-Kennzahlen, Partizipation bzw. Commitment oder Involviertheit des Top-Managements bei der Erstellung genannt. Die Experten berichteten jedoch auch, dass die Ergebnisse weicher HR-Kennzahlen von Teilen des Managements ignoriert bzw. kritisiert werden. Eine Ursache für eine eher kritische Bewertung wird von den Experten darin gesehen, dass z. T. keine (systematische) Ableitung von Handlungsimplikationen aus den Kennzahlen erfolgt. Darüber hinaus werden Kosten-Nutzen-Überlegungen sowie methodische Ursachen, wie z. B. die Aktualität der Daten oder die Subjektivität der Ergebnisse, genannt.

---

224 In diesem Zusammenhang wurde festgestellt, dass als Voraussetzung für den Einsatz weicher HR-Kennzahlen entsprechende organisationsstrukturelle Gegebenheiten (z. B. ein Personalcontrolling-System) vorhanden sein müssen.

225 Bei dieser Frage finden sich deutliche Unterschiede zwischen deutschen und angloamerikanischen Unternehmen: Deutsche Unternehmen stehen dem Untersuchungsgegenstand kritischer gegenüber als amerikanische Unternehmen. Als Konsequenz wird die amerikanische Forschungsliteratur zur Thematik im Rahmen der vorliegenden Untersuchung entsprechend kritisch eingebunden.

Im Rahmen des *Bewertungsblocks* wurde von den Experten insgesamt eine eher positive Beurteilung der Qualität weicher HR-Kennzahlen durch das Management vermutet, wenn auch kritischer als bei harten Finanzkennzahlen. Als Gründe hierfür werden folgende Kriterien genannt, die sich in Prozess-, Produkt- und Potenzialmerkmale subsumieren lassen.

- Während Prozessmerkmale wie bspw. eine professionellen Vorgehensweise, der Einbezug externer Spezialisten, der Einsatz bewährter Messmethoden oder die Nutzung statistischer Prüfverfahren zu einer positiven Bewertung der Kennzahlen und somit zu einem wahrscheinlicheren Einbezug in strategische Fragestellungen führen, bewirken methodische Mängel im Erstellungsprozess (z. B. zu lange Auswertungsdauer, mangelnde Anonymität) genau das Gegenteil.
- Die meisten Nennungen der Experten hinsichtlich der Qualitätsbewertung betreffen Charakteristika des Produkts Kennzahl. Spontan wurde die Beeinflussbarkeit sowie Abhängigkeit der Ergebnisse der weichen HR-Kennzahlen von (externen) Faktoren genannt, die gegen eine hohe Verlässlichkeit dieser Messgrößen und insofern gegen eine Eignung als strategische Steuerungsinformation sprechen. Weitere Nennungen betrafen die Glaubwürdigkeit der Kennzahlen, den Neuheitswert der Informationen sowie den Informationsgehalt[226]. Auf der anderen Seite wurde die Qualität der Informationen aufgrund folgender Merkmale als sehr wichtig eingeschätzt: Diese Kennzahlen seien ganz speziell an Management-Bedürfnissen ausgerichtet, weil sie oft erst auf Nachfrage explizit angefertigt würden. Insofern beschreiben die Experten diese als bedarfsgerecht, praxisnah und anwenderorientiert. Darüber hinaus sprechen sowohl die Objektivierungsmöglichkeiten durch interne Vergleiche und Zeitvergleiche sowie die Plausibilität der Ergebnisse und Zusammenhänge für einen hohen Informationswert.
- Die Experten glauben, dass das Management ein hohes Potenzial in dem Untersuchungsgegenstand weiche HR-Kennzahlen sieht, welches zukünftig zunehmend bedeutender wird. Eine teilweise Relativierung dieser Prognose bieten die genannten Argumente wie u. a. Kosten-Nutzen-Betrachtungen oder die vermutete schwierige Steuerbarkeit der Ergebnisse.

[226] Der Informationsgehalt weicher HR-Kennzahlen wurde z. T. als zu interpretativ, zu wenig aussagekräftig, zu subjektiv bzw. zu aggregiert eingeschätzt, um von Relevanz für strategische Fragestellungen zu sein.

Über die konkrete Beschreibung der Prozess, Produkt- und Potenzialbewertung weicher HR-Kennzahlen hinaus wurden die Experten gebeten, ihre Einschätzung hinsichtlich der Relevanz sowie allgemeiner Stärken und Schwächen des Untersuchungsgegenstandes zu äußern. Dabei wurde z. T. bemängelt, dass die untersuchte Thematik durch eine sehr starke Formalisierung von hauptsächlich zwischenmenschlichen Sachverhalten gekennzeichnet ist, die eine Führungskraft auch intuitiv spüren sollte. Die Erstellung der Kennzahlen, so wird weiter kritisiert, erfordere neben einer guten Infrastruktur (bestehendes HR-Controlling bzw. gepflegte HR-Daten) eine Reihe von Voraussetzungen, die für eine erfolgreiche Adoption gegeben sein müssen. Insofern sei die Entwicklung und Erstellung weicher HR-Kennzahlen als sehr komplex und arbeitsintensiv zu bewerten und führe damit zwangsläufig zu sehr hohen Erstellungskosten, deren Nutzen erst noch geklärt werden müsse.

Auf der anderen Seite, so die Experten, setzt die Integration weicher HR-Kennzahlen ein Wertschätzungszeichen für die Mitarbeiter, welches zum „guten Ton" eines Unternehmens gehöre. Weiche Themen sind demnach Bestandteil der Personalarbeit und nicht durch andere Größen ausreichend zu erfassen. Insofern seien weiche HR-Kennzahlen insbesondere in der besonderen Frühwarn- und Erklärungsfunktion unersetzbar. Sie bildeten ein wichtiges Pendant zum Kundenzufriedenheitsindex und wären auch in bewährten Steuerungssystemen wie bspw. der Balanced Scorecard angelegt. Insofern ergeben sich auch Implikationen zum (langfristigen) Unternehmenserfolg. Die meisten Experten schätzen den Untersuchungsgegenstand weiche HR-Kennzahlen als derzeit sehr bedeutsam ein.

Die kontroversesten Aussagen finden sich bei der Beschreibung der *Adoption* bzw. des Einsatzes weicher HR-Kennzahlen. Hier existieren zahlreiche Nennungen, die von einer allgemeinen klassischen Steuerungsfunktion, über eine reine Frühwarn-, Erklärungs-, Planungs- oder Analysefunktion bis hin zu einer Organisationsentwicklungs- oder aber Forschungsfunktion reichen. Weiche HR-Kennzahlen werden z. B. eingesetzt, um Prioritäten zu identifizieren, zu informieren und zu prüfen bzw. um Prozesse zu verbessern. Darüber hinaus werden weiche HR-Kennzahlen zur Beeinflussung bzw. Steuerung der Denkprozesse der Mitarbeiter eingesetzt, um z. B. Unternehmenswerte zu transportieren. Schließlich wurden auch als eher negativ zu bezeichnende Funktionen wie z. B. der Einsatz weicher HR-Kennzahlen zur Durchsetzung eigener Interessen bzw. als Statussymbole genannt. Neben diesen sehr unterschiedlichen Einsatzarten von weichen HR-Kennzahlen scheint sich auch die Intensität der Nutzung deutlich zu unterscheiden. Im Rahmen der Expertengespräche haben sich z. T. sehr unterschiedliche Dimensionen zur Erfassung der verschiedenen Adoptionsarten herauskristallisiert, welche größtenteils die Ergebnisse der Literaturrecherche (vgl. Kap. 2.2.3.4) bestätigen:

- *Direkter vs. indirekter Einsatz* weicher HR-Kennzahlen: zumeist wird zwischen einer direkten, entscheidungsfundierenden Verwendung weicher HR-Kennzahlen und einer eher indirekten Nutzung der HR-Kenzahlen (d. h. Nutzung zur Generierung allgemeiner Informationen, die keine direkten Handlungen zur Folge haben) unterschieden.
- Die Steuerung kann eher als *qualitativ* oder *quantitativ* aufgefasst werden. Dabei ist unter einer qualitativen Nutzung zu verstehen, dass der eigentliche Kennzahlenwert selber keine Bedeutung hat. Allerdings wird über den in der Kennzahl beschriebenen Tatbestand neu diskutiert und auf dieser Grundlage werden Entscheidungen getroffen. Im Gegensatz dazu wird im Rahmen des quantitativen Verständnisses direkt mit dem Kennzahlenwert gearbeitet.
- Häufiger finden sich dagegen in den Gesprächen Hinweise auf die Unterscheidungsdimension *individuums-* vs. *unternehmenszentrierte Steuerung*. Während im ersten Fall die Kennzahl zur Durchsetzung persönlicher Interessen des handelnden Akteurs[227] eingesetzt wird, stehen im zweiten Fall unternehmensspezifische Interessen im Vordergrund.

Zusammenfassend lässt sich feststellen, dass die Auswertung der Experteninterviews die Identifikation wichtiger Themenblöcke auf den Einsatz weicher HR-Kennzahlen erlaubt. Die Experten betonen in diesem Zusammenhang bspw. die Bedeutung des Bewertungsblocks als erklärende Größe. Darüber hinaus erfolgt die Benennung externer und interner Einflussgrößen, welche die Ausgestaltung weicher HR-Kennzahlen, die Bewertung und Akzeptanz und somit auch die Adoption weicher HR-Kennzahlen beeinflussen.

---

[227] In diesem Zusammenhang ist bspw. ausgeführt worden, dass einzelne Personalabteilungen (Personalentwicklung, Weiterbildung etc.) die Ergebnisse der Kennzahlen zur Legitimierung weiterer Investitionen in ihre spezifische Abteilung und zur weiteren internen Auftragsrekrutierung heranziehen, ohne dass spezifische Kennzahlen dies explizit suggerieren würden. Ein anderes Beispiel war die besondere Betonung der schlechten Ergebnisse weicher HR-Kennzahlen wie z. B. Arbeitszufriedenheit, bei einem unbeliebten Kollegen bzw. internen Konkurrenten, mit dem vermuteten Ziel, dessen berufliches Vorankommen zu bremsen.

Darüber hinaus gaben die Experteninterviews eine Reihe zusätzlicher Erkenntnisse zur Relevanz und Verständlichkeit einzelner Merkmalsdimensionen innerhalb der Themenblöcke. Neben der Eliminierung bzw. Verschmelzung einzelner Größen, konnten z. T. neue Dimensionen identifiziert und in das Forschungsmodell integriert werden. Weitere Verbesserungen ergaben sich hinsichtlich der Vereinfachung des Akzeptanzkonstruktes sowie der Verschlankung des Bewertungsteils aufgrund vermuteter Überschneidungen bei einzelnen Dimensionen.

Ein weiteres wesentliches Ergebnis der Experteninterviews ist, dass das grundsätzliche Forschungsmodell insgesamt plausibel und praxistauglich erscheint. Vermutungen, die hinsichtlich der Zusammenhänge zwischen den Konstrukten aufgrund der thematischen und theoretischen Diskussion mit der Thematik erstellt wurden, konnten mit den Experten diskutiert und im großen und ganzen bestätigt werden. Insgesamt kann konstatiert werden, dass die Experten den Untersuchungsgegenstand weiche HR-Kennzahlen als eine für die personalpolitische Praxis relevante Thematik einschätzen.

2.4.2. Pretest

Auf der Grundlage des bislang theoretisch und literaturspezifisch erarbeiteten Forschungsmodells sowie der Ergebnisse der Experteninterviews wird in einem nächsten Schritt ein erster Fragebogenentwurf entwickelt und mittels eines Pretestes geprüft. Zunächst werden hierzu die inhaltlichen und methodischen Grundlagen dargelegt (vgl. Kap. 2.4.2.1). Nach einer Bewertung schließt sich eine Darstellung der mit dem Verfahren verbundenen Zielsetzungen für die vorliegende Untersuchung an (vgl. Kap. 2.4.2.2). Anschließend erfolgt eine Beschreibung der Datenerhebung und -grundlage (vgl. Kap. 2.4.2.3) sowie eine Zusammenfassung der wichtigsten Implikationen des Pretestes (vgl. Kap. 2.4.2.4).

2.4.2.1. Inhaltliche und methodische Grundlagen

Ein Pretest dient nach Friedrichs (1990: 153; vgl. auch Schnell/Hill/Esser, 1993: 358f.) dazu, die Brauchbarkeit und Gültigkeit des Messinstrumentes zu prüfen. Dabei richtet sich der Pretest im Allgemeinen auf folgende grundsätzliche Aspekte des Forschungsvorhabens (vgl. Friedrichs, 1990: 153f., 236, 245; Atteslander, 1993: 194): (1) Legitimation des Forschungsvorhabens, (2) Kontext bzw. Umweltbedingungen der Erhebung, (3) Gültigkeit des Messinstrumentes, (4) Brauchbarkeit des Anschreibens hinsichtlich eines Appellcharakter zur Teilnahme sowie (5) Gültigkeit der ausgewählten Stichprobe bzw. Grundgesamtheit.

Insofern entspricht die Methode einer Voruntersuchung, die mittels einer begrenzten Anzahl von Personen durchgeführt wird. Die ausgewählten Personen entsprechen entweder strukturell denen der endgültigen Stichprobe bzw. Grundgesamtheit oder aber bestehen aus ausgewiesenen Experten für den Untersuchungsgegenstand (vgl. Friedrichs, 1990: 153; Zikmund, 1994: 258). Zikmund (1994: 258f.) stellt in diesem Zusammenhang zwei alternative Testmethoden vor: zum einen die Durchsprache des Fragebogens mit Experten und zum anderen einen Pretest mit späteren Befragten. Aus Gründen der Forschungsökonomie wurde in der vorliegenden Untersuchung die erste Methode gewählt.

2.4.2.2. Bewertung und Zielsetzung

Ein Pretest sollte nach Friedrichs (1990: 153) „unzweifelhaft Bestandteil jeder empirischen Untersuchung sein“ (vgl. ähnlich Atteslander, 1993: 191ff.; Diekmann, 1996: 415; Friedrichs, 1990: 238, 245), da nicht davon ausgegangen werden kann, dass „... ein Forschungsplan und sein Instrument durch Nachdenken, logische Prüfung oder Vergleich mit den Erfahrungen bei ähnlichen Untersuchungen schon bewährt“ sei. Auch andere Autoren wie z. B. Churchill (1991: 396f.), Kinnear/Taylor (1991: 352f.), Schnell/Hill/Esser (1993: 358) oder Zikmund (1994: 258) betonen gleichermaßen die Notwendigkeit eines Pretestes.

Der Fragebogen wird in erster Linie im Hinblick auf Verständlichkeit (sprachliche Eindeutigkeit) und Vollständigkeit der gestellten Fragen untersucht. Ebenso gilt es zu ermitteln, ob die enthaltenen Fragen auch tatsächlich Varianz in den Antworten versprechen und ob alle Fragen einwandfrei zu beantworten sind[228] (vgl. Schnell/Hill/Esser, 1993: 358). Darüber hinaus interessiert, welche Fragen Schwierigkeiten bereiten und welche Fragen Interesse bzw. Aufmerksamkeit auslösen, so dass Implikationen für die Reihenfolge der Fragen abgeleitet werden können. In diesem Zusammenhang soll der Fluss bei der Beantwortung des

Fragebogens thematisiert und mögliche Ausstrahlungseffekte einzelner Fragen bzw. Frageblöcke auf nachfolgende Fragen analysiert werden. Im Fall der vorliegenden Arbeit müssen zudem technische Aspekte, wie bspw. die Filterführung, überprüft werden. Abschließend soll auch ein Urteil der Probanden hinsichtlich Aufbau, Struktur und Länge des Fragebogens eingeholt werden (vgl. hierzu Diekmann, 1996: 414f.).

2.4.2.3. *Datenerhebung und -grundlage*

Der Fragebogenentwurf wurde im Rahmen des Pretestes zehn Vertretern[229] aus Praxis und Wissenschaft zugesandt und anschließend mit diesen besprochen. Dabei wurden die Probanden eingangs gebeten, den Fragebogen unter realen Bedingungen auszufüllen. Anschließend wurde der Fragebogen in ca. 1 ½ - 2stündigen Gesprächen detailliert auf Einzelfragenebene mit den Testpersonen besprochen.

Die Wahl der Probanden aus der Praxis erfolgte hinsichtlich deren Bezug zur Thematik weiche HR-Kennzahlen, so dass die potenzielle Beantwortung aller Fragen gewährleistet war. Zudem wurde versucht, die Testpersonen nach möglichst breiten Kriterien auszusuchen (z. B. unterschiedliche Branchen, Betriebszugehörigkeit, Unternehmensgröße). Die Wahl der Probanden aus der Wissenschaft erfolgte aufgrund der jeweils vorhandenen Kenntnisse und Erfahrungen in der empirischen Sozialforschung.

2.4.2.4. *Implikationen für die vorliegende Arbeit*

Der Fragebogen wurde durchweg als grundsätzlich logisch aufgebaut eingestuft. Hinsichtlich der Verständlichkeit gab es im großen und ganzen, mit Ausnahme des Themenblockes Adoption weicher HR-Kennzahlen, keine nennenswerten Beanstandungen. Dieser Themenblock ist auf Basis der hieraus resultierenden Anregungen durch zusätzliche Erklärungen ergänzt worden.

---

[228] Ein Indikator ist die Vermeidung von „Keine Angabe"- oder „Weiß Nicht" -Antworten.

[229] Kritisch anzumerken bleibt die relativ geringe Stichprobengröße. Generell gilt jedoch, dass die Größe des Pretestes von der Komplexität der Untersuchung abhängt (Friedrichs, 1990: 153). Deshalb und aufgrund eines abnehmenden Grenznutzens mit der Anzahl weiterer Probanden für den Pretest, wurde aus Gründen der Forschungsökonomie auf die Integration weiterer Testpersonen verzichtet.

Die Länge des Fragebogens wurde von den meisten Probanden als relativ lang, aber noch akzeptabel bezeichnet. Hieraus ergaben sich kleinere Kürzungen zumeist innerhalb einzelner Konstrukte. Es wurde zudem auf die Messung von zwei Qualitätsdimensionen im Rahmen der Produktqualität verzichtet, die nach Einschätzung der Probanden gewisse Überschneidungen zu anderen Qualitätsdimensionen aufwiesen. Außerdem wurden zwei offene Fragen durch halboffene Fragen ersetzt, welche sich einfacher und schneller beantworten lassen. Einige Ansprechpartner regten zudem die Aufnahme neuer Fragen an, die sich v. a. auf die Beschreibung weicher HR-Kennzahlen beziehen. In diesem Zusammenhang wurde die Frage nach der Auswertungsdauer weicher HR-Kennzahlen ergänzt.

Da einzelne Konstrukte z. T. aus unterschiedlichen Untersuchungen zusammengestellt wurden und daher kleinere sprachliche Unterschiede aufwiesen, die von einzelnen Probanden als störend empfunden wurden, erfolgte an einigen Stellen eine leichte Überarbeitung und Angleichung der Formulierungen hinsichtlich einer besseren Lesbarkeit im Gesamtzusammenhang. Darüber hinaus wurde der Arbeitsbegriff weiche Personalkennzahlen zur Bezeichnung des Untersuchungsgegenstandes festgelegt, der die größte Verständlichkeit aufwies.

Schließlich wurden von einigen Probanden Hinweise bzgl. des Fragebogendesigns geäußert. Hier wurde insbesondere die Frage nach den Themen und der Messmethode weicher HR-Kennzahlen noch einmal umgestaltet. Alles in allem lässt sich konstatieren, dass der Fragebogenentwurf aufgrund der überwiegend positiven Ergebnisse des Pretestes nur geringfügig modifiziert werden musste.

2.4.3. Quantitative Untersuchung: schriftliche Befragung

Im nachfolgenden Teilkapitel werden eingangs zunächst inhaltliche und methodische Grundlagen vorgestellt (vgl. Kap. 2.4.3.1). Im Anschluss erfolgt die Bewertung der Forschungsmethode und die Konkretisierung der hiermit verbundenen Zielsetzung (vgl. Kap. 2.4.3.2). Schließlich werden im Kapitel 2.4.3.3 Datenerhebung und -grundlagen erläutert. Im Gegensatz zu den anderen Teilkapiteln erfolgt die Darstellung der Ergebnisse, als Teil der Beantwortung der Forschungsfragen und Überprüfung des Forschungsmodells, erst im

Kapitel 3. Aufgrund der Tatsache, dass quantitative Methoden im Allgemeinen der Modellüberprüfung dienen (vgl. Schnell/Hill/Esser, 1993: 117f.; Boudon, 1980: 182f.), wurden besondere Ansprüche an die Datenerhebung gestellt. Diese werden im Rahmen von drei weiteren Teilkapiteln behandelt:

- Prüfung der Repräsentativität, Reliabilität und Validität der verwendeten Daten (vgl. Kap. 2.4.3.4).
- Gütebeurteilung der Konstruktmessung mittels a) Explorativer Faktorenanalyse, b) Item to Total-Korrelation und c) Cronbachsches Alpha (vgl. Kap. 2.4.3.5).
- Darstellung von deskriptiven und analytischen Verfahren und Voraussetzungen zur Überprüfung des Forschungsmodells (vgl. Kap. 2.4.3.6).

2.4.3.1. Inhaltliche und methodische Grundlagen

Als Erhebungsform für die quantitative Untersuchung wurde die schriftliche Datenerhebung[230] mit Hilfe eines standardisierten Paper-Pencil-Fragebogens gewählt. Dabei erfordert diese Methodik eine „äußerst sorgfältige Organisation" (vgl. Atteslander, 1993: 164; Diamantopoulos/Schlegelmilch, 1996). Hierbei sind nach Friedrichs (1990: 241; ähnlich: Diamantopoulos/Schlegelmilch, 1996: 506f.) die Festlegung von „Kleinigkeiten" entscheidend. Seiner Einschätzung nach ist die schriftliche Befragungsform oftmals für scheinbar unwesentliche Elemente, wie z. B. der Festlegung der Frage-Reihenfolge oder einzelner grafischer Entscheidungen insofern anfällig, als dass diese Elemente einen großen Einfluss auf die Rücklaufquote und das Antwortverhalten ausüben können. Dabei lassen sich die von Friedrich (1990) benannten Aspekte zum einen in inhaltliche und zum anderen in grafische Kriterien unterscheiden (vgl. Schnell/Hill/Esser, 1993: 352). Im Folgenden werden die diesbezüglich für die vorliegende Untersuchung beachteten Kriterien dargestellt.

Inhaltlich ist der Fragebogen „... sowohl nach logischen wie auch nach psychologischen Gesichtpunkten aufzubauen." (vgl. Atteslander, 1993: 190). Bei der Konstruktion und Ausgestaltung des Fragebogens sollten demnach folgende Merkmale berücksichtigt werden, die

---

[230] Schnell/Hill/Esser (1993: 367; ähnlich Friedrichs, 1990: 236): „Im Allgemeinen bezieht sich die Verwendung des Begriffes 'schriftliche Befragung' jedoch auf die Durchführung einer Befragung, bei der Fragebögen an Befragte postalisch versandt werden."

sich auf die Konstruktion von Fragen und Antworten und deren Reihenfolge und Anordnung beziehen.

- Es ist zu berücksichtigen, dass zu einem Themenbereich immer mehrere Fragen gestellt werden (vgl. Diekmann, 1996: 414; Schnell/Hill/Esser, 1993: 353). Dieses Messverfahren mittels Konstruktbildung wird in der vorliegenden Arbeit angewendet.
- Zudem sollten Fragen, die denselben Aspekt eines Themas behandeln, immer hintereinander abgefragt werden. Außerdem wird in der Methodenliteratur oftmals die Aufnahme einer Einleitung für neue Fragekomplexe gefordert (vgl. Schnell/Hill/Esser, 1993: 353). Diesen Postulaten wird im Fall der vorliegenden Untersuchung in vollem Umfang nachgekommen.
- Daneben besteht der Anspruch, bei der Formulierung der Fragen, folgende Hinweise zu beachten (Diekmann, 1996: 410; vgl. auch Diamantopoulos/Schlegelmilch, 1996: 527; Friedrichs, 1990: 236ff.; Kromrey, 1998: 350)[231]: „Fragen sollten kurz, verständlich, mit einfachen Worten und hinreichend präzise formuliert sein.". Nach Diekmann (1996: 409) sollten zudem die Antwortkategorien „... hinreichend präzise, disjunkt (nicht überlappend) und erschöpfend sein." Im Rahmen des durchgeführten Pretestes (vgl. Kap. 2.4.2) ist dieser Sachverhalt systematisch geprüft worden.
- Zur Vereinfachung der Beantwortung des Fragebogens sollten die Fragen des standardisierten[232] Fragebogens hauptsächlich in geschlossener Form[233] formuliert sein (vgl. Friedrichs, 1990: 238; Diekmann, 1996: 408f.). So wird der Befragte i. d. R. bei der Beantwortung des Fragebogens weniger zeitlich beansprucht als bspw. bei offenen Fragen[234]. Damit geht allerdings die Schwäche einher, dass sich Befragte möglicherweise in den vorgegebenen Antworten nicht einordnen können. Aus diesem Grund wird in Kap. 2.4.1 und 2.4.2 eine ausführliche Prüfung auf Vollständigkeit der potenziellen Antworten durchgeführt. Können nicht alle relevanten Antwortalternativen erfasst wer-

---

231 D. h. also keine Nutzung von Fremdwörtern, keine Verwendung von doppelten Verneinungen, kein Einsatz wertbesetzter Begriffe, keine mehrdimensionalen Fragen, keine Suggestivfragen etc. (vgl. Diekmann, 1996: 410ff.; Kromrey, 1998: 350f.).

232 Bei einem standardisierten Fragebogen sind die Inhalte des Fragebogens für alle Teilnehmer der Befragung gleich. Die Standardisierung soll die Vergleichbarkeit der anfallenden Einzelauskünfte sichern, d. h. die Wiederholbarkeit und die Überprüfbarkeit (vgl. Berekoven/Eckert/Ellenrieder, 1996: 98-103).

233 Mögliche Antwortalternativen der Fragen sind bereits vorgegeben und können durch Ankreuzen des Befragten gewählt werden.

234 Auf die Verwendung von offenen Fragen wurde im Rahmen der vorliegenden Untersuchung – mit Ausnahme des abschließenden offenen Kommentarfeldes – verzichtet, zumal Friedrichs (1990: 238) vor dem Einsatz offener Fragen in schriftlichen Befragungen warnt.

den, werden in einzelnen Fällen halboffene Fragen („Hybridfragen") formuliert, bei denen die Befragten in einem Textfeld eigene Antworten einfügen können (vgl. Diekmann, 1996: 409; Schnell/Hill/Esser, 1999: 310f.).

- Sofern einige Fragen nicht für alle Befragten relevant oder zu beantworten sind, empfiehlt es sich nach Schnell/Hill/Esser (1993: 353f.), mit Filterfragen anstatt mit einer Antwortkategorie „Kann ich nicht beantworten" zu arbeiten (vgl. hierzu auch Atteslander, 1993: 191; Diekmann, 1996: 409, 414). Auch dieser Empfehlung wird im Falle der vorliegenden Arbeit nachgekommen.
- Wesentliche Bedeutung kommt nach Dillmann (1978: 122f.; vgl. ähnlich Friedrichs, 1990: 239; Schnell/Hill/Esser, 1993: 370) der Anordnung bzw. Reihenfolge der Fragen zu, die insgesamt einen klaren und logischen Aufbau vorweisen sollte. Hierbei sollte mit einer motivationsfördernden Einstiegsfrage („Warm-Up-Frage") begonnen werden, die kurz, neutral, geschlossen, einfach, interessant und nah am Thema ist (vgl. Atteslander, 1993: 190; Diekmann, 1996: 414).
- Bei der Gestaltung der Reihenfolge der Fragen sind zudem Platzierungseffekte wie z. B. Ausstrahlungs- oder Halo-Effekte zu berücksichtigen. Diese beschreiben das Phänomen, dass durch vorherige Fragen die Antwort auf nachfolgende Fragen beeinflusst werden (vgl. Diekmann, 1996: 398f., 414; Schnell/Hill/Esser, 1993: 352). Im Rahmen der Pretestes wird der Fragebogen hinsichtlich dieser Problematik überprüft.
- Aufgrund der Spannungskurve sind die wichtigsten Fragen im zweiten Drittel des Fragebogens zu platzieren (vgl. Diekmann, 1996: 414; Scheuch, 1973). Im Fall der vorliegenden Untersuchung handelt es sich hierbei um die Fragen zur Adoption weicher HR-Kennzahlen sowie zu deren Bewertung.
- An das Ende der Befragung sollten nach Schnell/Hill/Esser (1993: 354; ähnlich Atteslander, 1993: 190) schließlich sensible Fragen positioniert werden. Ebenso sind soziodemografische Angaben, wie z. B. Unternehmensgröße, Branche, Berufserfahrung, Bildungsstand, in den abschließenden Teil des Fragebogens zu integrieren (vgl. Diekmann, 1996: 415). Auch diesen Ratschlägen wird im Fall der vorliegenden Arbeit gefolgt.

Die Fragebogenentwicklung unterliegt darüber hinaus auch hohen *formalen Anforderungen*[235] (vgl. Schnell/Hill/Esser, 1993: 370f.)[236]: „... so muss bei schriftlichen Befragungen die Wirkung des Fragebogens auf die Kooperationsbereitschaft des Befragten mitbedacht werden. Der erste Eindruck des übersandten Fragebogens sollte entsprechend Seriosität, Wichtigkeit und leichte Handhabbarkeit vermitteln sowie ästhetischen Maßstäben genügen." Dies ist um so wichtiger, als dass die Kommunikation zwischen Interviewer und Befragten ausschließlich über den Fragebogen und das Begleitschreiben erfolgt (vgl. Dillman, 1978: 119; Friedrichs, 1990: 236). Aus den genannten Gründen werden bei der Fragebogengestaltung folgende Merkmale beachtet:

- Nach Schnell/Hill/Esser (1993: 371) kommt dem Deckblatt eine wesentliche Bedeutung zu. Dieses sollte den (sorgsam gewählten) Titel der Studie sowie Name und Adresse des Auftraggebers enthalten.
- Wichtig ist darüber hinaus die Aufnahme kurzer Hinweise zu Beginn des Fragebogens, die Antworten auf potenzielle Fragen der Befragten beinhalten, sowie der Einsatz von Überleitungssätzen zu Beginn neuer Themenblöcke (vgl. Diekmann, 1996: 415).
- Zudem sollten „Antwortkategorien [...] in entsprechender (gleichbleibender) Weise identifizierbar sein" (vgl. Schnell/Hill/Esser, 1993: 371). Für die vorliegende Untersuchung wird jeweils eine fünfstufige Zustimmungsskala (Likert-Skala[237]) verwendet[238].
- Die Verwendung von Filtern bedarf nach Diekmann (1996: 414f.) in besonderem Maße einer grafischen Unterstützung. Im Fall der vorliegenden Arbeit wird das Ende einer Filterpassage durch einen zusätzlichen grafischen Appell verdeutlicht.
- Schließlich beinhaltet die letzte Seite des Fragebogens neben einer Dankesformel auch, wie empfohlen, ein offenes Kommentarfeld (vgl. Schnell/Hill/Esser, 1993: 371).

In den klassischen Methodenbüchern der empirischen Sozialforschung finden sich schließlich neben den beschriebenen inhaltlichen und formalen Fragebogenkriterien auch einige *logistische Hinweise* zur optimalen Ansprache der Befragten.

---

[235] Zu einer Übersicht dieser Kriterien vgl. Dillman (1978: 121).

[236] Vgl. darüber hinaus: Schnell/Hill/Esser (1999: 337ff.); Diamantopoulos/Schlegelmilch (1996: 505f.); Friedrichs (1990: 241); Tränkle (1991).

[237] Nach Schnell/Hill/Esser (1993: 202f.; vgl. Diekmann, 1996: 209-215) ist die Likert-Skala die in der empirischen Sozialforschung am häufigsten verwendete Skalierungsmethode.

[238] Darüber hinaus wird die Empfehlung von Schnell/Hill/Esser (1993: 371) berücksichtigt, dass „die vollständige Frage mit allen Antwortvorgaben auf einer Druckseite" Platz finden sollte.

- Atteslander (1993: 164) verweist in diesem Zusammenhang auf die Notwendigkeit eines Begleitschreibens (Friedrichs, 1990: 238; Diamantopoulos/Schlegelmilch, 1996: 527). In einem solchen Schreiben sollte neben dem Untersuchungsziel und der Benennung der Verantwortlichen auch ein Verweis auf die Relevanz der Untersuchung sowie eine Zusicherung absoluter Anonymität erfolgen (vgl. Friedrichs, 1990: 236ff.; Schnell/Hill/Esser, 1993: 372).
- Um Ausfälle möglichst gering zu halten, empfiehlt Atteslander (1993: 164) zudem, die Rücksendung des Fragebogens weitestgehend zu vereinfachen. Dies geschieht im Fall der vorliegenden Arbeit, indem auf der letzten Seite bereits die Rücksendeadresse gedruckt ist. Der Fragebogen muss somit nur noch in einen Fensterbriefumschlag gesteckt und verschickt werden.
- Bei der Durchführung schriftlicher Befragungen befürworten eine Reihe von Autoren nach Ablauf einer gewissen Zeit Nachfassaktionen (vgl. Atteslander, 1993: 64; Schnell/Hill/Esser, 1993: 372). Besonders hohe Rücklaufquoten werden nach Friedrichs (1990: 241) durch telefonisches Nachfassen erzielt. Aus diesem Grund wird im Rahmen der vorliegenden Untersuchung ein einmaliger telefonischer Kontaktversuch unternommen, um Nichtantworter um ihre Teilnahme zu bitten.
- Schließlich wird in der vorliegenden Untersuchung den Befragten als Dankeschön für ihre Teilnahme neben einem kostenlosen, individuellen Benchmarking-Bericht zu den Untersuchungsergebnissen auch die kostenlose Teilnahme an einem Tages-Workshop zum Thema „Personalmanagement und weiche Kennzahlen" angeboten (vgl. Diamantopoulos/Schlegelmilch, 1996: 505f.; Friedrichs, 1990: 238f., 241)[239].

2.4.3.2. Bewertung und Zielsetzung

Über Vor- und Nachteile schriftlicher Befragungen ist im Rahmen zahlreicher Methodendiskussionen vielfach diskutiert worden[240]. In diesem Teilkapitel sollen eingangs die

[239] Diamantopoulos/Schlegelmilch (1996: 527) empfehlen statt kostspieliger, monetärer Incentives das Versprechen, nach Abschluss der Studie einen kostenlosen Benchmarking- bzw. Forschungsbericht zu versenden (ohne jedoch das Anonymitätskriterium zu gefährden).

[240] Vgl. hierzu: Anger (1969: 589); Atteslander (1993: 163f.); Berekoven/Eckert/Ellenrieder (1996: 112ff.); Diekmann (1996: 439f.); Dillman (1978: 39); Friedrichs (1990: 236f.); Herrmann/Homburg (2000: 27f.), Scheuch (1973: 124); Schnell/Hill/Esser (1993: 367).

Schwächen und anschließend die Stärken dieser Erhebungsform dargestellt und für die vorliegende Arbeit diskutiert werden.

Die bei einer schriftlichen Befragung zu erwartende höhere Ausfallquote hinsichtlich des Rücklaufs ist nach Ansicht vieler Autoren als größte Schwäche dieses Verfahrens zu werten (vgl. Diamantopoulos/Schlegelmilch, 1996: 505). Die damit verbundene Gefahr mangelnder Repräsentativität wird dadurch hervorgerufen, dass solche Ausfälle durchaus systematische Ursachen haben können, da bspw. Personen mit einer höheren Bildung oder einem größeren Interesse an der Thematik tendenziell eher antworten (vgl. Atteslander, 1993: 163; Diekmann, 1996: 439; Friedrichs, 1990: 237). Um dieser Schwäche zu begegnen, wird der Auswahl und Gestaltung der Anreize sorgfältig begegnet.

Darüber hinaus besteht bei schriftlichen Befragungen die Gefahr, dass einzelne Fragen nicht sorgfältig, unvollständig oder überhaupt nicht ausgefüllt werden (vgl. Atteslander, 1993: 163; Schnell/Hill/Esser, 1993: 368). Dieses Problem hängt mit der fehlenden Kontrollmöglichkeit der Datenerhebung zusammen: es können weder potenzielle externe Einflussgrößen kontrolliert werden, noch kann geprüft werden, ob der Befragte die Fragen auch wirklich versteht und/oder auch tatsächlich selber und alleine ausfüllt (vgl. Atteslander, 1993: 163; Diekmann, 1996: 439; Friedrichs, 1990: 237; Schnell/Hill/Esser, 1993: 368). Bei Verständnisproblemen kann keine Hilfe durch einen Interviewer erfolgen (vgl. Diekmann, 1996: 439; Friedrichs, 1990: 236). Insofern muss der Fragebogen sehr einfach gestaltet und selbsterklärend sein.

Abschließend ist zu konstatieren, dass bei der schriftlichen Untersuchungsform weder ein Einblick in die Ernsthaftigkeit beim Ausfüllen des Fragebogens möglich ist, noch können spontane Antworten erfasst werden (vgl. Atteslander, 1993: 164; Scheuch, 1973: 123ff.). Der Befragte hat die Möglichkeit, sich vor dem Ausfüllen einen Überblick über den gesamten Fragebogen zu verschaffen, so dass die Ergebnisse wahrscheinlich konsistenter als durch andere Methoden ausfallen werden (vgl. Schnell/Hill/Esser, 1993: 368).

Die am häufigsten genannten Stärken schriftlicher Befragungen sind hingegen die vergleichsweise niedrigen Kosten, der verhältnismäßig geringe Zeitaufwand sowie die Möglichkeit, eine große Anzahl von Personen zu erreichen (vgl. Atteslander, 1993: 163f.; Diekmann, 1996: 439f.; Friedrichs, 1990: 236f.). Nach Schnell/Hill/Esser (1993: 367) existieren darüber hinaus auch methodische und inhaltliche Vorteile der schriftlichen Befragung: Bei schriftlichen Befragungen werden sowohl Interviewerfehler (vgl. Atteslander, 1993: 163) als auch Reaktivitätsprobleme vermieden (vgl. Diekmann, 1996: 439; Friedrichs, 1990: 236). Zudem sind die Antworten überlegter, da die Befragten mehr Zeit zur Verfügung haben (vgl. Diekmann, 1996: 439; Friedrichs, 1990: 237). Schließlich gehen Schnell/Hill/Esser (1993: 367) von einer höheren Konzentration bzw. Motivation der Befragten aus, da der Beantwortungszeitpunkt selbst bestimmbar ist und der Interviewer-Druck entfällt.

Im Rahmen der vorliegenden Untersuchung wird die schriftliche Befragungsform nicht nur aufgrund von ökonomischen Kosten-Nutzen-Überlegungen und methodischer Stärken (z. B. Vermeidung von Reaktivitätsproblemen) gewählt. Ausschlaggebend für die Wahl dieser Forschungsmethode ist vielmehr die dahinterstehende Zielsetzung der Verifizierung des Forschungsmodells:

- Die schriftliche Befragung dient in diesem Zusammenhang der Beantwortung der ersten Forschungsfrage „Bestandsaufnahme weicher HR-Kennzahlen". Durch die Befragung der Personalleiter von Wirtschaftsunternehmen in der Bundesrepublik Deutschland mit mehr als 3000 Mitarbeitern soll ein umfassender Überblick über die Existenz, Ausgestaltung und Adoption weicher HR-Kennzahlen in der Praxis gewonnen werden.
- Neben diesem deskriptiven Anspruch dient die schriftliche Erhebung in erster Linie der analytischen Beantwortung der zweiten Forschungsfrage „Einflussgrößen auf die Adoption weicher HR-Kennzahlen": Mittels der schriftlichen Befragung sollen die im Rahmen des entwickelten Forschungsmodells postulierten Hypothesen überprüft werden. Hierzu ist diese Forschungsmethode besonders gut geeignet (vgl. Boudon, 1980: 182f.): „... über die bei quantitativen Methoden gegebenen Möglichkeiten der Reproduzierbarkeit, der intersubjektiven Überprüfbarkeit und der Systematik in der Verknüpfung zum theoretischen Modell".

2.4.3.3. Datenerhebung und -grundlage

Im vorliegenden Kapitel wird eingangs der in der empirischen Untersuchung verwendete Fragebogen vorgestellt (vgl. Kap. 2.4.3.3.1). Im Anschluss erfolgt die Beschreibung der vorliegenden Datengrundlage (vgl. Kap. 2.4.3.3.2).

2.4.3.3.1. Fragebogen

Der Fragebogen besteht aus drei doppelseitig bedruckten weißen DinA-3 Seiten und umfasst ein Deckblatt, eine Anleitung zum Ausfüllen und insgesamt zehn Seiten mit Fragen. Auf der Titelseite des Fragebogens befinden sich der Gesamttitel der Fragebogenerhebung, Logo und Schriftzug der EUROPEAN BUSINESS SCHOOL (ebs) sowie Informationen über die zu vergebenen Anreize[241]. Auf diese Weise soll das Interesse der angeschriebenen Personalleiter an der Studie geweckt werden. Auf der vorderen Innenseite des Fragebogens sind Hinweise zum Ausfüllen des Fragebogens sowie Ansprechpartner für die Studie aufgeführt (vgl. Kap. 2.4.3.1). Ausdrücklich wird auf die streng vertrauliche Behandlung der Daten hingewiesen. Außerdem werden zentrale Begriffe, wie z. B. weiche HR-Kennzahlen, definiert. Die Seite endet mit einer motivierenden Dankesformel.

Der Hauptteil des entwickelten, standardisierten Fragebogens umfasst sieben Blöcke, die durch die Buchstaben A bis G gekennzeichnet und klar strukturiert sind. Die Gliederung der einzelnen Themenfelder ergibt sich überwiegend aus der Systematisierung der einzelnen Blöcke des Forschungsmodells[242]. Um den Befragten den Einstieg in die Thematik und die Beantwortung des Fragebogens zu erleichtern, werden jeweils zu Beginn kurze Einführungen in den jeweiligen Themenblock geliefert. Innerhalb der Themenblöcke werden einzelne Fragestellungen abgefragt, die aus max. fünf Fragen bestehen.

Im Block A des Fragebogens werden Informationen zur Personalabteilung abgefragt, wie z. B. die organisatorische Struktur, die strategische Ausrichtung oder Rolle und Einfluss.

[241] Hierzu wurde aus Gründen der Anonymitätssicherung ein separater, farbiger Beilegzettel angefügt, den ca. 86% der Antwortenden genutzt haben.

[242] Im Einzelfall muss diese Systematik aufgrund methodischer Anforderungen an eine schriftliche Befragung (z. B. sozialstatistische Angaben ans Ende) und der Pretest-Ergebnisse aufgegeben werden.

Block B thematisiert die Ausgestaltung der von den Befragten verwendeten weichen HR-Kennzahlen[243]. Da nicht davon auszugehen ist, dass alle Befragten weiche HR-Kennzahlen verwenden, beginnt dieser Frageblock mit einer Filterfrage. Diejenigen, die keine weichen HR-Kennzahlen einsetzen, steigen erst wieder in die allgemeine Bewertung (Block F) der Untersuchung ein. Im Block C geht es um die persönliche Einstellung des Befragten zu den weichen HR-Kennzahlen. Hierunter fallen neben dem Akzeptanzkonstrukt auch einzelne Konstrukte hinsichtlich personenbezogener Merkmale wie z. B. die Nutzerkompetenz des Befragten oder die Eingebundenheit in die Thematik. Im Fokus des Themenkomplexes D steht insbesondere die Beurteilung der weichen HR-Kennzahlen hinsichtlich folgender Aspekte: (1) der Prozess- bzw. Erstellungsqualität, (2) Qualitätsaspekte, die sich auf die Kennzahlen beziehen und (3) Wirtschaftlichkeits- und Potenzialaspekte. Block E bezieht sich auf die Adoption weicher HR-Kennzahlen. Die Befragten werden gebeten, durch ihre Zustimmung auszudrücken, auf welche Weise weiche HR-Kennzahlen in ihrem Unternehmen eingesetzt werden. Der Block F dient dazu, von allen Befragten eine abschließende Bewertung hinsichtlich allgemeiner Stärken und Schwächen weicher HR-Kennzahlen einzuholen. Diese Fragen sind halboffen (Hybridfragen), so dass die Befragten an dieser Stelle noch einmal ihre Meinung zu der Thematik einbringen können. Der letzte Block G umfasst Fragen zu demografischen Größen, die sich auf das Unternehmen, auf Statistiken zur Personalabteilung und auf die Person des Befragten beziehen. Darüber hinaus findet sich hier ein offenes Kommentarfeld, in welchem zusätzliche Bemerkungen zur Untersuchung abgegeben werden können. Insgesamt wird der Fragebogen inhaltlich und formal so gestaltet, dass die Beantwortung in ca. 25 Minuten erfolgen kann.

2.4.3.3.2. Datengrundlage

Bei der vorliegenden schriftlichen Untersuchung handelt es sich um eine bundesweite Befragung in ca. 1000 deutsche Unternehmen mit mehr als 3.000 Mitarbeitern. Die nachfolgenden Auswertungen basieren auf den Antworten von 140 Personalleitern, was einem faktischen Rücklauf von ca. 15% entspricht (vgl. Tab. 2.4-1). Damit liegt nach vorliegender Kenntnis eine der umfangreichsten empirischen Erhebungen zum Thema Kennzahlen im

[243] Der Frageblock B beinhaltet neben Zustimmungsfragen auch andere Fragetypen, insbesondere wenn es um die Erfassung differenzierter Informationen zu weichen HR-Kennzahlen geht.

deutschsprachigen Bereich vor (vgl. Weber/Sandt, 2001: 12; Günter/Grüning, 2000). Der Fokus auf Großunternehmen ist neuartig. Auch der Rücklauf der Untersuchung mit knapp 15% ist für wissenschaftliche Arbeiten als überdurchschnittlich und erfreulich zu erachten (vgl. Weber/Sandt, 2001: 12).

Tab. 2.4-1: Rücklauf

Versand	**Absolut**	**Relativ [in %]**
Ursprüngliche Adressdatei	1024	--
Bereinigte Adressdatei[244]	937	--
Unbekannte Adressen[245]	13	--
$\sum$	**924**	**100%**
Rücklauf		
Teilnahme abgesagt	9	0,97
Unvollkommen ausgefüllt	--	--
Sofort geantwortet	103	11,15
Geantwortet nach Nachfassaktion	37	4,00
$\sum$	**140**	**15,15**

Dabei erfolgt die Auswahl der Personalleiter als zu befragende Zielgruppe aufgrund der Tatsache, dass diese Verantwortung für strategische Management-Entscheidungen ausüben und insofern den Stellenwert der Informationen beurteilen können, die sich aus weichen HR-Kennzahlen ableiten lassen. In den folgenden Absätzen wird die zugrunde liegende Datenstruktur hinsichtlich der Kriterien Unternehmen, Personalabteilung und Person des befragten Personalleiters differenziert dargestellt.

Im Rahmen der Festlegung der Grundgesamtheit wird keine Einschränkung hinsichtlich der Branchenzugehörigkeit getroffen. Insofern liegt bei der Operationalisierung der Branche der NACE-Code zur Klassifikation von Wirtschaftszweigen des statistischen Bundesamtes in Wiesbaden zugrunde. Die Verteilung der Antworten (vgl. Abb. 2.4-1) zeigt, dass fast 20% der vorliegenden Datengrundlage der Branche Automobil- und Maschinenbau zuzu-

[244] Bei einer Durchsicht der von einem kommerziellen Adressanbieter erworbenen Adressen hat sich herausgestellt, dass diese zu bereinigen waren. Unter den gelieferten Adressen befanden sich u. a. teilweise ausländische Töchter (mit Sitz in Deutschland), Universitäten, eingetragene Vereine (e.V.), reine Verwaltungsgesellschaften mit zu geringer Mitarbeiterzahl, Städte, Verbände, einzelne Geschäftsbereiche von Unternehmen, staatliche Kliniken, Doppelaufführungen von Unternehmen in deutsch und englisch. Die Adressen wurden sorgfältig untersucht und falsche Datensätze wurden gelöscht. Aus diesem Grunde wurde die Ausgangsgesamtheit um fast 10% von 1024 auf 937 gekürzt.

ordnen sind. Die zweitgrößte Kategorie stellt mit knapp 16% die Branche Banken und Versicherungen dar. Weitere gut vertretene Branchen sind Tourismus, Transport und Verkehr, Elektro und Metall sowie Chemie und Pharma.

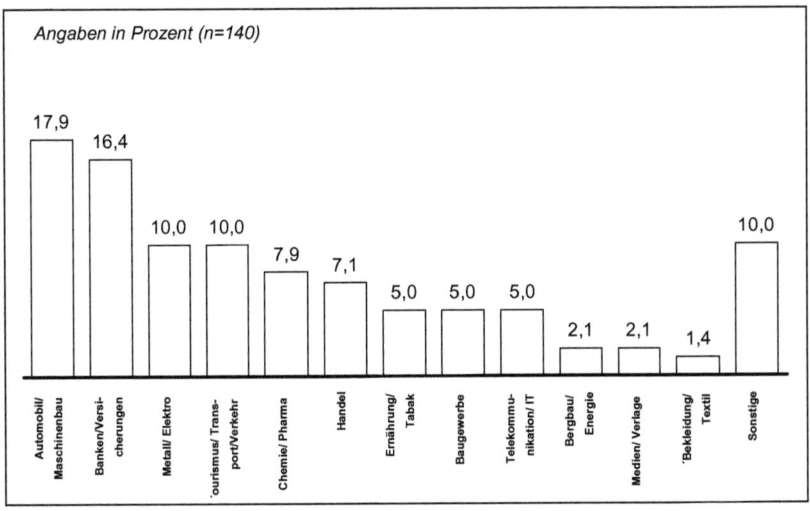

Abb. 2.4-1: Branche

In der vorliegenden Untersuchung wurden nur Großunternehmen kontaktiert. Dabei lassen sich im vorliegenden Datensatz ca. 40% der befragten Unternehmen in die Kategorie 3.000 bis 5.000 Mitarbeiter einordnen. Etwa ein Drittel der befragten Unternehmen besitzen 5.000 bis 10.000 Mitarbeiter und ein Viertel über 10.000 Mitarbeiter (vgl. Tab. 2.4-2). Bei der Messung der Größe der Personalabteilung[246] zeigt sich eine hohe Heterogenität im Antwortverhalten. Der Großteil der befragten Unternehmen weist eine Personalabteilung in der Größenordnung von 10 – 40 Mitarbeitern auf (ca. 40%). Immerhin beschäftigt knapp 1/5 der Befragten mehr als 100 Personaler (vgl. Tab. 2.4-3).

245 Hierunter sind solche Adressen zu verstehen, die von der Post nicht zugestellt werden konnten.

246 Zur Organisationsstruktur lässt sich konstatieren, dass ca. 62% der befragten Unternehmen angeben, eine eher zentral organisierte Personalabteilung zu besitzen. Demgegenüber bestätigen 38% der Befragten, mehr dezentral (d. h. mit jeweils autonomen Abteilungen in einzelnen Geschäftsfeldern bzw. Regionen) aufgestellt zu sein.

Tab. 2.4-2: Unternehmensgröße

Unternehmensgröße	< 5.000	5.000 – 10.000	10.000 – 50.000	> 50.000
Anzahl	58 (41,4%)	47 (33,6%)	24 (17,1%)	11 (7,9%)

n = 140 (entspricht 100%)

Tab. 2.4-3: Größe der Personalabteilung

Größe der Personal-abteilung	< 10	10 – 40	41 – 70	71 - 100	> 100
Anzahl	25 (17,9%)	57 (40,7%)	19 (13,6%)	13 (9,3%)	25 (17,9%)

n = 139 (entspricht 100%)

Bei den soziodemografischen Merkmalen der befragten Personalleiter sind die große Berufserfahrung und das hohe Bildungsniveau augenscheinlich: Nur knapp ein Drittel der Befragten besitzt weniger als zehn Jahre Berufserfahrung. Knapp 80% der Befragten besitzen einen Universitätsabschluss; ca. ein Viertel zusätzlich eine Promotion. Dabei weisen gut 60% der Befragten einen betriebs- oder volkswirtschaftlichen Hintergrund auf.

2.4.3.4. Gütekriterien des Messmodells

Die empirische Untersuchung eines Messmodells sollte die Beurteilung der Repräsentativität (vgl. Kap. 2.4.3.4.1), Reliabilität (vgl. Kap. 2.4.3.4.2) und Validität (vgl. Kap. 2.4.3.4.3) beinhalten, über die eine Beurteilung der Qualität des Messmodells erfolgen kann (vgl. Churchill, 1979: 64ff.). Im folgenden Kapitel sollen diese drei Gütekriterien näher beschrieben und diskutiert werden. Die zugehörigen Teilkapitel beinhalten zudem jeweils eine Beschreibung der für die vorliegende Arbeit angewendeten Anforderungen.

2.4.3.4.1. Repräsentativität

In der strengen sozialwissenschaftlichen Definition gibt es nur ein zulässiges Kriterium zur Sicherstellung der Repräsentativität (Laatz, 1993: 63): „Eine Auswahl ist dann repräsentativ, wenn sie die Struktur der eigentlich zu untersuchenden Gesamtheit widerspiegelt."

Die Grundgesamtheit, die Gegenstand der vorliegenden Untersuchung ist, umfasst alle Großunternehmen (> 3000 Mitarbeiter) in der Bundesrepublik Deutschland, so dass hier von einer Vollerhebung zu sprechen ist. Insofern sind an dieser Stelle Fehler im Bereich der Stichprobenerhebung auszuschließen. Problematischer ist jedoch der zu erwartende Ausfall beim Rücklauf der schriftlichen Befragung zu bewerten. Hier können möglicherweise systematische Unterschiede[247] zwischen Antwortern und Nicht-Antwortern auftreten, die zu einem verzerrten Wirklichkeitsbild führen (vgl. Schnell/Hill/Esser, 1999: 336f.). Liegen systematische Ausfälle vor, so können keine inferenzstatistischen Methoden, bei denen eine Verallgemeinerung auf die Grundgesamtheit erfolgt, angewendet werden. Aus diesen Gründen ist eine Prüfung der zugrunde liegenden Daten im Hinblick auf Repräsentativität notwendig. Voraussetzung für die Anwendung solcher statistischer Methoden ist das Vorliegen einer klar definierten Grundgesamtheit. Sollten die Ausfälle rein zufälliger Natur sein, so ergeben sich für Ergebnisauswertung und –darstellung keine Konsequenzen. Die Antwortenden würden eine Zufallsstichprobe der angestrebten Grundgesamtheit darstellen und Ergebnisse dieser Zufallsstichprobe wären verallgemeinerbar.

Für die Überprüfung der Repräsentativität des Rücklaufs werden in der vorliegenden Untersuchung zwei Verfahren angewendet. Die Ergebnisse beider Tests bestätigen die Repräsentativität des erhobenen Datensatzes:

1. Vergleich zwischen der ursprünglichen Grundgesamtheit und der effektiven (Zufalls-) Stichprobe im Hinblick auf Schichtungskriterien, wie z. B. Branche, Unternehmensgröße etc. Hier lässt sich die These mittels eines einfachen Chi^2-Tests prüfen. Dabei lautet die Nullhypothese, dass der empirisch ermittelte Chi^2-Test nicht deutlich höher als der theoretisch zu erwartende Wert ist. Diese Hypothese sollte auf einem 5%-Signifikanzniveau nicht abgelehnt werden (vgl. Wittenberg/Cramer, 1998: 175f.).
2. Vergleich der Angaben von Früh- und Spätantwortern: In Anlehnung an Armstrong/Overton (1977: 396f.; ähnlich Wilson, 1999: 257f.) wird argumentiert, dass solche Unternehmen, die vergleichsweise spät geantwortet haben, tendenziell solchen Unternehmen ähnlicher sind, die nicht geantwortet haben. Daher werden die spät antwor-

[247] Systematische Unterschiede bezeichnen Ausfälle, bei denen Variablen des Untersuchungsgegenstandes mit den Ursachen des Ausfalls zusammenhängen (vgl. Schnell/Hill/Esser, 1999: 284ff.). Problematisch ist in diesem Zusammenhang, dass der Ausfallmechanismus i. d. R. nicht bekannt und im Nachhinein nur schwer zu ermitteln ist.

tenden Unternehmen mit den früh antwortenden Unternehmen bezüglich wichtiger Variablen verglichen. Zu diesem Zweck wird die Stichprobe anhand des Rücklaufdatums in drei gleich große Teile gespalten. Anschließend wird das erste Drittel mit Hilfe eines T-Tests (im Hinblick auf signifikante Unterschiede) mit dem dritten Drittel verglichen. Gibt es keine signifikanten Unterschiede, deutet das Ergebnis darauf hin, dass kein wesentlicher Nonresponse Bias vorliegt. Die Untersuchung kann damit in ausreichendem Maße Anspruch auf Repräsentativität erheben (vgl. Bortz, 1984: 187f.; Friedrichs, 1990: 242ff.).

2.4.3.4.2. Reliabilität

Die Reliabilität oder Zuverlässigkeit stellt die formale Genauigkeit eines Messinstrumentes dar (vgl. Atteslander, 1993: 253; Churchill, 1979: 65; Herrmann/Homburg, 2000: 23). Dabei wird ein Messinstrument nach Laatz (1993: 59; ähnlich: Schnell/Hill/Esser, 1993: 158) dann als reliabel bezeichnet, „... wenn seine wiederholte Anwendung – auch durch verschiedene Forscher – unter gleichen Bedingungen gleiche Ergebnisse bringt.“. Hieraus ergibt sich die konkrete Forderung Hildebrandts (1998: 88), ein Messmodell erst dann als reliabel zu bezeichnen, wenn der wesentliche Anteil der Varianz eines Indikators durch das zugrunde liegende Konstrukt erklärt wird und somit der Zufallsfehler möglichst gering ist (vgl. Peter, 1979: 7; Peter/Churchill, 1986: 6; Herrmann/Homburg, 2000: 23).

In der empirischen Forschung werden drei Formen von Reliabilität unterschieden[248] (vgl. Hildebrandt, 1998: 88; Peter, 1979: 8f.; Schnell/Hill/Esser, 1993: 158f.):

1) Test-Retest-Reliabilität: Korrelation mit einer Vergleichsmessung desselben Messinstruments zum späteren Zeitpunkt.
2) Parallel-Test-Reliabilität: Korrelation mit einer Vergleichsmessung durch ein äquivalentes Messinstrument (vgl. Fischer, 1974: 32ff.).
3) Interne-Konsistenz-Reliabilität: Korrelation der Indikatoren eines Konstruktes untereinander. Dabei wird diese Reliabilität um so besser beurteilt, je höher die Korrelationen

[248] Eine ausführliche Übersicht über verschiedene statistische Techniken zur Schätzung der Reliabilität findet sich bei Feldt/Brennan (1989: 109-116).

zwischen den einzelnen Indikatoren eines Konstruktes sind (vgl. Anderson/Gerbig/Hunter, 1987; Peter, 1979).

Nach Hildebrandt (1998: 88) kommt i. d. R. der Internen-Konsistenz-Reliabilität die größte Bedeutung zu, da die beiden anderen Reliabilitätsformen nur relativ aufwendig quantitativ überprüfbar sind. Aus diesem Grund erfolgt in der vorliegenden Arbeit eine Konzentration auf die Prüfung der Interne-Konsistenz-Reliabilität[249].

2.4.3.4.3. *Validität*

Die Validitätsforschung beschäftigt sich mit der Frage, inwieweit das Erhebungsinstrument wirklich die zu untersuchenden und beobachtbaren Merkmalsausprägungen im Gegensatz zu den latenten Einstellungen des Befragten widergibt (Friedrichs, 1990: 100). Dabei informiert die Validität (Gültigkeit) eines Messinstrumentes darüber, inwieweit ein Instrument frei von systematischen und zufälligen Fehlern ist (Churchill, 1979: 65, 1991)[250]. In diesem Zusammenhang bedeutet das Vorhandensein einer hohen Validität, dass das Messinstrument genau das misst, was es messen soll (vgl. Schnell/Hill/Esser, 1993: 162; Herrmann/Homburg, 2000: 24; Homburg/Giering, 1996: 7). Schnell/Hill/Esser (1993: 162; ähnlich Atteslander, 1993: 253) bezeichnen die Validität, neben der Reliabilität, als das zentrale Gütekriterium einer Messung. Die Durchführung einer Validitätsüberprüfung kann durch verschiedene Ansätze erfolgen. Üblicherweise werden drei Fragestellungen geprüft: (1) die Inhalts-, (2) die Kriteriums- sowie (3) die Konstruktvalidität.

Die *Inhaltsvalidität* bezieht sich auf den Grad, zu dem die Variablen eines Messmodells alle inhaltlichen Facetten des Konstruktes abbilden (vgl. Homburg/Giering, 1996: 7; Churchill, 1991: 490; Schnell/Hill/Esser, 1993: 163). Die Sicherung der Inhaltsvalidität erfolgt in erster Linie qualitativ, indem das betreffende Konstrukt inhaltlich präzise abgegrenzt wird. In diesem Zusammenhang argumentieren Parasuraman/Zeithaml/Berry (1988: 28): „assessing a scales`s content validity is necessarily qualitative rather than quantitative“. Es lassen sich jedoch auch durch quantitative Analysen Anhaltspunkte für die Inhaltsvalidität

[249] Diese wird u. a. mittels des Cronbachsches Alphas gemessen (vgl. Kap. 2.4.3.5.3).

[250] Die Validität einer Messung setzt voraus, dass eine reliable Messung vorliegt (Hildebrandt, 1984: 42).

gewinnen. Hierauf wird im Rahmen der vorliegenden Arbeit jedoch nicht näher eingegangen (für eine tiefergehende Analyse vgl. Homburg/Giering, 1996: 7f.). Die Sicherung der Inhaltsvalidität erfolgt v. a. mittels der durchgeführten Experteninterviews und der Literaturrecherche: es wird eine inhaltlich präzise Abgrenzung der verwendeten Konstrukte gegenüber anderen Messinstrumenten angestrebt.

Die *Kriteriumsvalidität* bezieht sich nach Schnell/Hill/Esser (1993: 164f.) „auf den Zusammenhang zwischen den empirisch gemessenen Ergebnissen des Messinstrumentes und einem anders gemessenen empirischen (‚externen') Kriterium." Dabei werden im Allgemeinen zwei Formen unterschieden (vgl. Schnell/Hill/Esser, 1993: 164f.):

1. Predictive Validity: Grad, zu dem Vorhersagen durch die Messung mit einem Instrument durch spätere Messungen mit einem anderen Instrument bestätigt werden können.
2. Concurrent Validity: Grad, zu dem Vorhersagen durch die Messung mit einem Instrument durch Messungen zum selben Zeitpunkt, aber mit einem anderen Instrument, bestätigt werden können.

Schnell/Hill/Esser (1993: 165) bewerten die Kriteriumsvalidität als „kaum aussagekräftig" und „nur selten anwendbar". Wegener (1983: 95f.) beschreibt die Probleme im Zusammenhang mit der Kriteriumsvalidität folgendermaßen: „Es gibt sehr häufig keine hinreichend genau gemessene Kriteriumsvariable für die Validierung einer Messung, und sofern es sie doch gibt, ist fraglich, worin eigentlich der Anlass für die neue Messung besteht." Aus diesen Gründen soll im Rahmen der vorliegenden Untersuchung auf die Überprüfung der Kriteriumsvalidität verzichtet werden.

Die *Konstruktvalidität* stellt aus sozialwissenschaftlicher Sicht die bedeutendste und anspruchsvollste Validitätsform dar (vgl. Churchill, 1979: 70f.; Bagozzi et al., 1991: 421f.; Schnell/Hill/Esser, 1993: 165) und befasst sich mit der Beziehung zwischen dem Konstrukt und dem Messinstrument. Sie beinhaltet drei Facetten:

1. Konvergenzvalidität: Ausmaß, in dem zwei oder mehr unterschiedliche Messungen des gleichen Konstruktes übereinstimmen (vgl. Bagozzi/Phillips, 1982: 468; Peter/Churchill, 1986: 9). Dies ist der Fall, wenn die Indikatoren eines Konstruktes hoch miteinander korrelieren (Peter, 1981: 136).

2. Diskriminanzvalidität: Ausmaß, in dem sich die Messungen unterschiedlicher Konstrukte unterscheiden (vgl. Bagozzi/Phillips, 1982: 469; Churchill, 1979: 70). Dies ist der Fall, wenn die Indikatoren eines Konstruktes untereinander stärker zusammenhängen als mit Indikatoren anderer Konstrukte.
3. Nomologische Validität[251]: Ausmaß, in dem vorhergesagte Beziehungen des Konstruktes zu anderen Konstrukten bestätigt werden können. Die vorhergesagten Beziehungen müssen dabei aus einem übergeordneten theoretischen Rahmen abgeleitet werden (vgl. Bagozzi, 1979: 24; Peter/Churchill, 1986: 4).

Die Sicherung der Konstruktvalidität kann, im Gegensatz zu der Inhaltsvalidität, quantitativ beurteilt werden (vgl. Homburg/Giering, 1996: 7). Dies gilt insbesondere für die Konvergenz- und Diskriminanzvalidität. Das hierzu verwendete quantitative Instrumentarium wird im folgenden Kapitel dargestellt (vgl. Kap. 2.4.3.5). Allerdings sollte an dieser Stelle auf die Gefahr systematischer Fehler hingewiesen werden, die insbesondere dann besteht, wenn sich die Indikatoren zu ähnlich sind und somit nicht alle Facetten eines Konstruktes abgedeckt werden. Hierzu stellen Churchill/Peter (1984: 370) fest: "There is a tradeoff between reliability and construct validity when items are so similar that they underidentify constructs. Thus research efforts to maximize reliability estimates may well result in the development of measures which have low construct validity [...] it should be clear that construct validity is not solely an empirical question but is a matter of inferences and judgements." Bei der Konstruktmessung in der vorliegenden Arbeit besitzen daher inhaltliche Überlegungen stets einen hohen Stellenwert, wenn quantitative Gütekriterien angewendet werden.

2.4.3.5. *Gütekriterien der Konstruktmessung*

Die Messung komplexer Sachverhalte bildet eine wesentliche Grundlage fundierter (reliabler und valider) empirischer Forschung (vgl. Hildebrandt, 1984). Anders als die physikalischen Größen der Naturwissenschaften sind die theoretischen Konstrukte der empirischen Sozialwissenschaft jedoch zumeist abstrakt und nicht direkt messbar (Bagozzi/Phillips, 1982: 24, 465; Long, 1983: 11; Schnell/Hill/Esser, 1993: 129; vgl. Kap. 2.1). Die Kon-

[251] Im Rahmen der vorliegenden Untersuchung ist somit eine Beurteilung der nomologischen Validität ansatzweise über die empirischen Ergebnisse der Hypothesenprüfung möglich.

struktbildung im Rahmen der empirischen Forschung erfordert aus diesem Grund sowohl eine Konzeptualisierung als auch eine darauf aufbauende Operationalisierung (vgl. Friedrichs, 1990; Kühnel/Krebs, 2001: 27f.; Schnell/Hill/Esser, 1993: 121f.).

Dabei ist unter der Konzeptualisierung die Erarbeitung der relevanten Dimensionen eines komplexen Konstruktes[252] zu verstehen (vgl. Schnell/Hill/Esser, 1993: 121, 129f.). Der Begriff Operationalisierung bezeichnet die Entwicklung eines Messinstrumentes bzw. von geeigneten Messskalen (vgl. Schnell/Hill/Esser, 1993: 121ff.; Homburg/Giering, 1996). Ein solches Messinstrument besteht i. d. R. aus Items (auch Indikatoren oder Indikatorvariablen genannt), die im Gegensatz zum Konstrukt direkt beobachtbar und empirisch erfassbar sind (vgl. Homburg/Giering, 1996: 6). Seit Ende der 70er Jahre hat sich die Verwendung von mehreren Items pro Konstrukt durchgesetzt (Churchill, 1979: 66; Jacoby, 1978: 93). In der vorliegenden Arbeit setzen sich die verwendeten Konstrukte, wie in der zitierten Literatur empfohlen, daher aus mehreren Items zusammen.

Zur Beurteilung der Reliabilität und Validität der Messung der in der vorliegenden Arbeit verwendeten Konstrukte kommen verschiedene Methoden zum Einsatz (vgl. Churchill, 1979: 68ff.; Gerbing/Anderson, 1988: 186f.), die in diesem Kapitel vorgestellt werden sollen: Exploratorische Faktorenanalyse (vgl. Kap. 2.4.3.5.1), Item to Total-Korrelationen (vgl. Kap. 2.4.3.5.2) sowie das Cronbachsches Alpha (vgl. Kap. 2.4.3.5.3).

2.4.3.5.1. Exploratorische Faktorenanalyse

Die exploratorische Faktorenanalyse untersucht mehrere Indikatorvariablen hinsichtlich einer zugrunde liegende Faktorenstruktur (vgl. Backhaus et al., 2000: 190ff.; Churchill, 1979: 69; Hüttner/Schwarting, 2000: 383ff.). Dabei hat die Faktorenanalyse das Ziel, die Items auf möglichst wenige Faktoren zu reduzieren, welche die zugrunde liegenden Indikatoren hinreichend gut repräsentieren können (vgl. Backhaus et al., 2000: 252ff.; Hartung/Elpelt, 1992: 505; Hüttner/Schwarting, 2000; Norusis, 1995: 51ff.).

---

[252] Unter einem Konstrukt versteht man eine abstrakte Einheit, die den nicht beobachtbaren Zustand eines bestimmten Phänomens repräsentiert (vgl. Bagozzi/Fornell, 1982: 24).

Zur Erreichung dieses Reduktionsziels verzichtet die exploratorische Faktorenanalyse auf eine Zugrundelegung von Hypothesen bzgl. der Faktorenstruktur. Datengrundlage der Faktorenanalyse ist die Korrelationsmatrix der Indikatoren eines Konstruktes (vgl. Thurstone, 1947). Im Verlauf der Faktorenanalyse werden diejenigen Indikatoren eliminiert, die nicht ausreichend hoch auf einem Faktor laden (Malhotra, 1993: 619). Die Assoziationen der einzelnen Items mit einem Faktor werden durch die Faktorladungen ausgedrückt, welche den Korrelationen zwischen den Items und einem Faktor entsprechen (vgl. Backhaus et al., 2000: 196). Für die Stärke der Faktorladung wird in Anlehnung an Homburg/Giering (1996: 8; vgl. auch Homburg, 2000) ein Mindestwert von 0,4 gefordert[253].

Im Rahmen der Konstruktmessung sind folgende methodische Aspekte der exploratorischen Faktorenanalyse zu beachten:

- Ein Kriterium für die Beurteilung der Messung eines einzelnen Faktors ist der Anteil der erklärten Varianz der Items. In Anlehnung an Homburg (2000) wird gefordert, dass ein einzelner Faktor mindestens 50% der Varianz einer Itemmenge erklären sollte (vgl. auch Homburg/Giering, 1996: 12).
- Die Anzahl der zu extrahierenden Faktoren wird über das Kaiserkriterium entschieden (vgl. Kaiser, 1974). Danach ergibt sich die Zahl der zu extrahierenden Faktoren aus der Zahl der Eigenwerte[254] der Korrelationsmatrix, die größer als Eins sind.
- Zusätzlich zum Kaiserkriterium wird im Falle von Eigenwerten nahe Eins der sogenannte Scree-Test herangezogen. Hierzu werden alle berechneten Eigenwerte nach absteigender Größe sortiert dargestellt. Die Anzahl der zu extrahierenden Faktoren ergibt sich durch die Stelle, an der ein besonders steiler Anstieg der Eigenwerte beginnt (vgl. Norusis, 1993: 55).

[253] Zeichnet sich eine Menge von Items durch Faktorladungen von mindestens 0,4 bezüglich eines Faktors aus, so kann dies als ein erster Hinweis auf (hohe) Konvergenzvalidität gedeutet werden. Sind zusätzlich die Faktorladungen der betrachteten Indikatoren bezüglich anderer Faktoren geringer, so kann dies wiederum als erster Hinweis auf Diskriminanzvalidität zwischen den Faktoren gewertet werden. In diesem Zusammenhang wird gefordert, dass nicht nur alle Items eines Konstrukts auf demselben Faktor mit mindestens 0,4 laden, sondern dass diese gleichzeitig auf alle anderen Faktoren mit weniger als 0,4 laden (Homburg/Giering, 1996: 8).

[254] Der Eigenwert bezeichnet den Erklärungsbeitrag eines Konstrukts zur Varianz. Wäre dieser z. B. kleiner als Eins, so erklärt das Konstrukt weniger Varianz über alle Items als ein einziges Item; denn die standardisierte Varianz eines Items ist definitionsgemäß gleich Eins.

2.4.3.5.2. *Item to Total-Korrelationen*

Die Item to Total-Korrelationen stellen die Korrelationen eines jeden Indikators mit der Summe der restlichen Items eines Konstruktes dar. Dabei werden grundsätzlich möglichst hohe Item to Total-Korrelationen gefordert, auch wenn kein expliziter Grenzwert vorgegeben wird. Hohe Werte für alle Items eines Konstruktes sind ein Hinweis auf die Existenz einer Konvergenzvalidität bzw. auf hohe Reliabilität (Nunnally, 1978: 274). Umgekehrt kann die Reliabilität der Konstruktmessung gesteigert werden, indem eine niedrige Item to Total-Korrelation als Kriterium zur Elimination einzelner Items verwendet wird (vgl. Churchill, 1979: 68). Hierbei schlägt Churchill (1979: 68f.) vor, so lange den Indikator mit der niedrigsten Item to Total-Korrelation zu eliminieren, bis ein akzeptables Reliabilitätsniveau erreicht ist. In der vorliegenden Arbeit wurde die korrigierte Item to Total-Korrelation zugrunde gelegt. Diese beschreibt die Korrelation eines Indikators mit allen übrigen Indikatoren des Faktors (vgl. Norusis, 1993: 146).

2.4.3.5.3. *Cronbachsches Alpha*

Das Cronbachsche Alpha ist ein Maß für die Beurteilung der Interne-Konsistenz-Reliabilität mehrerer Indikatoren, die zur Messung eines Konstruktes herangezogen werden (vgl. Cronbach, 1951). Es ist das am häufigsten angewandte Kriterium zur Reliabilitätsbeurteilung (vgl. Peter, 1979; Peterson, 1994) und kann auch auf dichotome Items angewendet werden (vgl. Schnell/Hill/Esser, 1993: 160f.; Feldt/Brennan, 1989: 113).

Das Cronbachsche Alpha hat einen Wertebereich zwischen Null und Eins. Dabei sprechen hohe Werte für ein hohes Maß an Reliabilität (vgl. Cortina, 1994: 99f.). In der betriebswirtschaftlichen Praxis wird häufig ein Mindestwert von 0,7 gefordert (vgl. hierzu Empfehlungen von Nunnally, 1978: 245f.; Peterson, 1994). Je nach Anwendungsziel werden teilweise höhere oder niedrigere Grenzwerte empfohlen (Churchill, 1979: 68f.; Murphy/Davidshofer, 1988). In der vorliegenden Untersuchung soll ein (konservativer) Mindestwert von 0,7 angesetzt werden, wobei darauf hinzuweisen ist, dass insbesondere neuartige und bisher wenig erforschte Untersuchungsgegenstände auch niedrigere Werte rechtfertigen können

(Malhotra, 1993: 308). Nunnally (1967: 226) schlägt in diesem Zusammenhang z. B. einen Mindestwert von lediglich 0,6 vor, der im Einzelfall geprüft wird.

Zur Beurteilung des Mindestwertes ist zu beachten, dass die Zahl der Items einen positiven Einfluss auf die Größe des Koeffizienten ausübt[255] (vgl. Churchill/Peter, 1984; Homburg/Giering, 1996; Schnell/Hill/Esser, 1993: 161). Zudem unterstellt das Cronbachsche Alpha, dass alle Items eines Konstruktes die gleiche Reliabilität aufweisen (vgl. hierzu die Kritik bei Fornell, 1986; Finn/Kayande, 1997; Voss/Stem/Fotopoulos, 2000).

2.4.3.6. *Angewendete statistische Verfahren*

Es gibt eine große Anzahl multivariater Datenanalyseverfahren, die jeweils bestimmte Stärken und Schwächen besitzen (vgl. Schnell/Hill/Esser, 1999: 418): „Kein Verfahren ist in jedem Fall angemessen". Aus diesem Grund erfolgt im vorliegenden Kapitel eine differenzierte, kritische Darstellung der angewendeten statistischen Methoden.

Die Hauptforschungshypothesen in der vorliegenden Untersuchung beschreiben die folgenden Beziehungen: (1) Einflussfaktoren auf die Ausgestaltung bzw. die Adoption der weichen HR-Kennzahlen sowie (2) Ausgestaltung der weichen HR-Kennzahlen auf die (erfolgreiche) Adoption unter Berücksichtigung moderierender Größen. Die anzuwendende Datenanalysemethode muss insofern die Analyse der Einflüsse der verschiedenen Kontextfaktoren bzw. mehrerer unabhängiger Größen auf den Einsatz bzw. die Ausgestaltung der weichen HR-Kennzahlen als abhängige Größe ermöglichen.

Das Forschungsmodell (vgl. Kap. 2.5) zeichnet sich darüber hinaus durch eine mehrstufige Analysestruktur aus: In einem ersten Schritt wird der Zusammenhang zwischen Einflussgrößen und der Existenz bzw. Ausgestaltung weicher HR-Kennzahlen untersucht. In einem zweiten Schritt interessiert der Zusammenhang zwischen der Ausgestaltung weicher HR-Kennzahlen und der (erfolgreichen) Adoption unter Berücksichtigung der indirekten Vari-

[255] Nach Gerbig/Anderson (1985) ist diese Eigenschaft unter messtheoretischen und methodischen Gesichtspunkten als durchaus positiv zu bewerten, da komplexe Konstrukte nur über eine ausreichend große Zahl von Items zufriedenstellend gemessen werden können.

ablen Akzeptanz und Beurteilung sowie des zu erwartenden moderierenden Effektes der Einflussgrößen auf diese Beziehung. Es ist zu bemerken, dass es Analyseverfahren gibt, die das mehrstufige Forschungsmodell in einem Analyseschritt abbilden können, wie z. B. die Anwendung kausalanalytischer Verfahren (vgl. Fornell/Larcker, 1981; Jöreskog/Sörbom, 1993; Bagozzi, 1994; Bagozzi/Baumgartner, 1994). Allerdings können diese Forschungsverfahren nur bei Existenz einer sehr hohen Stichprobengröße angewendet werden (vgl. Fritz, 1992: 118f.; Baumgartner/Homburg, 1996: 146).

Statt dessen wird deshalb ein anderer Ansatz verfolgt, der die Prüfung des Forschungsmodells in mehreren Schritten, die sich an den Hauptforschungshypothesen orientieren, vorsieht. Diese Untersuchungsschritte werden zum einen über multiple und moderierte Regressionsanalysen realisiert, über welche die Beziehungen zwischen mehreren unabhängigen und einer abhängigen Variable untersucht werden kann. Dabei wird in der vorliegenden Untersuchung auf die weit verbreitete Variante der linearen multiplen Regression zurückgegriffen, welche auf der Prämisse linearer Beziehungen zwischen den unabhängigen und der abhängigen Variable aufbaut. Zum anderen wird hierzu die Diskriminanzanalyse genutzt. Nachfolgend erfolgt eine tiefergehende Darstellung dieser Verfahren.

2.4.3.6.1. Einfache und multiple lineare Regressionsanalyse

In dem vorliegenden Kapitel sollen die Grundlagen der einfachen und multiplen, linearen Regressionsanalyse vorgestellt werden. Dazu werden einleitend die Inhalte einer Regressionsanalyse erläutert sowie die Berechnung von Zielfunktion und Regressionskoeffizienten beschrieben. Nach einer Diskussion der Anpassungsgüte regressionsanalytischer Modelle erfolgt die Darstellung notwendiger Signifikanzprüfungen der Regressionsfunktion. Anschließend werden die einzelnen Schritte, die bei der Durchführung einer Regressionsanalyse notwendig sind, beschrieben und ein kurzer Exkurs zur Standardisierung der im Rahmen des Regressionsmodells verwendeten Parameter vorgenommen. Das Kapitel endet mit einer Diskussion der für eine multiple Regressionsanalyse notwendigen Voraussetzungen sowie einer allgemeinen Bewertung des Verfahrens.

Die lineare Regressionsanalyse versucht die Art der Abhängigkeit zwischen zwei oder mehreren Variablen in einer linearen Gleichung auszudrücken (vgl. Backhaus et al. 1996: 9, 2000: 2f.; Fahrmeir et al., 1984: 130f., 136). In diesem Zusammenhang stellen Albers/Skiera (1999: 205; vgl. auch Backhaus et al., 2000: 2f.; Brosius, 1998: S. 532; Janssen/Laatz, 1999: 365) fest, dass die Regressionsanalyse „ ... die lineare Abhängigkeit zwischen einer metrisch skalierten[256] abhängigen Variablen (auch als endogene Variable, Prognosevariable oder Regressand bezeichnet) und einer oder mehreren metrisch skalierten unabhängigen Variablen." untersucht. Hierzu ist die Festlegung zu untersuchender Ursache-Wirkungsbeziehungen erforderlich (vgl. Backhaus et al., 2000: 9f.). Bei der Regressionsanalyse handelt es sich insofern um eine Dependenzanalyse, da eine einseitige Abhängigkeit der zu untersuchenden Variablenmenge postuliert wird (vgl. Berekoven et al., 1996: 207)[257]. Dabei wird die abhängige Variable als Funktion der unabhängigen Variablen abgebildet, wie die folgende Regressionsgleichung zeigt (Berry/Feldman, 1985, 10):

$$y = b_0 + \sum_{i=1}^{j} b_i x_i$$

Legende:

y = abhängige Variable,

b_0 = Regressionskonstante,

$b_1 ... b_j$ = Regressionskoeffizienten und

$x_1 ... x_j$ = unabhängige Variablen.

Im Rahmen dieser Regressionsgleichung sind die Werte der abhängigen und der unabhängigen Variablen beobachtbar und messbar. Demgegenüber werden die Parameter der Regressionsfunktion (Konstante der Regressionsfunktion, Regressionskoeffizient) und alle Re-

---

256 Nach Berekoven et al. (1996: 213) ist für die Anwendung einer Regressionsanalyse ein metrisches Messniveau sowohl für die abhängige als auch für die unabhängigen Variablen erforderlich. Es besteht jedoch die Möglichkeit, Nominalgrößen in sogenannte Dummy-Variablen zu zerlegen, die jeweils mit der Codierung 0 (trifft nicht zu) bzw. 1 (trifft zu) versehen werden und auf diese Weise in das Regressionsmodell integriert werden können (vgl. Brosius, 1998: 532, 549ff.; Bühl/Zöfel, 1999: 326f.; Janssen/Laatz, 1999: 398).

257 Berekoven et al. (1996: 207) erklären folgendermaßen: „Bei der Dependenzanalyse wird ein Kausalzusammenhang derart unterstellt, dass eine oder mehrere Variablen (= abhängige Variablen oder Kriteriumsvariablen) von anderen Variablen (= unabhängige Variablen oder Prädiktoren) beeinflusst werden.".

sidualgrößen[258] (auch als Residuen, Störgrößen oder Fehlerterme bezeichnet) geschätzt (vgl. Albers/Skiera, 1999: 207f.; Backhaus et al., 2000: 10f.). Hieraus ergibt sich die folgende Zielfunktion (vgl. Jain, 1994: 164):

$$y_k = b_0 + \sum_{i=1}^{j} b_i x_{ik} + e_k$$

Legende:

y_k	=	k-ter Beobachtungswert der abhängigen Variablen,
x_{ik}	=	Ausprägung der unabhängigen Variablen i bei der k-ten Beobachtung und
e_k	=	Residualgröße der k-ten Beobachtung (mit k = 1, 2, ..., K).

Das Ziel der Regressionsanalyse besteht darin, die Parameter der Regressionsfunktion so an die Beobachtungswerte anzupassen bzw. zu schätzen, dass die Summe der quadrierten Abweichungen minimiert wird. Dieses Verfahren wird auch als Methode der kleinsten Quadrate bezeichnet (vgl. z. B. Förster/Rönz, 1979: 108ff.; Hansen, 1993: 53)[259] und ist nach Albers/Skiera (1999: 208) und Jain (1994: 166) somit durch die folgende Zielfunktion gekennzeichnet:

$$\sum_{k=1}^{K} e_k^2 = \sum_{k=1}^{K} \left[y_k - \left(b_0 + \sum_{i=1}^{j} b_i x_{ik} \right) \right]^2 \rightarrow \text{min!}$$

Zur Beurteilung der Anpassungsgüte eines linearen Regressionsmodells wird nach Albers/Skiera (1999: 209) folgende Prämisse vorausgesetzt: „... dass ohne die Kenntnis der unabhängigen Variablen die beste Schätzung des zu erwartenden Werts der abhängigen Variablen durch die Bestimmung des Mittelwerts der abhängigen Variablen erfolgt.“ Hieraus folgt, dass die Güte einer Regressionsanalyse daran gemessen wird, „um wieviel sich die Aussage durch die Betrachtung von unabhängigen Variablen gegenüber der ausschließlichen Betrachtung der abhängigen Variablen und der damit verbundenen ‚einfachen‘ Schätzung in Form des Mittelwerts verbessert“ (vgl. Albers/Skiera, 1999: 209). Güteindikator für

[258] Die Residualgröße beschreibt in diesem Zusammenhang die Abweichung, die sich zwischen dem tatsächlichen Wert der abhängigen Variable und dem auf der Grundlage der Regressionsfunktion geschätzten Werte ergibt (vgl. Albers/Skiera, 1999: 208).

diese Messung (über die Stärke des Zusammenhangs zwischen unabhängigen und abhängiger Variablen) ist das lineare multiple Bestimmtheitsmaß „R^2“, welches die erklärte Abweichungsquadratsumme in ein Verhältnis zu der erklärenden Abweichungsquadratsumme (entspricht der erklärten Varianz) setzt (vgl. z. B. Janssen/Laatz, 1999: 366ff.)[260].

Da der Erklärungsgehalt unabhängiger Variablen im schlechtesten Fall Null ist, kann durch die Ergänzung weiterer unabhängiger Größen in ein Forschungsmodell keine Verschlechterung des Bestimmtheitsmaßes erfolgen – im Gegenteil zeigt sich der Effekt eines ständig ansteigenden Bestimmtheitsmaßes (vgl. Brosius, 1998: 546f.). Darüber hinaus ist R^2 zudem über die Größe des Stichprobenumfangs beeinflussbar. Um diese Effekte zu minimieren wird in der vorliegenden Arbeit auf das korrigierte Bestimmtheitsmaß (R^2_{korr}) zurückgegriffen (vgl. Backhaus et al., 2000: 18f.; Brosius, 1998: 547; Janssen/Laatz, 1999: 378).

Mittels des Bestimmtheitsmaßes R^2 und des sogenannten F-Tests wird für jede Regressionsanalyse die grundsätzliche Eignung des Analysemodells zur Beschreibung des Zusammenhangs untersucht (vgl. Backhaus et al., 2000: 19ff.; Förster/Rönz, 1979: 108ff.). Dabei dient der F-Test der (Signifikanz-)Prüfung der Regressionsfunktion hinsichtlich der Zulässigkeit einer Verallgemeinerung auf die Grundgesamtheit. Für das gesamte Set an unabhängigen Variablen lässt sich mittels eines F-Tests (in diesem Zusammenhang über die Interpretation des p-Werts) feststellen, ob ein signifikanter Einfluss auf die endogene Variable vorliegt (vgl. Albers/Skiera, 1999: 210f.; Backhaus et al., 2000: 25ff.; Brosius, 1998: 535, 546f.; Janssen/Laatz, 1999: 372f.). Im Falle der Existenz eines signifikanten Zusammenhangs (auf Basis des F-Tests) wird im Rahmen dieser Studie noch einmal differenziert für jeden einzelnen Regressionskoeffizienten mit Hilfe eines t-Tests überprüft, ob er sich signifikant von Null unterscheidet (vgl. Backhaus et al., 2000: 29f.; Brosius, 1998: 541f.; Janssen/Laatz, 1999: 372f.). Die ermittelte Irrtumswahrscheinlichkeit wird dann mit dem festgelegten Signifikanzniveau (im Fall der vorliegenden Arbeit = 5%) verglichen.

---

[259] Vgl. darüber hinaus: Albers/Skiera (1999: 208); Backhaus et al. (2000: 15f.); Brosius (1998: 526); Janssen/Laatz (1999: 366f.).

[260] Vgl. auch: Albers/Skiera (1999: 209); Backhaus et al. (2000: 19ff.); Brosius (1998: 533ff.).

Um die Einflussstärke der unabhängigen Variablen miteinander zu prüfen, muss auf die Betrachtung der standardisierten Regressionskoeffizienten (auch Beta-Koeffizienten) ausgewichen werden, da den unabhängigen Variablen oftmals unterschiedliche Skalen zugrunde liegen und somit die Parameterwerte nicht unmittelbar verglichen werden können (vgl. Albers/Skiera, 1999: 212f.; Backhaus et al., 2000: 19; Brosius, 1998: 548 und kritisch Neter et al., 1989: 292). Die Bildung der standardisierten Regressionskoeffizienten erfolgt nach Albers/Skiera (1999: 212) „durch die Multiplikation des (unstandardisierten) Regressionskoeffizienten mit der Standardabweichung der dazugehörigen unabhängigen Variablen und anschließender Division mit der Standardabweichung der abhängigen Variablen“. Das Bestimmtheitsmaß kann Werte zwischen Null und Eins (vollständige Erklärung) aufweisen (vgl. Bühl/Zöfel, 1999: 316ff.; Janssen/Laatz, 1999: 367f.). Dabei finden sich unterschiedliche Verfahren zum Einbezug von erklärenden Variablen in die Regressionsgleichung (vgl. Janssen/Laatz, 1999: 396f.). In der vorliegenden Untersuchung werden die beiden sogenannten Methoden „Einschluss“[261] und „Schrittweise Regression“[262] berücksichtigt (vgl. Brosius, 1998: 576f.).

Bei der Anwendung sowohl der einfachen als auch der multiplen Regression müssen einige Annahmen beachtet werden, die für die Güte der Ergebnisse entscheidend sind (vgl. Backhaus et al., 2000: 33-44; Jain, 1994: 177f.). Diese Annahmen, die sich entweder auf die (1) Beziehung zwischen der abhängigen und der unabhängigen Variablen, (2) der Beziehung zwischen den unabhängigen Variablen untereinander, (3) der Anzahl der Beobachtungen oder (4) die Residualgrößen beziehen, sollen nachfolgend vorgestellt werden[263].

Annahmen hinsichtlich des *Zusammenhangs zwischen abhängigen und unabhängigen Variablen* betonen v. a., dass eine Grundvoraussetzung für die Qualität einer multiplen, linearen Regression die Korrektheit des formulierten Regressionsmodells darstellt. In diesem sollten weder zu viele erklärende Variablen („Overfitting“) noch zu wenig erklärende Va-

[261] Alle erklärenden Variablen werden in einem Schritt in die Regressionsgleichung einbezogen.

[262] Die unabhängigen Variablen werden Schritt für Schritt in die Gleichung aufgenommen. Hierzu werden bestimmte Aufnahmekriterien festgelegt, die sich im Fall der vorliegenden Arbeit an den Standardeinstellungen von SPSS orientieren (vgl. Backhaus et al., 2000: 55f.; Brosius, 1998: 568ff.).

[263] Auch wenn eine Vielzahl von Prämissen bei der Berechnung der Regressionsanalyse zu beachten ist, ist deren Anwendbarkeit nicht als eingeschränkt zu bezeichnen (vgl. Backhaus et al., 2000: 44; ähnlich Bro-

riablen („Underfitting“) enthalten sein, um verzerrte oder inkonsistente Schätzungen zu vermeiden (vgl. z. B. Wonnacott/Wonnacott, 1990: 99ff.)[264]. Zudem muss zwischen der abhängigen Variablen und den einzelnen unabhängigen Variablen jeweils eine lineare Beziehung bestehen (vgl. Backhaus et al., 2000: 34f.; Berekoven et al., 1996: 213; Albers/Skiera, 1999: 216.f.). Schließlich sollten die Variablen additiv verknüpft sein (vgl. Berekoven et al., 1996: 213), d. h. der Gesamteinfluss der unabhängigen Variablen auf die abhängige Variable muss gleich der Summe der Einzeleinflüsse sein.

Annahmen hinsichtlich des *Zusammenhangs zwischen den unabhängigen Variablen* fordern insbesondere das Nicht-Vorliegen von Multikollinearität (vgl. z. B. Schneeweiß, 1990: 134-148)[265], d. h. die unabhängigen Variablen müssen untereinander unabhängig sein und dürfen nicht miteinander korrelieren[266]. Die Stärke der Multikollinearität kann durch die Bestimmung der Toleranzen identifiziert werden. Wenn die Toleranz-Werte kleiner 0,01 und die sogenannten Variance Inflation Factors (VIF)[267] nahe dem absoluten Wert Eins liegen, muss von Multikollinearitätsproblemen ausgegangen werden (vgl. Albers/Skiera, 1999: 217, 222; Backhaus et al., 2000: 42f.; Brosius, 1998: 565f.; Janssen/Laatz, 1999: 377f.). Ein weiterer Indikator stellt die Höhe der Eigenwerte (Konditionsindex) dar: Werte zwischen 10 und 30 deuten auf eine moderate Kollinearität. Werte über 30 hingegen auf eine starke Multikollinearität (vgl. Brosius, 1998: 566f.; Janssen/Laatz, 1999: 383)[268]. Eine zufriedenstellende Lösung von Multikollinearitätsproblemen ist nach Albers/Skiera (1999: 224f.) schwierig. Es empfehlen sich in diesem Zusammenhang folgende Ansätze, die im Rahmen der vorliegenden Untersuchung, sofern erforderlich oder möglich, angewendet wurden (vgl. Backhaus et al., 2000: 42f.; Brosius, 1998: 565f.; Janssen/Laatz, 1999: 403f.):

---

sius, 1998: 568): „Die Regressionsanalyse ist recht unempfindlich gegenüber kleineren Verletzungen der obigen Annahmen und bildet ein äußerst flexibles und vielseitig anwendbares Analyseverfahren.“

264 Vgl. auch: Backhaus et al. (2000: 37f.); Chatterjee/Hadi (1988: 43ff.); Kmenta (1986: 442ff.).

265 Vgl. darüber hinaus: Backhaus et al. (2000: 41f.); Berekoven et al. (1996: 213); Brosius (1998: 563ff.); Förster/Rönz (1979: 226ff.); Janssen/Laatz (1999: 383, 403); Mason/Perreault (1991: 268f.).

266 In diesem Zusammenhang kann nach Brosius (1998: 563f.) zwischen perfekter und nicht-perfekter Kollinearität unterschieden werden. Bei nicht-perfekter Kollinearität lässt sich, anders als bei der perfekten Kollinearität, die Regressionsgleichung (aus mathematischer Sicht) in gleicher Weise durchführen. Allerdings sind in diesem Fall verzerrte geschätzte Parameter zu erwarten.

267 VIF sind die Kehrwerte der Differenz zwischen Eins und dem Bestimmtheitsmaß (vgl. Janssen/Laatz, 1999: 383f.).

268 Einen weitereren Anhaltspunkt für das Vorliegen von Multikollinearität bietet die Betrachtung der Korrelationsmatrix der unabhängigen Variablen (vgl. Backhaus et al., 2000: 42). Hohe Korrelationskoeffizienten deuten auf mögliche Multikollinearitätsprobleme hin.

(1) Erhöhung der Anzahl der Beobachtungen, (2) Zusammenfassung der linear voneinander abhängigen Variablen zu einer einzigen Variable oder (3) Eliminierung einzelner Variablen aus der Regressionsanalyse.

Hinsichtlich der Annahmen über die *Anzahl der Beobachtungen* existiert in der relevanten Methodenliteratur eine Reihe recht unterschiedlicher Stellungnahmen. Lewis-Beck (1980: 26ff.) fordert z. B., dass der Stichprobenumfang lediglich die Zahl der unabhängigen Variablen überschreiten muss. Backhaus (1996: 49, 2000: 61) postuliert hingegen, dass die Zahl der Beobachtungen mindestens doppelt so groß wie die Zahl der zu schätzenden Parameter sein muss[269]. Im Rahmen der vorliegenden Untersuchung wird der liberalen Empfehlung für die Regressionsmodelle gefolgt, dass der Stichprobenumfang lediglich die Zahl der unabhängigen Variablen überschreiten muss.

Annahmen hinsichtlich der *Residualgrößen* beziehen sich zum einen auf die inferenzstatistische Absicherung der multiplen, linearen Regression. Diese setzt voraus, dass alle beteiligten Residualgrößen multivariat normalverteilt sind (vgl. z. B. Backhaus et al., 2000: 34f.)[270]. Zur Überprüfung der multivariaten Normalverteilung existiert derzeit nach Bortz (1999: 417) kein ausgereifter Test. Im Rahmen der vorliegenden Untersuchung erfolgt eine Überprüfung der Normalverteilung der Residuen mittels grafischer Verfahren (vgl. Brosius, 1998: 556). Albers/Skiera (1999: 221) bewerten die Relevanz dieser Prämisse kritisch: „Die Normalverteilung der Residuen ist dagegen von vergleichsweise untergeordneter Bedeutung, da sie aufgrund des zentralen Grenzwertsatzes bei einer ‚hinreichend' großen Anzahl an Beobachtungswerten stets erfüllt ist." Insofern soll im Rahmen der vorliegenden Arbeit der Normalverteilung eine eher nachgeordnete Bedeutung beigemessen werden, zumal diese auch nur einen Effekt auf F- und t-Test ausüben könnte, nicht aber die ermittelten Parameterwerte beeinflusst. Die Anwendung linearer Regressionsmodelle basiert darüber hinaus auf der Annahme, dass der Erwartungswert von Null für alle Residualgrößen (vgl. Albers/Skiera, 1999: 216f.) gegeben ist.

---

[269] Darüber hinaus existieren weitere Studien, die empfehlen, dass die Zahl der Beobachtungen drei- bis fünfmal so groß wie die Zahl der Variablen sein sollte (vgl. Albers/Skiera, 1999: 218).

[270] Vgl. darüber hinaus: Albers/Skiera (1999: 216f.); Bortz (1999: 416ff.); Brosius (1998: 556); Janssen/Laatz (1999: 403).

Neben der Forderung einer gleichen Varianz für alle Residualgrößen (vgl. Albers/Skiera, 1999: 216f.; Janssen/Laatz, 1999: 402) ist darüber hinaus insbesondere ein Vorliegen von Heteroskedastizität zu beachten (vgl. Backhaus et al., 2000: 38f.; Berekoven et al., 1996: 214). Nach Albers/Skiera (1999: 216, 229) liegt Heteroskedastizität dann vor „wenn nicht alle Residualgrößen die gleiche Varianz aufweisen". Zur Überprüfung des Vorliegens von Heteroskedastizität wird zum einen auf grafische Gegenüberstellungen der Residualgrößen mit der abhängigen Variable (bzw. alternativ einer der unabhängigen Größen) und zum anderen auf den statistischen Goldfeldt-Quandt-Test zurückgegriffen (vgl. Backhaus et al., 2000: 38; Kmenta, 1986: 292ff.; Pindyck/Rubenfeld, 1991: 132ff.). Im Falle einer Aufdeckung von Heteroskedastizität, kann dieser Mangel ggf. durch Transformation der Variablen beseitigt werden (vgl. Backhaus et al., 2000: 39.; Janssen/Laatz, 1999: 402).

Schließlich besteht hinsichtlich der Residualgrößen die Forderung nach einem Nichtvorliegen von Autokorrelation (vgl. Berekoven et al., 1996: 214; vgl. Albers/Skiera, 1999: 216f.; Förster/Rönz, 1979: 245ff.; Janssen/Laatz, 1999: 400), d. h. einer fehlenden Korrelation zwischen diesen Größen. Ein solches Postulat ist nach Albers/Skiera (1999: 221) besonders genau zu prüfen. Autokorrelation führt zu verzerrten, kleineren geschätzten Standardabweichungen und in der Folge zu fehlerbehafteten und nicht aussagekräftigen Signifikanztests (vgl. Brosius, 1998: 560; Janssen/Laatz, 1999: 384f.). Zur Prüfung wird in der vorliegenden Arbeit die Autokorrelation erster Ordnung untersucht: neben einer grafischen Betrachtung der Residualgrößen wird der Durbin-Watson-Test verwendet (vgl. z. B. Pindyck/Rubenfeld, 1991: 143ff.)[271]. Dieser kann Werte zwischen Null und Vier ergeben, wobei Werte nahe Zwei auf keine Autokorrelation deuten (vgl. Brosius, 1998: 561). Akzeptable Werte liegen nach Janssen/Laatz (1999: 383f.; Brosius, 1998: 561) zwischen 1,5 und 2,5. Dieser Empfehlung soll im Rahmen der vorliegenden Untersuchung gefolgt werden. Zur Beseitigung von Autokorrelation kann es sich nach Janssen/Laatz (1999: 401) anbieten, Variablen zu transformieren.

Über die genannten Anforderungen hinaus sollte zur Sicherstellung sinnvoller Ergebnisse, vor Berechnung des Regressionsmodells, eine Überprüfung des Datensatzes hinsichtlich

[271] Vgl. darüber hinaus: Albers/Skiera (1999: 225); Backhaus et al. (2000: 39ff.); Brosius (1998: 556, 560ff.) bzw. ausführliche Informationen in Econometrica (1977: 1992-1995).

der Existenz von Ausreißern vorgenommen werden (Janssen/Laatz, 1999: 403). Die Elimination von Ausreißern dient zur Sicherstellung, dass einzelne Beobachtungen das Ergebnis nicht (unverhältnismäßig) stark beeinflussen. Hierzu lässt sich zum einen die grafische Verteilung der Beobachtungswerte rein visuell prüfen. Zum anderen werden in der vorliegenden Arbeit darüber hinaus die beiden statistischen Verfahren Mahalanobis Distance[272] und Cook`s Distance[273] eingesetzt. Bei der Interpretation der Ergebnisse sollten nach Albers/Skiera (1999: 213f.) darüber hinaus inhaltliche Kriterien statistische Kriterien dominieren. Insofern sollte inhaltlich geprüft werden, ob alle relevanten Variablen in die Regressionsgleichung aufgenommen wurden und inwiefern der postulierte funktionale Zusammenhang auch tatsächlich sinnvoll erscheint.

Abschließend lässt sich konstatieren, dass die Regressionsanalyse ein in der empirischen Sozialforschung weit verbreitetes Instrument darstellt (Albers/Skiera, 1999: 205; ähnlich Backhaus et al., 2000: 2). Dabei sollte der mit der Anwendung einer Regressionsanalyse verbundene zeitliche und inhaltliche Aufwand nicht unterschätzt werden (vgl. Albers/Skiera, 1999: 235). Zu dem Verfahren stellen Schnell/Hill/Esser (1999: 422) fest: „Die multiple Regression und deren Varianten bilden die Hauptwerkzeuge für moderne Datenanalyseverfahren. Die Grundidee, eine abhängige Variable durch eine lineare Funktion unabhängiger Variablen zu erklären, lässt sich prinzipiell auf eine große Zahl spezieller Probleme anwenden."

2.4.3.6.2. Moderierte lineare Regressionsanalyse

Im Rahmen der Untersuchung des Zusammenhangs zwischen der Ausgestaltung weicher HR-Kennzahlen und deren (erfolgreicher) Adoption werden moderierende Effekte vermutet, die auf den genannten Zusammenhang wirken und sich v. a. aus den situativen Einfluss-

[272] Die sogenannte Mahalanobis Distance ist ein Distanzmaß, welches erfasst, wie stark ein Fall vom Durchschnitt der anderen Fälle abweicht (vgl. Janssen/Laatz, 1999: 392). Ein hoher Distanzwert für einen Fall deutet auf ein potenziell ungewöhnliches Ergebnis und signalisiert einen möglicherweise zu starken Einfluss dieses Falles. Mittels des Mahalanobis Distance Verfahrens werden diejenigen Variablen ausgewählt, die den Abstand zwischen den Gruppen maximieren (vgl. Bühl/Zöfel, 1999: 394).

[273] Mittels des Verfahrens Cook`s Distance wird die Veränderung der Residuen aller anderen Beobachtungswerte erfasst, wenn der betrachtete Beobachtungswert aus der Regressionsgleichung entfernt wird. So kann man ermessen, wie stark der Einfluss eines Falls auf das Gesamtergebnis ist (vgl. Albers/Skiera, 1999: 231; Janssen/Laatz, 1999: 392f.).

größen rekrutieren (vgl. z. B. Engel/Blackwell/Kollat, 1993; Howard/Sheth, 1969)[274], aber auch durch Mediator-Größen wie z. B. der Akzeptanz weicher HR-Kennzahlen (vgl. Kap. 2.5.1.) begründet werden können. Insofern sollen solche Forschungshypothesen geprüft werden, die sich der Situationsabhängigkeit der Beziehungsstruktur zwischen Ausgestaltung und der (erfolgreichen) Adoption widmen. Im folgenden Kapitel wird nach einer kurzen Klärung des Moderatorbegriffes das hierzu verwendete Verfahren vorgestellt und diskutiert.

Nach Sharma/Durand/Gur-Arie (1981: 291) definiert sich eine Moderator-Variable folgendermaßen: „A moderator variable has been defined as one which systematically modifies either the form and/or strength of the relationship between a predictor and a criterion variable.". In diesem Zusammenhang ergänzt Allison (1977: 44) für den Fall einer linearen multiplen Regression, dass „... diese Einflussnahme über eine lineare Gleichung beschrieben werden kann". In der Forschungsliteratur[275] werden unterschiedliche Typen von Moderatoren unterschieden. In der vorliegenden Untersuchung wird zwischen „Reinen Moderatoren" (vgl. Cohen/Cohen, 1975: 314), die keine signifikante Beziehung zur abhängigen Variable aufweisen und „Quasi-Moderatoren" unterschieden, bei denen ein solcher Zusammenhang besteht (Sharma/Durand/Gur-Arie (1981: 292f.). In diesem Kontext sind zwei grundsätzliche Typen von Moderator-Variablen von Relevanz:

- Typ 1: Der Moderator beeinflusst die Stärke der Beziehung zwischen unabhängigen und abhängiger Variablen: dieses geschieht im Falle der vorliegenden Untersuchung überwiegend durch die externen und interne Kontextfaktoren.
- Typ 2: Der Moderator modifiziert die Beziehung zwischen unabhängigen und abhängiger Variablen: hier sind im Fall der vorliegenden Arbeit die Mediatoren Akzeptanz und Beurteilung zu prüfen.

---

274 Vgl. auch: Arnold (1982); Darrow/Kahl (1982); Howard (1977); Sharma/Durand/Gur-Arie (1981).

275 In der Forschungsliteratur existieren unterschiedliche Forderungen hinsichtlich der Beziehung zwischen der unabhängigen und der Moderator-Variable. Beispielsweise postulieren Fry (1971), Horton (1979) und Peters/Champoux (1979), dass die Moderator-Variable mit der unabhängigen Variable interagieren muss und ggf. auch selber eine unabhängige Variable sein kann. Cohen/Cohen (1975) und Zedeck (1971) vertreten im Rahmen einer gegensätzlichen Position, dass eine Moderator-Variable keine bedeutsame unabhängige Variable sein und nicht mit anderen unabhängigen Variablen zusammenhängen muss. Schließlich finden sich Arbeiten, in denen keine Aussage zu der Beziehung zwischen der Moderatorvariable und der unabhängigen Variable getroffen werden (vgl. Bennett/Harrell, 1975; Ghiselli, 1960, 1963; Hobert/Dunette, 1967); stattdessen werden aufgrund inhaltlich-logischer Überlegungen Hypothesen zu den potenziellen Moderatoren entwickelt.

In der bisherigen Forschungsliteratur sind im Falle der moderierten, linearen Regression bisher überwiegend zwei unterschiedliche Methoden zum Einsatz gekommen: (1) Regression in Untergruppen und (2) Moderierte Regressionsanalyse.
Als adäquates Datenanalyseverfahren bietet sich insbesondere die in der Forschung weit verbreitete multiple lineare *Regression in Untergruppen* (Subgroup Analysis) an (vgl. Miller/Ginter, 1979; Bennett/Harrell, 1975; Day, 1970; Fry, 1971; Sharma/Durand/Gur-Arie, 1981: 291f.). Dabei werden Regressionsanalysen in Teilstichproben durchgeführt, die anhand des Wertes einer Variablen gebildet werden, die das Regressionsmodell nicht enthält. Es werden also jeweils separate Regressionsmodelle geschätzt, mit denen ein möglicher Einfluss der Kontextvariablen auf die Beziehung zwischen der Ausgestaltung weicher HR-Kennzahlen und der Adoption untersucht wird. In diesem Zusammenhang hängt die Aufteilung des Datensatzes vom zu analysierenden theoretischen Modell und seinen Aussagen ab. Bei metrisch oder ordinal skalierten Variablen werden die Daten in der vorliegenden Untersuchung anhand eines Merkmals (z. B. strategische Ausrichtung) sortiert und anschließend in drei Quantile unterteilt (vgl. Schulze, 1990: 45f.; Bleymüller/Gehlert/Gülicher, 1991: 24): (1) starke Ausprägung (2) mäßige Ausprägung und (3) keinerlei Ausprägung. Bei nominalskalierten Variablen existieren so viele Gruppen, wie es Merkmalsausprägungen der zur Unterteilung des Datensatzes benutzten Variablen gibt. Auf Basis dieser Gruppenbildung werden jeweils separate Regressionsmodelle geschätzt, mit denen ein möglicher Einfluss der Kontextfaktoren oder der Mediatoren auf die Beziehung zwischen der Ausgestaltung weicher HR-Kennzahlen und deren Adoption untersucht wird. Dann werden mittels eines Signifikanztests die Unterschiede zwischen den Regressionskoeffizienten untersucht. Finden sich signifikante Unterschiede zwischen den Gruppen, ist von einem moderierenden Effekt der untersuchten Variable auszugehen[276].

Demgegenüber wird bei einer *moderierten Regressionsanalyse* (MRA) eine zusätzliche unabhängige Variable (Interaktionsterm) in die Regressionsgleichung aufgenommen (vgl. z. B. Bearden/Mason, 1979; Zedeck et al., 1971)[277]. Diese Variable wird gebildet, indem man den Wert des potenziellen Moderators mit dem Wert der unabhängigen Variablen multipli-

[276] Bei dieser Methode lassen sich jedoch reine Moderatoren nur z. T. von Quasi-Moderatoren unterscheiden (vgl. Sharma/Durand/Gur-Arie, 1981: 295f.; Velicer, 1972).

ziert (deren Beziehung zur abhängigen Variablen möglicherweise von der Moderatorvariablen beeinflusst wird). Wenn die Schätzung des Regressionsmodells einen signifikant von Null verschiedenen Regressionskoeffizienten für den Interaktionsterm ergibt, so kann die entsprechende Variable als Moderator bezeichnet werden (vgl. Durand/Gur-Arie, 1979). Der Vorteil dieses Verfahrens liegt darin, dass bei dieser Prozedur der Informationsverlust vermieden wird, der im Falle der „Regression in Untergruppen" durch die künstliche Transformation der moderierenden, metrischen Variable in eine nominale Variable erfolgt (vgl. Zedeck et al., 1971).

Sharma/Durand/Gur-Arie (1981: 294) empfehlen eine parallele Anwendung beider Methoden: „Rather, to identify the presence and type of moderator variable, one must use both methods in tandem...". Auf diese Weise lassen sich nicht nur Aussagen über Beziehungsform und -stärke ableiten – auch der Charakter des Moderators als reiner bzw. als Quasi-Moderator kann auf diese Weise identifiziert werden. Aus diesen Gründen sollen in der vorliegenden Untersuchung beide Verfahren eingesetzt werden.

2.4.3.6.3. Diskriminanzanalyse

Im folgenden Kapitel soll schließlich das in der vorliegenden Arbeit verwendete Verfahren der Diskriminanzanalyse vorgestellt werden. Hierzu erfolgt einleitend eine kurze Beschreibung des Verfahrens und seiner Kernzielsetzungen sowie damit verbundener Prämissen und Anwendungsvoraussetzungen. Im Anschluss wird das Vorgehen bei der Anwendung der Diskriminanzanalyse dargestellt und die Leistungsfähigkeit dieses Verfahrens bewertet.

Bei der Diskriminanzanalyse handelt es sich um eine multivariate statistische Methode, die mit der Regressionsanalyse verwandt ist[278] (vgl. Backhaus et al., 2000: 146, 167; Brosius,

[277] Vgl. darüber hinaus: Arnold (1982); Darrow/Kahl (1982); Sharma/Durand/Gur-Arie (1981).

[278] Die Diskriminanz- und Regressionsanalyse sind beide strukturprüfende Verfahren, mittels derer eine unabhängige Variable durch mehrere metrisch skalierte abhängige Variablen erklärt wird. Während die abhängige Variable bei der Regressionsanalyse metrisch skaliert ist, ist diese bei der Diskriminanzanalyse nominal skaliert (vgl. Backhaus et al., 2000: 167; Brosius, 1998: 591). Jedoch finden sich nach Backhaus et al. (2000: 167) modelltheoretische Unterschiede zwischen beiden Verfahren. Im Gegensatz zur Regressionsanalyse ist bei der Diskriminanzanalyse die abhängige Variable fix, während die unabhängigen Variablen zufällig variieren und insofern eine Normalverteilung voraussetzen. Bei einer Diskriminnazanalyse

1998: 591). Ziel des Verfahrens ist die Vorhersage der Gruppenzugehörigkeit von Personen oder Objekten (nominale Größen) durch mehrere metrische Variablen (vgl. Brosius, 1998: 591; Janssen/Laatz, 1999: 425ff.), d. h. es handelt sich um ein Verfahren zur Analyse von Gruppenunterschieden (vgl. Bortz, 1999: 588; ähnlich auch SPSS 8.0, 1998: 321)[279].

Alles in allem entsprechen die Voraussetzungen der Diskriminanzanalyse den Voraussetzungen der multivariaten Varianz- bzw. Regressionsanalyse (vgl. Backhaus et al., 2000: 207ff.). Im Einzelnen werden in der entsprechenden Methodenliteratur folgende Prämissen aufgeführt:

- Die Diskriminanzanalyse erfordert die metrische Skalierung der Merkmalsvariablen der Elemente[280]. Die Gruppenzugehörigkeit sollte sich dagegen durch eine nominal skalierte Variable ausdrücken lassen (vgl. Janssen/Laatz, 1999: 425ff.).
- Darüber hinaus muss die Gruppenzugehörigkeit (zu der abhängigen, nominalen Variable) vorab bekannt sein[281]. Hierbei spielt es keine Rolle, ob es sich um zwei oder mehrere Gruppen handelt (vgl. Bortz, 1999: 585ff.; Janssen/Laatz, 1999: 425ff.; SPSS 8.0, 1998: 321f.; SPSS 9.0, 1999: 243ff.).
- Ferner ist die Gleichheit der Gruppenstreuung zu prüfen, d. h. die Variablen sollten multivariat normalverteilt sein (vgl. Bortz, 1999: 590; Huberty, 1975; Janssen/Laatz, 1999: 426f.; vgl. auch Kap. 2.4.3.6.1).
- Weiter findet sich die Forderung, dass die Stichprobe keine Elemente enthalten dürfen, die gleichzeitig zwei Gruppen angehören (vgl. Backhaus et al., 2000: 207ff.).
- Zur idealen Anzahl der Merkmalsvariablen äußern Backhaus et al. (2000: 207ff.) die Empfehlung, dass deren Anzahl größer sein sollte, als die Anzahl der untersuchten Gruppen.
- Zum Umfang der Stichprobe existieren z. T. unterschiedliche Forderungen. Während Backhaus et al. (2000: 207ff.) fordern, dass dieser mindestens doppelt so groß sein sollte, wie die Anzahl der Merkmalsvariablen, empfiehlt Bortz (1999: 587), dass mehr Fäl-

---

sollen darüber hinaus die Koeffizienten der Gleichung so bestimmt werden, dass die Werte möglichst gut die (beiden) im Datensatz enthaltenen Gruppen trennen (vgl. Janssen/Laatz, 1999: 427).

279 Das Gupta (1973) bietet einen umfassenden Überblick über die Historie der Diskriminanzanalyse.

280 Ähnlich wie bei der Regressionsanalyse kann mittels des Einsatzes von Dummy-Variablen auch an dieser Stelle mit nominalskalierten Variablen gerechnet werden (vgl. Bortz, 1999: 591).

281 Die Diskriminanzanalyse unterscheidet sich hierdurch von taxonomischen statistischen Verfahren wie bspw. der Clusteranalyse, die von ungruppierten Daten ausgeht (vgl. Backhaus et al., 2000: 147).

le in der kleinsten Gruppe zu finden sein sollten als (Merkmals)Variablen eingesetzt werden. In der vorliegenden Arbeit wird der zweiten, liberaleren Auffassung gefolgt.

Im Folgenden wird das Vorgehen bei der Durchführung einer linearen Diskriminanzanalyse anhand eines (Zweier-)Gruppenvergleichs vorgestellt. Hierzu ist eingangs die Festlegung der zu vergleichenden Gruppen erforderlich (vgl. Backhaus et al., 2000: 150). Diese ergibt sich im Allgemeinen aus den zugrunde liegenden Forschungsfragen und basiert insofern auf theoretischen und sachlogischen Überlegungen. In einem nächsten Schritt wird eine Diskriminanzfunktion formuliert (vgl. Backhaus et al., 2000: 151ff.). Gesucht wird nach Bortz (1999: 587; vgl. auch Janssen/Laatz, 1999: 428f.)[282] eine Funktion, welche die folgenden beiden Kriterien erfüllt: Zum einen sollen die Mittelwerte der verglichenen Gruppen sich möglichst stark unterscheiden. Zum anderen sollen sich die Verteilungen der Messwerte der jeweils untersuchten Gruppen möglichst wenig überschneiden. Demnach sollte die Trennfunktion eine optimale Abgrenzung der Gruppen (vgl. Janssen/Laatz, 1999: 426) und eine hiermit verbundene Prüfung der diskriminatorischen Bedeutung der Merkmalsvariablen erlauben (vgl. Backhaus et al., 2000: 151). Hierzu ist die Auswahl geeigneter Merkmalsvariablen erforderlich. Diese erfolgt in einem ersten Schritt zunächst aufgrund von theoretischen und sachlogischen Überlegungen. Es wird also vorab festgelegt, welche Merkmale mutmaßlich zwischen den Gruppen differieren und somit zur Erklärung der Gruppenunterschiede beitragen können (vgl. Backhaus et al., 2000: 151). Die resultierende Diskriminanzfunktion hat somit im Allgemeinen folgende Form vgl. Backhaus et al., 2000: 151; Brosius, 1998: 592):

$$Y = b_0 + b_1x_1 + b_2x_2 + b_3x_3 + b_4x_4 + \ldots + b_jx_j$$

Legende:

Y = Diskriminanzvariable
x_j = Merkmalsvariable j (j = 1, 2,...j)
b_j = Diskriminanzkoeffizient für Merkmalsvariable j
b_0 = konstantes Glied

In einem nächsten Schritt wird eine Schätzung der Diskriminanzfunktion (vgl. Bortz, 1999: 590; Backhaus et al., 2000: 154ff.) vorgenommen. Diese sollte derart erfolgen, dass die

Funktion optimal zwischen den untersuchten Gruppen trennt. Hierfür ist ein Messkriterium erforderlich, welches die Unterschiedlichkeit der Gruppen misst:

- Zum einen lässt sich der sogenannte mittlere Diskriminanzwert (auch Centroid oder Schwerpunkt) heranziehen. Dieser kann jedoch nur in den Fällen eingesetzt werden, in denen nur zwei Gruppen in der Analyse betrachtet werden und in denen diese Gruppen eine annähernd gleiche Streuung aufweisen.
- Zum anderen ist das Diskriminanzkriterium Γ (Gamma) zu nennen. Bei diesem Kriterium wird durch die Bildung der quadrierten Abweichungen der Gruppencentroiden die Streuung aufgehoben (vgl. Bortz, 1999: 587)[283]. So sind die für den oben vorgestellten Diskrimininanzwert geltenden Prämissen (nur zwei Gruppen mit jeweils annähernd gleicher Streuung) nicht mehr zu berücksichtigen (vgl. Backhaus et al., 2000: 155).

Die Schätzung des Diskriminanzkriteriums sollte also so aussehen, dass Γ maximiert wird: Der höchste zu erreichende Wert ist hierbei Eins (vgl. Janssen/Laatz, 1999: 429). Damit Γ maximiert werden kann, müssen die Koeffizienten b1, b2, ... bj entsprechend gewählt und geschätzt werden (vgl. Bortz, 1999: 585): "Diese Gewichtskoeffizienten besagen, wie die einzelnen abhängigen Variablen zu gewichten sind, um eine maximale Trennung bzw. Diskriminierung der verglichenen Stichproben zu erreichen."

Zur Prüfung der Diskriminanzfunktion wird nach dieser Schätzung mittels des soeben beschriebene Diskriminanzkriterium die Trennkraft der Diskriminanzfunktion gemessen (vgl. Backhaus et al., 2000: 170ff.). Dabei bildet der Eigenwert (auch Maximalwert des Diskriminanzkriteriums) ein Maß für die Güte der Trennkraft der Diskriminanzfunktion (vgl. Backhaus et al., 2000: 172; Bortz, 1999: 593; Brosius, 1998: 601; Janssen/Laatz, 1999: 429f.; SPSS 9.0, 1999: 224). Der Eigenwert besitzt jedoch den Nachteil, dass er nicht auf Werte zwischen Null und Eins normiert und somit schwieriger zu interpretieren ist. Im Gegensatz hierzu weisen die beiden im Folgenden dargestellten Quotienten zur Beschreibung der Güte der Trennkraft eine solche Standardisierung auf:

- Das Bestimmtheitsmaß R^2 (vgl. Kap. 2.4.3.6.1) gilt im Zwei-Gruppen-Fall. Dabei wird in der Diskriminanzanalyse jedoch üblicherweise die Wurzel von R^2 als Bestimmtheits-

[282] Es erfolgt eine statistische Anknüpfung an die Verfahren der Varianzanalyse (Janssen/Laatz, 1999: 428).
[283] Zur vertiefenden kritischen Betrachtung dieses Koeffizienten vgl. Huberty (1984).

maß verwendet. Diese Größe wird auch als kanoischer Korrelationskoeffizient bezeichnet (vgl. Brosius, 1998: 594f., 601f.; Janssen/Laatz, 1999: 431; SPSS 9.0, 1999: 256).

- Das nach Backhaus et al. (2000: 173)[284] gebräuchlichste Kriterium zur Prüfung der Diskriminanz stellt Wilks' Lambda Λ dar. Dieses Gütemaß kann als sogenanntes inverses Gütemaß bezeichnet werden, da kleinere Werte eine höhere Trennkraft der Diskriminanzfunktion aufzeigen (und umgekehrt). Die Bedeutung dieser Messgröße besteht darin, dass sie sich in eine sogenannte probabilistische Aussage transformieren lässt. Insofern lassen sich Wahrscheinlichkeitsaussagen zu der Unterschiedlichkeit der Gruppen treffen. Hierdurch wird eine statistische Prüfung der Signifikanz der Diskriminanzfunktion möglich[285] (vgl. Backhaus et al., 2000: 174).

Die statistische Signifikanzprüfung erfolgt mittels der Überprüfung der Nullhypothese H_0 "Die beiden Gruppen unterscheiden sich nicht" gegen die Alternativhypothese H_1 "Die beiden Gruppen unterscheiden sich“. Getestet wird die Irrtumswahrscheinlichkeit auf einem 95%, 99% oder 99,9%-Nivau. Ist α kleiner 0,01 so kann die Nullhypothese verworfen und die Alternativhypothese angenommen werden (vgl. Backhaus et al., 2000: 174ff.; Bortz, 1999: 595; Brosius, 1998: 602f.). Backhaus et al. (2000: 176) stellen fest, dass die statistische Signifikanz der Diskriminanzfunktion keine Aussage über die Güte des Trennungsmaßes enthält. Zur Interpretation der Güte der Trennung sind die Kanoischen Korrelationskoeffizienten bzw. Wilks' Lambda zu beachten. Je größer die Stichprobe, desto schneller treten signifikante Unterschiede auf.

Neben der Prüfung der Diskriminanzfunktion erfolgt auch eine Analyse der Merkmalsvariablen hinsichtlich deren Wichtigkeit in der Diskriminanzfunktion (vgl. Backhaus et al., 2000: 176ff.). Mit der Prüfung der Merkmalsvariablen sollen die relevanten Variablen identifiziert und unwichtige Variablen aus der Diskriminanzfunktion entfernt werden (vgl. Backhaus et al., 2000: 176f.). Hinsichtlich der idealen Anzahl der Merkmalsvariablen für die Diskriminanzfunktion empfehlen Backhaus et al. (2000: 176f.), dass maximal zwei oder drei Kriterien ausgewählt und nicht zwangsläufig alle signifikanten Merkmale berücksich-

[284] Vgl. darüber hinaus: Brosius (1998: 601); Janssen/Laatz (1999: 431); SPSS 9.0 (1999: 255).

[285] Die Diskriminanzfunktion bildet in diesem Fall nach Backhaus et al. (2000: 174; ähnlich Brosius, 1998: 602f.) eine Variable, die annähernd wie Chi-Quadrat (X^2) verteilt ist. Der Chi-Quadrat-Wert wird mit einem kleinerem Wilks' Lambda größer.

tigt werden. Die Prüfung der Merkmalsvariablen erfolgt mittels der Diskriminanzkoeffizienten. Zur Vermeidung der Beeinflussung der Koeffizienten durch willkürliche Skalierungseffekte, sollten die Diskriminanzkoeffizienten standardisiert werden. Die Standardisierung erfolgt, indem man den Koeffizienten mit der Standardabweichung (der betreffenden Merkmalsvariable) multipliziert (vgl. Backhaus et al., 2000: 177f.). Zur Auswahl der zwei oder drei sogenannten wichtigen Merkmalskriterien mittels derer Gruppenunterschiede möglichst gut erklärt werden können, bieten sich die beiden folgenden Verfahren an:

- Zum einen kann mit Hilfe von Wilks' Lambda vor Durchführung einer Diskriminanzanalyse für jede Merkmalsvariable isoliert deren Trennfähigkeit anhand eines F-Tests überprüft werden. Infolge möglicher Interdependenzen zwischen den Merkmalsvariablen ist jedoch eine univariate Prüfung der Diskriminanz nicht ausreichend. Auch wenn ein Merkmal alleine nur eine sehr geringe Diskriminanz besitzt, kann dieses Merkmal in Kombination mit anderen Merkmalen zur Erklärung der Diskriminanz beitragen (vgl. Bortz, 1999: 586).
- Alternativ kann die sogenannte schrittweise Diskriminanzanalyse[286] durchgeführt werden, bei der die Merkmalsvariablen einzeln nacheinander in die Diskriminanzfunktion einbezogen werden (vgl. Backhaus et al., 2000: 179f.; SPSS 8.0, 1998: 326; SPSS 9.0, 1999: 274f.). Die Auswahl der Variablen erfolgt in Abhängigkeit von den Werten des Gütemaßes. Ziel ist dabei die Minimierung des Gütemaßes Wilks' Lambda. Auch dieses Verfahren wird von einigen Autoren (vgl. Bortz, 1999: 591) als problematisch bezeichnet. Gründe hierfür sind nach Bortz (1999: 591; siehe auch Morris/Meshbane, 1995) bspw., dass "... bei korrelierenden Variablen (Multikollinearität) die Bedeutung einer Variablen davon abhängt, welche anderen Variablen bereits selegiert wurden. Für die Bestimmung einer optimalen Teilmenge von Variablen ist es genaugenommen erforderlich, alle möglichen Teilmengen von Variablen bezüglich ihres Diskriminanzpotenzials zu vergleichen." Ebenso wird kritisiert, dass bei einer paarweisen Selegation oder einer Eliminierung in Dreier- oder Vierergruppen andere Ergebnisse als bei einer einfachen Vorgehensweise auftreten (vgl. Bortz, 1999: 591). Da es sich in der vorliegenden Arbeit um eine Zwei-Gruppen-Unterscheidung handelt und die Gruppengröße im Allgemeinen die Anzahl der Merkmale übersteigt, so dass alle Merkmale zugleich ins Modell ge-

[286] Die prinzipielle Vorgehensweise der schrittweisen Diskriminanzanalyse ist identisch mit der schrittweisen Vorgehensweise der Regressionsanalyse.

nommen werden können, wird in der vorliegenden Arbeit auf dieses schrittweise Verfahren zurückgegriffen.

Der abschließende Schritt einer Diskriminanzanalyse ist der Versuch der Klassifizierung neuer Elemente (vgl. Backhaus et al., 2000: 180f.; Brosius, 1998: 596f.). Dabei wird geprüft, wie gut Fälle bzw. Versuchspersonen aufgrund der ermittelten Diskriminanzfunktion ihrer ursprünglichen Gruppe zugeordnet werden können (vgl. Bortz, 1999: 597). Im Rahmen der Klassifizierung der neuen Elemente lassen sich das Distanzkonzept, das Wahrscheinlichkeitskonzept sowie das Klassifizierungskonzept unterscheiden (vgl. Schlosser, 1976) [287]. Im Rahmen der vorliegenden Untersuchung wird auf das Klassifikationskonzept zurückgegriffen.

Zusammenfassend lässt sich feststellen, dass es sich bei der Diskriminanzanalyse um ein ergiebiges multivariates Verfahren handelt, welches insbesondere auch im Rahmen der Adoptionsforschung zur Analyse der Diffusion von Innovationen eingesetzt worden ist (vgl. Backhaus et al., 2000: 148). Das Verfahren besitzt nicht nur eine lange Historie (vgl. Fisher, 1936), sondern hat sich auch in diversen Forschungsgebieten verdient gemacht (vgl. Brosius, 1998: 591)[288].

2.5. Forschungsmodell

Die Zielsetzung des vorliegenden Kapitels liegt in der Entwicklung eines konzeptionellen Forschungsmodells zur Beantwortung der zweiten Forschungsfrage nach den Erfolgsvoraussetzungen bzw. Determinanten weicher HR-Kennzahlen. Hierzu werden verschiedene, aus den beiden theoretischen Ansätzen sowie aus der Literaturrecherche abgeleitete, und im Rahmen von Experteninterviews geprüfte, Einflussgrößen betrachtet, die auf die Ausgestal-

[287] Das Distanzkonzept ist ein Maß, welches auf der Basis von Differenzen erstellt wird. Das Wahrscheinlichkeitskonzept wird auf Basis von Häufigkeits- und Wahrscheinlichkeitsinformationen angefertigt. Klassifizierungskonzepte entsprechen einer linearen Diskriminanzfunktion. Diese setzen allerdings eine gleiche Streuung in beiden Gruppen voraus.

tung und Adoption weicher HR-Kennzahlen wirken. Im Folgenden wird zunächst das in der vorliegenden Untersuchung verwendete Forschungsmodell, mittels dessen die Adoption weicher HR-Kennzahlen als Steuerungsgrößen im strategischen Personalmanagement untersucht wird, im Überblick dargestellt (vgl. Kap. 2.5.1). Im Anschluss daran wird das Forschungsmodell im Detail vorgestellt (vgl. Kap. 2.5.2). Hierzu werden die im zweiten Teil der vorliegenden Untersuchung empirisch zu überprüfenden Forschungshypothesen formuliert und überblicksartig dargestellt.

2.5.1. Forschungsmodell im Überblick

Der Forschungsgegenstand „Weiche HR-Kennzahlen als Steuerungsgrößen im strategischen Personalmanagement" wird in der vorliegenden Untersuchung mittels des durch den Situativen Ansatz und der Adoptionstheorie konzipierten Bezugsrahmens betrachtet. Insofern erfolgt keine isolierte Analyse der Ausgestaltung weicher HR-Kennzahlen, sondern es werden darüber hinaus spezifische externe und interne Einflussgrößen untersucht, die auf die Ausgestaltung und die Adoption weicher HR-Kennzahlen wirken. Daneben wird der Prozess der Adoption weicher HR-Kennzahlen durch die Betrachtung einer Wirkungskette untersucht, die mit der Ausgestaltung weicher HR-Kennzahlen beginnt und unter Berücksichtigung der Effekte von Akzeptanz und Beurteilung weicher HR-Kennzahlen, bei der Adoption in die strategische Personalsteuerung endet (vgl. Abb. 2.5-1).

Das Forschungsmodell enthält fünf grundlegende Blöcke: (1) Kontextfaktoren, (2) Ausgestaltung weicher HR-Kennzahlen, (3) Akzeptanz, (4) Beurteilung und (5) Adoption. Im Zentrum des Forschungsmodells steht der Themenblock Ausgestaltung weicher HR-Kennzahlen. Mittels einer Orientierung an dem Erstellungs- und Implementierungsprozess weicher HR-Kennzahlen erfolgt hier eine Beschreibung der individuellen Ausgestaltungsmöglichkeiten weicher HR-Kennzahlen (vgl. Abb. 2.5-2). Es wird vermutet, dass die Ausgestaltung weicher HR-Kennzahlen situationsabhängig ist, d. h. von unterschiedlichen Kontextfaktoren beeinflusst wird. Der hiermit verbundene Themenblock Kontext lässt sich in Anlehnung an zentrale Strukturierungskonzepte aus dem Situativen Ansatz und der Adoptionstheorie in

[288] Für weitere umfassende Informationen zu dem Verfahren und zur Bewertung der Diskriminanzanalyse vgl. u. a. Huberty (1994), Backhaus et al. (2000) und Bortz (1999).

externe Kontextfaktoren, interne, organisationszentrierte und interne, individuumszentrierte Kontextfaktoren unterscheiden (vgl. Abb. 2.5-2). Der Themenblock Adoption beschreibt die Einbindung weicher HR-Kennzahlen als Steuerungsgrößen im strategischen HR-Management. In Anlehnung an Erkenntnisse aus der Adoptionstheorie wird in der vorliegenden Untersuchung neben der Intensität auch die Qualität der Adoption beachtet. Neben einer Beurteilung des Direktheitsgrades bei der Fundierung strategischer Entscheidungen durch weiche HR-Kennzahlen, wird auch der Interessensfokus im Sinne unternehmens- bzw. individuumsorientierter Ausrichtung untersucht (vgl. Abb. 2.5-2). Darüber hinaus werden zwei Themenblöcke in das Forschungsmodell integriert, welche die Beziehung zwischen der Ausgestaltung weicher HR-Kennzahlen und der Adoption präzisieren: Akzeptanz als eher emotionale Größe und die Beurteilung weicher HR-Kennzahlen als eher rationales Moment. Dabei lässt sich bei der Erfassung der Akzeptanz eine innere Akzeptanz im Sinne einer positiven Wertschätzung von einer äußeren Akzeptanz im Sinne aktiver Handlungsbereitschaft unterscheiden. Im Rahmen der Beurteilung weicher HR-Kennzahlen werden auf den Prozess, das Produkt und das Potenzial weicher HR-Kennzahlen bezogene Maßstäbe zugrunde gelegt (vgl. Abb. 2.5-2).

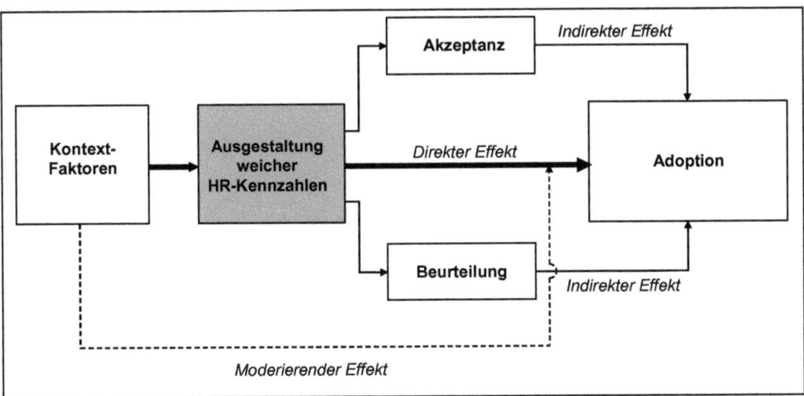

Abb. 2.5-1: Überblick Forschungsmodell

In der vorliegenden Untersuchung werden somit drei Arten von Effekten untersucht, die den Einfluss der spezifischen Ausgestaltung weicher HR-Kennzahlen auf die Adoption im strategischen Personalmanagement beschreiben: (1) ein direkter Effekt, (2) ein indirekter Effekt und (3) ein moderierender Effekt (vgl. Abb. 2.5-1 und Abb. 2.5-2).

Bei dem *direkten Effekt* wird ein unmittelbarer Zusammenhang zwischen zwei Konstruktvariablen postuliert. Im Rahmen der vorliegenden Arbeit wird zum einen davon ausgegangen, dass unterschiedliche situative Einflussgrößen auf den Einsatz weicher HR-Kennzahlen (vgl. Kap. 2.3.1.4) wirken. Zum anderen wird postuliert, dass die spezifische Ausgestaltung einer weichen HR-Kennzahl einen unmittelbaren Effekt auf die Adoption derselben als strategische Steuerungsgröße hat (vgl. Kap. 2.3.2.5). Für den hier unterstellten Zusammenhang liefert neben der in Kap. 2.2 diskutierten Literaturanalyse insbesondere die Adoptionstheorie einen Hinweis. So ist z. B. nach Rogers (1995) eine Abhängigkeit der Adoptionsbereitschaft einer Innovation von deren spezifischen Eigenschaften zu postulieren.

Bei dem *indirekten Effekt* geht es um den Einfluss der Ausgestaltung weicher HR-Kennzahlen auf die Adoption über einen sogenannten Mediator. Hierbei ist nach Baron/Kenny (1986: 1173) und Schultz-Gambard (1993: 131) unter einem Mediator eine Drittvariable zu verstehen, über die eine Einflussvariable auf eine andere Variable wirkt. Als Mediatorvariablen zwischen weichen HR-Kennzahlen und deren Einsatz als strategische Steuerungsgröße wurden in Anlehnung an Erkenntnisse aus der Adoptionstheorie sowie aus der Literaturbestandsaufnahme die Größen Akzeptanz und Beurteilung ausgewählt. In der Literaturanalyse zum Thema weiche HR-Kennzahlen findet sich oftmals Verweise auf deren mangelnde Akzeptanz (vgl. Gebauer/Wall, 2002: 689; Reichmann, 2001: Einleitung; Kollmann, 1996: 123ff.; Ortner, 1993: 201ff.). Darüber hinaus sind in zahlreichen Praxisberichten Aufzählungen zu Qualitätsansprüchen enthalten, die gegenwärtig hinsichtlich ihrer Umsetzung in der Praxis überwiegend kritisch bewertet werden (vgl. z. B. Meyer, 1994: 25). Diese Annahmen werden in den durchgeführten Experteninterviews bestätigt. Auch vor dem Hintergrund der Adoptionstheorie scheint die Wahl der Moderatoren Akzeptanz und Beurteilung weicher HR-Kennzahlen gut begründet. Beispielsweise findet sich in dem Adoptionsmodell von Felten (2001: 10ff.) explizit die Variable Beurteilung.

Bei der Beschreibung des *moderierenden Effektes* werden schließlich solche Parameter untersucht, die auf die Stärke des Zusammenhangs zwischen der Ausgestaltung und der

Adoption der weichen HR-Kennzahlen einwirken (Schultz-Gambard, 1993: 131)[289]: „[Eine Moderatorvariable] ist eine Drittvariable, die die Wirkungsbeziehung zwischen einer unabhängigen [...] und einer abhängigen [Variable] beeinflusst.“. Auf Basis der Expertengespräche wurden Bedingungen diskutiert, unter denen die Adoption von weichen HR-Kennzahlen als strategische Steuerungsgröße besonders erfolgreich verläuft. Dabei hat sich gezeigt, dass insbesondere die externen und internen Einflussgrößen den Zusammenhang zwischen einer spezifischen Ausgestaltung der weichen HR-Kennzahl und deren Adoption verstärken oder abschwächen können. Merkmale der externen bzw. internen Unternehmenssituation oder Merkmale der potenziellen Adopter können so zu einer unterschiedlichen Adoptionswahrscheinlichkeit weicher HR-Kennzahlen in Steuerungssysteme führen, selbst wenn diese vollkommen gleich ausgestaltet sind (vgl. z. B. Geiß, 1986: 73; Staudt et al., 1985: 111ff.). Innerhalb jeder der drei hier genannten Merkmalskategorien wird eine Auswahl möglicher moderierender Variablen auf Basis der Literaturanalyse und der Experteninterviews vorgenommen, auf die im Zusammenhang mit der Hypothesenprüfung im empirischen Teil (vgl. Kap. 3.4) ausführlicher eingegangen wird. An dieser Stelle soll lediglich ein erster Überblick über die zentralen Parameter des konzipierten Forschungsmodells gegeben werden.

2.5.2. Forschungshypothesen

Die Ergebnisse der Literaturanalyse (vgl. Kap. 2.2) sollen im Folgenden unter Berücksichtigung des durch die Auswahl der beiden theoretischen Ansätze vorgegebenen konzeptionellen Bezugsrahmens überblicksartig dargestellt werden. Dabei dient die grafische Darstellung des Forschungsmodells (vgl. Abb. 2.5-2) der Systematisierung der abgeleiteten direkten, indirekten und moderierenden Einflussfaktoren. Auf Basis dieser Strukturierung sollen im empirischen Teil der vorliegenden Untersuchung die einzelnen Konstruktverbunde im Hinblick auf ihren Einfluss auf die Adoption weicher HR-Kennzahlen analysiert werden. Aus Gründen der Komplexitätsreduktion und der Übersichtlichkeit wird in der vorliegenden Arbeit auf eine Untersuchung des Beziehungsgeflechtes der einzelnen Variablen untereinander verzichtet.

---

[289] Vgl. darüber hinaus: Arnold (1982: 170); Baron/Kenny (1986: 1173); Darrow/Kahl (1982: 46); Sharma/Durand/Gur-Arie (1981: 298).

Im Rahmen der vorliegenden Untersuchung werden insgesamt 29 Forschungshypothesen analysiert, die sich auf die Erfassung möglicher Einflussfaktoren beziehen. Dabei wird ein mehrstufiges Vorgehen gewählt:

- In einem ersten Schritt werden mittels einer Diskriminanzanalyse diejenigen Kontext- bzw. Einflussvariablen identifiziert, die am besten zwischen den Gruppen der Kennzahlennutzer und der Nichtnutzer trennen und somit die größte Prognosekraft für den Einsatz weicher HR-Kennzahlen aufweisen.
- In einem nächsten Schritt werden mittels einer Diskriminanzanalyse diejenigen Einflussfaktoren identifiziert, die am besten die Gruppe der sogenannten erfolgreichen Anwender von der Gruppe der nicht-erfolgreichen Anwender unterscheiden.
- Nachfolgend werden mittels bivariater Regressionsanalysen die aus der Literaturanalyse in Kap. 2.2. abgeleiteten Hypothesen zu den Erfolgsdeterminanten einer unternehmensorientierten (erfolgreichen) Adoption jeweils einzeln überprüft (vgl. Tab. 2.5-1).
- In einem vierten Schritt wird mittels multivariater Regressionsanalysen die Interaktion der einzelnen Einflussgrößen untereinander analysiert. Ziel ist die Identifizierung von Erklärungsmodellen bzw. die Bestimmung der Kombination von Einflussfaktoren, welche die vier verschiedenen Adoptionstypen jeweils am besten erklären.
- Abschließend werden mittels moderierter Regressionsanalysen indirekte und moderierende Effekte überprüft. Dabei wird z. B. untersucht, inwieweit die analysierten Zusammenhänge durch moderierende situative Einflussgrößen abgeschwächt oder verstärkt werden können.

Tab. 2.5-1: Einflussfaktoren auf den (erfolgreichen) Einsatz weicher HR-Kennzahlen

Forschungs-hypothese	Potenzieller Einflussfaktor	Ausformulierte Hypothese	Zsh.
Ausgestaltungsmerkmale			
H_1	Professionalität der Entwicklung weicher HR-Kennzahlen	Je professioneller die Entwicklung weicher HR-Kennzahlen ausgestaltet ist, desto wahrscheinlicher ist deren (erfolgreiche) Adoption.	+
H_2	Professionalität der Kommunikation weicher HR-Kennzahlen	Je ausführlicher die Kommunikation über die Ergebnisse weicher HR-Kennzahlen, desto wahrscheinlicher ist deren (erfolgreiche) Adoption.	+
H_3	Einbindung in Steuerungssysteme	Je professioneller die Einbindung weicher HR-Kennzahlen in Steuerungssysteme, desto wahrscheinlicher ist deren (erfolgreiche) Adoption.	+
H_4	Verknüpfung mit Anreizsystemen	Je professioneller die Verknüpfung weicher HR-Kennzahlen mit bestehenden Anreizsysteme, desto wahrscheinlicher ist deren (erfolgreiche) Adoption.	+
Externe Einflussfaktoren			
H_5	Kostendruck	Je höher der Kostendruck (in einer Personalabteilung), desto geringer die Wahrscheinlichkeit einer (erfolgreichen) Adoption weicher HR-Kennzahlen.	-
H_6	Modell-Lernen I: Wettbewerbsorientierung	Je umfangreicher die Informationen über den Einsatz weicher HR-Kennzahlen bei den Wettbewerbern, desto wahrscheinlicher ist eine (erfolgreiche) Adoption.	+
H_7	Modell-Lernen II: Übernahmedruck	Je stärker der Übernahmedruck, der von Wettbewerbern vermittelt wird, desto wahrscheinlicher ist eine (erfolgreiche) Adoption weicher HR-Kennzahlen.	+
Interne, organisationszentrierte Einflussfaktoren			
H_8	Formalisierung	Je höher der Formalisierungsgrad (in einer Personalabteilung), desto geringer die Wahrscheinlichkeit einer (erfolgreichen) Adoption weicher HR-Kennzahlen.	-
H_9	Zentralisierung	Je höher der Zentralisierungsgrad (in einer Personalabteilung), desto wahrscheinlicher ist eine (erfolgreiche) Adoption weicher HR-Kennzahlen.	+
H_{10}	Unternehmensgröße	Je größer das Unternehmen, desto wahrscheinlicher ist eine Adoption weicher HR-Kennzahlen.	+
H_{11}	Branche	Die Adoption weicher HR-Kennzahlen ist in Dienstleistungsunternehmen weiter verbreitet als in anderen Branchen.	Zsh.
H_{12}	Einfluss der Personalabteilung	Je größer der Einfluss der Personalabteilung auf die Unternehmensführung ist, desto wahrscheinlicher ist eine (erfolgreiche) Adoption weicher HR-Kennzahlen.	+
H_{13}	Strategische Ausrichtung und Steuerung	Je strategischer die Personalabteilung ausgerichtet ist, desto wahrscheinlicher ist eine (erfolgreiche) Adoption weicher HR-Kennzahlen.	+
H_{14}	Mitarbeiterorientierte Unternehmenskultur	Je mitarbeiterorientierter die Unternehmenskultur ist, desto wahrscheinlicher ist eine (erfolgreiche) Adoption weicher HR-Kennzahlen.	+
H_{15}	Innovative Unternehmenskultur	Je innovativer die Unternehmenskultur ist, desto wahrscheinlicher ist eine (erfolgreiche) Adoption weicher HR-Kennzahlen.	+

Forschungs-hypothese	Potenzieller Ein-flussfaktor	Ausformulierte Hypothese	Zsh.
Interne, individuumszentrierte Einflussfaktoren			
H_{16}	Berufserfahrung des Personalleiters	Je größer die Berufserfahrung der Personalleiter ist, desto weniger wahrscheinlich ist eine (erfolgreiche) Adoption weicher HR-Kennzahlen.	-
H_{17}	Fachwissen des Personalleiters	Je höher das Fachwissen der Personaler ist, desto wahrscheinlicher eine (erfolgreiche) Adoption weicher HR-Kennzahlen.	+
H_{18}	Einbindung des Personalleiters in Thematik	Je stärker der Personalleiter in die Thematik weiche HR-Kennzahlen eingebunden ist, desto wahrscheinlicher eine (erfolgreiche) Adoption.	+
Beurteilung			
H_{19}	Vertrauen in den Erstellungsprozess	Je größer das Vertrauen in den Erstellungsprozess weicher HR-Kennzahlen ist, desto wahrscheinlicher ist deren (erfolgreiche) Adoption.	+
H_{20}	Kompatibilität	Je größer die Kompatibilität weicher HR-Kennzahlen mit bestehenden Strukturen und Prozessen ist, desto wahrscheinlicher ist deren (erfolgreiche) Adoption.	+
H_{21}	Aktualität	Je höher die Aktualität weicher HR-Kennzahlen eingeschätzt wird, desto wahrscheinlicher ist deren (erfolgreiche) Adoption.	+
H_{22}	Umfang	Je positiver der Umfang des Informationsgehaltes einer weichen HR-Kennzahl beurteilt wird, desto wahrscheinlicher ist deren (erfolgreiche) Adoption.	+
H_{23}	Verlässlichkeit	Je verlässlicher die weichen HR-Kennzahlen wahrgenommen werden, desto wahrscheinlicher ist deren (erfolgreiche) Adoption.	+
H_{24}	Komplexität	Je komplexer weiche HR-Kennzahlen wahrgenommen werden, desto weniger wahrscheinlich ist eine (erfolgreiche) Adoption.	-
H_{25}	Wirtschaftlichkeit	Je besser das wahrgenommene Kosten-Nutzen-Verhältnis für den Einsatz weicher HR-Kennzahlen empfunden wird, desto wahrscheinlicher ist deren (erfolgreiche) Adoption.	+
H_{26}	Steuerungsrelevanz	Je größer die Steuerungsrelevanz weicher HR-Kennzahlen eingeschätzt wird, desto wahrscheinlicher ist deren (erfolgreiche) Adoption.	+
H_{27}	Wichtigkeit	Je wichtiger weiche HR-Kennzahlen eingeschätzt werden, desto wahrscheinlicher ist deren (erfolgreiche) Adoption.	+
H_{28}	Relativer Vorteil	Je höher der wahrgenommene Relative Vorteil weicher HR-Kennzahlen, desto wahrscheinlicher ist deren (erfolgreiche) Adoption.	+
Akzeptanz			
H_{29}	Akzeptanz	Je höher die Akzeptanz, desto wahrscheinlicher eine (erfolgreiche) Adoption weicher HR-Kennzahlen.	+

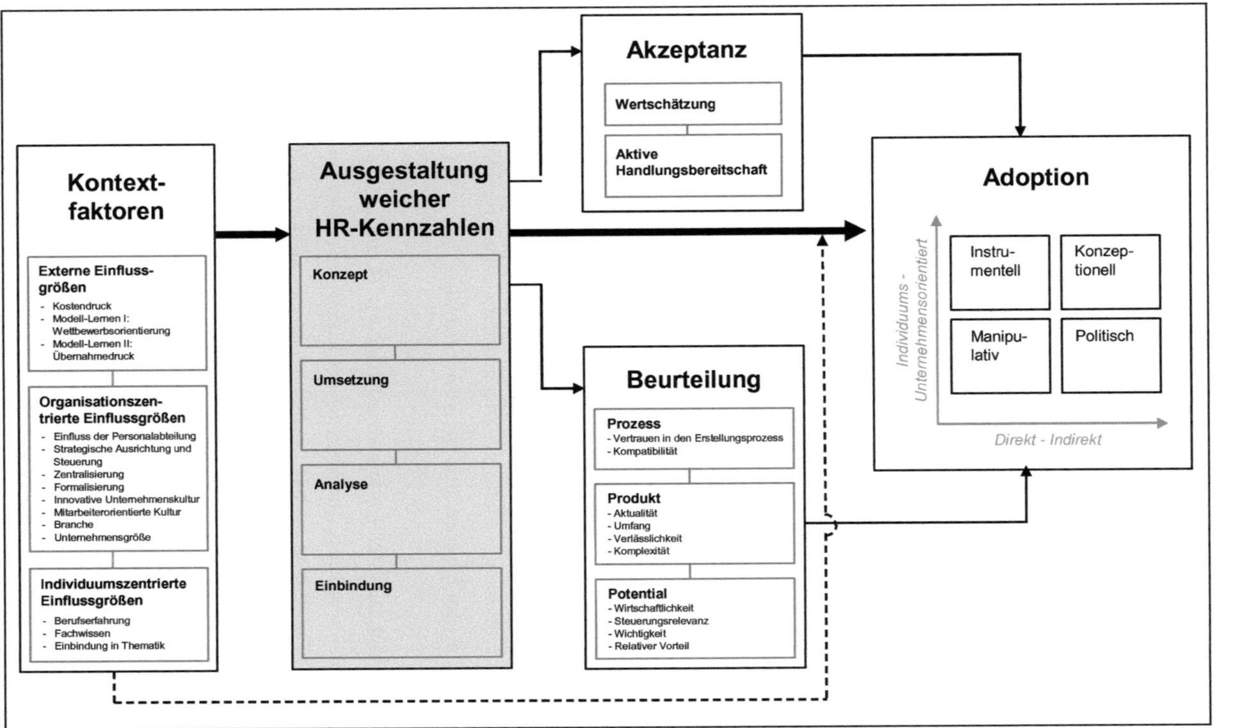

Abb. 2.5-2: Forschungsmodell im Detail

3. Empirische Umsetzung

Nachfolgend werden die Ergebnisse der empirischen Untersuchung vorgestellt. Hierzu werden in Kap. 3.1. die Grundlagen der Operationalisierung und Konzeptualisierung der verwendeten Konstrukte beschrieben. Eine deskriptive Bestandsaufnahme zum Untersuchungsgegenstand findet sich in Kap. 3.2. Die Ergebnisse der multivariaten statistischen Analysen werden schließlich in Kap. 3.3. und 3.4 dargestellt.

3.1. Operationalisierung der verwendeten Konstrukte

Das vorliegende Kapitel befasst sich mit der empirischen Überprüfung der Konstrukte auf Basis des erhobenen Datensatzes. Die Bedeutung der Entwicklung reliabler und valider Messinstrumente für die zu untersuchenden Konstrukte wurde bereits im Rahmen des Kap. 2.4 ausführlich diskutiert (vgl. Hildebrandt, 1984). Aus diesem Grund werden bei der Operationalisierung der verwendeten Konstrukte, wo immer es möglich ist, bewährte Skalen aus früheren Arbeiten eingesetzt. In einigen Fällen (insbesondere im Bereich der Bestandsaufnahme weicher HR-Kennzahlen) kann jedoch nicht auf Vorhandenes zurückgegriffen werden, sondern es müssen neue Messinstrumente entwickelt werden. In die Entwicklung dieser neuen Messinstrumente fließt zum einen die thematische, systematische Literaturauswertung ein. Zum anderen werden Erkenntnisse aus der qualitativen Vorstudie (den Experteninterviews) berücksichtigt.

Im Fragebogen werden hauptsächlich formative Indikatoren (Konstrukte) aber auch einige Einzelindikatoren verwendet. Die Messung der Konstrukte erfolgt auf einer fünfstufigen Likert-Skala, die i. d. R. die Pole „trifft voll und ganz zu" und „trifft überhaupt nicht zu" hat[290]. Zur Beurteilung der Güte der Messinstrumente kommen Verfahren der ersten Generation zur Anwendung (vgl. Kap. 2.4: Faktorenanalyse, Item to Total-Korrelation, Cronbachsches Alphas). Dabei werden zunächst für jedes Konstrukt die Interne-Konsistenz-Reliabilität und die Konvergenzreliabilität überprüft. In einem nächsten Schritt wird im Konstruktverbund die Diskriminanzvalidität aller Konstrukte beurteilt.

---

[290] Davon abweichende Skalierungen werden in den folgenden Unterkapiteln jeweils angegeben.

3.1.1. Kontextfaktoren

Im vorliegenden Kapitel erfolgt die Beschreibung der Konzeptualisierung und Operationalisierung der berücksichtigten Kontextfaktoren, unterteilt nach externen Einflussgrößen (vgl. Kap. 3.1.1.1), internen organisationszentrierten Einflussgrößen (vgl. Kap. 3.1.1.2) sowie internen individuumszentrierten Einflussgrößen (vgl. Kap. 3.1.1.3).

3.1.1.1. Externe Einflussgrößen

Als für die vorliegende Untersuchung relevante, externe Einflussgrößen wurden (1) der Kostendruck und (2) das Verhalten der Wettbewerber identifiziert (vgl. Kap. 2.2). Die Operationalisierung dieser Größen und die Güte der Messung werden in den folgenden Unterkapiteln dargestellt.

3.1.1.1.1. Kostendruck

Die Relevanz des Konstruktes *Kostendruck* ergibt sich v. a. aus den Experteninterviews (vgl. Kap. 2.4.1), in denen wiederholt die Bedeutung ausreichender Ressourcen für die Erhebung weicher HR-Kennzahlen angesprochen wurde. Ähnliche Hinweise finden sich zudem in der Adoptionstheorie bei der Beschreibung potenziell wichtiger Determinanten für die Akzeptanz weicher HR-Kennzahlen (vgl. Kap. 2.3.2).

Die Operationalisierung des Konstruktes wird durch eine selbst entwickelte Skala vorgenommen, welche sich an übliche Definitionen der Begriffe Kosten bzw. Kostendruck aus betriebswirtschaftlichen Lehrbüchern (Schmalenbach, 1963: 6; Wöhe, 2002: 1218; vgl. auch die Diskussion in Kap. 2.2.3.1.1) anlehnt: Unter Kostendruck ist demnach die Notwendigkeit zu verstehen, den Dienstleistungs- und Güterverbrauch möglichst effizient zu gestalten. Dieser Aspekt wird mittels dreier Fragen zu Wirtschaftlichkeitsüberlegungen, Kostensenkungsmaßnahmen und Budgetkürzungen operationalisiert. Die Güte der Messung entspricht, wie in Tab. 3.1-1 zu erkennen ist, ausnahmslos den Ansprüchen an eine qualitativ hochwertige Konzeptualisierung und Operationalisierung: das Cronbachsche Alpha liegt bei 0,84. Dieses Bild wird auch durch die hohen Werte der Item to Total-Korrelation sowie den hier nicht aufgeführten Ergebnissen der explorativen Faktorenanalyse bestätigt, so dass die Messung wie konzipiert erfolgte.

Tab. 3.1-1: Messung des Konstruktes Kostendruck

Kostendruck	Code	Item to Total - Korrelation
Bei der Beurteilung von Personalmaßnahmen spielen Wirtschaftlichkeitsüberlegungen eine außergewöhnlich große Rolle.	a23	0, 6721
Derzeit ist in unserem Unternehmen ein sehr starker Fokus auf Kostensenkungsmaßnahmen zu beobachten.	a24	0, 7718
Unsere Personalabteilung ist von Budgetkürzungen betroffen.	a25	0, 6461
Cronbachsches Alpha 0, 8403		
Erklärte Varianz 75, 881		

3.1.1.1.2. *Modell-Lernen*

Die Bedeutung des Konstruktes „Modell-Lernen" hat sich insbesondere im Rahmen der Experteninterviews herausgestellt (vgl. Kap. 2.4.1): in diesem Zusammenhang wurde mehrfach auf die Relevanz von Benchmarking-Gruppen zu dieser Thematik hingewiesen. Zur Konstruktmessung wurde eine Skala in Anlehnung an die aus der Adoptionstheorie und –literatur (vgl. Kap. 2.3.2) abgeleitete Beschreibung von Schmalen (1993: 778; Felten, 2001: 10f.; 16f.) konzipiert. Das Konstrukt umfasst zwei Teilkonstrukte: (1) Wettbewerbsorientierung[291] sowie (2) Übernahmedruck (vgl. auch Kap. 2.2.3.1.1).

In der vorliegenden Untersuchung soll im Rahmen des Konstruktes *Wettbewerbsorientierung* (vgl. Tab. 3.1-2) zum einen der Kontakt mit Experten bzw. Ansprechpartnern aus anderen Unternehmen untersucht werden. Hierzu stellt Schmalen (1993: 778) fest: „Für viele (unentschlossene) Nachfrager sind innovationsbezogene Unterhaltungen mit anderen Nachfragern, Empfehlungen und v. a. Erfahrungsberichte von Käufern (Adoptern) eine wichtige ‚Orientierungshilfe' zur Beurteilung der Innovation". Zum anderen reicht das Konstrukt über die einfache Informationssammlung hinaus. In der zweiten Teildimension dieses Konstruktes soll überprüft werden, ob ein Zugriff auf den ‚Erfahrungsfundus' der Wettbewerber zum Thema weiche HR-Kennzahlen erfolgt (Schmalen, 1993: 778): „Zu Beginn des Innovationsprozesses besitzt die Innovation für viele risikoscheue Nachfrager ein ökonomisches, technisches oder soziales Risiko, so dass eine Adoption unterbleibt. Durch die steigende Verbreitung der Innovation bauen jedoch die Adopter das Risikopotenzial ab („trial by others").". Das Konstrukt wird mittels fünf Items erhoben und erfüllt die erforderlichen Gütekriterien in besonderem Maße. Kein Item muss eliminiert werden. Das Cronbachsche Alpha beträgt 0,82.

Tab. 3.1-2: Messung des Konstruktes Modell-Lernen I: Wettbewerbsorientierung

Modell-Lernen I: Wettbewerbsorientierung	Code	Item to Total - Korrelation
Wir haben uns mit anderen Unternehmen über weiche HR-Kennzahlen als Steuerungsgrößen ausgetauscht.	a28	0, 7039
Wir haben Kontakt zu anderen Unternehmen aufgenommen, die mit dem Einsatz weicher HR-Kennzahlen bereits Erfahrungen gesammelt haben.	a29	0, 7746
Uns ist der Einsatz weicher HR-Kennzahlen von (bekannten) Kollegen aus anderen Unternehmen empfohlen worden.	a30	0, 6246
Die Erfahrungsberichte anderer Unternehmen waren/sind für uns eine wichtige Orientierungshilfe bei der Beurteilung der Steuerungsrelevanz weicher HR-Kennzahlen.	a31	0, 7572
Nach unserem Wissen haben andere Personalabteilungen bereits erfolgreich weiche HR-Kennzahlen ins Personalmanagement integriert.	a32	0, 2945
Cronbachsches Alpha 0, 8224		
Erklärte Varianz 60, 425		

Das zweite Konstrukt *Übernahmedruck* (vgl. Tab. 3.1-3) soll messen, ob die systematische und professionelle Einbindung weicher HR-Kennzahlen in das Personalmanagement bereits als Standard wahrgenommen wird. Hierzu Schmalen (1993: 778): „Durch die Diffusion wird eine Innovation (...) zum ‚Standard' im sozialen System. Nachfrager, die die Neuerung noch nicht übernommen haben, geraten in eine Außenseiterposition. Es entsteht ein sozialer Druck, der v. a. auf das Prestigestreben der Nachfrager (...) im sozialen System (sozialer Vergleich) beruht." Das Konstrukt wird mittels drei Items erfasst, welche alle auf einen Faktor laden, eine ausreichende erklärte Varianz aufweisen und, angesichts der Neuentwicklung des Konstruktes, einen zufriedenstellenden Wert für das Cronbachsche Alpha zeigen.

Tab. 3.1-3: Messung des Konstruktes Modell-Lernen II: Übernahmedruck

Modell-Lernen II: Übernahmedruck	Code	Item to Total - Korrelation
Die Idee, mittels weicher HR-Kennzahlen (wie z. B. der Arbeitszufriedenheit) zu steuern, ist nicht neu.	a37	0, 3801
Ich würde den Einsatz weicher HR-Kennzahlen bereits als Standard im modernen Personalmanagement bezeichnen.	a38	0, 5070
Jede moderne HR-Abteilung sollte weiche HR-Kennzahlen als strategische Steuerungskennzahlen berücksichtigen.	a39	0, 5410
Cronbachsches Alpha 0, 6592		
Erklärte Varianz 59, 678		

[291] Das Teilkonstrukt „Orientierung an Wettbewerberverhalten" umfasst die beiden Hauptdimensionen Innovationsinformation und Erfahrungsfundus (vgl. Schmalen, 1993: 778).

3.1.1.2. Interne, organisationszentrierte Einflussgrößen

Die Bedeutung potenzieller interner, organisationszentrierter Einflussfaktoren wurde im Rahmen der thematischen Einordnung bereits ausführlich diskutiert (vgl. Kap. 2.2). Dabei ließen sich folgende relevante Konstrukte identifizieren, die nachfolgend differenziert dargestellt werden sollen: Organisationsstrukturelle Merkmale (vgl. Kap. 3.1.1.2.1), Rolle, Einfluss und strategische Ausrichtung der Personalabteilung (vgl. Kap. 3.1.1.2.2) sowie die Unternehmenskultur (vgl. Kap. 3.1.1.2.3).

3.1.1.2.1. Organisationsstrukturelle Merkmale

Die Beschreibung der Organisationsstruktur kann in diesem Zusammenhang anhand unterschiedlicher Merkmale erfolgen (vgl. Kieser/Kubicek, 1992: 67ff.; Gosselin, 1997; Moorman/Deshpandé/Zaltman, 1993; Souder, 1990, Weber, 1921). In der vorliegenden Arbeit wurde bei der Festlegung der in diesem Zusammenhang zu operationalisierenden Merkmale auf das historisch-soziologisch fundierte Bürokratiemodell Webers zurückgegriffen (vgl. Kap. 2.3.1.2), welches die Heranziehung des Formalisierungs- und Zentralisierungsgrades als relevante Merkmale der Organisationsstruktur nahe legt. Die Bedeutung der Organisationsstruktur als relevante Determinante lässt sich darüber hinaus v. a. aus dem Situativen Ansatz ableiten (vgl. Kap. 2.3.1). Die folgenden Abschnitte befassen sich mit dem Formalisierungs- und Zentralisierungsgrad der Personalabteilung sowie der Unternehmensgröße.

Unter dem Konstrukt *Formalisierung* der Personalabteilung ist nach Hall/Haas/Johnson (1967; vgl. auch Eickhof, 1982: 176; Meißner, 1989: 43) das Ausmaß der Festlegung von Regeln und Normen zu verstehen, welche die Weisungsbeziehungen sowie Arbeitsprozesse und –verfahren innerhalb der Personalabteilung dominieren (vgl. auch Kap. 2.2.3.1.2). Dabei erfolgt die Operationalisierung in Anlehnung an die Forschungsbeiträge von Hall (1963) und Hage/Aiken (1967). Deren Messinstrument zur Erfassung des Formalisierungsgrades wurde bereits in zahlreichen empirischen Studien angewendet und empirisch validiert (vgl. Deshpandé, 1982; Deshpandé/Zaltman, 1982; Moorman/Deshpandé/Zaltman, 1993). Im Rahmen der vorliegenden Untersuchung wurde die Messung des Formalisierungsgrades der Personalabteilung mittels drei negativ formulierter Items vorgenommen (vgl. Tab. 3.1-4), welche die erforderlichen Gütekriterien alles in allem gut erfüllen. Auch das Cronbachsche Alpha ist mit einem Wert von 0,66 bei der Messung von schwierig zu erhebenden sogenannten reversed Items durchaus akzeptabel. Zudem liegt die erklärte Varianz bei fast 60%.

Tab. 3.1-4: Messung des Konstruktes Formalisierung

Formalisierung	Code	Item to Total – Korrelation
R*: In unserer Personalabteilung haben die Mitarbeiter das Gefühl, in den meisten Angelegenheiten ihr eigener Herr zu sein.	a12	0, 4644
R*: Wie sie ihre Arbeit erledigen, bleibt den Mitarbeitern in unserer Personalabteilung weitgehend selbst überlassen.	a13	0, 5533
R*: Viele Mitarbeiter unserer Personalabteilung machen sich ihre eigenen Arbeitsregeln.	a14	0, 3928
Cronbachsches Alpha 0, 6584		
Erklärte Varianz 59, 625		
** R: steht für „reverse" – die Indikatoren sind negativ formuliert und müssen für die Berechnung umgepolt werden*		

Das Merkmal *Zentralisierung* der Personalabteilung beschreibt nach Hage/Aiken (1967, 1968; vgl. auch Eickhof, 1982: 175; Gebert, 1978: 36; Meißner, 1989: 42) inwieweit Entscheidungsbefugnisse innerhalb der Personalabteilung delegiert werden bzw. inwieweit Mitarbeiter an der Entscheidungsfindung partizipieren können (vgl. auch Diskussion in Kap. 2.2.3.1.2). Auch die Messung der Zentralisierung wird mittels eines von Hage/Aiken (1967, 1968) entwickelten Messinstrumentes vorgenommen, welches ebenfalls bereits häufig eingesetzt und empirisch validiert wurde (vgl. Deshpandé, 1982; Deshpandé/Zaltman, 1982; Barclay, 1991). Die Operationalisierung des Konstruktes wird in der vorliegenden Arbeit mittels drei Items vorgenommen. Aus Tab. 3.1-5 ist ersichtlich, dass alle berechneten Gütemaße auf eine sehr gute Reliabilität und Validität des Messinstrumentes hinweisen. Alle Mindestanforderungen werden deutlich übertroffen. Das Cronbachsche Alpha weist einen Wert von 0,88 auf. Die erklärte Varianz liegt bei über 80%.

Tab. 3.1-5: Messung des Konstruktes Zentralisierung

Zentralisierung	Code	Item to Total – Korrelation
Es können in unserer Personalabteilung kaum Entscheidungen ohne die Zustimmung eines Vorgesetzten umgesetzt werden.	a9	0, 6998
Eine Person, die eigenständig Entscheidungen treffen wollte, wäre in unserer Personalabteilung schnell entmutigt.	a10	0, 8073
Bei so gut wie allem, was die Mitarbeiter in unserer Personalabteilung tun, müssen sie vorher einen Vorgesetzten fragen.	a11	0, 7982
Cronbachsches Alpha 0, 8815		
Erklärte Varianz 80, 918		

Die Relevanz des Kontextmerkmals *Unternehmensgröße* zeigt sich in zahlreichen Studien (vgl. Blau/Schönherr, 1971; Child, 1972; Pugh et al., 1969)[292]. Dabei wird die Unternehmensgröße häufig über die Anzahl der beschäftigten Mitarbeiter operationalisiert. Die Konzipierung und Einbindung weicher HR-Kennzahlen ist üblicherweise eng mit hierfür verantwortlichen internen Abteilungen (z. B. Personalcontrolling, Personalentwicklung) verbunden (vgl. Kap. 2.4.2, Experteninterviews), welche sich wiederum durch Quantität und Qualität der entsprechenden Personen repräsentieren lassen. Insofern besitzt eine Messung über die Mitarbeiterzahl in der vorliegenden Untersuchung inhaltliche Vorteile gegenüber einer zweiten ebenfalls gebräuchlichen Größenmessung auf Basis des jeweiligen Umsatzvolumens. Auch die Größe der Personalabteilung wird über die Anzahl der Mitarbeiter operationalisiert.

3.1.1.2.2. Einfluss bzw. strategische Ausrichtung der Personalabteilung

Die Wichtigkeit des Konstruktes *Einfluss der Personalabteilung* für die Adoption weicher HR-Kennzahlen in die Personalsteuerung, ergibt sich v. a. aus den Experteninterviews (vgl. Kap. 2.4.1). Ebenso zeigt sich im Rahmen der thematischen Aufarbeitung der Kennzahlenliteratur (vgl. Kap. 2.2.3.1.2), dass strategische Instrumente wie bspw. der Einsatz weicher HR-Kennzahlen, v. a. in solchen Unternehmen eingesetzt werden, in denen die Aufbauorganisation konsequent personalorientiert strukturiert ist: d. h. der höchste Personalverantwortliche gehört der obersten Führungsebene an (vgl. Piercy, 1986). Neben diesem Indikator definiert sich der Einfluss der Personalabteilung durch das Ausmaß der Beeinflussbarkeit und der Mitgestaltungsmöglichkeit grundlegender unternehmensstrategischer Entscheidungen.

Tab. 3.1-6: Messung des Konstruktes Einfluss der Personalabteilung

Einfluss der Personalabteilung	Code	Item to Total - Korrelation
Wir Personalmanager spielen eine Schlüsselrolle bei der Strategieentwicklung in unserem Unternehmen.	a1	0, 6258
Der Einfluss der Personalarbeit auf strategische Geschäftsentscheidungen ist sehr groß.	a2	0, 6998
In unserem Unternehmen hat der höchste Personalverantwortliche eine sehr hohe hierarchische Stellung inne.	a3	0, 3265
Cronbachsches Alpha	0, 7171	
Erklärte Varianz	65, 219	

292 Vgl. darüber hinaus: Reichmann (1993c: 347); Staudt et al. (1985: 111); Töpfer (1976: 292).

Die Messung dieses Konstruktes orientiert sich an dem empirisch bereits mehrfach eingesetzten und validierten Messinstrument „Marketingverantwortlichkeit" von Piercy (1986). Für die mittels drei Items erfolgte Messung (vgl. Tab. 3.1-6) kann eine hohe Reliabilität und Validität erreicht werden. Die erklärte Varianz beträgt ca. 65%. Das Cronbachsche Alpha liegt bei 0,72, so dass die Skala wie vorgesehen eingesetzt werden kann.

Auch die Relevanz eines *strategischen Steuerungssystems* als Voraussetzung für die erfolgreiche Adoption weicher HR-Kennzahlen ergibt sich nicht nur aus den Experteninterviews (vgl. Kap. 2.4.1), sondern auch aus der thematischen Forschungsliteratur (vgl. Kap. 2.2.3.1.2). Die Erfassung der strategischen Ausrichtung der Personalabteilung erfolgt zum einen über eine (einfache) binäre Frage nach der Existenz eines strategischen Steuerungssystems (vgl. Kap. 2.4.3.6.2). Zum anderen wird mittels eines Konstruktes das Ausmaß der strategischen Ausrichtung der Personalabteilung erfasst. Die Operationalisierung des Konstruktes *strategische Ausrichtung und –steuerung* erfolgt über ein neues Messinstrument, das in Anlehnung an Evanschitzky (2003) konzipiert wurde. Dabei werden unter strategischer Ausrichtung v. a. der Aspekt der Verknüpfung mit der übergreifenden Unternehmensstrategie sowie der Planungs- und Kontrollgedanke berücksichtigt (vgl. z. B. Geiß, 1986: 172f.). In dem Konstrukt, welches mittels fünf Items gemessen wird, werden zudem die Dimension der tatsächlichen praktizierten Umsetzung einer strategischen Planung sowie der Steuerungsgedanke berücksichtigt. Die Messergebnisse zeigen, dass bei dem vorliegendem Konstrukt mit einem Cronbachschen Alpha von 0,82 und einer erklärten Varianz von fast 60% sehr gute Reliabilitäts- und Validitätsmaße erreicht werden (vgl.Tab. 3.1-7).

Tab. 3.1-7: Messung des Konstruktes strategische Ausrichtung und –steuerung

Strategische Ausrichtung und –steuerung	Code	Item to Total – Korrelation
Wir praktizieren ein strategisches Personalmanagement.	a4	0, 6343
Wir leiten unsere Personalstrategie konsequent aus der Unternehmensstrategie ab.	a5	0, 5607
Eine Kernaufgabe unserer HR-Abteilung ist vorausschauende Planung.	a6	0, 6454
Wir steuern Personalentscheidungen u. a. mittels Personalkennzahlen.	a7	0, 6427
Wir betreiben ein sehr umfassendes Personalcontrolling.	a8	0, 5645
Cronbachsches Alpha 0, 8198		
Erklärte Varianz 58, 21		

3.1.1.2.3. Unternehmenskultur

Die Rolle der Unternehmenskultur als bedeutsame Einflussgröße für die Akzeptanz und Adoption unterschiedlicher Managementinstrumente zeigt sich insbesondere in der thematischen Auseinandersetzung mit der Thematik (vgl. Kap. 2.2; z. B. Moorman, 1995; Lewis/Shea, 1996; Sinkula/Baker/Nordewier, 1997) und wird auch durch adoptionstheoretische Überlegungen bestätigt (vgl. Kap. 2.3.2). Nach dem dieser Arbeiten zugrunde gelegten Kulturverständnis umfasst die Unternehmenskultur ein langfristig stabiles Werte- und Normensystem, das einen Orientierungsrahmen für das Handeln der Mitarbeiter, Führungskräfte und für die Gestaltung organisationaler Parameter darstellt (vgl. Hofstede, 1980: 1169; Sackmann, 2000: 146; Ulrich, 1984: 312).

Der Facettenreichtum des Phänomens Unternehmenskultur erschwert eine Erfassung dieses Konstruktes in seiner ganzen inhaltlichen Breite mit sämtlichen potenziellen Subdimensionen (wie bspw. mitarbeiterorientierte Kultur, innovative Kultur, kommunikative Kultur). Ein solcher allgemein anerkannter Ansatz existiert nach Homburg (2000: 201; ähnlich Ernst, 2003: 23) auch derzeit nicht. Im Rahmen der vorliegenden Arbeit wird aus diesem Grund eine *dimensionenorientierte Betrachtungsweise* gewählt, d. h. das Konstrukt Unternehmenskultur wird (nur) über spezielle Dimensionen abgebildet, die einen besonderen Erklärungswert für die in dieser Arbeit untersuchten Forschungsfragen vermuten lassen. Aus methodischer Sicht weist eine dimensionenorientierte Betrachtung der Unternehmenskultur gegenüber anderen Ansätzen (z. B. der Betrachtung von Kulturtypen) einige Vorteile auf. So ermöglichen dimensionenorientierte Betrachtungen bspw. differenziertere empirische Analysen und betrachten die Kultur auf einem weniger aggregierten Niveau als z. B. typologieorientierte Ansätze (vgl. Kaspers, 1987: 86; Pflesser, 1999: 29). Somit gilt es, die Subdimensionen auszuwählen und zu definieren, die in Bezug auf die zweite Forschungsfrage „Determinanten des Einsatzes weicher HR-Kennzahlen" interessieren: d. h. vor allem die Aspekte, die den Einbezug weicher HR-Informationen in Steuerungssysteme erklären.

In der Forschungsliteratur finden sich zahlreiche Verweise auf die Subdimension *Mitarbeiterorientierung der Unternehmenskultur* (Chatman/Jen, 1994; Parasuraman, 1987). Hinsichtlich bestehender empirisch reliabler und valider Messinstrumente zur Erfassung der Mitarbeiterorientierung erscheint es notwendig auf Messinstrumente zum Thema Kundenorientierung zurückzugreifen und diese auf die Dimension Mitarbeiterorientierung zu übertragen. Hierzu wird eine Skala von Deshpandé/Farley (1998) herangezogen[293]. Diese ist bereits in zahlreichen empirischen Untersuchungen eingesetzt worden und bietet sich in verkürzter Form für die vorliegende Untersuchung an. Neben eigenen Modifikationen wurden auch kritische Anmerkungen bzw. Neuvorschläge von Pflesser (1999) und Evanschitzky (2003) berücksichtigt. Das in der vorliegenden Untersuchung eingesetzte Konstrukt besteht aus drei Items, welche die Aspekte der Mitarbeiterzufriedenheit, -bedürfnisse sowie der mitarbeiterorientierten Entscheidungsfindung abdecken. Dabei lässt sich feststellen, dass die Messung des Konstruktes zu sehr guten Gütekriterien führt (vgl. Tab. 3.1-8). Das Cronbachsche Alpha weist einen Wert von 0,84 auf. Die erklärte Varianz beträgt über 75%.

Tab. 3.1-8: Messung des Konstruktes mitarbeiterorientierte Unternehmenskultur

Mitarbeiterorientierte Unternehmenskultur	Code	Item to Total - Korrelation
Ein wichtiger Wert in unserem Unternehmen ist die Mitarbeiterzufriedenheit.	a18	0, 6848
Unsere Strategie basiert auf dem Verständnis der Mitarbeiterbedürfnisse.	a19	0, 7077
In unserem Unternehmen zeichnen sich zahlreiche Entscheidungen durch ein hohes Maß an Mitarbeiterorientierung aus.	a20	0, 6990
Cronbachsches Alpha 0, 8358		
Erklärte Varianz 75, 285		

Zur Operationalisierung der *Innovativität der Unternehmenskultur* werden in der Literatur verschiedene Messinstrumente vorgeschlagen (vgl. z. B. O´Reilly/Chatman/Caldwell, 1991; Sheridan, 1992). In der vorliegenden Untersuchung wird das Konstrukt „Innovative Unternehmenskultur" mit Hilfe von drei Indikatoren gemessen, die in Anlehnung an Gruner (1997) und Evanschitzky (2003) ausgewählt und in Teilen überarbeitet wurden. Bei den Dimensionen einer innovativen Unternehmenskultur werden neben der individuellen Beurteilung der Innovativität des einzelnen Mitarbeiters auch gedachte und gelebte Werte auf aggregierter Unternehmensebene thematisiert (vgl. Tab. 3.1-9). Die Ergebnisse der Gütekriterien für das Cronbachsche Alpha mit einem Wert von 0,76 und einer erklärten Varianz von knapp 70% können als ausgezeichnet bewertet werden, da alle Mindestanforderungen deutlich übertroffen wurden.

[293] Diese beruht auf den häufig genutzten Skalen von Deshpandé/Farley/Webster (1993) und Kohli/Ja-

Tab. 3.1-9: Messung des Konstruktes innovative Unternehmenskultur

Innovative Unternehmenskultur	Code	Item to Total – Korrelation
Unsere Mitarbeiter sind sehr offen für „Veränderungsideen“.	a15	0, 4618
Unser Unternehmen ist Vorreiter bei der Nutzung von Innovationen.	a16	0, 6718
In unserem Unternehmen werden Innovativität und Kreativität besonders betont.	a17	0, 6989
Cronbachsches Alpha	0, 7646	
Erklärte Varianz	68, 415	

3.1.1.3. *Interne, individuumszentrierte Einflussgrößen*

Zu der Gruppe der potenziellen Einflussgrößen zählen die in Kap. 2.2 bereits thematisierten internen, individuumszentrierten Einflussgrößen: Berufserfahrung (vgl.. Kap. 3.1.1.3.1), Bildung und Fachwissen (vgl.. Kap. 3.1.1.3.2) sowie die Einbindung in die Thematik (vgl.. Kap. 3.1.1.3.3). Auf die Bedeutung dieser Faktoren zur Erklärung der Adoption weicher HR-Kennzahlen wird in der diesbezüglichen Literatur vielfach hingewiesen (vgl. Macintosh, 1981: 40; Menon/Varadarajan, 1992: 57ff.).

3.1.1.3.1. *Berufserfahrung*

Implikationen über die Bedeutung der *Berufserfahrung* (indirekt des Alters) als relevante Einflussvariable lassen sich insbesondere aus der adoptionstheoretischen Forschungsliteratur ableiten (vgl. Kap. 2.3.2). Aber auch die thematische Auseinandersetzung mit der relevanten Kennzahlenliteratur (vgl. Kap. 2.2.3.1.2; z. B. Geiß, 1986: 73; Kaas, 1973: 24f.; Kühlmann, 1988: 147) verweist auf den Zusammenhang zwischen dem Einsatz innovativer Steuerungsinformationen und dem Alter[294] bzw. der Berufserfahrung des potenziellen Nutzers im Personalbereich (vgl. u. a. Moorman/Deshpandé/Zaltman, 1993; Perkins/Rao, 1990)[295]. Im Rahmen der vorliegenden Untersuchung wurde die Berufserfahrung mittels einer offenen Frage erhoben. Dabei bezieht sich dieses Konstrukt allgemein auf die Anzahl der Jahre, die der Personalleiter im Berufsleben tätig ist, unabhängig von seiner Position und spezifischen Erfahrung im Personalbereich (vgl. zu einer ähnlichen Vorgehensweise Deshpandé, 1982; Moorman/Deshpandé/Zaltman, 1993).

worski/Kumar (1993).

294 Vergleiche hierzu: Dermer (1973); Libby/Lewis (1982); Lucas (1975; Schweikart (1986); Taylor (1975); Wierenga/Ophuis (1997); Zmud (1979).

295 Vgl. darüber hinaus: Deshpandé (1982); Dickson/Senn/Chervany (1977); Gupta/Govindarajan (1986); Libby/Lewis (1982); Lucas (1975); Roberts/O`Reilly (1979); Taylor (1975); Tomassini (1976); Zmud (1979).

3.1.1.3.2. *Bildungsstand und Fachwissen*

Zu dem Konstrukt *Bildung* existieren im Vergleich zu den anderen individuumszentrierten Merkmalen weniger Erkenntnisse in der theoretischen und empirischen Forschungsliteratur (vgl. Kap. 2.2; vgl. Kaas, 1973: 25f.; O'Reilly, 1982; Lybaert, 1998). Hingegen finden sich in der adoptionstheoretischen Forschungsliteratur zahlreiche Hinweise für die Relevanz des Bildungsabschlusses als relevante Determinante (vgl. Kap. 2.3.2). Im Rahmen der vorliegenden Arbeit werden der jeweils höchste Bildungsabschluss sowie die Fachrichtung mittels einer halboffenen Frage erhoben.

Als weitere individuumszentrierte Einflussgröße wird das *Fachwissen* der Personalleiter hinsichtlich des Einsatzes weicher HR-Kennzahlen berücksichtigt. Für die Darstellung der Bedeutung des Konstruktes Fachwissen sei auf die Analyse der Forschungsliteratur in Kap. 2.2.3.1.2 (z. B. Brockmann/Simmonds, 1997; Gilly et al., 1998; Melone, 1994)[296] sowie auf adoptionstheoretische Studien (vgl. Kap. 2.3.2) hingewiesen. Ein hohes Fachwissen ist nach Melone (1994: 439) durch das Vorhandensein einer ausgeprägten Intuition (vgl. Simon, 1987; Crossan/Lane/White, 1999) gekennzeichnet. Hinsichtlich der Messung von Fachwissen bzw. Kompetenz ist zu konstatieren, dass sich diese Größen auf zahlreiche, unterschiedliche Bedeutungsfacetten beziehen (vgl. Brockmann/Simmonds, 1997: 457). Eine Erfassung sämtlicher Subdimensionen von Fachwissen erscheint somit aus Gründen der Forschungsökonomie nicht praktikabel. Insofern wird in der vorliegenden Untersuchung erneut auf eine dimensionenorientierte Betrachtungsweise zurückgegriffen (vgl. Kap. 3.1.1.2.3): zentrales Bezugsobjekt ist dabei der Kernuntersuchungsgegenstand der vorliegenden Arbeit „weiche HR-Kennzahlen". Es interessiert im Folgenden also nur das Fachwissen hinsichtlich dieses speziellen Bezugsobjektes. Das Fachwissen bzw. die Kompetenz wird folglich als das Ausmaß der Sicherheit verstanden, mit dem die Personalleiter den Gegenstandsbereich und die Einsatzmöglichkeiten der weichen HR-Kennzahlen beurteilen können. Da hierzu auf keine vorhandene Skala zurückgegriffen werden konnte, wurde in Anlehnung an Brown (1989; ähnlich Deshpandé, 1982: 92; Moorman/Deshpandé/Zaltman, 1993: 92) eine neue Skala entwickelt, die zwei Items umfasst. Wie aus Tab. 3.1-10 ersichtlich, erfüllen alle Gütemaße die Mindestanforderungen, so dass die Messung in der dargestellten Form erfolgen kann.

---

[296] Vgl. darüber hinaus: Eickhof (1982: 252); Geiß (1986: 73); Kaas (1973: 24); Macharzina (1995: 598f.); Perkins/Rao (1990: 9); Simon (1987); Staudt et al. (1985); Wolf (1977: 56).

Tab. 3.1-10: Messung des Konstruktes Fachwissen

Fachwissen	Code	Item to Total - Korrelation
Ich weiß genau, bei welchen Fragestellungen mir die weichen HR-Kennzahlen nützlich sind.	a35	0, 6795
Ich kann relativ gut einschätzen, was mir die weichen HR-Kennzahlen wert sind.	a36	0, 6795
Cronbachsches Alpha 0, 8092		
Erklärte Varianz 83, 975		

3.1.1.3.3. Einbindung in Thematik

Als weitere individuumszentrierte Einflussgröße soll schließlich die *Einbindung der Personalleiter in die Thematik* untersucht werden (für die inhaltliche Diskussion und Darstellung der Relevanz dieser Determinante vgl. Kap. 2.2.3.1.3). Das Konstrukt Einbindung in die Thematik (alternativ: Involvement) kann als Grad des Einbezugs der Personalleiter in die Entwicklung und Nutzung weicher HR-Kennzahlen definiert werden (vgl. Edström, 1977: 591; Ives/Olson, 1984: 587; Moorman/Zaltman/Deshpandé, 1992: 316; Tait/Vessey, 1988: 96). Die Messung der Einbindung beruht auf einer neu entwickelten Skala und führt zu sehr guten Gütekriterien: das Cronbachsche Alpha liegt bspw. bei 0,9. Aus diesem Grund erfolgt die Messung wie vorgesehen (vgl. Tab. 3.1-11).

Tab. 3.1-11: Messung des Konstruktes Einbindung in Thematik

Einbindung in Thematik	Code	Item to Total – Korrelation
Ich beschäftige mich schon seit längerem mit dem Thema „Personalsteuerung mittels weicher HR-Kennzahlen".	a33	0, 8330
Ich persönlich bin sehr stark in die Thematik „Weiche HR-Kennzahlen" involviert.	a34	0, 8330
Cronbachsches Alpha 0, 9089		
Erklärte Varianz 91, 649		

3.1.2. Ausgestaltung weicher HR-Kennzahlen

Nachfolgend wird die Konzeptualisierung und Operationalisierung der Konstrukte, welche die Ausgestaltung weicher HR-Kennzahlen beschreiben, dargestellt. Dabei erfolgt die Erfassung zum einen mittels einfacher binärer oder offener Operationalisierungen (z. B. Kosten, Verantwortlichkeit, Messmethode, Messturnus, Auswertungsdauer und Detaillierungsgrad). Zum anderen kommen im Rahmen der Merkmalserfassung weicher

HR-Kennzahlen auch einige Konstrukte zum Tragen, welche den Charakter der weichen HR-Kennzahlen beschreiben: (1) Professionalität der Methodik, (2) Professionalität der Entwicklung, (3) Professionalität der Kommunikation, (4) Einbindung in Steuerungssysteme sowie die (5) Verknüpfung mit Anreizsystemen.

Diese werden im Folgenden, mit Ausnahme des Konstruktes *Professionalität der Methodik,* vorgestellt. Im Rahmen dieses Konstruktes wurde die Güte der methodischen Konzeption für die Erstellung sowie Einbindung weicher HR-Kennzahlen thematisiert. Das zur Beurteilung der Professionalität der Methodik eingesetzte, neu entwickelte Konstrukt, konnte die geforderten hohen Gütekriterien nicht erfüllen. Aus diesem Grund wird in der vorliegenden Untersuchung auf die Berücksichtigung dieser Größe verzichtet.

Für die Beschreibung des Generierungsprozesses wurde das Konstrukt *Professionalität der Entwicklung weicher HR-Kennzahlen* neu entwickelt, welches über vier Items erhoben wird. Das Konstrukt erfasst das Ausmaß, in dem auf bewährte, wissenschaftlich fundierte Konzepte zurückgegriffen wird und inwieweit bei der Erstellung und Auswertung weicher HR-Kennzahlen interne oder externe Fachspezialisten eingebunden werden (vgl. George, 1999: 42).

Tab. 3.1-12: Messung des Konstruktes Professionalität der Entwicklung weicher HR-Kennzahlen

Professionalität der Entwicklung weicher HR-Kennzahlen	Code	Item to Total – Korrelation
Wir greifen bei der Auswahl und Messung weicher HR-Kennzahlen auf bereits bewährte Konzepte aus Praxis und/oder Wissenschaft zurück.	b48	0, 3524
~~Wir nutzen unsere eigenen, internen Fachspezialisten bei der Konzeption und Auswertung der weichen HR-Kennzahlen.~~	~~b49~~	
Wir erhalten bei der Auswertung der weichen HR-Kennzahlen externe Unterstützung von Fachexperten und/oder Beratungsunternehmen.	b50	0, 4603
Wir involvieren hohe Hierarchieebenen bzw. die Unternehmensleitung in die Interpretation und Diskussion der Ergebnisse.	b51	0, 5196
Cronbachsches Alpha 0, 6325		
Erklärte Varianz 57, 838		
** Das Item b49 „Eigene Fachspezialisten" wird gestrichen.*		

Der überwiegende Teil der verwendeten globalen und lokalen Gütemaße erfüllt die zugrunde liegenden Mindestanforderungen (vgl. Tab. 3.1-13). Es zeigt sich jedoch, dass ein Item nicht auf den gleichen Faktor lädt. Dieses Item wird gestrichen und nicht in die Datenanalyse einbezogen. Zudem liegt das Cronbachsche Alpha etwas unter dem geforderten Mindestwert von 0,7. Hierzu sei auf den exploratorischen Charakter der Messung verwiesen, der einen niedrigeren Mindestwert von 0,6 für das Cronbachsche Alpha rechtfertigen kann (vgl. hierzu Nunnally, 1967: 226). Insgesamt ergeben die lokalen und globalen Anpassungsmaße somit ein noch zufriedenstellendes Bild.

Im Weiteren soll das Konstrukt *Professionalität der Kommunikation weicher HR-Kennzahlen* vorgestellt werden. Die Bedeutung der Verbreitung und Kommunikation von steuerungsrelevanten Informationen beschreibt u. a. George (1999: 42)[297]: „Bezüglich der personell-organisatorischen Bedingungen kommt es darauf an, dass die Kennzahlen zügig, in geeigneter Form den relevanten Stellen zur Auswertung bzw. zur Einleitung von Maßnahmen zugeleitet werden.“ Hieraus leitet sich die Operationalisierung des zugrunde liegenden Konstruktes ab, die zudem auf den Arbeiten von Hewitt (2002), Staudt et al. (1985: 76), Töpfer/Gabel (2000: 55f.) und Weber, M. (2002: 22f.) basiert sowie durch eigene Entwicklungen ergänzt wurde. Mittels des Konstruktes soll erhoben werden, wie professionell die Kommunikation der Ergebnisse der weichen HR-Kennzahlen in die diversen Führungsebenen und betroffenen Abteilungen erfolgt. Das über vier Indikatoren erhobene Konstrukt lädt auf einen Faktor und weist sehr zufriedenstellende Ergebnisse hinsichtlich des Cronbachschen Alphas (0,87) und der erklärten Varianz (ca. 73%) auf (vgl. Tab. 3.1-13).

Tab. 3.1-13: Messung des Konstruktes Professionalität der Kommunikation weicher HR-Kennzahlen

Professionalität der Kommunikation weicher HR-Kennzahlen	Code	Item to Total – Korrelation
Unsere Führungskräfte werden regelmäßig über neue Ergebnisse weicher HR-Kennzahlen informiert.	b60	0, 7036
Es ist sicher gestellt, dass neue Ergebnisse hinsichtlich weicher HR-Kennzahlen zügig in die davon betroffenen Abteilungen gelangen.	b61	0, 7547
Unsere Mitarbeiter werden regelmäßig über die Ergebnisse (und Handlungsimplikationen) weicher HR-Kennzahlen informiert.	b62	0, 8164
Ergebnisse weicher HR-Kennzahlen werden regelmäßig von Führungskräften und Mitarbeitern diskutiert.	b63	0, 6382
Cronbachsches Alpha 0, 8729 Erklärte Varianz 72, 576%		

Das Konstrukt *Einbindung in Steuerungssysteme* beschreibt die Professionalität der Verknüpfung weicher HR-Kennzahlen mit anderen Kennzahlen sowie die Zugrundelegung dieser Informationen für strategische Personalentscheidungen. Es stellt ein wichti-

[297] Vgl. darüber hinaus: Caduff (1981: 1); Day (1994: 44); Meyer (1994: 40f.); Schwantag (1969: 11f.).

ges Merkmal weicher HR-Kennzahlen in der Praxis dar (vgl. Evanschitzky, 2003). Zur Messung wurde ein Konstrukt aus drei Items entwickelt, welches sehr zufriedenstellende Reliabilitäts- und Validitätsergebnisse aufweist (vgl. Tab. 3.1-14): das Cronbachsche Alpha liegt bei ca. 0,80. Die erklärte Varianz bei ca. 72%.

Tab. 3.1-14: Messung des Konstruktes Einbindung in Steuerungssysteme

Einbindung in Steuerungssysteme	Code	Item to Total – Korrelation
Wir verknüpfen weiche HR-Kennzahlen systematisch mit anderen weichen HR-Kennzahlen (z. B. Arbeitszufriedenheit und Führungsqualität).	b54	0, 7395
Wir verknüpfen weiche HR-Kennzahlen (z. B. Arbeitszufriedenheit) systematisch mit anderen harten HR-Kennzahlen (z. B. Fluktuationsrate).	b55	0, 6997
Weiche HR-Kennzahlen haben einen großen Einfluss auf Personalentscheidungen.	b56	0, 5288
Cronbachsches Alpha 0, 7982		
Erklärte Varianz 71, 523%		

Auf die Bedeutung von *Anreizsystemen* für die Adoption weicher HR-Kennzahlen wird in einer Reihe von Studien hingewiesen (vgl. Kap. 2.2; PwC, 2001: 31f.; Webster, 1988: 38). Im Rahmen der vorliegenden Arbeit soll bei der Konzipierung des Konstruktes neben dem Vergütungsaspekt außerdem v. a. der Beurteilungs- und der Aufstiegsaspekt berücksichtigt werden. Der Einfluss der ersten Dimension, Vergütungsanreize, auf die Denk- und Verhaltensweisen von Mitarbeitern und Führungskräften, wurde in früheren Arbeiten aus unterschiedlichen Perspektiven beleuchtet (vgl. u. a. Kaschube/von Rosenstiel, 2000; Weber/Sandt, 2001: 18f.)[298]. Zahlreiche Autoren sehen in der Vergütung das wichtigste Instrument der Personalführung (vgl. Frese, 1990: 303)[299]. Auch durch die Festlegung der Beachtung weicher HR-Kennzahlen als wesentliches Personalbeurteilungskriterium lässt sich deren (erfolgreiche) Adoption fördern (vgl. Oechsler, 2000; Weber, 2004). Solche Parameter, die explizit in die Personalbeurteilung aufgenommen werden, bekommen einen besonderen Stellenwert. Ebenso ist die dritte Dimension zur Beförderung bzw. Karrierregestaltung ein wichtiges Personalführungsinstrument, welches die Integration weicher HR-Kennzahlen in die strategische Unternehmenssteuerung stützen kann (vgl. Baker/Jensen/Murphy, 1988: 594; Kräkel, 1996; Lazear, 1992). Damit wurden alles in allem drei vergleichsweise harte Indikatoren ausgewählt. Auf die Wahl schwächerer Indikatoren wurde aus methodischen und inhaltlichen Gründen ver-

298 Vgl. darüber hinaus: Lawler (1987); Balkin/Gomez-Mejia (1990); Grossmann/Hoskisson (1998).

299 Weitere Autoren, die ebenfalls eine starke Anreizwirkung von Vergütungssystemen feststellen, sind Lawler/Rhode (1976), Jaworski (1988), Kohli/Jaworski (1990), Zeithaml/Parasuraman/Berry (1990) sowie Ruekert (1992).

zichtet: Neben zu starker Überschneidungen zum Konstrukt mitarbeiterorientierte Unternehmenskultur sind solche Items in Kombination mit dem Untersuchungsobjekt weiche HR-Kennzahlen zu unklar für die Befragten, wie der Pretest ergeben hat. Die Messergebnisse des Konstruktes zeigen, dass die zugrundegelegten Gütekriterien bei weitem erreicht wurden: das Cronbachsche Alpha liegt bei 0,78 – die erklärte Varianz bei über 70% (vgl. Tab. 3.1-15).

Tab. 3.1-15: Messung des Konstruktes Verknüpfung mit Anreizsystemen

Verknüpfung mit Anreizsystemen	Code	Item to Total – Korrelation
Weiche HR-Kennzahlen fließen in die Beurteilung unserer Führungskräfte ein.	b57	0, 6982
Die Aufstiegschancen unserer Führungskräfte sind stark von den erreichten Zielen weicher HR-Kennzahlen abhängig.	b58	0, 7044
Die Gehälter unserer Führungskräfte haben einen variablen Anteil, der stark durch die erreichten Ziele weicher HR-Kennzahlen beeinflusst wird.	b59	0, 4769
Cronbachsches Alpha 0, 7837		
Erklärte Varianz 70, 268		

3.1.3. Beurteilung weicher HR-Kennzahlen

Das vorliegende Teilkapitel beschreibt die Konzeptualisierung und Operationalisierung des Themenblocks Beurteilung weicher HR-Kennzahlen. Dabei ist vorab zu konstatieren, dass eine Beurteilung aller potenziellen Qualitätskriterien aufgrund der inhaltlichen Breite dieses Begriffes nicht möglich ist. In der vorliegenden Untersuchung wird somit ein merkmalsorientierte Ansatz angewendet (vgl. Kap. 2.2.3.2). Hierzu knüpft die Konzeptualisierung des Messansatzes für das Konstrukt Beurteilung an eine von Donabedian (1980) entwickelte Unterscheidung an. Deren zentrale Bedeutung zeigt sich u. a. daran, dass sie bereits häufig angewandt und empirisch validiert wurde (vgl. z. B. Bruhn, 1995: 627-633; Stauss/Hentschel, 1990: 4)[300]. Hiernach lassen sich drei Dimensionen für die Qualitätsbeurteilung eines Produktes bzw. einer Leistung unterscheiden, nach denen das vorliegenden Kapitel strukturiert ist: Beurteilung des Prozesses (vgl. Kap. 3.1.3.1), des Produktes bzw. des Ergebnis (vgl. Kap. 3.1.3.2) sowie des Potenzials (vgl. Kap. 3.1.3.3).

[300] Vgl. darüber hinaus: Corsten (1985, 1993); Meyer/Mattmüller (1987); Parasuraman/Zeithaml/Berry (1988); Parasuraman/Zeithaml/Zeithaml (1985); Stiff/Gleason (1981).

3.1.3.1. Prozessbeurteilung

Im Rahmen der Prozessbeurteilung werden Merkmale des Erstellungsprozesses weicher HR-Kennzahlen beschrieben (vgl. Kap. 2.2.3.2.2; Bruhn, 1995: 631f.; Kleinaltenkamp, 1998: 34; Stauss/Hentschel, 1990: 4). In der vorliegenden Untersuchung werden für die Messung dieser Größe zwei Variablen herangezogen: (1) das Vertrauen in den Erstellungsprozess (vgl. Lucas, 1974; Geldermann, 1998) und (2) der Kompatibilitätsgrad, der sich bei der Implementierung der weichen HR-Kennzahlen in den jeweiligen Unternehmenskontext ergibt (vgl. Rogers, 1983: 211ff.).

Die Bedeutung des Konstruktes „*Vertrauen in den Erstellungsprozess*" wird in unterschiedlichen Forschungsbereichen seit längerem ausführlich analysiert (vgl. Kap. 2.2.3.2.2; Diller/Kusterer, 1988; Moorman/Zaltman/Deshpandé, 1992: 315; Zaltman/Moorman, 1988: 16). Dabei definiert sich das Vertrauen in den Erstellungsprozess durch die den Kennzahlen zugeschriebene Zuverlässigkeit (vgl. Kap. 2.2.3.2.2; Doney/Cannon, 1997; Maltz/Kohli, 1996: 50; Parasuraman/Zeithaml/Berry, 1988). Auf der Grundlage der Skala von Maltz/Kohli (1996: 60), des Messinstrumentes der Deutschen Gesellschaft für Qualitätsforschung (DGQ, 1999: 19) und auf Basis eigener Überlegungen wurde ein Konstrukt entwickelt, welches insgesamt vier Indikatoren umfasst. Die ersten beiden Indikatoren thematisieren die gerade angesprochene Zuverlässigkeit weicher HR-Kennzahlen. Mit dem dritten Item wird die Relevanz des Informationsangebots für die Personalleiter erfasst (vgl. Mason/Mitroff, 1973; Zmud, 1978; Huber, 1982; O`Reilly, 1982; Maltz/Kohli, 1996). Als (qualitativ) besonders hochwertig wird eine Information dann eingeschätzt, wenn sie zusätzlich zu den Berichten und Analysen Erläuterungen und Beratungsleistungen enthält, wie mit dem vierten Item beschrieben wird (vgl. Deshpandé/Zaltman, 1982). Die Beurteilung der Gütekriterien der Konstruktmessung zeigt, dass ein Item (d7) nicht auf den gleichen Faktor lädt (vgl. Tab. 3.1-16). Dieses Item wird gestrichen und nicht in die Datenanalyse einbezogen. Auch nach Eliminierung des Items liegt das Cronbachsche Alpha unter dem geforderten Mindestwert. Dieser Wert kann durch die Streichung eines weiteren Items (d8) gesteigert werden, so dass nur die beiden Indikatoren zum Thema Zuverlässigkeit, bei einem Cronbachschen Alpha von 0,67, verbleiben. Für das auf diese Weise bereinigte Konstrukt können die Gütekriterien der Konstruktmessung weitestgehend erfüllt werden.

Tab. 3.1-16: Messung des Konstruktes Vertrauen in den Erstellungsprozess

Vertrauen in den Erstellungsprozess	Code	Item to Total – Korrelation
Ich vertraue darauf, dass die Verantwortlichen, die die weichen HR-Kennzahlen erstellen, richtige Informationen liefern.	d5	0, 4678
Ich kann mich darauf verlassen, dass Zusagen die hinsichtlich der Erstellung weicher HR-Kennzahlen gemacht werden, auch eingehalten werden.	d6	0, 4686
~~Bei der Ausgestaltung der weichen HR-Kennzahlen (bspw. eines Arbeitszufriedenheitsindexes) wird sehr spezifisch auf meine individuellen Bedürfnisse eingegangen.~~	~~d7~~	
~~Die Informationen, die sich aus den weichen HR-Kennzahlen ergeben, werden in ausreichendem Maße von Erläuterungen begleitet.~~	~~d8~~	~~0, 465~~
Cronbachsches Alpha 0, 6745 (mit d8 = 0,5758)		
Erklärte Varianz 55, 143		

Als weitere Variable im Rahmen der Prozessbeurteilung wurde der *Kompatibilitätsgrad* zur jeweiligen Unternehmenssituation herangezogen, dessen Relevanz sich insbesondere aus der Adoptionstheorie ergibt (vgl. Kap. 2.2.3.2.2 und 2.3.2; Meißner, 1989; Stefflre, 1965; Wiswede, 1995: 275). Unter Kompatibilität ist nach Rogers (1983: 211ff.) die Konsistenz mit bestehenden kognitiven Strukturen, kulturellen Werten und Normen zu verstehen (vgl. Kap. 2.2.3.2.2). In der vorliegenden Untersuchung wird nach diesem Begriffsverständnis in Anlehnung an Rogers (1983: 211f.) und Meißner (1989) ein Konstrukt mit vier Indikatoren entwickelt. Dabei beziehen sich die ersten beiden Indikatoren auf die Konsistenz mit bestehenden Strukturen und Systemen. Das dritte Item umfasst den Aspekt eines sogenannten geringen Strafreizcharakters. Hierunter ist die Wahrnehmung eines geringen Risikos bei der Einführung eines neuen Produktes zu verstehen. Das letzte Item thematisiert den potenziellen Konfliktgehalt, der mit der Implementierung weicher HR-Kennzahlen verbunden sein kann.

Tab. 3.1-17: Messung des Konstruktes Kompatibilität

Kompatibilität	Code	Item to Total – Korrelation
Eine Steuerung mittels weicher HR-Kennzahlen passt sehr gut zu unserer Unternehmenskultur.	d29	0, 5204
Weiche HR-Kennzahlen lassen sich leicht in unsere Personalsteuerungssysteme integrieren.	d30	0, 5782
Aus unseren Erfahrungen im Personalmanagement spricht nichts gegen den Einsatz von weichen HR-Kennzahlen.	d31	0, 6499
~~R: Es gibt einzelne Interessensgruppen (z. B. Arbeitnehmervertretung), die den Einsatz weicher HR-Kennzahlen ablehnen.~~	~~d32~~	
Cronbachsches Alpha 0, 7526		
Erklärte Varianz 67, 002		
** R: steht für „reverse“ – die Indikatoren sind negativ formuliert und müssen für die Berechnung umgepolt werden*		

Wie Tab. 3.1-17 zeigt, laden zwar alle Indikatoren auf einen Faktor, jedoch beträgt die erklärte Varianz nur ca. 50% und das Cronbachsche Alpha lediglich 0,59. Aus diesem Grund empfiehlt es sich, das umgekehrt gepolte Item d32 zu streichen. Auf diese Weise ist eine Erfüllung der Gütekriterien möglich: das Cronbachsche Alpha liegt nun mit einem Wert von 0,75 deutlich über dem Richtwert von 0,7. Die erklärte Varianz beträgt ca. 67%.

Abschließend soll auf die Frage eingegangen werden, ob sich ein (gemeinsames) übergreifendes Konstrukt *Beurteilung des Prozesses* bilden lässt. Dieses ist aus inhaltlichen und methodischen Gründen nicht möglich: Die Zusammenfassung eines solchen übergreifenden Konstruktes würde nur auf den zwei Teildimensionen Vertrauen in den Erstellungsprozess und Kompatibilität basieren. Zudem laden die einzelnen Items auf drei verschiedene Faktoren. Entsprechende Eliminierungsmaßnahmen führen in der Folge dazu, dass v. a. die Indikatoren des Konstruktes Kompatibilität bestehen bleiben. Aus diesen Gründen wird auf eine Zusammenfassung der beiden Konstrukte verzichtet.

3.1.3.2. Produktbeurteilung

Im folgenden Kapitel soll die Messung der Produkt- bzw. Ergebnisqualität der weichen HR-Kennzahlen dargestellt werden. Diese bezieht sich zum einen auf die erbrachte Leistung und zum anderen auf den Grad der Leistungserreichung (vgl. Kap. 2.2.3.2.3; Donabedian, 1980: 79-128). Mit der Produktqualität wird ein breites Spektrum an (potenziellen) Inhalten erfasst, so dass es erforderlich scheint, eine Reihe von Indikatoren in das Konstrukt einzubeziehen. Im Rahmen der vorliegenden Arbeit erfolgt die Beurteilung der weichen HR-Kennzahlen durch die Personalleiter anhand der bereits in Kap. 2.2.3.2.3 eingeführten unterschiedlichen Qualitätsdimensionen: Aktualität, Umfang, Verlässlichkeit sowie Komplexität.

Eingangs soll zunächst die Skala zur Erfassung des Konstruktes *Aktualität* vorgestellt werden. Die inhaltliche Diskussion der Relevanz dieser Thematik sowie definitorische Beschreibungen finden sich in Kap. 2.2.3.2.3 (vgl. z. B. Meyer, 1994: 24ff.; Staudt et al., 1985: 76, 107)[301] und ergeben sich teilweise aus den Ergebnissen der Experteninterviews (vgl. Kap. 2.4.1). Unter Aktualität ist dabei die möglichst kurze Zeitspanne zwi-

[301] Vgl. darüber hinaus: Staehle (1969: 67); Sauer/Schlenker (1972: 178); Wolf (1977: 57).

schen Erhebung und Anwendung einer Kennzahl zu verstehen (vgl. u. a. Staudt et al., 1985: 107). Das Konstrukt, welches über zwei Indikatoren erfasst wird, thematisiert die beiden Dimensionen Aktualität und den Neuheitsgrad, der sich aus den weichen HR-Kennzahlen ergebenden Informationen (Moenart/Souder, 1990; Zmud, 1978). Aufgrund zufriedenstellender Gütekriterien (vgl. Tab. 3.1-18) konnte die Datenanalyse wie konzipiert durchgeführt werden.

Tab. 3.1-18: Messung des Konstruktes Aktualität

Aktualität	Code	Item to Total – Korrelation
Die Informationen, die sich aus den weichen HR-Kennzahlen (z. B. aus einem Mitarbeitermotivationsindex) ergeben, sind aktuell.	d9	0, 4409
Weiche HR-Kennzahlen liefern mir häufig neue Informationen.	d10	0, 4409
Cronbachsches Alpha 0, 6120		
Erklärte Varianz 72, 044		

Im folgenden Absatz wird die Messung des Konstruktes *Umfang* vorgestellt, dessen inhaltliche Diskussion bereits im Rahmen des Kap. 2.2.3.2.3 erfolgt ist. Der Umfang der weichen HR-Kennzahlen bezieht sich auf die Breite und Tiefe des Informationsgehaltes (vgl. Fisher, 1996; Meyer, 1994: 13; Staudt et al., 1985: 76f.)[302]. Das Konstrukt wurde in Anlehnung an Zmud (1978) und O`Reilly (1982) konzipiert und besteht aus zwei Indikatoren (vgl. Tab. 3.1-19). Die angewendeten Gütekriterien zeigen, dass dieses Konstrukt in hohem Maße reliabel und valide ist: das Cronbachsche Alpha liegt bei 0,9 - die erklärte Varianz bei über 90%.

Tab. 3.1-19: Messung des Konstruktes Umfang

Umfang	Code	Item to Total – Korrelation
Der Umfang der einzelnen Berichte und Analysen zu den weichen HR-Kennzahlen entspricht meinen Vorstellungen.	d11	0, 8348
Der Detaillierungsgrad der einzelnen Berichte und Analysen der weichen HR-Kennzahlen erfüllt meine Informationsbedürfnisse.	d12	0, 8348
Cronbachsches Alpha 0, 9100		
Erklärte Varianz 91, 739		

Die dritte Skala, die im Rahmen der Beurteilung des Produktes einbezogen wurde, ist das Konstrukt *Verlässlichkeit (*vgl. Grotz-Martin, 1976; Maltz/Kohli, 1996; Wild, 1971; Zmud, 1978*)*. Die Bedeutung und inhaltliche Diskussionen dieses Aspektes werden im Kap. 2.2.3.2.3 dargestellt. Mittels des aus vier Indikatoren bestehenden Konstruktes soll

302 Vgl. darüber hinaus: Moenaert/Souder (1990a); O'Reilly (1982); Zmud (1978).

die Aussagekraft und Realitätsnähe der weichen HR-Kennzahlen gemessen werden (vgl. Tab. 3.1-20). Zudem interessieren auch die Aspekte Widerspruchsfreiheit und Objektivität (vgl. Maltz/Kohli, 1996; Wild 1971; DGQ, 1999: 19). Das Konstrukt Verlässlichkeit weist insgesamt keine sehr zufriedenstellenden Messwerte auf. Positiv zu bewerten ist, dass alle Indikatoren auf einen Faktor laden. Jedoch erreicht das Cronbachsche Alpha nicht, auch nicht durch Eliminierung einzelner Indikatoren, den Wert von 0,6. Die erklärte Varianz bleibt leicht unter dem geforderten Mindestwert von 50%. Dieses Ergebnis lässt sich zum einen mit dem eher explorativen Einsatz dieser Skala erklären, zum anderen ist der Rückgriff auf umgekehrt gepolte Indikatoren (vgl. Indikator d15) methodisch sehr anspruchsvoll und führt im Allgemeinen auch zu schlechteren Werten für die zugrunde liegenden Gütekriterien. Unter Berücksichtigung inhaltlich-logischer Überlegungen zur Relevanz des Konstruktes und der noch akzeptablen Werte von explorativer Faktorenanalyse und erklärter Varianz, soll in der vorliegenden Arbeit in Anlehnung an Nunnally (1967: 226) ein Einsatz dieses Konstruktes für weitere statistische Auswertungen erfolgen.

Tab. 3.1-20: Messung des Konstruktes Verlässlichkeit

Verlässlichkeit	Code	Item to Total – Korrelation
Die Informationen, die sich aus weichen HR-Kennzahlen ergeben, halte ich für sehr aussagekräftig.	d13	0, 3844
Weiche HR-Kennzahlen bilden meiner Meinung nach die tatsächlichen Verhältnisse wirklichkeitsgetreu ab.	d14	0, 2316
R: Die Aussagen, die aus den weichen HR-Kennzahlen abgeleitet werden können, widersprechen einander teilweise.	d15	0, 3158
Die Informationen, die sich aus den weichen HR-Kennzahlen ergeben, sind meiner Meinung nach frei von subjektiven Meinungen und Einflüssen.	d16	0, 4150
Cronbachsches Alpha	0, 5477	
Erklärte Varianz	42, 904	
** R: steht für „reverse" – die Indikatoren sind negativ formuliert und müssen für die Berechnung umgepolt werden*		

Die Relevanz der Skala *Komplexität* leitet sich v. a. aus der Adoptionstheorie ab (vgl. Kap. 2.3.2.; Gierl, 1995: 310; Schmalen, 1993: 782) und wird im Kap. 2.2.3.2.3. näher beleuchtet. Nach Schulz (1972: 46; ähnlich Meißner, 1989: 80; Thom, 1980: 28f.) wird eine Innovation dann als komplex bezeichnet, wenn das innovative Produkt vom potenziellen Adopter als schwer verständlich und anwendbar eingeschätzt wird. Die Konstruktmessung erfolgt in Anlehnung an Rogers (1983: 211ff.; 1985), Meißner (1989), Zmud (1978) und der Deutschen Gesellschaft für Qualitätsforschung (1999). Dabei wird das Konstrukt durch vier Indikatoren gemessen (vgl. Tab. 3.1.-21). Die ersten beiden Indikatoren beziehen sich auf die Verständlichkeit der bei der Erstellung der weichen HR-Kennzahlen verwendeten Methoden sowie der generierten Informationen (vgl. Engelhardt/Kleinaltenkamp/Reckenfelderbäumer, 1993: 404). Der dritte Indikator beschäftigt sich mit der Frage, inwieweit die Qualität der weichen HR-Kennzahlen durch den Personalleiter beurteilt werden kann. Hierbei gilt, dass die Qualität der weichen HR-Kennzahlen mit zunehmender Komplexität schwerer zu beurteilen ist (vgl. Engelhardt/Kleinaltenkamp/Reckenfelderbäumer, 1993: 402). Der vierte Indikator erfasst die Handhabbarkeit der weichen HR-Kennzahlen durch die Personalleitung. Die Ergebnisse der Reliabilitäts- und Validitätsprüfung sind, insbesondere unter der Berücksichtigung des schwierigen Mess-Charakters dieses Konstruktes, sehr zufriedenstellend: das Cronbachsche Alpha liegt bei fast 0,8. Die Faktorenstruktur zeigt, dass alle Items die gleiche Dimension erfassen. Schließlich beträgt die erklärte Varianz ca. 63%.

Tab. 3.1-21: Messung des Konstruktes Komplexität

Komplexität		Code	Item to Total – Korrelation
Die durch die weichen HR-Kennzahlen bereitgestellten Informationen (z. B. über die Motivation der Mitarbeiter) sind leicht verständlich.		d1	0, 7543
Die bei der Erstellung der weichen HR-Kennzahlen verwendeten Methoden sind für mich leicht nachvollziehbar.		d2	0, 5196
Die Qualität der weichen HR-Kennzahlen lässt sich leicht beurteilen.		d3	0, 7035
Es ist einfach, mittels weicher HR-Kennzahlen zu steuern.		d4	0, 5018
Cronbachsches Alpha	0, 7971		
Erklärte Varianz	62, 758		

Insgesamt werden aufgrund der Breite der inhaltlichen Aspekte (Aktualität, Umfang, Verlässlichkeit und Komplexität), die im Rahmen der Skala „Beurteilung des Produktes" erfasst sind, 12 Indikatoren zur Operationalisierung herangezogen. Die Bildung eines übergreifenden Konstruktes ist jedoch aus inhaltlichen und methodischen Gründen nicht zielführend. Sechs der Indikatoren laden nicht auf den gleichen Faktor, so dass diese eliminiert werden müssten. Es bleibt im Kern das Konstrukt Komplexität bestehen, welches noch um drei weitere Indikatoren ergänzt würde. Außerdem liegt die erklärte Varianz mit einem Wert von 52% nur knapp über dem geforderten Mindestwert von 50%. Angesichts der inhaltlichen Breite des Konstruktes und der guten Werte des Cronbachschen Alphas kann die Anpassungsgüte insgesamt zwar als zufriedenstellend bezeichnet werden. Nichtsdestotrotz verspricht die weitere Nutzung der jeweiligen Teilkonstrukte, wie oben dargestellt, eine deutlichere Trennschärfe und klarere Ergebnisse, so dass im weiteren Verlauf der Arbeit mit den Teilkonstrukten Aktualität, Umfang, Verlässlichkeit und Komplexität gerechnet werden soll.

3.1.3.3. Potenzialbeurteilung

Nachfolgend wird als letzte Dimension des Themenblocks Beurteilung die Messung des Potenzials weicher HR-Kennzahlen vorgestellt. Dabei wird unter der Potenzialbeurteilung die Einschätzung zukünftig zu erwartender quantitativer und qualitativer Erfolgspotenziale verstanden (vgl. Kap. 2.2.3.2.4; z. B. Rogers, 1984: 211f.). Auch dieses Konstrukt umfasst eine große Anzahl möglicher Teildimensionen zur Spezifizierung des Potenzialverständnisses. Im Rahmen der vorliegenden Arbeit erfolgt die Beurteilung anhand der bereits eingeführten Subdimensionen: (1) Kosten-Nutzen-Effizienz (vgl. Rosenzweig, 1981; Bruhn, 1995), (2) Steuerungsrelevanz (vgl. DGQ, 1999), (3) Wichtigkeit sowie (4) Relativer Vorteil (vgl. Kühlmann, 1988; Rogers, 1995).

Die Teildimension *Wirtschaftlichkeit* umfasst eine Kosten-Nutzen-Bewertung des Gegenstandes weicher HR-Kennzahlen (vgl. Kap. 2.2.3.2.4 und 2.3.2; z. B. Geiß, 1986: 37f.; George, 1999: 38). Hierunter versteht George, 1999: 43 (vgl. ähnlich Meyer, 1994: 28f.; Wild, 1971: 315-334) das „... Verhältnis zwischen eingesetzten Kosten und erzieltem Ergebnis". Das von der Deutschen Gesellschaft für Qualitätsforschung (vgl. DGQ, 1999: 19) ähnlich definierte und bereits geprüfte Konstrukt umfasst zwei Indikatoren. Der erste Indikator bezieht sich auf den Erhebungs- bzw. Erstellungsaufwand weicher HR-Kennzahlen. Der zweite Indikator thematisiert den zu erwartenden Nutzen, der mit dem Einsatz der weichen HR-Kennzahlen verbunden ist. Die erklärte Varianz beträgt bei dieser Skala fast 90%. Das Cronbachsche Alpha liegt bei 0,88. Insofern sind die verwendeten Gütekriterien als überaus zufriedenstellend zu beurteilen (vgl. Tab. 3.1-22).

Tab. 3.1-22: Messung des Konstruktes Wirtschaftlichkeit

Wirtschaftlichkeit	Code	Item to Total – Korrelation
Die weichen HR-Kennzahlen (z. B. ein Führungsqualitätsindex) sind mit angemessenem Aufwand zu erheben.	d17	0, 7844
Der Aufwand, der mit der Erhebung verbunden ist, steht im vertretbaren Verhältnis zum Nutzen der weichen HR-Kennzahlen.	d18	0, 7844
Cronbachsches Alpha 0, 8792		
Erklärte Varianz 89, 222		

Neben der inhaltlichen Diskussion zur Bedeutung der Teildimension *Steuerungsrelevanz* (vgl. Kap. 2.2.3.2.4) haben insbesondere die Experteninterviews (vgl. Kap. 2.4.1) gezeigt, dass dieser Aspekt einen wichtigen Prädiktor für die Adoption weicher HR-Kennzahlen darstellt. Auch dieses Konstrukt wird in Anlehnung an die Messskala der Deutschen Gesellschaft für Qualitätsforschung (vgl. DGQ, 1999: 19) mittels drei Indikatoren operationalisiert. Hierbei werden die Aspekte Einsatzfähigkeit, strategische Bedeutung und Veränderbarkeit des mittels der Kennzahl abgebildeten Sachverhaltes dargestellt. Die verwendeten Gütekriterien bestätigen, dass dieses Konstrukt sehr valide und reliabel misst (vgl. Tab. 3.1-23) und wie vorgesehen eingesetzt werden kann.

Tab. 3.1-23: Messung des Konstruktes Steuerungsrelevanz

Steuerungsrelevanz	Code	Item to Total – Korrelation
Die weichen HR-Kennzahlen unterstützen uns bei der Überwachung und Verfolgung festgelegter Ziele.	d19	0, 6123
Die weichen HR-Kennzahlen bilden einen Sachverhalt ab, der für die Personalsteuerung notwendig ist.	d20	0, 6037
Die weichen HR-Kennzahlen bilden einen Sachverhalt ab (z. B. Arbeitszufriedenheit), der beeinflussbar ist.	d21	0, 5327
Cronbachsches Alpha 0, 7524		
Erklärte Varianz 66, 931		

Die Subdimension *Wichtigkeit*, die i. S. v. Bedeutung einer Leistung zu verstehen ist, wird in der vorliegenden Untersuchung durch drei Items gemessen, die in Anlehnung an Sriram/Krapfel/Spekman (1992) ausgewählt wurden (vgl. Kap. 2.2.3.2.4). Die Items erfassen die Relevanz weicher HR-Kennzahlen für die Fundierung strategischer Management-Entscheidungen und bewerten die Nachteile, die sich bei Nichtvorhandensein der weichen HR-Kennzahlen ergeben würden (vgl. Tab. 3.1.-24).

Tab. 3.1-24: Messung des Konstruktes Wichtigkeit

Wichtigkeit	Code	Item to Total – Korrelation
Für unser Personalmanagement ist die Berücksichtigung relevanter weicher HR-Kennzahlen sehr wichtig.	d22	0, 7096
Relevante weiche HR-Kennzahlen besitzen im Vergleich zu anderen harten Steuerungsgrößen die gleiche Priorität.	d23	0, 6924
Die Nichtverfügbarkeit bzw. der Ausfall relevanter weicher HR-Kennzahlen würde hohe Folgekosten nach sich ziehen.	d24	0, 6352
Cronbachsches Alpha 0, 8260		
Erklärte Varianz 74, 221		

Wie Tab. 3.1-24 zeigt, weist das Konstrukt sehr zufriedenstellende Gütekriterien auf. Das Cronbachsches Alpha besitzt einen Wert von 0,82. Die erklärte Varianz beträgt fast 75%, so dass das Konstrukt wie konzipiert für weitere Datenanalysen eingesetzt werden kann.

Die Bedeutung der Subdimension *Relativer Vorteil* ergibt sich v. a. aus der Adoptionstheorie (vgl. Kap. 2.3.2; Kühlmann, 1988; Rogers, 1983: 211ff.)[303]. Schmalen (1993: 783; vgl. inhaltliche Diskussion in Kap. 2.2.3.2.4) versteht unter dem Relativen Vorteil die Überlegenheit der Innovation gegenüber bestehenden Produkten oder Verfahren. Nach diesem Verständnis wurde in Anlehnung an Rogers (1995), Kühlmann (1988), Schulz (1972: 46) und Wiswede (1998), die den Begriff theoretisch näher eingrenzen, ein Konstrukt konzipiert, welches aus vier Indikatoren besteht (vgl. Tab. 3.1-25). Während der erste Indikator prüft, ob weiche HR-Kennzahlen überhaupt einen Nutzen versprechen, thematisiert der zweite Indikator die Vorteilhaftigkeit eines Einsatzes von weichen HR-Kennzahlen. Der dritte Indikator beinhaltet die Einschätzung des eher immateriellen Prestigewerts, der mit dem Einsatz verbunden ist, während sich der vierte Indikator schließlich auf den langfristigen Nutzen bezieht. Aufgrund des eher explorativen Charakter dieses Konstruktes sind die vergleichsweise geringeren Werte der Gütekriterien noch als akzeptabel zu bezeichnen: das Cronbachsche Alpha liegt mit 0,67 deutlich über der von Nunnally (1967: 226) geforderten Mindestgrenze von 0,6. Auch die erklärte Varianz übertrifft den als Mindestgrenze geforderten Wert von 50%.

Tab. 3.1-25: Messung des Konstruktes Relativer Vorteil

Relativer Vorteil	Code	Item to Total – Korrelation
Ich nutze die Informationen, die mir weiche HR-Kennzahlen liefern, bei der Bewältigung meiner Aufgaben.	d25	0, 3846
Ein Personalmanagement, das mittels weicher HR-Kennzahlen steuert, ist einem Personalmanagement ohne deutlich überlegen.	d26	0, 4948
Mit dem Einsatz weicher HR-Kennzahlen in der Personalsteuerung ist ein hoher Prestigewert für unsere Personalarbeit verbunden.	d27	0, 2880
Der Einsatz weicher HR-Kennzahlen als Steuerungsgrößen wird sich langfristig auszahlen.	d28	0, 6317
Cronbachsches Alpha 0, 6724		
Erklärte Varianz 51, 447		

Insgesamt lässt sich feststellen, dass der Themenblock „Beurteilung des Potenzials" über vier Subdimensionen, in die zusammen 12 Indikatoren eingehen, erfasst werden kann. Die analysierten Subdimensionen Wirtschaftlichkeit, Steuerbarkeit, Wichtigkeit und Relativer Vorteil sind inhaltlich eng verwandt, so dass die Bildung eines übergreifenden Konstruktes Potenzial denkbar erscheint. Auch die methodische Prüfung dieses Vorhabens zeigt, dass bei der notwendigen Eliminierung von vier Items keine systematischen Fehler festzustellen sind (vgl. Tab. 3.1-26). Alle Subdimensionen gehen gleichermaßen in das neue Konstrukt ein. Auch die verwendeten Gütekriterien bestätigen, dass methodisch keine Einwände zu erheben sind: neben der eindeutigen Faktorenstruktur, zeigt die erklärte Varianz von fast 60% und ein Cronbachsches Alpha von 0,90, dass die Reliabilität und Validität des neuen Konstruktes in ausreichender Weise gesichert sind.

Tab. 3.1-26: Messung des Konstruktes Potenzialbeurteilung

Beurteilung des Potenzials	Code	Item to Total –Korrelation
Der Aufwand, der mit der Erhebung verbunden ist, steht im vertretbaren Verhältnis zum Nutzen der weichen HR-Kennzahlen.	d18	0, 6075
Die weichen HR-Kennzahlen unterstützen uns bei der Überwachung und Verfolgung festgelegter Ziele.	d19	0, 7496
Die weichen HR-Kennzahlen bilden einen Sachverhalt ab, der für die Personalsteuerung notwendig ist.	d20	0, 6677
Für unser Personalmanagement ist die Berücksichtigung relevanter weicher HR-Kennzahlen sehr wichtig.	d22	0, 7397
Relevante weiche HR-Kennzahlen besitzen im Vergleich zu anderen harten Steuerungsgrößen die gleiche Priorität.	d23	0, 7208
Die Nichtverfügbarkeit bzw. der Ausfall relevanter weicher HR-Kennzahlen würde hohe Folgekosten nach sich ziehen.	d24	0, 6584
Ich nutze die Informationen, die mir weiche HR-Kennzahlen liefern, bei der Bewältigung meiner Aufgaben.	d25	0, 7666
Der Einsatz weicher HR-Kennzahlen als Steuerungsgrößen wird sich langfristig auszahlen.	d28	0, 6449
Cronbachsches Alpha 0, 9040		
Erklärte Varianz 59, 994		

3.1.4. Akzeptanz weicher HR-Kennzahlen

Nachfolgend wird die Messung des Akzeptanzkonstruktes vorgestellt. Inhaltliche Diskussionen hierzu finden sich zum einen in der thematischen Auseinandersetzung (vgl. Kap. 2.2.3.3) und zum anderen v. a. in der Beschäftigung mit der Adoptionstheorie (vgl. Kap. 2.3.2; u. a. Felten, 2001). Auch im Rahmen der Experteninterviews wird auf die Relevanz und Operationalisierungsmerkmale dieser Größe Bezug genommen (vgl. Kap. 2.4.1).

[303] Vgl. auch: Lin (1998); Schmalen (1993: 782); Sheth (1968: 181f.); Wiswede (1995: 274f.).

Das Konstrukt Akzeptanz beinhaltet in Anlehnung an Wiendieck (1992: 90; ähnlich Schönecker, 1982: 51; Reichwald, 1982) die Subdimensionen Wertschätzung, aktive Handlungsbereitschaft und Identifikation mit dem Entscheidungsprozess. Da auf keine vorhandene Messskala zurückgegriffen werden konnte, wurde entlang dieser Dimensionen eine neue Skala entwickelt. Im Rahmen der Subdimension Wertschätzung werden zwei Indikatoren herangezogen, die neben der Anerkennung der weichen Kennzahlen als Steuerungsgröße auch die Zufriedenheit mit dem Untersuchungsgegenstand thematisieren. Die übrigen Subdimensionen werden mittels dreier Items operationalisiert. Hier wird das Engagement und die Entscheidungssicherheit hinsichtlich des Einsatzes weicher HR-Kennzahlen als Steuerungsgröße abgefragt. Wie aus Tab. 3.1-27 ersichtlich wird, werden die Anforderungen an eine Konstruktmessung in hohem Maße erfüllt: alle Items laden auf einen Faktor. Das Cronbachsche Alpha weist einen Wert von 0,87 auf und die erklärte Varianz beträgt ca. 70%.

Tab. 3.1-27: Messung des Konstruktes Akzeptanz

Akzeptanz	Code	Item to Total – Korrelation
Ich persönlich schätze es sehr, dass wir mittels weicher HR-Kennzahlen steuern.	c1	0, 6923
Alles in allem bin ich sehr zufrieden mit der Auswahl und dem Einsatz weicher HR-Steuerungsinformationen in unserem HR-Management.	c2	0, 5397
Ich habe mich sehr für die Beachtung weicher Personal-Themen in unserem Unternehmen eingesetzt.	c3	0, 7713
Ich habe mich dafür stark gemacht, dass weiche HR-Kennzahlen ins Personalmanagement integriert werden.	c4	0, 8055
Wenn ich noch einmal entscheiden müsste, würde ich wieder weiche HR-Kennzahlen in unser Personalmanagement aufnehmen.	c5	0, 7608
Cronbachsches Alpha 0, 8786		
Erklärte Varianz 67, 790		

3.1.5. Adoption weicher HR-Kennzahlen

Nachfolgend soll die Messung des Adoptionskonstruktes beschrieben werden. Inhaltliche Diskussionen zur Relevanz und Begriffsbestimmung des Themenblocks Adoption finden sich sowohl in der adoptionstheoretischen Auseinandersetzung (vgl. Kap. 2.3.2) als auch im thematischen Exkurs zum Untersuchungsgegenstand weiche HR-Kennzahlen (vgl. Kap. 2.2.3.4). Die hierzu existierende Forschung beinhaltet eine Vielzahl von unterschiedlichen Messansätzen (vgl. Weber/Schäffer, 1999: 337; Menon/Wilcox; 1994)[304]. Diese Messansätze werden zumeist unter Verweis auf hiermit verbundene

[304] Vgl. auch Homburg et al. (1998: 36); Weber (1997: 173); Reichmann (1985: 17f.); Gladen (2001: 20).

Konzeptionalisierungs- und Operationalisierungsprobleme kritisch bewertet (vgl. Larsen/Werner, 1981: 77; Dunn, 1986b: 369ff.; Sinkula, 1990: 5; Rich, 1991: 331; Menon/Wilcox, 1994: 1). Dabei lässt sich die Komplexität und Multidimensionalität des Adoptionsbegriffes (vgl. die ausführliche Diskussion in Kap. 2.2.3.4) als Kernproblem für die Schwierigkeiten bei der Entwicklung bisheriger Messinstrumente verstehen (vgl. u. a. Deshpandé/Zaltman, 1982: 17; Dunn, 1986a: 330). In diesem Zusammenhang kritisieren Menon/Wilcox (1994: 3) bspw. die Eindimensionalität diverser Messinstrumente oder die Beschränkung auf leicht beobachtbare und somit leicht messbare Dimensionen. Angesichts solcher Defizite wird bei der Untersuchung der Adoption eine besonders differenzierte Vorgehensweise gewählt: Neben der generellen Transformation bestehender Skalen in die Form der dritten Person, um dem Problem der sozialen Erwünschtheit zu begegnen, ist darüber hinaus die Wahl eines typologischen Ansatzes mit den in Kap. 2.2.3.4 aufgeführten vier Adoptionstypen für die Berücksichtigung der Komplexität des Adoptionsbegriffes von entscheidender Bedeutung. Die Festlegung der vier Typen erfolgt anhand der beiden Dimensionen direkt vs. indirekt bzw. unternehmensorientiert vs. individuumsorientiert: instrumentelle Adoption (vgl. Kap. 3.1.5.1); konzeptionelle Adoption (vgl. Kap. 3.1.5.2); manipulative Adoption (vgl. Kap. 3.1.5.3) und politische Adoption (vgl. Kap. 3.1.5.4).

3.1.5.1. Instrumentelle Adoption

Das Konstrukt instrumentelle Adoption erfasst, in welchem Ausmaß weiche HR-Kennzahlen direkt zur Ableitung konkreter, spezifischer Entscheidungen angewendet werden (vgl. Kap. 2.2.3.4; Moorman/Zaltman/Deshpandé, 1992; Goodman, 1993)[305]. Die Operationalisierung der instrumentellen Adoption erfolgt mit Hilfe von fünf Indikatoren, welche die Aspekte Entscheidungseinfluss, Handlungsimpetus, Kontroll- und Informationscharakter sowie Bedeutung beinhalten (vgl. Moormann, 1995; Maltz/Kohli, 1996; Menon/Wilcox; 1994; Srinivasan/Lilien, 1999). Zum Teil wurde bei der Formulierung der Indikatoren auf existierende Vorarbeiten zurückgegriffen (vgl. Deshpandé/Zaltman 1982; Moorman, 1995), die jedoch an den Untersuchungsgegenstand der vorliegenden Arbeit angepasst wurden. Durch den Rückgriff auf die Erfahrungsbasis bisheriger Studien gelang es, bei der Konzeptualisierung und Operationalisierung des Konstruktes ei-

[305] Vgl. auch: Deshpandé/Zaltman (1982); Raymond/Magnenat-Thalmann (1982); O`Reilly (1983).

ne hervorragende Qualität zu erzielen (vgl. Tab. 3.1-28): während die erklärte Varianz bei 64% liegt, beträgt das Cronbachsche Alpha 0,86.

Tab. 3.1-28: Messung des Konstruktes instrumentelle Adoption

Typ 1: Instrumentelle Adoption	Code	Item to Total – Korrelation
Die Ergebnisse weicher HR-Kennzahlen (z. B. zum Thema Arbeitszufriedenheit) haben einen direkten Einfluss auf Personalentscheidungen.	e1	0, 6557
Die meisten Ergebnisse, die aus weichen HR-Kennzahlen abgeleitet werden, lösen unmittelbar Handlungen aus.	e2	0, 6747
Weiche HR-Kennzahlen helfen bei der Überwachung wichtiger Personalaufgaben.	e3	0, 6548
Die Informationen aus den weichen HR-Kennzahlen werden zur Absicherung wichtiger Personalentscheidungen benötigt.	e4	0, 7171
Ohne die Informationen aus den weichen HR-Kennzahlen würde wahrscheinlich häufig eine andere Entscheidungen getroffen werden.	e5	0, 6865
Cronbachsches Alpha 0, 8603		
Erklärte Varianz 64, 182		

3.1.5.2. Konzeptionelle Adoption

Bei der konzeptionellen Adoption wird mittels weicher HR-Kennzahlen ein Verständnis für die allgemeine Unternehmenssituation aufgebaut, welches nicht direkt zu konkreten Handlungen führt (vgl. Kap. 2.2.3.4; Burchell et al., 1980: 15). Im Einzelnen werden bei der Konzeptionalisierung und Operationalisierung dieses Adoptionstyps fünf Indikatoren herangezogen. Bei der Formulierung der Indikatoren wurde insbesondere auf die Forschungsarbeiten von Ciarlo (1981), Moormann (1995) und Menon/Wilcox (1994) zurückgegriffen. Mittels der Items eins und vier wird gemessen, inwieweit durch die Nutzung der weichen HR-Kennzahlen ein generelles Verständnis für die Situation des Unternehmens generiert werden bzw. inwieweit ein existierendes Verständnis abgesichert werden kann (vgl. z. B. Auster/Choo, 1994; Diamantopoulos/Souchon, 1996)[306]. Das zweite Item bildet darüber hinaus Lerneffekte ab, die mit dieser spezifischen Adoption weicher HR-Kennzahlen intendiert sind (vgl. Sinkula, 1994). Während der dritte Indikator den mit der indirekten, unternehmenszentrierten Adoption verbundenen Aufbau einer Erfahrungsbasis thematisiert, misst das fünfte Item die konzeptionelle Verwendung weicher HR-Kennzahlen im Sinne der Beeinflussung von Denkprozessen bzw. der Schaffung von Bewusstsein für bestimmte Werte (vgl. Moormann, 1995; Ciar-

[306] Vgl. darüber hinaus: Beyer/Trice (1982); Ciarlo (1981); Conner (1981); Feldman/March (1981); Knorr (1977); Rich (1977; 1991); Weiss (1981).

lo, 1981). Die mit dieser Skala erzielte Güte der Messung kann als gut angesehen werden (vgl. Tab. 3.1-29). Die Messkriterien liegen teilweise über den geforderten Anspruchsniveaus: während die erklärte Varianz bei 50% liegt, beträgt das Cronbachsche Alpha 0,74. Auch die exploratorische Faktorenanalyse weist eine eindeutige Faktorenstruktur auf.

Tab. 3.1-29: Messung des Konstruktes konzeptionelle Adoption

Typ 2: Konzeptionelle Adoption	Code	Item to Total – Korrelation
Weiche HR-Kennzahlen (z. B. ein Mitarbeiterbindungsindex) tragen zum allgemeinen Verständnis der Situation in unserem Unternehmen bei.	e10	0, 4818
Weiche HR-Kennzahlen werden genutzt, um etwas Neues über unser Unternehmen zu lernen.	e11	0, 5734
Die Informationen aus den weichen HR-Kennzahlen führen zu neuen Sichtweisen im Rahmen unseres Personalmanagements.	e12	0, 5133
Weiche HR-Kennzahlen werden zur Absicherung unseres Verständnisses von Personalsachverhalten heran gezogen.	e13	0, 4712
Weiche HR-Kennzahlen werden genutzt, um ein Bewusstsein für ausgewählte Werte zu schaffen.	e14	0, 5002
Cronbachsches Alpha 0, 7437		
Erklärte Varianz 49, 475		

3.1.5.3. Manipulative Adoption

Im Rahmen der manipulativen Adoption werden weiche HR-Kennzahlen als Argumentationshilfe eingesetzt, um individuelle Ziele und Handlungsweisen im Unternehmen zu rationalisieren (vgl. Burchell et al., 1980: 15; O`Reilly, 1983: 132f.) und die eigene Machtposition zu stärken (vgl. die inhaltliche Diskussion in Kap. 2.2.3.4; Knorr, 1977; Rich, 1977; Burchell et al., 1980; Ciarlo, 1981; O`Reilly, 1983). Die Verwendung der weichen HR-Kennzahlen in Form einer solchen direkten, individuumszentrierten Adoption wurde in Anlehnung an Ciarlo (1981) und Menon/Wilcox (1994) über eine Skala mit vier Indikatoren abgebildet. Dabei beinhaltet der erste Indikator in Anlehnung an Craig/Clarke/Amernic (1999) die symbolische Verwendung der Kennzahlen, mittels derer (manipulierte) „pro forma rationale" Entscheidungen abgeleitet werden. Der zweite Indikator bezieht sich auf die Verhaltenssteuerung (zur Durchsetzung eigener Interessen): Individuelle Präferenzen werden durch den Einsatz weicher HR-Kennzahlen legitimiert. Mittels der letzten beiden Items wird der Missbrauch weicher HR-Kennzahlen zur Durchsetzung eigener Interessen beschrieben. Kennzahlen werden so interpretiert oder im schlimmsten Fall bewusst missinterpretiert, dass die Position des Entscheidungsträgers unterstützt und aktiver Einfluss auf den Entscheidungsprozess genommen wird (vgl. Knorr, 1977: 171; Pelz, 1978: 351ff.; Beyer/Trice, 1982: 598). Erneut weisen alle berechneten Gütemaße auf eine akzeptable Güte der Messung hin, da alle Mindestanforderungen übertroffen werden (vgl. Tab. 3.1-30): die erklärte Varianz liegt bei über 50%, das Cronbachsche Alpha bei fast 0,7. Auch die Messung der direkten, individuumszentrierten Adoption wird daher in der dargestellten Form durchgeführt.

Tab. 3.1-30: Messung des Konstruktes manipulative Adoption

Typ 3: Manipulative Adoption	Code	Item to Total – Korrelation
Entscheidungen, die auf Grundlage der weichen HR-Kennzahlen getroffen werden, sind nicht immer mit den Kernaussagen der Kennzahl zu verbinden.	e6	0, 5312
Weiche HR-Kennzahlen helfen teilweise bei der Durchsetzung von persönlichen Interessen.	e7	0, 5212
Weiche HR-Kennzahlen werden z. T. für Entscheidungen eingesetzt, die mit dem eigentlichen Kernergebnis der Kennzahl inkonsistent sind.	e8	0, 5076
Durch eine „geeignete Auslegung" weicher HR-Kennzahlen werden hin und wieder Entscheidungen zugunsten von jemandem beeinflusst.	e9	0, 7149
Cronbachsches Alpha 0, 6900		
Erklärte Varianz 53, 905		

3.1.5.4. Politische Adoption

Der politische Adoptionstyp beschreibt den indirekten Einsatz weicher HR-Kennzahlen. Diese Nutzungsform hat das Ziel, sich in z. B. unternehmenspolitisch kritischen Situationen, ggf. auch durch inhaltliche Manipulation der Kennzahlen, absichern zu können (vgl. Kap. 2.2.3.4; z. B. Ciarlo, 1981; Menon/Wilcox, 1994). Die indirekte, individuumszentrierte Adoption wird über eine in Teilen selbst konzipierte Skala mit vier Indikatoren abgebildet (in Anlehnung an Ciarlo, 1981; Menon/Wilcox, 1994). Dabei messen die ersten beiden Items das Ausmaß der nachträglichen Nutzung und Legitimierung, das mittels weicher HR-Kennzahlen vorgenommen wird (vgl. Knorr, 1977: 171; Pelz, 1978: 351ff.; Beyer/Trice, 1982: 598). Das dritte Item erfasst eine zweite Facette dieses Adoptionstyps: Erhebung der Kennzahl „um ihrer selbst Willen". Das letzte Item bezieht sich auf die politische Dimension dieses Adoptionstyps. Von den vier Indikatoren, die ursprünglich zur Messung der indirekten, individuumszentrierten Adoption vorgesehen waren, muss ein Indikator aufgrund zu geringer Werte der zugrundegelegten Gütekriterien eliminiert werden. Die Gütemaße, die für die verbleibenden Indikatoren berechnet wurden, deuten auf eine zufriedenstellende Reliabilität und Validität des Messinstrumentes hin: die erklärte Varianz liegt bei über 50%, das Cronbachsche Alpha bei 0,68. Die Messung erfolgt daher in der dargestellten Form (vgl. Tab. 3.1-31).

Tab. 3.1-31: Messung des Konstruktes politische Adoption

Typ 4: Politische Adoption		Code	Item to Total – Korrelation
Die Verwendung weicher HR-Kennzahlen dient z. T. zur Begründung bereits getroffener Entscheidungen.		e15	0, 5407
Weiche HR-Kennzahlen werden ab und zu eingesetzt, um Entscheidungen nachträglich zu legitimieren.		e16	0, 6757
Weiche HR-Kennzahlen werden nur „um ihrer selbst willen" erhoben.		e17	0, 3767
Weiche Kennzahlen werden teilweise als Argumentationshilfe für unternehmenspolitische Interessen eingesetzt.		e18	0, 2811
Cronbachsches Alpha	0, 6761		
Erklärte Varianz	52, 283		
** Bei der Elimination des Items e18 „Argumentationshilfe für unternehmenspolitische Zwecke" könnte das Cronbachsche Alpha auf 0, 7254 gesteigert werden.*			

3.2. Bestandsaufnahme weicher HR-Kennzahlen

Im nachfolgenden Kapitel wird die erste Forschungsfrage zur Bestandsaufnahme weicher HR-Kennzahlen bearbeitet. Diese Frage hat das Ziel, den Einsatz, die Bewertung und die Adoption weicher HR-Kennzahlen bei Großunternehmen in der Bundesrepublik Deutschland zu erfassen. Die hierzu erhobenen empirischen Ergebnisse werden mittels deskriptiver statistischer Verfahren ausgewertet und aufbereitet. Dabei orientiert sich die Gliederung dieses Kapitels an den Kernbestandteilen des Forschungsmodells (vgl. Kap. 2.5.). In Kap. 3.2.1 erfolgt eine Beschreibung der Ausgestaltung weicher HR-Kennzahlen. Hieran schließt sich ein Überblick über die Akzeptanz bei der befragten Gruppe der Personalleiter an (vgl. Kap. 3.2.3). Abschließend wird die Beurteilung der weichen HR-Kennzahlen aus Sicht der Personalleiter (vgl. Kap. 3.2.2) sowie die Bedeutung unterschiedlicher Adoptionsarten weicher HR-Kennzahlen im strategischen Personalmanagement vorgestellt (vgl. 3.2.4).

3.2.1. Ausgestaltung weicher HR-Kennzahlen

Im vorliegenden Kapitel erfolgt eine Beschreibung der Ausgestaltung weicher HR-Kennzahlen bei den befragten Unternehmen. Die Gliederung des Kapitels lehnt sich an einer anwendungsbezogenen, prozesshaften Darstellung des Erstellungsprozesses weicher HR-Kennzahlen an. Insofern wird zwischen den Phasen Konzeption (vgl. Kap. 3.2.1.1), Umsetzung (vgl. Kap. 3.2.1.2), Analyse (vgl. Kap. 3.2.1.3) und Einbindung (vgl. Kap. 3.2.1.4) unterschieden (vgl. Geiß, 1986: 62; George, 1999: 38ff.; Staehle, 1969: 59)[307]. Im Rahmen der Ergebnisdarstellung wird sowohl auf deskriptive Einzelfragen als auch auf Konstrukte zur Beschreibung der Ausgestaltung weicher HR-Kennzahlen zurückgegriffen.

Einleitend sei darauf verwiesen, dass zunächst ganz allgemein der Verbreitungsgrad weicher HR-Kennzahlen untersucht wurde. Durch eine einfache binäre Frage nach der Existenz weicher HR-Kennzahlen wurde ermittelt, dass ca. 41% (absolut 57) der befragten Unternehmen weiche HR-Kennzahlen einsetzen (vgl. ähnliche Ergebnisse bei Weber/Sandt, 2001: 13ff.). In diesem Zusammenhang wurden die Personalleiter mittels einer offenen Frage nach dem Datum (Jahresangabe) des Ersteinsatzes weicher HR-Kennzahlen gefragt. In 80% der Unternehmen handelt es sich bei den weichen HR-Kennzahlen um ein sehr neues Phänomen, welches seit weniger als fünf Jahren im Einsatz ist (vgl. ähnliche Ergebnisse bei Töpfer/Gabel, 2000: 54).

3.2.1.1. Konzeption

Nachfolgend wird die Ausgestaltung der ersten Phase des Erstellungsprozesses weicher HR-Kennzahlen, der sogenannten Konzeptionsphase, beschrieben. Im Rahmen der Konzeption weicher HR-Kennzahlen werden hierfür in der vorliegenden Untersuchung neben der Beschreibung der Verantwortlichkeit für den Untersuchungsgegenstand, das Budget bzw. die Kosten für den Einsatz weicher HR-Kennzahlen sowie die Professionalität der Entwicklung weicher HR-Kennzahlen bei deren Konzipierung erörtert.

Mittels einer halboffenen Frage nach der *Verantwortlichkeit für die Erstellung* weicher HR-Kennzahlen wird festgestellt, wie der Untersuchungsgegenstand in der Praxis funktional und hierarchisch eingeordnet wird (vgl. Hewitt, 2002: 7; Töpfer/Gabel, 2000: 52; Weber, M., 2002: 141). Die empirische Untersuchung zeigt, dass die Hauptverantwortung für die Entwicklung und den Einsatz weicher HR-Kennzahlen in etwa drei Viertel aller Fälle (73,2%) beim Personalleiter liegt (vgl. hierzu auch PwC, 2001: 19; Weber/Sandt, 2001: 16f.). Darüber hinaus werden v. a. die Marktforschung, die Organisationsentwicklung, das Personalcontrolling, spezifische Teams oder externe Berater mit dem Thema betraut (insg. 19,6%). Die hohe hierarchische Aufhängung beim Personal-

[307] Ähnliche Unterteilungen finden sich bei Meyer (1994: 13) und Staudt et al. (1985: 66ff., 95).

leiter lässt sich zum einen mit der, den weichen Themen zugeschriebenen, hohen Relevanz erklären. Zum anderen ist diese Art der organisatorischen Verankerung auch über die Neuartigkeit des Instruments „weiche HR-Kennzahl als Steuerungsgröße“ und der damit verbundenen Unsicherheit einer entsprechenden eindeutigen funktionalen Einordnung zu begründen (vgl. Corporate Leadership Council, 1999: 5).

Die mit dem Einsatz und der Adoption weicher HR-Kennzahlen verbundenen *Kosten* werden in der vorliegenden Untersuchung mit Hilfe von drei offenen Fragen nach den Entwicklungskosten, den laufenden Kosten und der erforderlichen Mitarbeiterkapazität abgefragt. Bei den Kosten zeigt sich eine große Bandbreite der Angaben: Die Entwicklungs- bzw. Beschaffungskosten variieren zwischen 3.500 EUR und 1,5 Mio. EUR, die jährlichen laufenden Kosten zwischen 1.000 EUR und 400.000 EUR[308]. Durchschnittlich sind permanent zwei Mitarbeiter ausschließlich mit der Erstellung und dem Management weicher HR-Kennzahlen beschäftigt. In einigen der größeren Unternehmungen finden sich ganze Abteilungen mit z. T. mehr als 10 Mitarbeitern. Die Heterogenität der Antworten kann folgendermaßen begründet werden: Beispielsweise unterscheiden sich die angewendeten Methoden (z. B. indirekte Messung vs. schriftlicher Vollerhebung) und der damit zusammenhängende Aufwand teilweise erheblich voneinander (vgl. Vollmuth, 2002: 41; Weber, M., 2002: 141). Darüber hinaus ist auch von einem sehr unterschiedlichen Umfang der Einbeziehung weicher HR-Kennzahlen in HR-Steuerungssysteme auszugehen. Nicht nur die Anzahl der durch die weichen HR-Kennzahlen abgedeckten Themen (vgl. Kap. 2.4.1), sondern auch das Ausmaß der Einbindung und Verknüpfung mit anderen Instrumenten wird unterschiedlich intensiv gehandhabt (vgl. Kap. 3.2.1.4). Hierfür ist im Wesentlichen die Neuartigkeit bzw. das jeweilige Entwicklungsstadium der Verankerung weicher HR-Kennzahlen in der Unternehmung verantwortlich. Schließlich ist auch davon auszugehen, dass ein nicht unerheblicher Einfluss durch die Unternehmensgröße sowie die Komplexität der jeweiligen Organisationsstruktur hervorgerufen wird.

Im Rahmen des konzeptionellen Vorgehens wird abschließend die *Professionalität der Entwicklung weicher HR-Kennzahlen* bei der Kennzahlenerhebung untersucht (vgl. für die Vorgehensweise bei der Messung Kap. 3.1.2). Betrachtet man hierbei die Ergebnisse der empirischen Untersuchung, so zeigt sich dass allgemein professionell bei der Konzeption und Messung weicher HR-Kennzahlen vorgegangen wird. So erfolgt die Einbindung der Top-Management-Ebene bei ca. 75% der Befragten regelmäßig sowie bei weiteren 17% der Befragten zumindest teilweise. Fast gleichermaßen stark verbreitet ist die Übernahme von bewährten Praxiserfahrungen oder Konzepten aus der Wissenschaft. Demgegenüber arbeitet die Hälfte der Befragten allerdings nicht (oder nur sehr begrenzt) mit einem externen Institut zusammen. Im Vergleich hierzu konnten Töpfer/Gabel (2000: 52) ermitteln, dass ca. 60% der Befragten mit externer Unterstützung arbeiten. Diese höhere Einschätzung hängt möglicherweise mit der im Jahr 2000 (im Vergleich zu 2003) besseren wirtschaftlichen Situation zusammen. Gegebenenfalls ist ein weiteres Argument in dem seit dem Jahr 2000 zu erwartendem Erfahrungsaufbau der Unternehmen hinsichtlich der Konzipierung und Messung weicher HR-Kennzahlen zu sehen. Ein direkter Vergleich der Studien ist allerdings nur bedingt möglich, da sich vorangegangene Untersuchungen nicht auf die Erforschung von Großunternehmen beschränken. Schließlich geben in der vorliegenden Untersuchung über 35% der Befragten an, dass internes Know-how (über den Einsatz von Fachspezialisten) zum Thema Erhebung und Einbindung weicher HR-Kennzahlen nur begrenzt verfügbar sei. Dieses Ergebnis stimmt mit den Resultaten der Experteninterviews und den Implikationen aus der offenen Frage zum Thema „Hindernisse bei der Einführung weicher HR-Kennzahlen“ überein und erklärt u. a. den immer noch hohen Anteil der Unternehmen, die mit externer Unterstützung arbeiten.

3.2.1.2. Umsetzung

Im folgenden Kapitel wird die methodische Umsetzung im Rahmen der Erhebungsphase weicher HR-Kennzahlen betrachtet. Dabei steht die Darstellung von Messmethode und Messturnus im Fokus des vorliegenden Kapitels.

Hinsichtlich der *Messmethode* lässt sich feststellen, dass Kennzahlen sowohl direkt als auch indirekt erhoben werden können (vgl. Meyer, 1994: 37f.; Staudt et al., 1985: 70f.). Während unter direkten Messverfahren z. B. empirische Messungen verstanden werden (vgl. DGQ, 1999: 50; IfaA, 2000: 24; Gladen, 2001: 164; Vollmuth, 2002: 40), werden Messungen über andere Indikatoren, sogenannten Stellvertreterkennzahlen, als indirekte

[308] Der Median liegt für die Entwicklungs- und Beschaffungskosten bei 35.000 € und für die laufenden Kosten bei 20.000 €.

Messverfahren bezeichnet (vgl. IfaA, 2000: 197; Gladen, 2001: 166; Weber, M., 2002: 35f., 133). Die von Vollmuth (2002: 43) geforderte Verknüpfung direkter und indirekter Kennzahlen zur Messung weicher Themengebiete wird als sogenannter Index beschrieben (vgl. auch: DGQ, 1999: 49; Weber, M., 2002: 35f. 145).

In der vorliegenden Untersuchung zeigt sich, dass weiche HR-Kennzahlen bei etwa 60% der befragten Unternehmen mittels empirischer Untersuchungen erhoben werden. Dabei handelt es sich vorwiegend um Mitarbeiterbefragungen. Daneben werden jedoch auch Zielvereinbarungsgespräche, Vorgesetztenbeurteilungen und sogenannte Kulturdiagnosen genutzt. Diese Ergebnisse entsprechen vergleichbaren empirischen Studien (vgl. Hewitt, 2002: 18f.). In ca. 15% der Fälle werden weiche HR-Themen indirekt über sogenannte harte Personalkennzahlen (wie bspw. einer Fluktuationsrate für das weiche Thema Arbeitszufriedenheit) beschrieben. Staehle (1967: 50) stellt hierzu fest, dass „... der indirekte Maßstab (...) aus Zweckmäßigkeitsgründen dem direkten vorgezogen" werden und auf diese Weise eine Kosteneinsparung erreicht werden kann. In knapp 30% der Fälle ist die weiche HR-Kennzahl eine Verknüpfung aus empirischer und indirekter Messung (vgl. Abb. 3.2-1). Hierbei wird eine Auswahl harter Kennzahlen (z. B. Fluktuation oder Krankheitsquote) mit spezifischen weichen Kennzahlen (z. B. Mitarbeiterzufriedenheit) multipliziert, um durch die Kombination dieser Größen zu einer besseren Abbildung der Realität weicher Themen zu gelangen.

Die Untersuchung des *Messturnusses* im Rahmen der vorliegenden Untersuchung zeigt, dass ungefähr ein Drittel der Unternehmen (32,2%) weiche Kennzahlen in einem jährlichen Turnus erhebt und integriert (vgl. Hewitt, 2002: 6; Sandt, 2003: 77; Töpfer/Gabel, 2000: 52f.). Ein kürzerer Abstand findet sich bei weichen HR-Kennzahlen, die im Rahmen von Steuerungszwecken eingesetzt werden sollen, selten (vgl. Abb. 3.2-1; vgl. Weber/Sandt, 2001: 15f.): 6,8% der Befragten messen halbjährlich und nur 3,4% quartalsweise (oder in geringerem Abstand). Insgesamt geben 35,6% der Unternehmen an, weiche HR-Kennzahlen lediglich bedarfsorientiert zu messen, auch wenn eine Forderung nach Regelmäßigkeit in vielen konzeptionellen Arbeiten zu finden ist (vgl. Vollmuth, 2002: 42; ähnlich Weber/Sandt, 2001: 15f.; Weber, M., 2002: 127, 141): „Wenn Fortschritte nicht regelmäßig gemessen werden, ist eine Untersuchung wertlos.". Töpfer/Gabel (2000: 54) stellen darüber hinaus fest, dass eine positive Bewertung der weichen Zahlen vom Turnusintervall abhängt: „Es liegt auf der Hand, dass nur eine regelmäßige jährliche Anwendung die Grundlage schafft, die Ergebnisse dieses Instrumentes operativ in einem kontinuierlichen Veränderungsprozess einzubinden und ihm so auch eine strategische Bedeutung und Schlagkraft zu geben.". Demgegenüber begründet Sandt (2003: 77; ähnlich Weber/Sandt, 2001: 15) die in der Praxis anzutreffenden langen Turnusintervalle mit dem Erhebungsaufwand weicher HR-Kennzahlen: „Manager schätzen sie als sehr aufwendig ein. Der Bedarf nach Mitarbeiterkennzahlen scheint bei den Managern mehr durch den vermuteten Erhebungsaufwand bestimmt zu sein als durch deren eventuelle Nützlichkeit." Töpfer/Gabel (2000: 53) ergänzen darüber hinaus noch Akzeptanz-, Zeit- und Personalprobleme sowie eine mangelhafte Unterstützung durch die Unternehmensleitung als weitere Gründe für einen größeren Abstand zwischen den einzelnen Messungen.

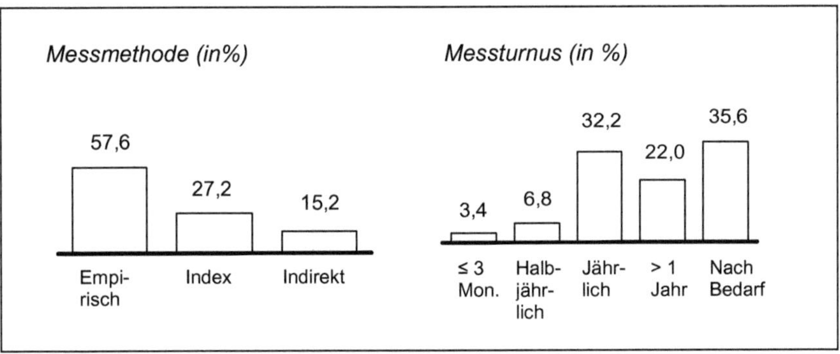

Abb. 3.2-1: Messmethode und Messturnus

3.2.1.3. *Analyse*

Im nachfolgenden Kapitel soll die Analysephase einer Kennzahl erläutert und die diesbezüglichen empirischen Ergebnisse vorgestellt werden. Hierzu werden Analysemerkmale wie die Auswertungsdauer, der Auswertungstyp oder der Detaillierungsgrad der Auswertung beschrieben, die mittels einer Reihe halboffener Fragen (zum Teil in Anlehnung an Hewitt, 2002) konzipiert wurden. Weiterhin wird ein Überblick zur Professionalität der Kommunikation der im Rahmen der Analyse weicher HR-Kennzahlen gewonnenen Erkenntnisse gegeben[309].

[309] Weitere Merkmale der Analysephase, auf die in der vorliegenden Untersuchung aber nicht detailliert weiter eingegangen wird, sind bspw. die Datenbereinigung, -codierung, -aufbereitung, -interpretation.

Bezüglich der Auswertungsdauer konnte festgestellt werden, dass eine durchschnittliche *Auswertung* weicher HR-Kennzahlen etwa ein bis zwei Monate dauert (vgl. Abb. 3.2-2). Ungefähr ein Drittel der Unternehmen weist eine geringere, ein weiteres Drittel eine höhere Auswertungsdauer auf. Diese Ergebnisse sind im Einzelnen von der jeweiligen Erfahrung bzw. Routine sowie der Ressourcenverfügbarkeit der Unternehmen abhängig und entsprechen alles in allem den Prognosen, die sich aus den Experteninterviews haben ableiten lassen (vgl. Kap. 2.4).

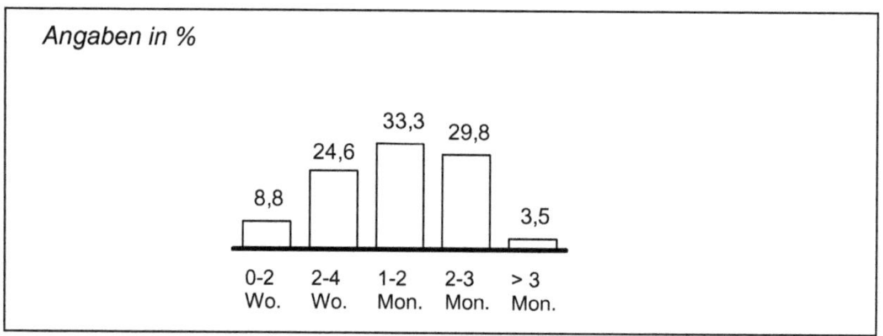

Abb. 3.2-2: Auswertungsdauer

Es ist zu konstatieren, dass die *Auswertung* weicher HR-Kennzahlen bei fast 80% der befragten Unternehmen mit einem klaren Fokus auf potenziell abzuleitende Maßnahmen erfolgt. Hierbei wird im Rahmen der Kennzahlenanwendung v. a. das Instrument der Vergleichsrechnung genutzt. Nach Staehle (1967: 149) ist die sogenannte betriebliche Vergleichsrechnung eines der wesentlichen Anwendungsgebiete einer Kennzahl. Auch Groll (1988: 59f.)[310] bemerkt, dass sich der Informationswert einer Kennzahl durch sogenannte Kennzahlenvergleiche bedeutsam erhöhen kann. Hierzu zählen insbesondere Zeitvergleiche (vgl. u. a. George, 1999: 45; Horváth, 2003: 555; Reichmann, 1995: 47; Staehle, 1969: 61, 149), Benchmarking-Vergleiche (vgl. u. a. George, 1999: 45f.; Weber, M., 2002: 141) sowie Soll-Ist-Vergleiche (vgl. u. a. George, 1999: 45; Staehle, 1969: 61, 69f.). In der vorliegenden Untersuchung finden sich im Ergebnis- bzw. Analysebericht weicher HR-Kennzahlen v. a. interne Vergleiche zwischen einzelnen Abteilungen (84,7%) sowie Zeitvergleiche (79,7%). Hingegen werden externe Benchmarking-Daten nur von 47,5% der befragten Unternehmen genutzt. Ebenso spielt

[310] Vgl. darüber hinaus: George (1999: 44); Geiß (1986: 154ff.); Horváth (2003: 555); März (1983: 61); Merkle (1982: 329); Meyer (1994: 52ff.); Staehle (1969: 60, 66).

die isolierte Betrachtung und Interpretation weicher HR-Kennzahlen eine eher nachgeordnete Rolle bei der Analyse der Ergebnisse (66,1%).

Hinsichtlich der *Auswertungstiefe* ist festzustellen, dass bei weniger als der Hälfte der befragten Unternehmen (37,3%) regelmäßige, detaillierte Auswertungen bis auf Teamebene vorgenommen werden. Weiche HR-Kennzahlen werden im Allgemeinen auf einem höheren Aggregationsgrad erstellt und interpretiert (74,6% auf Bereichs- und 84,7% auf Geschäftsbereichsebene). Dieses Ergebnis kann durch die Komplexität und den Erhebungsaufwand weicher HR-Kennzahlen erklärt werden, welche mit zunehmendem Detaillierungsgrad ansteigen (vgl. Sandt, 2003: 77). Auch wenn somit eine Analyse der weichen HR-Kennzahlen auf Bereichsebene deutlich verbreiteter als auf Teamebene ist, weisen doch eine Reihe konzeptioneller Arbeiten auf den mit dem hohen Aggregationsgrad verbundenen Informationsverlust hin (vgl. Gladen, 2001: 12; Weber, M., 2002: 141).

Abschließend sollen die Ergebnisse zur *Professionalität der Kommunikation* weicher HR-Kennzahlen vorgestellt werden (vgl. zur Operationalisierung Kap. 3.1.2). Es zeigt sich, dass in deutschen Großunternehmen, die weiche HR-Kennzahlen einsetzen, eine hierarchieabhängige Kommunikation erfolgt. Während auf höheren Führungsebenen durchaus umfassend informiert wird, setzt sich dieses Verhalten nicht bis auf Mitarbeiterebene durch. Führungskräfte werden bei 73,7% der befragten Personalleiter (in unterschiedlich intensivem Ausmaß) über die Ergebnisse weicher HR-Kennzahlen informiert. Vergleichbare Studien zeigen ähnliche Ergebnisse von ca. 85% (vgl. Hewitt, 2002: 15). Das Ausmaß der Kommunikation nimmt auf Mitarbeiterebene sichtbar ab (vgl. auch Hewitt, 2002: 15; Töpfer/Gabel, 2000: 55). Die befragten Personalleiter geben an, dass ihre Mitarbeiter zu 25% überhaupt nicht und zu weiteren 25% nur teilweise über weiche HR-Kennzahlen informiert werden. Gespräche und Diskussionen über die Ergebnisse der Kennzahlen finden in knapp 70% der Fälle nicht oder nicht regelmäßig statt (vgl. auch Töpfer/Gabel, 2000: 55f.).

3.2.1.4. Einbindung in Steuerungssysteme

Im vorliegenden Kapitel werden eingangs die mittels der Kennzahlen abgebildeten Themen sowie deren Einbindung in bestehende Anreiz- und Steuerungssysteme vorgestellt.

Es wird jeweils der Anteil der Befragten angegeben, welcher der jeweiligen Aussage „voll zugestimmt" bzw. „zugestimmt" hat. Darüber hinaus wird die Verknüpfung mit bestehenden Steuerungssystemen untersucht. Zum einen geht es um die Verbindung weicher HR-Kennzahlen mit anderen Steuerungskennzahlen. Zum anderen soll die Verknüpfung mit Anreizsystemen als Instrument der Unternehmenssteuerung abgebildet werden.

In der vorliegenden Studie wurde mittels einer halboffenen Frage untersucht, welche *Themen* mit Hilfe von weichen HR-Kennzahlen dargestellt und welche Themen schließlich systematisch verdichtet und in bestehende Steuerungssysteme eingebunden werden.

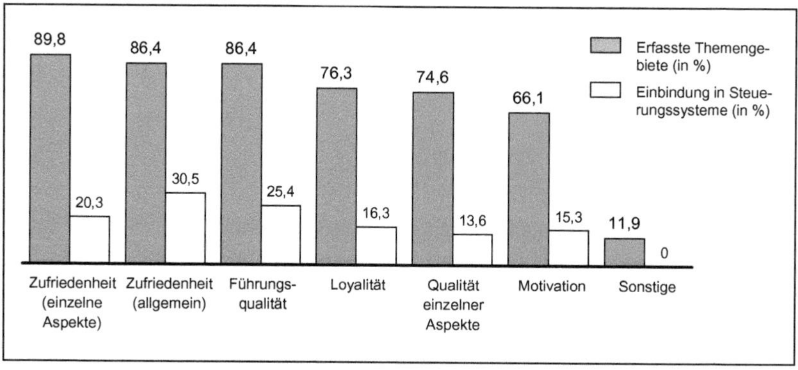

Abb. 3.2-3: Inhalte, die mittels weicher HR-Kennzahlen erhoben werden

Dabei wird eine breite Abdeckung einer großen Anzahl von unterschiedlichen weichen Themengebieten bei der Mehrheit der befragten Unternehmen deutlich. Hierbei zeigt sich eine sehr hohe Abdeckung (über 85%) der Themenfelder allgemeine Arbeitszufriedenheit, Arbeitszufriedenheit zu einzelnen, spezifischen Arbeitsplatz-Aspekten sowie Führungsqualität. Bei mehr als 66% der Unternehmen werden darüber hinaus auch Loyalität, Qualitätsbeschreibungen einzelner HR-relevanter Sachverhalte sowie die Motivation der Mitarbeiter in Form weicher HR-Kennzahlen erfasst (vgl. Abb. 3.2-3). Auch andere empirische Studien bestätigen insbesondere die große Verbreitung der Messung von Arbeitszufriedenheit (vgl. Corporate Leadership Council, 2001a: 47ff.; PwC, 2001: 25; Töpfer/Gabel, 2000: 52f.; Ulrich, 1997: 313f.). Weitere Sachverhalte, die durch die Befragten (über eine offene Frage) verstärkt benannt wurden, sind die Themen Arbeitsbelastung, Einhaltung von Werten, Kompetenzen, Kundenorientierung (aus Mitarbeitersicht), Strategieakzeptanz, Teambeziehungen sowie unternehmenskulturelle Aspekte.

Die separat gestellte Frage nach dem Vorhandensein eines strategischen Steuerungssystems ergibt, dass ca. 2/3 der Befragten ihre Personalabteilung mittels eines strategischen Steuerungssystems[311] führen. Angesichts der hohen Verbreitung dieser Steuerungssysteme und der intensiven Erfassung der untersuchten Themengebiete durch die befragten Unternehmen, ist es überraschend, dass nur bei weniger als einem Drittel eine systematische Verdichtung und Einbindung in bestehende Steuerungssysteme erfolgt. Am häufigsten wird von den befragten Unternehmen eine entsprechende Einbindung von Kennzahlen zu Themen der (Arbeits-)Zufriedenheit (20,3% bzw. 30,5%) oder Führungsqualität (25,4%) vorgenommen (vgl. Abb. 3.2-3). Auch in der empirischen Untersuchung von Töpfer/Gabel (2000: 52f.; ähnlich PwC, 2001: 25) wird der Arbeitszufriedenheitsindex mit ca. 37% vorrangig benannt. Die festgestellte Diskrepanz zwischen wahrgenommener Wichtigkeit bzw. Messung und der tatsächlichen Einbindung in Steuerungssysteme zeigt sich auch in weiteren früheren Untersuchungen (vgl. Corporate Leadership Council, 2001a: 34ff., 42ff.). Der geringe Einbindungsgrad wird neben der aufwendigen Erfassungsmethodik weicher HR-Kennzahlen v. a. mit der Komplexität der Thematik und den bislang noch wenigen Erfahrungswerten begründet (vgl. Corporate Leadership Council, 2001a: 34ff.; Töpfer/Gabel, 2000: 52f.)[312].

Neben dem Aspekt der Quantität bzw. Verbreitung von weichen HR-Kennzahlen in Steuerungssystemen wird im Folgenden die Qualität der *Einbindung* näher analysiert. Hierbei sind die Verknüpfung weicher HR-Kennzahlen mit anderen Kennzahlen sowie die Zugrundelegung dieser Informationen für strategische Personalentscheidungen wichtige Merkmale (vgl. zur Operationalisierung Kap. 3.1.2). Nach George (1999: 44; ähnlich: Reichmann/Lachnit, 1976: 706f.; Staudt et al., 1985: 79) ist einzelnen, isoliert stehenden Kennzahlen nur ein begrenzter Aussagewert zuzuschreiben. Auch Geiß

[311] Geiß (1986: 172f.) beschreibt die primäre Funktion eines Steuerungssystems folgendermaßen: „Unter Steuerung soll die Vorgabe von Plandaten und die Kontrolle der Ergebnisse durch Plan-Ist-Vergleiche verstanden werden". Dieser Definition wird im Rahmen der vorliegenden Arbeit gefolgt. Dabei wurden als Steuerungssysteme v. a. die Balanced Scorecard (ca. 33%), Zielsysteme bzw. Zielvereinbarungssysteme (ca. 50%), Masterpläne sowie Kennzahlen- oder Budgetplanungen benannt. Darüber hinaus fanden sich weitere spezifische Einzelnennungen.

[312] Eine weitere Ursache der mangelhaften Einbindung könnte in dem zu hohen Abstraktionsgrad einiger weicher HR-Kennzahlen liegen (z. B. Arbeitszufriedenheit). In der empirischen Studie des Corporate Leadership Council (2001: 42ff.) zeigt sich, dass Einflussgrößen der Arbeitszufriedenheit meist nicht

(1986: 76), Merkle (1982: 326) und Staehle (1969: 69) betonen, dass insbesondere zur Erfassung komplexer Sachverhalte eine Verknüpfung von Kennzahlen unabdingbar sei. Die Analyse der Qualität der Verknüpfung einzelner weicher HR-Kennzahlen zeigt, dass eine systematische Verknüpfung weicher HR-Kennzahlen mit anderen Steuerungskennzahlen in deutschen Großunternehmen nur wenig verbreitet ist. Nur 17,2% der Unternehmen verknüpfen die Ergebnisse weicher HR-Kennzahlen systematisch. Für den Fall, dass weiche Kennzahlen in Kennzahlensysteme eingebunden und mit anderen Größen verknüpft werden, konzentrieren sich solche Bemühungen primär auf die Verknüpfung mit harten Kennzahlen (46,6%).

Abschließend soll die Verknüpfung weicher HR-Kennzahlen mit bestehenden *Anreizsystemen* zur Unternehmenssteuerung diskutiert werden (vgl. zur Operationalisierung Kap. 3.1.2). Die Bedeutung von Anreizsystemen für die Adoption weicher HR-Kennzahlen wird sowohl in der empirischen als auch in der theoretischen Forschungsliteratur hervorgehoben (vgl. Kap. 2.2; PwC, 2001: 31f.; Webster, 1988: 38). In jüngerer Zeit werden Fragen der Anreizsystemgestaltung zunehmend in Verbindung mit der Integration weicher HR-Steuerungsgrößen diskutiert (vgl. z. B. Homburg/Stock, 2001: 13ff.). Hintergrund der Diskussion ist die Annahme, dass sich durch die Verankerung weicher HR-Steuerungsgrößen in den Vergütungs- und Beurteilungssystemen der Führungskräfte, diese (weichen) Sachverhalte als relevante Aufgabenfelder des Managements etablieren. Auch die Bestandsaufnahme aus den Expertengesprächen weist darauf hin, dass eine Betonung der weichen Management-Aspekte in den Vergütungssystemen, die tatsächliche Adoption weicher HR-Kennzahlen wesentlich unterstützen kann.

Die empirischen Ergebnisse verdeutlichen, dass eine systematische Verknüpfung weicher HR-Kennzahlen mit Anreizsystemen nur bei ca. 14% der befragten Unternehmen anzutreffen ist. Wenn eine Verbindung mit bestehenden Personalinstrumenten vorliegt, dann handelt es sich zumeist um eine Verknüpfung mit Beurteilungssystemen (36,2%)[313]. Aufstiegschancen und Gehaltsbestandteile der Führungskräfte sind nur bei 10,3% der Befragten von den Ergebnissen weicher HR-Kennzahlen abhängig. Hier zeigen vergleichbare Studien zum Teil höhere Werte. So finden sich etwa nach einer Stu-

---

gemessen werden. Aus diesem Grund sei, so die Autoren, die Steuerungskapazität einer allgemeinen weichen HR-Kennzahl begrenzt.

313 In der empirischen Studie von PwC (2001: 31) geben 37% der befragten Unternehmen eine Verknüpfung mit Beurteilungssystemen an.

die von Töpfer/Gabel (2000: 56) bei ca. 20% der befragten Unternehmen systematische Verknüpfungen mit Vergütungssystemen. Bei Weber/Sandt (2001: 18) sind es hingegen auch nur knapp 10% der befragten Unternehmen, die eine entsprechende Verknüpfung von Mitarbeiterkennzahlen und Vergütungssystemen aufweisen. Mögliche Ursachen für die Abweichung der empirischen Ergebnisse sind in der unterschiedlichen Operationalisierung der zugrunde liegenden Konstrukte begründet. In der vorliegenden Arbeit wurde eine sehr konservative bzw. strenge Abfrageform gewählt, die ggf. eine geringere Zustimmung der Befragten zur Folge haben kann.

3.2.2. Beurteilung weicher HR-Kennzahlen

Für die im Folgenden dargestellten deskriptiven Ergebnisse zur Beurteilung weicher HR-Kennzahlen durch die Personalleiter wird auf die bereits eingeführte Unterscheidung in Prozess-, Produkt- und Potenzialmerkmale zurückgegriffen. Darüber hinaus werden zusammenfassend die Ergebnisse einer allgemeinen Bewertungsfrage zum Forschungsobjekt vorgestellt, über welche die Befragten gebeten wurden, Hauptschwierigkeiten und -vorteile weicher HR-Kennzahlen zu nennen.

Insgesamt ist festzustellen, dass sich bei fast allen Qualitätskriterien weicher HR-Kennzahlen eine gute Beurteilung findet (vgl. Abb. 3.2-4). Die Darstellung der Statistiken erfolgt hierbei wiederum durch die Zusammenfassung der sogenannten Top Boxes „stimme voll zu“ bzw. „stimme zu“ zu einer Prozentangabe je Kriterium. Die Zustimmung zu den Potenzialkriterien, wie v. a. der Steuerungsrelevanz (74,9%) und dem Relativen Vorteil (73,2%), ist in der vorliegenden Untersuchung besonders hoch. Auch bei den Merkmalen Aktualität, Kompatibilität, Wirtschaftlichkeit sowie Vertrauen in den Erstellungsprozess finden sich hohe Zustimmungswerte (zwischen 63,6% und 67,3%). Im Gegensatz hierzu fällt die Bewertung der Produktkriterien, die v. a. die operative Umsetzung weicher HR-Kennzahlen betreffen, eher kritischer aus. Für die Größen Umfang (48,1%), Komplexität (39,7%) und Verlässlichkeit (21,8%) weicher HR-Kennzahlen werden im Vergleich zu den bisher aufgeführten Kriterien deutlich geringere Werte erzielt. Dieses Ergebnis lässt sich möglicherweise mit dem Innovativitätsgrad weicher HR-Kennzahlen und einer z. T. noch mangelhaften Erfahrung mit dem Untersuchungsgegenstand erklären (vgl. Töpfer/Gabel, 2000: 54).

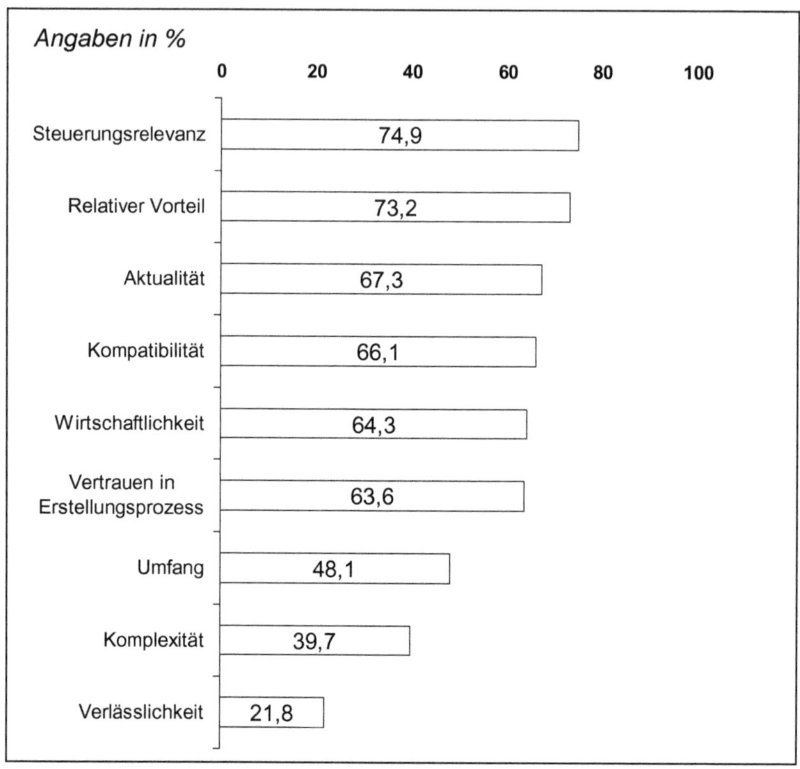

Abb. 3.2-4: Qualitätsbewertung weicher HR-Kennzahlen

Im Rahmen der Beurteilung der *Prozesskriterien* wird neben dem Vertrauen in den Erstellungsprozess (63,6%) auch die Kompatibilität weicher HR-Kennzahlen mit bestehenden Strukturen und Systemen berücksichtigt (66,1%). Allgemein ist somit eine relativ gute Beurteilung des Erstellungsprozesses weicher HR-Kennzahlen festzustellen (vgl. Abb. 3.2-4). Eine Betrachtung auf Einzel-Item-Ebene zeigt, dass die Personalleiter mit den eingesetzten verantwortlichen Abteilungen und der hiermit stattfindenden Interaktion, sofern etabliert, überdurchschnittlich zufrieden sind. Hingegen bewerten die Personalleiter die Berücksichtigung ihrer spezifischen Nutzerbedürfnisse hinsichtlich der Ausgestaltung weicher HR-Kennzahlen eher zurückhaltender. Möglicherweise ist dies auf die Erfordernis einer größeren Flexibilität und Anpassung weicher HR-Kennzahlen an spezifische Bedürfnisse zurückzuführen, wie u. a. die Ergebnisse der Experteninterviews nahelegen (vgl. Kap. 2.4.1). Weber/Sandt (2001: 23f.) erklären die vergleichsweise hohe Zufriedenheit mit dem Kennzahlenerstellungsprozess am Beispiel der Mitarbeiterzufriedenheit u. a. mit der Unwissenheit der Nutzer: „Manager als Empfänger und Nutzer von Kennzahlen haben zum Teil eine vergleichsweise niedrige Erwartungshaltung. Sie erkennen zum Teil nicht, welches Potenzial in Kennzahlen und Kennzahlensystemen steckt".

Die Erfassung der deskriptiven Ergebnisse zur Beurteilung der *Produktqualität* weicher HR-Kennzahlen erfolgt über Aktualität, Umfang, Verlässlichkeit und Komplexität (vgl. Kap. 2.2 und 3.1). Allgemein ist zu konstatieren, dass die Beurteilung von (Produkt-) Merkmalen weicher HR-Kennzahlen insgesamt vergleichsweise schlecht ausfällt (vgl. Abb. 3.2-4). Einzig die Aktualität weicher HR-Kennzahlen wird von den Personalleitern mit einer Zustimmung von über 67% vergleichsweise gut bewertet:

- Nur etwa 20% der Befragten halten die weichen HR-Kennzahlen für verlässlich.
- Etwa 60% halten weiche HR-Kennzahlen für zu komplex und schwierig in der Anwendung und Interpretation.
- Nur knapp die Hälfte der Befragten ist mit der bereitgestellten Datenmenge durch weiche HR-Kennzahlen zufrieden.

Diese Ergebnisse entsprechen der im vorherigen Absatz aufgeführten Forderung nach einer höheren Anpassung weicher HR-Kennzahlen an individuelle Nutzerbedürfnisse. Die in den Augen der Nutzer zu geringe Verlässlichkeit weicher HR-Kennzahlen ist ggf. auf methodische Handhabungsprobleme zurückzuführen. Die detaillierte Betrachtung auf Einzel-Item-Ebene bestätigt Unsicherheiten und Schwierigkeiten mit der methodischen Erfassung weicher HR-Kennzahlen. Dies entspricht den Aussagen aktueller Forschungsarbeiten, welche trotz zunehmender Entwicklung komplexer Modelle zur Erfassung weicher Themen, noch immer methodische Schwierigkeiten thematisieren (vgl. u. a. DGQ, 1999: 18-23; Fiedler-Winter, 2002: 21; PwC, 2001: 4; Vasic, 2004: 86)[314]. Solche Probleme sind bspw. in der Schwierigkeit begründet, einen regelmäßigen Erhebungsturnus zu realisieren bzw. Verantwortlichkeiten und Know-How sicherzustellen (vgl. Corporate Leadership Council, 1999: 5).

Im Rahmen der *Potenzialqualität*, die insgesamt vergleichsweise hohe Zustimmungswerte aufweist (vgl. Abb. 3.2-4), werden die Konstrukte Wirtschaftlichkeit, Steuerungsrelevanz und der Relative Vorteil untersucht. Eine Betrachtung auf dieser Ebene zeigt,

[314] Vgl. darüber hinaus: Brandl (2002: 44); Corporate Leadership Council (1999: 5); Frank (2003: 14); Horváth (2000: 228f.); George (1999: 38f.); Pfeffer (1997: 361); Rose (2000: 238); Wall/Gebauer (2002: 311).

dass v. a. die Größen Steuerungsrelevanz (74,9%) und Relativer Vorteil (73,2%) besonders positiv bewertet werden. Weiche HR-Kennzahlen bieten demnach nicht nur entscheidungsrelevante Informationen, sondern sind auch (nur schwer) durch mögliche Alternativen substituierbar. Dieser Sachverhalt lässt sich durch eine tiefergehende Analyse auf Einzel-Item-Ebene weiter spezifizieren (vgl. Kap. 3.1.3). In diesem Kontext zeigt sich, dass die Beurteilung des potenziellen, langfristigen Nutzens weicher HR-Kennzahlen überdurchschnittlich hoch ausfällt. Dies entspricht den Ergebnissen vergleichbarer Studien, in denen ebenfalls nur knapp 20% der Befragten den Nutzen weicher Größen anzweifeln (vgl. Töpfer/Gabel, 2000: 58)[315]. Darüber hinaus gibt in der vorliegenden Untersuchung ein Großteil der Befragten an, dass die durch die weichen HR-Kennzahlen abgebildeten Tatbestände steuerbar i. S. v. veränderbar seien[316].

Zusammenfassend lässt sich konstatieren, dass weiche HR-Kennzahlen trotz hoher Potenzialzuschreibungen, v. a. Mängel in der operativen Umsetzung aufweisen: Die mittels weicher HR-Kennzahlen erhobenen Daten werden als wichtig und steuerungsrelevant eingestuft – gelten auf der anderen Seite aber als komplex und nicht so verlässlich.

Abschließend sollen die Ergebnisse der halboffenen Frage zu den *Hauptschwierigkeiten und –vorteilen* der Integration weicher HR-Kennzahlen in HR-Steuerungssysteme aufgezeigt werden. Hierbei liegt ein stärkerer Fokus auf die hinter einer Implementierung oder einer Ablehnung weicher HR-Kennzahlen stehenden Motive. In den folgenden Grafiken sind die Hauptvorteile und –schwierigkeiten der Integration subjektiver HR-Kennzahlen in das strategische Personalmanagement dargestellt (vgl. Abb. 3.2-5 und Abb. 3.2-6).

Als *Hauptprobleme* beim Einsatz weicher HR-Kennzahlen werden primär ökonomische Argumente (Ressourcenverfügbarkeit mit 66,9% und hohe Erhebungs- und Einbindungskosten mit 47,8%) genannt (vgl. hierzu Pfeuffer, 1993: 117; PwC, 2001: 5; Weber/Sandt, 2001: 15). Bedenken, die sich auf den Informationsgehalt oder die Relevanz der weichen HR-Kennzahlen beziehen, werden hingegen nur von wenigen Befragten

[315] In diesem Kontext stellen Töpfer/Gabel (2000: 58) fest, dass die Nutzenbewertung der weichen Größen positiv mit der systematischen Verknüpfung mit Anreizsystemen korreliert.

[316] In einer weltweiten Studie (Corporate Leadership Council, 2001: 28f.) werden sowohl harte als auch weiche Kennzahlen (insgesamt mehr als 60 HR-Kennzahlen) als etwa gleichermaßen wichtig eingeschätzt. Die Ergebnisse sind stark durch die v. a. anglo-amerikanische Stichprobe geprägt und aus diesem Grund hinsichtlich dieser Fragestellung nur bedingt übertragbar.

(jeweils 16,6%) angeführt (vgl. Abb. 3.2-5). Dieses Ergebnis entspricht vergleichbaren empirischen Studien (vgl. Töpfer/Gabel, 2000: 53; Hewitt, 2002: 22f.). In diesem Zusammenhang wird neben den eigentlichen Befragungskosten auch auf die indirekten Kosten verwiesen, die durch die Befragungszeit der Mitarbeiter generiert werden. Weitere Bedenken, die in der vorliegenden Untersuchung von den befragten Personalleitern benannt wurden, betreffen neben Akzeptanzproblemen (vgl. auch Töpfer/Gabel, 2000: 53; Pfeuffer, 1993: 113) v. a. das mangelnde Know-how (vgl. auch Töpfer/Gabel, 2000: 53) bzw. die mangelnde Infrastruktur zur Umsetzung dieses Personalinstrumentes. In der empirischen Studie von Töpfer/Gabel (2000: 53) wird zudem auf fehlende Unterstützung seitens der Geschäftsführung verwiesen.

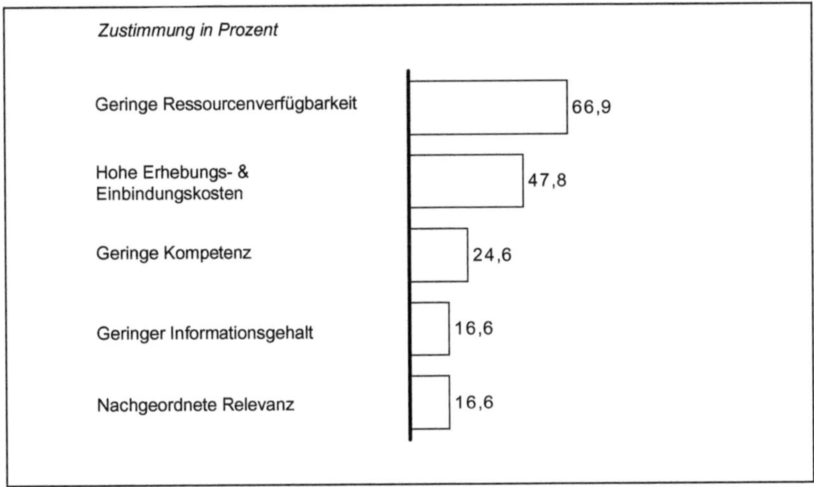

Abb. 3.2-5: Hauptschwächen weicher HR-Kennzahlen

Als *Hauptvorteile* weicher HR-Kennzahlen werden neben inhaltlichen Argumenten wie z. B. die Bedeutung als Frühwarnindikator (82,0%) v. a. das symbolische Argument der Wertschätzung der Mitarbeiter (79,9%) genannt (vgl. Abb. 3.2-6, sowie auch Hewitt, 2002: 12; Töpfer/Gabel, 2000: 58f.). Ein weiterer Vorteil, der von deutlich mehr als der Hälfte der Befragten geäußert wurde, ist die Bedeutung weicher HR-Kennzahlen für die Umsetzung einer nachhaltig, i. S. v. langfristig erfolgreichen Unternehmensstrategie (73,9%). Schließlich wird ein Vorteil weicher HR-Kennzahlen in der Verbesserung der Transparenz der Personalarbeit (65,5%) bzw. als Erklärungsgröße für andere wichtige

Größen gesehen (61,2%). Darüber hinaus wurden im Rahmen der offenen Teilfrage das Unternehmensimage, die Einbindungs- und Motivationsfunktion der Mitarbeiter sowie die Positionierung des Personalmanagements als Teil einer wertorientierten Unternehmensführung als Argumente für eine positive Einschätzung der weichen HR-Kennzahlen genannt.

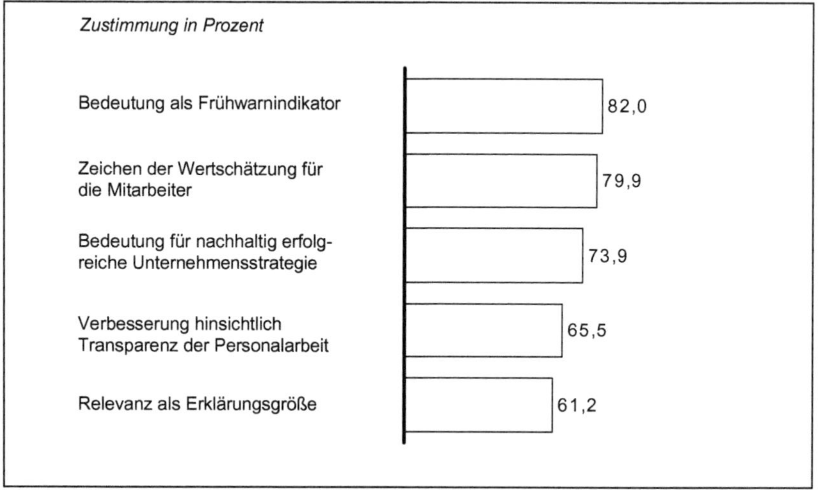

Abb. 3.2-6: Hauptvorteile weicher HR-Kennzahlen

Bei einer abschließenden Gegenüberstellung von Vor- und Nachteilen zeigt sich, dass die genannten Vorteile einer Adoption weicher HR-Kennzahlen deutlich überwiegen. Neben der quantitativen Betrachtung der jeweiligen Zustimmungswerte in Prozent unterstreicht auch eine qualitative Betrachtung der jeweils genannten Argumente diese These[317].

3.2.3. Akzeptanz weicher HR-Kennzahlen

Im folgenden Teilkapitel werden die deskriptiven Ergebnisse zur Akzeptanz weicher HR-Kennzahlen durch Personalleiter in deutschen Großunternehmen vorgestellt. Das

[317] Ressourcen- und Budgetprobleme stellen keine inhaltliche Kritik am Untersuchungsgegenstand weiche HR-Kennzahlen dar

Kapitel basiert auf den Ergebnissen der thematischen Einordnung (vgl. Kap. 2.2.) sowie auf der in Kap. 3.1. vorgenommenen Operationalisierung des Akzeptanzkonstruktes.

Allgemein lässt sich konstatieren, dass etwas mehr als die Hälfte der befragten Personalleiter eine hohe Akzeptanz gegenüber dem Untersuchungsgegenstand weiche HR-Kennzahlen äußert (vgl. Abb. 3.2-7). Eine Betrachtung auf Einzel-Item-Ebene zeigt (vgl. Kap. 3.1.4 für nähere Informationen), dass fast alle Personalleiter erneut die Entscheidung treffen würden, weiche HR-Kennzahlen ins Personalmanagement zu integrieren. Demgegenüber wird die allgemeine Zufriedenheit mit den Kennzahlen weniger positiv bewertet. Mögliche Ursachen werden in Kapitel 3.2.2 im Rahmen der Qualitätsbewertung aufgeführt.

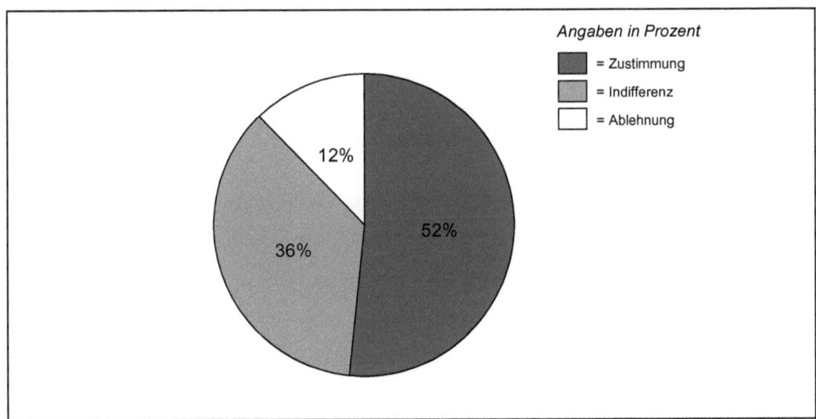

Abb. 3.2-7: Akzeptanz weicher HR-Kennzahlen

Das Akzeptanzkonstrukt lässt sich in die Subkonstrukte Wertschätzung und aktive Handlungsbereitschaft unterteilen (vgl. Kap. 2.2). Hierbei zeigt sich, dass bei den Personalleitern eine stärker nach außen erkennbare Akzeptanz im Sinne einer aktiven Handlungsbereitschaft (Mittelwert: 3,64) als eine innere Akzeptanz vorliegt, welche einer persönlichen Wertschätzung entsprechen würde (Mittelwert: 3,40). Dieses Ergebnis deutet auf die Popularität des Untersuchungsgegenstandes und den diesbezüglichen sozialen Druck hin, die Zustimmung zu weichen HR-Kennzahlen auch nach außen zu demonstrieren. Im Rahmen der Erhebung potenzieller Einflussfaktoren, wird der soziale Übernahmedruck gemessen und im Zusammenhang mit den Größen Akzeptanz und Adoption näher untersucht (vgl. Kap. 3.4).

Ergebnisse empirischer Studien zur Akzeptanz weicher Themeninhalte in der strategischen Personalarbeit fallen teilweise sehr unterschiedlich aus: Während Hewitt (2002: 22) die Akzeptanz von Mitarbeiterbefragungen als recht gering einstuft (16% geben eine sehr hohe Akzeptanz an, 52% eine mittlere Akzeptanz) finden sich auch Studien mit etwas positiveren Beurteilungen. Bei Töpfer/Gabel (2000: 58; ähnlich Pfeuffer, 1993: 113ff.) liegt die allgemeine Zufriedenheit insgesamt bei ca. 37%. Die in der vorliegenden Untersuchung im Vergleich zu anderen empirischen Studien vergleichsweise hohen Akzeptanzwerte können u. a. mit Unterschieden in der Operationalisierung erklärt werden. Andere Ursachen sind möglicherweise in der zunehmenden Popularität weicher Themen zu sehen (vgl. z. B. Daum, 2003b: 129ff.; Edvinsson/Kivikas, 2003: 163f.; Günther/Günther, 2003: 191f.)[318], die zu höheren Akzeptanzwerten führen und somit eine Vergleichbarkeit mit älteren Studien erschweren.

3.2.4. Adoption weicher HR-Kennzahlen

Im vorliegenden Kapitel wird die Adoption weicher HR-Kennzahlen in der Praxis beschrieben. In Anlehnung an Kap. 2.2 werden im Folgenden vier unterschiedliche Adoptionstypen unterschieden (vgl. Abb. 3.2-8).

Die Ergebnisse der deskriptiven Auswertung zeigen, dass eine besonders hohe Verbreitung der *konzeptionellen Adoption* festzustellen ist (vgl. ähnlich Weber/Sandt, 2001: 27). Im Rahmen dieser Adoption tragen weiche HR-Kennzahlen zur Erweiterung des Verständnisses der speziellen Unternehmenssituation bei. Auf diese Weise wird eine systematische Erfahrungsbasis aufgebaut, die in der Zukunft zu konkretem Handeln führen könnte. Fast 60% der befragten Unternehmen verwenden weiche HR-Kennzahlen in einem entsprechenden Kontext. Weitere 40% verfolgen mit dem Einsatz weicher HR-Kennzahlen zumindest teilweise ein solches Ziel. Dieses Ergebnis lässt darauf schließen, dass für den Untersuchungsgegenstand weiche HR-Kennzahlen die Erweiterung der unternehmensspezifischen Wissensbasis eine hohe Bedeutung einnimmt. Dabei zeigt eine detaillierte Analyse auf Einzel-Item-Ebene, dass Personalleiter mit dem Einsatz weicher HR-Kennzahlen ihre Wissensbasis durch den Aufbau eines noch allgemei-

[318] Vgl. auch: Leidig (2002: 27f.); Lev (2003: 121); Mayer (2002: 493); Möller/Walker (2003: 492ff.); Neubäumer/Kohaut (2002: 403f.); Neely et al. (2003: 129ff.); Philipps/Windheim (2003: 48); Sandt (2003: 76); Servatius (2003: 155); Stoi (2003: 175ff.); Vollmuth (2002: 40); Weber, M. (2002: 122f.).

neren und fundierteren Wissens zu ihrem Unternehmen und der spezifischen Unternehmenssituation vergrößern wollen.

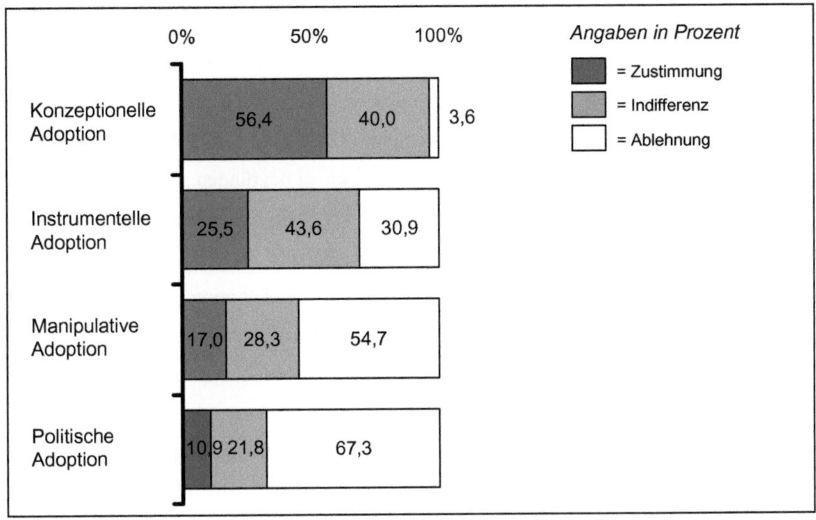

Abb. 3.2-8: Adoption weicher HR-Kennzahlen

Neben dem konzeptionellen Einsatz ist auch für die *instrumentelle Adoption* weicher HR-Kennzahlen eine hohe Verbreitung festzustellen. Hierbei werden weiche HR-Kennzahlen zur Ableitung konkreter, spezifischer Entscheidungen und Handlungen eingesetzt. Die Nutzung der Kennzahlen erfolgt im Sinne eines für das Management objektiven Bewertungsinstrumentes. Etwa ein Viertel der befragten Unternehmen (25,5%) nutzen weiche HR-Kennzahlen im Rahmen eines solchen entscheidungsfundierenden Einsatzes, wie Abb. 3.2-8 zeigt. Fast die Hälfte (44,0%) streben zumindest teilweise die Stützung wichtiger Personalentscheidungen mittels weicher HR-Kennzahlen an. Das Bestreben, zusätzliche Kontrollaufgaben über weiche HR-Kennzahlen wahrzunehmen, um fundiertere Personalentscheidungen zu treffen, steht im Fokus dieser Nutzungsart, wie eine Betrachtung sogenannter Treiber-Items zeigt. In diesem Zusammenhang wird jedoch die Wertigkeit der Informationen, die aus weichen HR-Kennzahlen resultieren, verhaltener beurteilt (16,4%), was insgesamt zu etwas geringeren Zustimmungswerten zu dieser Einsatzart führt.

Schließlich ist zu konstatieren, dass sich eine überraschend hohe Verbreitung für einen manipulativen (17,0%) bzw. politischen Einsatz (10,9%) findet (vgl. Abb. 3.2-8). Fast ein Drittel der Befragten gibt darüber hinaus indifferente Antworten zur Frage nach dem manipulativen (28,0%) bzw. politischem Einsatz (22,0%). Insbesondere vor dem Hintergrund der Berücksichtigung sozial erwünschten Antwortverhaltens, sind diese beiden als individuumsorientiert bzw. nicht erfolgreich klassifizierten Einsatzarten in der Praxis in einem noch größeren Umfang zu vermuten. Die manipulative Adoption dient als Argumentationshilfe, um Ziele und Handlungsweisen zu begründen. Weiche HR-Kennzahlen sind in diesem Kontext als Instrument zu verstehen, mit dessen Hilfe z. B. vom Manager entwickelte persönliche Interpretationen über die Ziele der Organisation gestärkt werden sollen. Dagegen repräsentiert die politische Adoption einen sogenannten Pro-forma-Einsatz, um bspw. innovativ oder strategisch zu erscheinen. Auf diese Weise soll eine (ggf. nachträgliche) Absicherung von Entscheidungen in unternehmenspolitisch kritischen Situationen erfolgen. Dabei lässt sich im Rahmen der detaillierten Auswertung auf Einzel-Item-Ebene feststellen, dass u. a. unternehmenspolitische Motive und Interessen zur missbräuchlichen Nutzung führen. Dies entspricht den Ergebnissen der Literaturanalyse zur Problembehaftung weicher Kennzahlen (vgl. hierzu Reichmann, 1993a: 344; Schäffer et al., 2003: 46; Pfeffer, 1997: 360).

Abschließend ist festzuhalten, dass innerhalb eines Unternehmens durch einen Personalleiter verschiedene Adoptionstypen parallel zum Einsatz kommen können, wenn auch oftmals eine bestimmte Einsatzart stärker ausgeprägt ist als andere.

3.3. Empirische Überprüfung mittels Diskriminanzanalyse

Zur Beantwortung der zweiten Forschungsfrage nach den Erfolgsvoraussetzungen einer (erfolgreichen) Adoption weicher HR-Kennzahlen sollen in den folgenden Abschnitten eine Reihe bivariater Diskriminanzanalysen[319] durchgeführt werden. Neben der Prüfung dieser Ausgangsfragestellung erfolgt v. a. eine Ableitung potenzieller praxisrelevanter Implikationen. Dabei interessieren insbesondere die folgenden Fragestellungen:

---

[319] Auf die Anwendung einer mehrfaktoriellen Diskriminanzanalyse wird in der vorliegenden Arbeit aufgrund der zu geringen Stichprobengröße verzichtet.

- In welchem Ausmaß sind die Kontextvariablen für den Unterschied zwischen der Gruppe der Kennzahlennutzer und der Gruppe der Nichtnutzer verantwortlich (vgl. Kap. 3.3.1)?
- In welchem Ausmaß sind die Variablen in den Kategorien Kontext, Ausgestaltung, Akzeptanz und Beurteilung für den Unterschied zwischen den Gruppen der „unternehmensorientierten Nutzer" und der "individuumsorientierten Nutzer" verantwortlich (vgl. Kap. 3.3.2)?
- In welchem Ausmaß sind die Variablen in den Kategorien Kontext, Ausgestaltung, Akzeptanz und Beurteilung für den Unterschied zwischen den beiden unternehmensorientierten Gruppen "direkte Nutzer" und "indirekte Nutzer" verantwortlich (vgl. Kap. 3.3.3)?

Die letzten beiden Fragestellungen werden im Rahmen des folgenden Kapitels (vgl. Kap. 3.4) in ähnlicher Form noch einmal aufgegriffen. Während im vorliegenden Kapitel der Fokus auf der Identifizierung diskriminierender Merkmale liegt, wird mittels der in Kap. 3.4 angewendeten Regressionsanalyse untersucht, welche Einflussfaktoren auf einen bestimmten Adoptionstyp wirken. Bei beiden Verfahren sind ähnliche Ergebnisse hinsichtlich der identifizierten Determinanten zu erwarten, welche die Ergebnisse der Untersuchung zusätzlich validieren sollen.

3.3.1. Unterscheidung der Kennzahlennutzer und Nichtnutzer

Eingangs soll überprüft werden, ob sich mittels der im Forschungsmodell identifizierten relevanten Kontextfaktoren diejenigen Unternehmen identifizieren lassen, die weiche HR-Kennzahlen einsetzen. Hierbei soll insbesondere untersucht werden, welche die bedeutsamsten Kontextmerkmale für die Unterscheidung der Unternehmen mit und solcher ohne den Einsatz weicher HR-Kennzahlen sind. Die untersuchten Kontextmerkmale lassen sich in die Subgruppen externe Kontextfaktoren, interne, organisationszentrierte Kontextfaktoren und interne, individuumszentrierte Kontextfaktoren unterteilen (vgl. Kap. 2.2 und 2.3).

Die Zuordnung in die Gruppen (Unternehmen, die weiche HR-Kennzahlen einsetzen vs. Unternehmen, die keine weichen HR-Kennzahlen einsetzen) kann eindeutig mittels der binär operationalisierten Frage nach der Existenz weicher HR-Kennzahlen vorgenommen werden, die allen teilnehmenden Unternehmen zur Beantwortung vorgelegt wurde. Die beiden Gruppen weisen eine ähnliche Streuung auf – die Anzahl der Unternehmen je Gruppe ist ausreichend groß.

Tab. 3.3-1: Nutzer und Nichtnutzer weicher HR-Kennzahlen

	Nutzer – Nichtnutzer			
	Konstrukte	Gewichtungskoeffizient	Kanoische Korrelation (Modell 1)	Kanoische Korrelation (Modell 2)
Externe Einflussgrößen	-	-	-	
Interne, individuumszentrierte Einflussgrößen	-	-	-	
Interne, organisationszentrierte Einflussgrößen	Mitarbeiterorientierte Kultur	**0,797**	**0,290****	**0,328****
	Ausmaß einer HR-Steuerung	**0,726**		
	Innovative Kultur	--	--	
	Ausmaß einer strategischen HR-Ausrichtung	--	--	

Legende:
* = $\alpha < 0,05$ ** = $\alpha < 0,01$ *** = $\alpha < 0,001$

■ = Modell 1 □ = Modell 2

Im Rahmen der Diskriminanzanalyse werden zwei signifikante Ergebnismodelle entwickelt (vgl. Tab. 3.3-1). Die Prüfung der Relevanz einzelner Merkmalsvariablen weist darauf hin, dass insbesondere die Merkmale „Ausmaß der mitarbeiterorientierten Unternehmenskultur“ und „Ausmaß einer HR-Steuerung“ wichtige Variablen für die Unterscheidung der beiden Gruppen darstellen. Allein mittels dieser beider Größen lässt sich die Vorhersage der Gruppenzugehörigkeit um fast 30% steigern (Modell 1). Berücksichtigt man zusätzlich die Merkmale „Ausmaß der innovativen Unternehmenskultur“ und „Ausmaß der strategische Ausrichtung der Personalabteilung“, so lässt sich die Vorhersagekraft bis auf ca. 33% steigern (Modell 2). Die kanoischen Korrelationskoeffizienten sind in beiden Fällen als sehr zufriedenstellend zu interpretieren (vgl. Brosius, 1998: 594f., 601f.; Janssen/Laatz, 1999: 431; SPSS 9.0, 1999: 256).

Bei der Prüfung der Diskriminanzfunktion zeigt sich, dass den externen gegenüber den internen Kontextfaktoren eine eher nachgeordnete Bedeutung zuzusprechen ist, was den theoretischen und themenspezifischen Überlegungen in Kap. 2.2 entspricht. Ein Indikator hierfür ist bspw. die Anzahl der jeweils in den Kap. 2.2 und 2.3 identifizierten Konstrukte. Die große Mehrheit lässt sich der Kategorie der internen, organisationszentrierten Kontextgrößen zuordnen. Inhaltliche Argumente, die dieses Ergebnis stützen, liegen in der Schwierigkeit begründet, einen direkten Zusammenhang zwischen externen Kontextfaktoren und weichen HR-Kennzahlen herzustellen. Zum einen stellen weiche HR-Kennzahlen nur einen kleinen Auszug aus verfügbaren Personalinstrumenten dar. Zum anderen ist der Bezug der Personalabteilung, als einer vornehmlich intern orientierten Supportfunktion, zu externen Größen weniger eindeutig nachvollziehbar.

Eine detailliertere Betrachtung der internen Kontextfaktoren zeigt, dass weiche HR-Kennzahlen weniger aufgrund individueller, personenbezogener Charakteristika eingeführt werden. Vielmehr lässt sich feststellen, dass organisationalen Gegebenheiten eine höhere Vorhersagekraft für die Einführung weicher HR-Kennzahlen zuzuschreiben ist. Diese Tatsache lässt sich möglicherweise mit der Komplexität und dem hohen Ressourcen- und Kosteneinsatz bei der Implementierung weicher HR-Kennzahlen erklären (vgl. Kap. 3.2). Die Entscheidung für den Einsatz weicher HR-Kennzahlen wird demnach v. a. durch Sachargumente (z. B. Kompatibilität der Kennzahl mit bestehenden Strukturen) fundiert und weniger über personelle Einstellungen und Charakteristika des Personalleiters entschieden.

Das vorliegende Ergebnis entspricht den Grundannahmen des situativen Ansatzes. Hiernach gibt es nicht eine bestimmte ideale Unternehmensstruktur, die den Einsatz weicher HR-Kennzahlen fördert. Vielmehr kann der Einsatz dann als sinnvoll bewertet werden, wenn ein hohes Maß an Kompatibilität mit bestehenden (Infra)Strukturen und Werten besteht (in Anlehnung an Stähle, 1976: 36; Galbraith, 1973: 2; Kieser, 1999: 169). Auch in der Adoptionstheorie (vgl. Kap. 2.3.2.4)[320] wird der Idee der Kompatibilität eine besondere Relevanz für die Annahme von Neuerungen zugeschrieben. Unter Bezugnahme auf die Grundidee der Bedeutung von Kompatibilität mit bestehenden Strukturen und Werten (Gierl, 1995: 310, Rogers, 1983: 211ff.; Schmalen, 1993: 782)[321] lassen sich die beiden am besten diskriminierenden Merkmale (Ausmaß mitarbeiterorientierter Kultur; Ausmaß einer eingesetzten HR-Steuerung) erklären[322] und als signifikante Merkmale

[320] Vgl.: Gierl (1995: 310); Meißner (1989); Thom (1980: 23); Rogers (1983: 211ff.); Schmalen (1993: 782); Schulz (1972: 46); Wiswede (1995: 274f.).

[321] Vgl. darüber hinaus: Meißner (1989); Thom (1980: 23), Schulz (1972: 469); Wiswede (1995: 274f.).

[322] Organisationale Kriterien wie bspw. der Zentralisierungs- oder der Formalisierungsgrad spielen demgegenüber eine eher nachgeordnete Bedeutung für die Unterscheidung der Gruppe der Kennzahlennutzer von den Nichtnutzern.

der Gruppe der Kennzahlennutzer interpretieren. Zum einen erleichtert die Existenz und Professionalität bestehender Management-, Controlling- und Steuerungssysteme die Adoption weicher HR-Kennzahlen (vgl. Hypothese 7). Zum anderen ist das Vorhandensein einer Unternehmenskultur, welche kompatibel mit der geplanten Steuerungsfunktion weicher Größen, wie der Mitarbeiterzufriedenheit, ist, als eine positive Determinante für einen solchen Einsatz zu bewerten (vgl. Hypothese 9 und 10). Darüber hinaus wurde insbesondere die Rolle der Unternehmenskultur als bedeutsamer Prädiktor für den Implementierungserfolg unterschiedlicher Personalinstrumente in früheren Arbeiten umfassend theoretisch und empirisch untersucht und herausgearbeitet (vgl. Lewis/Shea, 1996; Sinkula/Baker/Nordewier, 1997)[323].

3.3.2. Unterscheidung unternehmens- und individuumszentrierter Nutzer

Im Rahmen der zweiten Forschungsfrage interessieren nicht nur die Erfolgsvoraussetzungen des Einsatzes weicher HR-Kennzahlen, sondern speziell auch die Voraussetzungen für eine unternehmensorientierte, im Sinne einer erfolgreichen, Adoption. Im Folgenden soll die Gruppe der unternehmensorientierten Nutzer und die Gruppe der individuumszentrierten Nutzer im Hinblick auf mögliche diskriminierende Merkmale analysiert werden. Erneut werden in diesem Zusammenhang einzelne Konstrukte aus den Blöcken des Forschungsmodells untersucht (vgl. Kap. 2.5): Kontextfaktoren, Ausgestaltungsmerkmale, Akzeptanz- bzw. Beurteilungsindikatoren.

Zur Sicherstellung einer akzeptablen Stichprobengröße der untersuchten Gruppen wird jeweils eine bivariate Diskriminanzanalyse für den direkt, unternehmensorientieren (instrumentellen) bzw. alternativ den indirekt, unternehmensorientierten (konzeptionellen) im Vergleich zu dem individuumszentrierten (manipulativen) Adoptionstyp vorgenommen[324]. Die Gruppenbildung erfolgt jeweils durch die Berechnung einer neuen nominalen Variable mit zwei Ausprägungen: in dem ersten Modell beinhaltet diese neue Variable die beiden Ausprägungen „instrumentelle" vs. "manipulative“ Nutzung. In der zweiten Variable finden sich die Gruppen "konzeptionelle“ vs. "manipulative“ Nutzung.

---

[323] Vgl. darüber hinaus: Ernst (2003: 23f.); Burns/Stalker (1961); Kenis (1979); Flamholtz/Das/Tsui (1985); Moorman/Deshpandé/Zaltman (1993); Moorman (1995).

[324] Diskriminanzanalysen für die Gruppe der Anwender einer individuumszentrierten, politischen Adoption lassen sich aus methodisch-statistischen Gründen nicht durchführen. Die Stichprobe dieser spezifischen Gruppe ist im Vergleich zu den beiden unternehmensorientierten Gruppen (instrumentelle bzw. konzeptionelle Nutzung) zu gering.

Tab. 3.3-2: Instrumentelle und manipulative Nutzung

	Instrumentelle Nutzung – Manipulative Nutzung			
	Konstrukte	Gewichtungs-koeffizient	Kanoische Korrelation (Modell 1)	Kanoische Korrelation (Modell 2)
Kontextfaktoren	-	-	-	
Akzeptanz	-	-	-	
Ausgestaltungsmerkmale	Einbindung in Steuerungssysteme	0,221	--	**0,570*** **
Beurteilungsmerkmale	**Wichtigkeit**	**0,735**	**0,544*** **	
	Verlässlichkeit	0,303	--	

Legende:
* = α < 0,05 ** = α < 0,01 *** = α < 0,001

▬ = Modell 1 ☐ = Modell 2

Eingangs soll die erste Diskriminananalyse der Gruppen mit "instrumenteller" und "manipulativer" Nutzung vorgestellt werden (vgl. Tab. 3.3-2). Die beiden Gruppen weisen, wie in Kap. 2.4. gefordert, eine genügend ähnliche Streuung auf. Größen, die am besten trennen, sind v. a. die Qualitätsmerkmale Wichtigkeit, Verlässlichkeit sowie die Einbindung in Steuerungssysteme weicher HR-Kennzahlen, wie das Ergebnis der univariaten ANOVA zeigt. Alle Merkmale trennen hochsignifikant mit einer Irrtumswahrscheinlichkeit von deutlich unter 5% (Modell 2). Am Besten jedoch trennt die Einschätzung der wahrgenommenen Wichtigkeit weicher HR-Kennzahlen (vgl. Hypothese 22). Allein mittels dieses einen Merkmals lässt sich die Vorhersage der Gruppenzugehörigkeit um über 50% steigern (Modell 1).

Die Bedeutung der untersuchten Qualitätsmerkmale (weicher HR-)Kennzahlen für einen unternehmenskonformen, i. S. v. erfolgreichen Einsatz, ist nicht nur intuitiv eingängig, sondern wird auch vielfach in der entsprechender Literatur beschrieben (vgl. Staudt et al., 1985: 29). Insbesondere in der Kennzahlenliteratur findet sich eine Reihe von Forschungsbeiträgen, die sich in diesem Zusammenhang mit der Relevanz von Kennzahlen für die Unternehmenssteuerung (vgl. Merkle, 1982: 325) bzw. auch mit der Wertigkeit einzelner Kennzahlentypen befassen (vgl. u. a. Reichmann, 1993b: 346)[325].

[325] Vgl. darüber hinaus: Graf/Hunziker/Scheerer (1961: 82ff.); Hunziker/Scheerer (1975: 186); Schulz-Mehrin (1960: 12); Staehle (1967: 77); Staudt et al. (1985: 29).

Tab. 3.3-3: Konzeptionelle und manipulative Nutzung

	Konzeptionelle Nutzung – Manipulative Nutzung			
	Konstrukte	Gewichtungs-koeffizient	Kanoische Korrelation (Modell 1)	Kanoische Korrelation (Modell 2)
Kontextfaktoren	-	-	-	-
Akzeptanz	-	-	-	-
Ausgestaltungsmerkmale	-	-	-	-
Beurteilungsmerkmale	**Wichtigkeit**		**0,469****	--

Legende:
* = α < 0,05 ** = α < 0,01 *** = α < 0,001

■ = Modell 1 □ = Modell 2

Im Folgenden wird die zweite Diskriminananalyse für die Gruppen "konzeptionelle Nutzung" und "manipulative Nutzung" vorgestellt (vgl. Tab. 3.3-3)[326]. Auch hinsichtlich des zweiten Diskriminanzmodells zeigen die Gütemaße zur Beurteilung der Diskriminanzfunktion die besondere Bedeutung des Konstruktes Wichtigkeit auf (vgl. Hypothese 22). Die Kanoische Korrelation liegt für dieses Konstrukt bei 0,469. Ebenso wie bei der ersten Diskriminanzfunktion erhalten unternehmensorientierte (konzeptionelle) Nutzer überwiegend positive und individuumszentrierte (manipulative) Nutzer eher negative Diskriminanzfaktorwerte, so dass sich die Annahmen der Literaturrecherche, wie im vorherigen Absatz dargestellt, bestätigen lassen.

Darüber hinaus existieren in diesem Zusammenhang, ähnlich wie bei dem im letzten Abschnitt beschriebenen Diskriminanzmodell, eine Reihe von Merkmalskriterien mit signifikanten Werten, die sich dem Beurteilungsblock zurechnen lassen (z. B. wahrgenommene Wichtigkeit weicher HR-Kennzahlen, Vertrauen und Zusammenarbeit mit den Verantwortlichen aber auch der wahrgenommene Relative Vorteil weicher HR-Kennzahlen). Der Einbezug dieser Größen führt jedoch zu keiner Verbesserung der Vorhersagekraft des Modells, so dass in diesem Fall auf die Beschreibung eines Alternativmodells verzichtet wird.

[326] Hierzu ist anzumerken, dass die Gruppe der Unternehmen, die Kennzahlen manipulativ einsetzt, vergleichsweise gering vertreten ist. Insofern konnten im Rahmen der statistischen Anwendung der schrittweisen Prozedur zur Identifizierung der am Besten diskriminierenden Merkmale auch nicht alle Merkmale zugleich untersucht werden. Für die optimale Bestimmung der relevanten Merkmalskrite-

Zusammenfassend ist für die Unterscheidung unternehmensorientierter und individuumsorientierter Kennzahlennutzer festzuhalten, dass insbesondere die wahrgenommene Professionalität der Verknüpfung mit Steuerungssystemen sowie die eingeschätzte Wichtigkeit und Verlässlichkeit als Qualitätsmerkmale weicher HR-Kennzahlen den Adoptionstyp und einen möglichen Kennzahlen-„Missbrauch" indizieren. Einzelne Kennzahlenattribute (wie bspw. Turnus, Auswertungsdauer und –tiefe) sowie auch kontextuelle Merkmale geben hingegen kaum Hinweise auf den Adoptionstyp. Insofern lassen sich auch hier die Annahmen des situativen Ansatzes bestätigen, dass es keine perfekte „one-best-way"-Ausgestaltungsform weicher HR-Kennzahlen für einen positiven Einsatz gibt, nach denen z. B. ein bestimmter Turnus oder eine bestimmte Ausgestaltungsart weicher HR-Kennzahlen zu empfehlen wären (in Anlehnung an Ebers, 1992: 1818; Galbraith, 1973: 2; Kieser/Kubicek, 1992: 60; Stähle, 1991: 47, 1976: 36).

3.3.3. Unterscheidung direkter und indirekter Nutzer

Das letzte Teilkapitel zur Diskriminanzanalyse beschäftigt sich mit dem unternehmensorientierten Einsatz weicher HR-Kennzahlen[327]. In diesem Zusammenhang interessieren diskriminierende Merkmale, welche zur Vorhersage eines direkten bzw. eines indirekten Einsatzes herangezogen werden können. Auch für diese Fragestellung werden als mögliche Vorhersagekriterien die einzelnen Konstrukte aus den Blöcken des Forschungsmodells (vgl. Kap. 2.5) herangezogen. Die Definition der beiden betrachteten Adoptionstypen erfolgt, wie in Kap. 3.3.2., mittels der Bildung einer neuen nominalen Variable. Erneut zeigen statistische, deskriptive Prüfverfahren, dass akzeptable Gruppengrößenunterschiede vorliegen. Auch die Streuung innerhalb der beiden Gruppen weist die geforderte Ähnlichkeit auf.

Die Unterscheidung der beiden unternehmensorientierten bzw. positiven Anwendungsarten in eine entscheidungsfundierende, instrumentelle und eine theoretische, konzeptionelle Nutzung lässt sich in einem hohen Ausmaß mit über 50% durch das Fachwissen des Anwenders sowie das Ausmaß der tatsächlichen Einbindung der weichen HR-Kenn-

---

rien war es erforderlich, alle möglichen Teilmengen von Variablen hinsichtlich ihres Diskriminanzpotenzials zu vergleichen.

327 Aufgrund des inhaltlichen Fokus der zweiten Forschungsfrage nach den Erfolgsvoraussetzungen weicher HR-Kennzahlen, die sich v. a. auf die beiden unternehmensorientierten Adoptionstypen bezieht, und der geringen Stichprobengröße der beiden individuumsorientierten Adoptionstypen soll in der

zahl in andere Steuerungs- und Beurteilungsinstrumente vorhersagen (vgl. Modell 1). In beiden Fällen sind die Diskriminanzmerkmale für die instrumentelle, direkte Anwendergruppe positiv ausgeprägt (vgl. Tab. 3.3-4).

Tab. 3.3-4: Instrumentelle und konzeptionelle Nutzung

	Instrumentelle Nutzung – Konzeptionelle Nutzung			
	Konstrukte	Gewichtungs-koeffizient	Kanoische Korrelation (Modell 1)	Kanoische Korrelation (Modell 2)
Kontextfaktoren	Innovative Unternehmenskultur			**0,532****
Akzeptanz	-	-	-	
Ausgestaltungsmerkmale	**Einbindung in Steuerungssysteme**	**0,669**	**0,504*****	
Beurteilungsmerkmale	**Fachwissen**	**0,645**		
	Aktualität			

Legende:
* = $\alpha < 0,05$ ** = $\alpha < 0,01$ *** = $\alpha < 0,001$

■ Modell 1 □ Modell 2

Die Bedeutung des individuellen Merkmals Fachwissen (vgl. Hypothese 12) als Trennungskriterium zwischen einer direkten und einer indirekten Adoption lässt sich damit erklären, dass die Unsicherheit eines Anwenders mit einem höheren Fachwissen bzw. einer höheren Kompetenz sinkt (vgl. u. a. Staudt, 1996a und b). Je höher demnach die Kompetenz des Anwenders und je sicherer er sich im Umgang mit den weichen HR-Kennzahlen fühlt, desto leichter fällt ihm möglicherweise ein direkter entscheidungsfundierender Einsatz. Darüber hinaus postulieren bspw. Geiß (1986: 73) bzw. Staudt et al. (1985: 111f.) die Abhängigkeit der Anwendung von Kennzahlen von dem Fachwissen und der Kompetenz des Anwenders[328]: „Eine Grundvoraussetzung für die Anwendung von Kennzahlen bzw. Kennzahlensystemen ist die entsprechende fachliche Qualifikation der Anwender.“ Dagegen ist die Bedeutung der Trennschärfe des Konstruktes „Einbindung in Steuerungssysteme“, welches das Ausmaß der Verknüpfung mit anderen Kennzahlen und Instrumenten beschreibt, bereits intuitiv nachvollziehbar. Weiche HR-Kennzahlen besitzen dann bereits direkte Handlungsimplikationen, wenn sie von

vorliegenden Arbeit auf eine detailliertere Untersuchung der manipulatiben und politischen Adoption im Vergleich verzichtet werden.

[328] Vgl. darüber hinaus: Caduff (1981: 26ff.); Geiß (1986: 38f.); Gaitanides (1979: 58f.); Hauke (1978: 38); Hruschka (1971: 86); Staudt et al. (1985: 76f.); Wolf (1977: 56).

vorneherein mit anderen Personalinstrumenten (wie bspw. Anreizsystemen) verknüpft werden (vgl. u. a. Webster, 1988: 38).

Die Vorhersagekraft des Modells könnte durch den Einbezug zweier weiterer Merkmale bis auf ca. 53% gesteigert werden (vgl. Tab. 3.3-4, Modell 2): Die Unternehmenskultur kann als Prädiktor dienen, ob weiche Kennzahlen eher instrumentell oder eher konzeptionell eingesetzt werden. Für den Umgang mit weichen HR-Kennzahlen spielen demnach unternehmenskulturelle Implikationen eine Rolle (vgl. z. B. Ernst, 2003: 23f.). Je innovativer die Unternehmenskultur ausgerichtet ist, desto wahrscheinlicher eine direkte Nutzung des als innovativ zu betrachtenden Untersuchungsobjekts weiche HR-Kennzahlen im Rahmen der Unternehmenssteuerung. Darüber hinaus ist das Qualitätsmerkmal Aktualität zu nennen. Die Aktualität weicher HR-Kennzahlen besitzt einen positiven Einfluss auf eine instrumentelle, entscheidungsfundierende Adoption. Dies ist vor dem Hintergrund nachvollziehbar, dass eine konzeptionelle Nutzung, in der es um die Erweiterung der unternehmensspezifischen Wissensbasis geht, nicht so zeitkritisch zu bewerten ist, wie ein direkter Einsatz. Im Rahmen der Adoption weicher HR-Kennzahlen werden zudem Themenfelder abgedeckt, die z. T. nicht besonders stabil und langfristig sind, wie z. B. Arbeitszufriedenheit (vgl. u. a. George, 1999: 42; Meyer, 1994: 24ff.). Diese erfordern schnelle Entscheidungen und eine entsprechende Aktualität der zugrunde liegenden weichen HR-Kennzahlen, im Falle einer Ableitung direkter Handlungskonsequenzen.

3.4. Empirische Überprüfung mittels Regressionsanalyse

Im Folgenden werden die Ergebnisse der empirischen Analyse zur Bestimmung der Erfolgsdeterminanten weicher HR-Kennzahlen mittels (1) bivariater, (2) multipler und (3) moderierter Regressionsanalysen vorgestellt und diskutiert.

In einem ersten Schritt werden die 29 Forschungshypothesen zu möglichen Einflussfaktoren in einzelnen *bivariaten Regressionsmodellen* separat für die vier Adoptionstypen überprüft. Zu den Hypothesen ist zu konstatieren, dass sich im Rahmen der Literaturrecherche zwar Annahmen zu Determinanten eines unternehmensorientierten, i. S. v. positiven bzw. erfolgreichen Einsatzes weicher HR-Kennzahlen ableiten lassen. Darüber hinaus geben die Forschungsergebnisse jedoch nur in wenigen Fällen weitere Hinweise auf eine unterschiedliche Wirkung dieser Determinanten hinsichtlich der beiden unternehmensorientierten Adoptionstypen instrumentell und konzeptionell. Demzufolge werden in der vorliegenden Arbeit jeweils Hypothesen für beide Adoptionstypen zugrunde gelegt. Die entsprechenden Ergebnisse werden im Rahmen der Darstellung der beiden Adoptionstypen aufgegriffen und analysiert[329].

Die Berücksichtigung des Zusammenwirkens mehrerer Einflussgrößen auf die vier verschiedenen Adoptionstypen erfolgt in einem zweiten Schritt durch Anwendung der *multiplen Regressionsanalyse*. Mittels dieses Verfahrens wird die Bedeutung der unterschiedlichen Einflussgrößen im Vergleich zueinander bestimmt. Auf diese Weise werden Größen identifiziert, welche maßgeblich den Einsatz eines bestimmten Adoptionstyps beeinflussen.

Im Hinblick auf alle vier Regressionsmodelle gilt, dass die erforderlichen Prämissen zur Anwendung einer multiplen Regressionsanalyse (vgl. Kap. 2.4.3.6.1) erfüllt werden: Es kann von einer Normalverteilung der Residualgrößen ausgegangen werden (vgl. z. B. Backhaus et al., 2000: 34f.; Bortz, 1999: 416ff.; Janssen/Laatz, 1999: 403). Keines der untersuchten Modelle weist hinsichtlich der Heteroskedastizität nennenswerte Probleme auf (vgl. z. B. Albers/Skiera, 1999: 216, 229; Berekoven et al., 1996: 214). Es ist darüber hinaus für alle Regressionsmodelle sichergestellt, dass die Anzahl der unabhängigen Variablen die Zahl der Beobachtungen überschreitet (vgl. z. B. Albers/Skiera, 1999: 218). Lediglich hinsichtlich des Vorliegens von Multikollinearität zeigen sich bei der Überprüfung durch die Berechnung der Toleranzwerte und der sogenannten Variance Inflation Factors (VIF) vereinzelt Probleme (vgl. z. B. Berekoven et al., 1996: 213; Brosius, 1998: 563ff.; Förster/Rönz, 1979: 226ff.; Janssen/Laatz, 1999: 383, 403; Mason/Perreault, 1991: 268f.)[330]. Hinsichtlich der Überprüfung dieser Prämisse bemerkt

[329] Eine Analyse von Unterscheidungsmerkmalen beider Adoptionstypen steht nicht im Fokus der folgenden Kapitel (für die Diskussion der diskriminierenden Merkmale vgl. Kap. 3.3.3).

[330] Ein solches Problem hat als Konsequenz größere Standardfehler und damit leicht unzuverlässigere Schätzungen zur Folge. Bei Aufnahme weiterer Variablen können sich bisherige Regressionskoeffizienten ggf. stark verändern. Zudem könnte möglicherweise ein Bestimmtheitsmaß trotz nichtsignifikanter Koeffizienten als signifikant ausgewiesen werden.

Brosius (1998: 563) einschränkend[331]: „Liegt jedoch Kollinearität vor, die nicht perfekt ist, lässt sich die Schätzung der Regressionsgleichung mathematisch in der gewohnten Weise durchführen. Auch der Fit der Regressionsgleichung [R^2] wird in einem solchen Fall unverzerrt ausgewiesen. Allerdings sind die geschätzten Parameter nicht mehr zuverlässig, sondern mit hoher Wahrscheinlichkeit verzerrt.“. Als Konsequenz werden in den betroffenen Fällen voneinander abhängige Variablen zu einer einzigen Variable zusammengefasst (vgl. Kap. 3.1). Zudem wurden einzelne der betroffenen Variablen aus der Regressionsanalyse ausgeschlossen.

Schließlich soll mittels der *moderierten Regressionsanalyse* überprüft werden, inwieweit über Kontextfaktoren und die Größen Akzeptanz und Beurteilung indirekte bzw. mediierende Effekte ausgeübt werden, welche die Beziehung zwischen der Ausgestaltung und den beiden (erfolgreichen) Adoptionstypen beeinflussen. Die Bildung der hierfür erforderlichen Teilstichproben, für die jeweils eine Regressionsanalyse gerechnet wird, erfolgt in der vorliegenden Arbeit durch Einteilung der zu prüfenden Kontextvariablen in drei Quantile (vgl. Schulze, 1990: 45f.; Bleymüller/Gehlert/Gülicher, 1991: 24). Die Regressionsanalysen des ersten Quantils (sehr starke Ausprägung des zu untersuchenden Kontextmerkmals) und des dritten Quantils (sehr schwache Ausprägung des zu untersuchenden Kontextmerkmals) werden im Rahmen dieser Methode auf signifikante Unterschiede untersucht.

Die folgenden Unterkapitel (vgl. Kap. 3.4.1 - 3.4.4) sind nach den vier Adoptionstypen strukturiert. Neben der Prüfung der Ausgangsfragestellung nach den Einflussgrößen erfolgt hierbei jeweils auch eine Ableitung potenzieller praxisrelevanter Implikationen (vgl. Kap. 4.3).

3.4.1. Instrumentelle Adoption

In diesem Abschnitt werden zuerst die Ergebnisse der unabhängigen, bivariaten Regressionsanalysen, dann das multivariate Regressionsmodell und schließlich die indirekten bzw. mediierenden Einflusseffekte auf die instrumentelle Adoption dargestellt und ana-

[331] Darüber hinaus ergänzen Backhaus et al. (2000: 43; ähnlich Brosius, 1998: 568; Schneeweiß, 1990: 134ff.): „Sein [der Anwender] subjektives Urteil muss letztlich über die Einschätzung und Behandlung der Multikollinearität entscheiden.“

lysiert. Die zugrunde liegenden Hypothesen finden sich in Kap. 2.2. (Herleitung) und in Kap. 2.5. (Überblick).

Bei der Betrachtung der Ergebnisse der bivariaten Regressionsmodelle zur instrumentellen Adoption zeigt sich, dass insgesamt 19 der 29 postulierten Hypothesen bestätigt werden können (vgl. Tab. 3.4-1). Dieses Ergebnis stellt in Anbetracht der Neuartigkeit des Forschungsvorhabens ein akzeptables Ergebnis dar. Eine differenzierte Analyse der einzelnen Einflussdeterminanten in die Kategorien Kontextfaktoren, Ausgestaltungsmerkmale, Akzeptanz sowie Beurteilung weicher HR-Kennzahlen offenbart, dass diese Kategorien unterschiedlich gute Prädiktoren für den instrumentellen Einsatz weicher HR-Kennzahlen darstellen. Während kontextuale Merkmale eher nachrangig auf eine entscheidungsfundierende Adoption wirken, sind insbesondere die identifizierten Beurteilungsmerkmale weicher HR-Kennzahlen gute Prädiktoren.

Die Hypothesen (H_1–H_4) zur Bedeutung der Ausgestaltung weicher HR-Kennzahlen können bis auf die Hypothese H_1 zur Professionalität der Verantwortlichen, bestätigt werden. Die z. T. hochsignifikant bestätigten Forschungshypothesen H_2 – H_4 zeigen, dass die wahrgenommene Professionalität der Umsetzung als entscheidender Prädiktor für diesen Einsatztyp zu bewerten ist. Die Nichtbestätigung der Forschungshypothese H_1 ist möglicherweise im gleichen Kontext zu interpretieren: nicht die Professionalität der Anbieter weicher HR-Kennzahlen und die objektive Qualitätsbewertung, sondern die subjektive Wahrnehmung von Professionalität durch den Nutzer führen zur instrumentellen Adoption weicher HR-Kennzahlen. Durch die vorliegenden Ergebnisse wird darüber hinaus ein zweiter, ganz wesentlicher, Aspekt deutlich: Es ist v. a. die Verknüpfung und Einbindung weicher HR-Kennzahlen mit bestehenden Managementinstrumenten, die eine erfolgreiche Adoption nach sich zieht. Weiche HR-Kennzahlen können sich somit nicht als „Einzellösung" behaupten. In dieser Hinsicht wäre auch die Hypothese H_1 zu interpretieren: Die Professionalität der Entwicklung weicher HR-Kennzahlen ist möglicherweise erst dann ausschlaggebend für eine erfolgreiche Adoption, wenn diese eine ausreichende Anbindung an andere Einheiten, Instrumente, Personen, Werte, etc. im Unternehmen besitzt.

Tab. 3.4-1: Bivariate Regressionsanalyse auf instrumentelle Adoption

Hypothese	Zsh.	Konstrukte	R^2	Analyseergebnis
		Ausgestaltung		
H_2	+	Professionalität der Kommunikation weicher HR-Kennzahlen	0,137 **	+
H_3	+	Einbindung in Steuerungssysteme	0,506 ***	+
H_4	+	Verknüpfung mit Anreizsystemen	0,318 ***	+
		Kontextfaktoren		
H_7	+	Modell-Lernen II: Übernahmedruck	0,261 ***	+
H_{14}	+	Mitarbeiterorientierte Unternehmenskultur	0,169 **	+
H_{15}	+	Innovative Unternehmenskultur	0,130 **	+
H_{17}	+	Fachwissen	0,204 **	+
H_{18}	+	Involviertheit	0,090 *	+
		Beurteilung		
H_{19}	+	Vertrauen in den Erstellungsprozess	0,112 *	+
H_{20}	+	Kompatibilität	0,382 ***	+
H_{21}	+	Aktualität	0,197 **	+
H_{22}	+	Umfang	0,197 **	+
H_{23}	+	Verlässlichkeit	0,113 *	+
H_{24}	+	Komplexität	0,315 ***	+
H_{25}	+	Wirtschaftlichkeit	0,213 ***	+
H_{26}	+	Steuerungsrelevanz	0,265 ***	+
H_{27}	+	Wichtigkeit	0,616 ***	+
H_{28}	+	Relativer Vorteil	0,283 ***	+
		Akzeptanz		
H_{29}	+	Akzeptanz	0,421 ***	+

Legende:
* = $\alpha < 0,05$ ** = $\alpha < 0,01$ *** = $\alpha < 0,001$

Die instrumentelle Adoption weicher HR-Kennzahlen hängt nur teilweise direkt von externen und organisationalen Kontextmerkmalen ab, wie die Überprüfung der Forschungshypothesen zu dieser Thematik zeigt. So können für die Hypothesen H_{5-6}, H_{8-13} und H_{16} keine entsprechenden Effekte nachgewiesen werden: die nachgeordnete Bedeutung der externen Einflussfaktoren Kostendruck (H_5) sowie „Modell-Lernen I: Wettbewerbsorientierung" (H_6) konnte bereits im Rahmen der Diskriminanzanalyse festgestellt werden. Argumente, die dieses Ergebnis stützen, liegen in der Schwierigkeit begründet, einen direkten Zusammenhang zwischen externen Kontextfaktoren und weichen HR-Kennzahlen herzustellen: Weiche HR-Kennzahlen stellen nur einen kleinen Auszug aus bestehenden Personalinstrumenten dar. Zudem ist der Bezug der Personalabteilung zu externen Größen weniger eindeutig nachvollziehbar. Hinsichtlich der Kosten der Erhebung und Implementierung weicher HR-Kennzahlen (vgl. Kap. 3.2) ist zu konstatieren, dass diese für die Unternehmensgröße der befragten Unternehmen i. d. R. kein besonders umfassendes Einsparpotenzial aufgrund hiermit verbundenen Ausgaben von zumeist deutlich unter 1 Mio. € darstellen. Der ausstehende Effekt bei der Überprüfung eines direkten Zusammenhangs zwischen Formalisierung und Zentralisierung (H_{8-9}) und der instrumentellen Adoption ist ebenfalls weniger eindeutig nachzuvollziehen. In diesem Zusammenhang wurde bereits bei der Hypothesengenerierung in Kap. 2.2. auf widersprüchliche Studienergebnisse hingewiesen (vgl. z. B. Aiken/Hage, 1971; Hage/-Dewar, 1973). Bei der u. U. sehr heterogenen Ausgestaltung weicher HR-Kennzahlen erfolgt schließlich eine hohe Anpassung an unterschiedliche organisationsformale Aufstellungen. Hierdurch sind möglicherweise Zusammenhänge weniger eindeutig erkennbar. In ähnlicher Weise ist die fehlende Bestätigung der Hypothese zur Branchenabhängigkeit weicher HR-Kennzahlen (H_{11}) zu interpretieren. Außerdem ist darauf zu verweisen, dass die Branchenzugehörigkeit mittels einer Selbsteinschätzung erhoben wurde. Aus diesem Grund ist eine trennscharfe Einordnung nicht immer möglich, so dass potenzielle Zusammenhänge weniger klar zu belegen sind. Hinsichtlich des nicht zu bestätigenden Effekts der Unternehmensgröße (H_{10}) ist anzunehmen, dass aufgrund der ausschließlichen Befragung von Großunternehmen mit mehr als 3.000 Mitarbeitern weitere Größenunterschiede innerhalb dieser Gruppe von Unternehmen keine Bedeutung mehr haben. Der mangelnde Effekt der Berufserfahrung der befragten Personalleiter (H_{16}) auf die Adoption kann schließlich über die vergleichsweise homogene Struktur der Beantworter der Fragebögen erklärt werden. Die durchschnittliche Berufserfahrung fällt bei der Gruppe der Befragten allgemein sehr hoch aus: fast 70% der Befragten besitzen mehr als 10 Jahre Berufserfahrung (vgl. Kap. 2.4.3.3.2). Mögliche Effekte sind in diesem Zusammenhang ggf. ab einer bestimmten Anzahl an Berufsjahren nicht mehr unterscheidbar und somit messbar.

Hinsichtlich des Einflusses (H_{12}) sowie der strategischen Ausrichtung und Steuerung der Personalabteilung (H_{13}) ist festzustellen, dass diese Größen zwar Unterscheidungsmerkmale zwischen der Gruppe der Kennzahlennutzer und der Gruppe der Nichtnutzer darstellen (vgl. Kap. 3.3), jedoch lassen sich direkte, bivariate Zusammenhänge für einen bestimmten Adoptionstyp, in diesem Fall dem instrumentellen Einsatz, nicht oder nur schwach bestätigen. Die beiden Variablen Einfluss sowie Ausmaß der strategischen Ausrichtung stellen demnach Entscheidungsfaktoren für die grundsätzliche Frage nach dem Einsatz weicher HR-Kennzahlen dar. Weitere Wirkungsmechanismen auf unterschiedliche Ausgestaltungsformen sind darüber hinaus nicht erkennbar.

Demgegenüber lassen sich einige direkte Effekte zwischen den Kontextfaktoren und der instrumentellen Adoption feststellen. Ein hochsignifikanter Zusammenhang ($\alpha < 0{,}001$) ist zwischen dem sozialen Übernahmedruck weicher HR-Kennzahlen durch das Verhalten anderer Unternehmen (H_7, Modell-Lernen II: Übernahmedruck) und der instrumentellen Adoption sichtbar (vgl. Schmalen/Binninger, 1994: 6; Pechtl, 1991: 38ff.). Mittels dieser Variable können 26,1% der Varianz erklärt werden. Die Ableitung der Hypothese erfolgte v. a. mittels adoptionstheoretischer Überlegungen. Ein zunehmender sozialer Übernahmedruck von außen (anderen Adoptern) mündet nach inhaltlich-logischen Kriterien auch in einem nach außen sichtbaren, veränderten Verhalten. Dieses wird am ehesten durch den instrumentellen Adoptionstyp repräsentiert, der die Nutzung weicher HR-Kennzahlen zur Ableitung und Fundierung von Handlungsentscheidungen beschreibt.

Direkte Effekte auf die instrumentelle Adoption weicher HR-Kennzahlen sind auch durch die beiden unternehmenskulturellen Variablen feststellbar (H_{14-15}) (vgl. z. B. Lewis/Shea, 1996; Sinkula/Baker/Nordewier, 1997). Insbesondere die mitarbeiterorientierte Unternehmenskultur weist einen hochsignifikanten Einfluss auf diese Nutzungsart auf und kann fast 17% der Varianz erklären (vgl. Tab. 3.4-1). Ein solches Ergebnis ist in dem eingangs aufgeführtem Kontext zu erklären, dass sich weiche Kennzahlen dann erfolgreich etablieren lassen, wenn sie mit bestehenden Instrumenten und Strukturen verknüpft werden können. Dies gilt auch für die unternehmenskulturellen Werte und deutet somit auf den besonderen Erklärungswert der Determinante Kompatibilität hin (vgl. Gierl, 1995: 310, Schmalen, 1993: 782)[332]. Auf die Relevanz dieser Größe wird bereits in der adoptionstheoretischen Argumentation Rogers verwiesen (vgl. Rogers, 1983: 211ff.).

Schließlich weisen auch die internen, individuumszentrierten Kontextmerkmale Fachwissen (H_{17}) und Einbindung in die Thematik (H_{18}) signifikante Ergebnisse hinsichtlich eines direkten Zusammenhangs zum instrumentellen Einsatz auf (vgl. Tab. 3.4-1). Hierzu lässt sich konstatieren, dass persönliches Engagement und die Kompetenz des Personalleiters Voraussetzungen für einen entscheidungsfundierten Umgang mit den erhobe-

---

[332] Vgl. darüber hinaus: Meißner (1989); Thom (1980: 23); Schulz (1972: 469; Wiswede (1995: 274f.).

nen weichen HR-Kennzahlen darstellen (vgl. u. a. Arvanatis, 1998; Brockmann/Simmonds, 1997; Gilly et al., 1998; Melone, 1994; Staudt/Kriegesmann, 2002). Insbesondere bei der Gruppe der befragten Personalleiter ist aufgrund ihrer Managementtätigkeit ein instrumentelles bzw. entscheidungsorientiertes Verhalten zu erwarten.

Sämtliche Hypothesen, welche die Effekte der Konstrukte Akzeptanz und Beurteilung auf den instrumentellen Einsatz weicher HR-Kennzahlen beschreiben (H_{19}–H_{29}), können bestätigt werden (vgl. Kap. 2.2.). Insbesondere das Akzeptanzkonstrukt, welches über 42% der Varianz erklären kann, ist als ausgesprochen relevant zu bewerten (vgl. z. B. Kaas, 1973: 13ff.). Die besondere Erklärungskraft v. a. hinsichtlich der Implementierung von Neuerungen zeigt sich u. a. durch die Etablierung einer eigenen Forschungsrichtung, der Akzeptanzforschung (vgl. Reichwald, 1982: 36; ähnlich Wiendieck, 1992: 92; vgl. auch Kap. 2.2.3 und 2.3.2). In diesem Zusammenhang findet sich eine Reihe von Studien, welche die Relevanz der Akzeptanz als Prädiktor belegen (vgl. z. B. Kollmann, 1996: 123ff.; Ortner, 1993: 201ff.)[333].

Darüber hinaus lässt sich auch der Einfluss der Qualitätsvariablen, die in dem Konstrukt Beurteilung zusammengefasst werden, bestätigen. Die besondere Bedeutung der Qualitätsbeurteilung, insbesondere auch im Rahmen der Kennzahlenanwendung, wird von zahlreichen Autoren hervorgehoben (vgl. z. B. Meyer, 1994: 25)[334]. Besonders starke direkte Effekte sind in diesem Zusammenhang bei den vier Potenzialgrößen (Wirtschaftlichkeit, Steuerungsrelevanz, Wichtigkeit, Relativer Vorteil) zu finden. Alle weisen jeweils hochsignifikante Werte auf einem 99,9%-Niveau auf. Besonders relevant sind die Größen Wichtigkeit (H_{27}) und Kompatibilität (H_{20}), die 61,6% bzw. 38,2% der Varianz erklären können. Insbesondere die Einschätzung der Wichtigkeit weist somit einen sehr starken direkten Effekt auf den instrumentellen Einsatz auf. An dieser Stelle zeigt sich eine weitere relevante Erkenntnis der vorliegenden Untersuchung: die Nutzung weicher HR-Kennzahlen wird bei solchen Themen zur Entscheidungsfundierung eingesetzt, die von den Befragten als wichtig bewertet wurden (vgl. u. a. Reichmann, 1993b: 346)[335]. Dies ist möglicherweise auch mit der Tatsache zu erklären, dass der Aspekt der wahrgenommenen Wichtigkeit mit einem hohen Ausmaß an Handlungsdruck

[333] Vgl. auch: Binsack (2003); ETZ (1997: 4f.); Pfeiffer (1981); Schönecker (1980); Volkmann (1985).

[334] Vgl. darüber hinaus: Bruns (1968); Grotz-Martin (1976); Lee/Lindquist/Acito (1997); Maltz/Kohli (1996); Moenaert/Souder (1990b); Moorman/Austin (1995); Zmud (1978).

[335] Vgl. darüber hinaus: Graf/Hunziker/Scheerer (1961: 82ff.); Hunziker/Scheerer (1975: 186); Schulz-Mehrin (1960: 12); Staehle (1967: 77); Staudt et al. (1985: 29).

verbunden ist, Entscheidungen mit tatsächlichen Informationen zu fundieren. Der Grund hierfür liegt im Risiko einer möglichen Fehleinschätzung[336]. Schließlich ist die hochsignifikante Bestätigung des Zusammenhangs zwischen der Variable Kompatibilität und dem instrumentellen Einsatz zu betonen. Die Diskussion der Bedeutung der Variable Kompatibilität ist im Verlauf dieses Kapitels bereits mehrmals thematisiert worden und soll an dieser Stelle nicht noch einmal vertieft werden (vgl. z. B. Meißner, 1989; Stefflre, 1965; Rogers, 1983: 211ff.; Wiswede, 1995: 275).

In den folgenden Abschnitten werden die Ergebnisse der multivariaten Regressionsanalyse vorgestellt. Dabei wird im Regressionsmodell der (interaktive) Einfluss der unabhängigen Größen Kontext, Ausgestaltung, Akzeptanz und Beurteilung auf das abhängige Konstrukt „instrumentelle Adoption" untersucht (vgl. Tab. 3.4-2).

Tab. 3.4-2: Multivariates Regressionsmodell zur instrumentellen Adoption

Zusammenhang	Konstrukte	Beta-Koeffizient	Erklärungsgehalt (R^2)
+	Einbindung in Steuerungssysteme	0,381***	0,691***
+	Potenzialqualität (Wirtschaftlichkeit, Steuerungsrelevanz, Wichtigkeit und Relativer Vorteil)	0,561***	

Legende:
* = $\alpha < 0{,}05$ ** = $\alpha < 0{,}01$ *** = $\alpha < 0{,}001$

Im Rahmen der Konzipierung und Überprüfung des multiplen Regressionsmodells zeigt sich, dass insbesondere die Größen „Einbindung in Steuerungssysteme" und die wahrgenommene Potenzialqualität zu dem Regressionsmodell mit der größten Erklärungskraft führen. Auf einem 99,9%-Niveau lassen sich fast 70% der Varianz erklären (R^2 = 0,691). Unter Berücksichtigung der in diesem Kapitel bereits aufgeführten Argumentation zur Relevanz der Größen Wichtigkeit und Kompatibilität ist zu bemerken, dass aus dem Konstruktverbund Potenzialqualität insbesondere das Konstrukt „wahrgenommene Wichtigkeit" eine besondere Erklärungskraft besitzt. Der Faktor Kompatibilität findet sich im Rahmen dieses Modells in der speziellen Ausprägung der Verknüpfung mit anderen Personalinstrumenten und der Einbindung in bestehenden Steuerungssystemen wider. Insofern scheint durch die Interaktion der beiden Haupterklärungsgrößen (wahr-

336 Darüber hinaus ist der Aspekt der Wichtigkeit oftmals mit dem Faktor Dringlichkeit verbunden. Hieraus ergibt sich die Forderung nach einer direkten (zeitnahen) bzw. instrumentellen Anwendung der

genommene Wichtigkeit, Einbindung in Steuerungssysteme) ein instrumenteller Einsatz am wahrscheinlichsten prognostizierbar.

Die Prüfung, inwieweit die mittels der bivariaten Regression identifizierten Zusammenhänge, indirekt oder moderierend auf die Beziehung zwischen einer bestimmten Ausgestaltung weicher HR-Kennzahlen und der instrumentellen Adoption wirken, wird mittels der moderierten Regressionsanalyse vorgenommen. Aufgrund der teilweise kritisch kleinen Subgruppengröße soll an dieser Stelle darauf hingewiesen werden, dass die im Folgenden aufgeführten Ergebnisse als erste Indikatoren zu interpretieren sind, deren Verifikation im Rahmen weiterer Studien wünschenswert wäre (vgl. Tab. 3.4-3)[337].

Deutlich sichtbar ist der moderierende Effekt der externen und internen Kontextfaktoren, der bis auf zwei Variablen bestätigt werden kann (vgl. inhaltliche Begründungen in Kap. 2.2.3). Eine Reihe von Kontextgrößen, deren Einfluss im Rahmen der bivariaten Regression nicht direkt nachweisbar ist, zeigen moderierende Effekte auf den Zusammenhang zwischen der Ausgestaltung und dem instrumentellen Einsatz weicher HR-Kennzahlen: Kostendruck, Formalisierung, Einfluss der Personalabteilung sowie die strategische Ausrichtung und Steuerung der Personalabteilung. Diese Erkenntnis stützt die Annahmen des Situativen Ansatzes zur Relevanz unterschiedlicher Einflussgrößen auf die optimale Ausgestaltung. Darüber hinaus ist als Konsequenz dieser Ergebnisse festzuhalten, dass bei einer erfolgreichen, instrumentellen Implementierung weicher HR-Kennzahlen auch situative Parameter entsprechend zu berücksichtigen sind. Allerdings ist zu bemerken, dass weder das organisationale Merkmal Zentralisierung noch die interne Dynamik im Unternehmen, die das Ausmaß derzeitiger Restrukturierungsmaßnahmen beschreibt, in irgendeiner Form den instrumentellen Einsatz weicher HR-Kennzahlen beeinflussen.

---

weichen HR-Kennzahlen.

337 Aus diesem Grunde werden in der nachfolgenden Tabelle auch nur die bestätigten Zusammenhänge dargestellt.

Tab. 3.4-3: Moderiertes Regressionsmodell zur instrumentellen Adoption

Vermuteter Zusammenhang	Konstrukte	R^2 Gruppe mit **starker** Ausprägung	R^2 Gruppe mit **schwacher** Ausprägung	Sign. Unterschied
Kontextfaktoren				
-	Kostendruck	--	0,646***	✓
+	Modell-Lernen II: Übernahmedruck	0,745***	--	✓
-	Formalisierung	--	0,889***	✓
+	Einfluss der Personalabteilung	0,387*	--	✓
+	Strategische Ausrichtung und Steuerung	0,521***	--	✓
+	Mitarbeiterorientierte Unternehmenskultur	0,614***	--	✓
+	Innovative Unternehmenskultur	0,498**	--	✓
+	Fachwissen	0,559***	N zu klein	(✓)
+	Involviertheit	0,587***	--	✓
Beurteilung				
+	Kompatibilität	0,657***	--	✓
+	Aktualität	0,632***	--	✓
+	Umfang	0,757***	--	✓
+	Komplexität	0,658**	0,676*	-
Akzeptanz				
+	Akzeptanz	0,501**	N zu klein	(✓)

Legende:
$* = \alpha < 0{,}05$ $** = \alpha < 0{,}01$ $*** = \alpha < 0{,}001$

Hinsichtlich der Überprüfung der indirekten Effekte der Größen Beurteilung und Akzeptanz zeigt sich, dass diese, wie vermutet, zu einem großen Teil die Beziehung zwischen der Ausgestaltung der weichen HR-Kennzahlen und der instrumentellen Adoption beeinflussen. Dies steht im Einklang mit den Annahmen, die im Rahmen der Generierung des Forschungsmodells aufgestellt worden sind (vgl. Kap. 2.2.3 und 2.5). Das Ergebnis der moderierten Regression entspricht zudem den bereits dargestellten Analysen zu den Einflussfaktoren einer (erfolgreichen) instrumentellen Adoption und unterstreicht darüber hinaus die Relevanz der Akzeptanz und wahrgenommenen Beurteilung weicher HR-Kennzahlen durch die Nutzer.

3.4.2. Konzeptionelle Adoption

Wie bereits im vorangegangenen Kapitel werden auch zur konzeptionellen Adoption zunächst die Ergebnisse der bivariaten Regression aufgeführt. Im Anschluss erfolgt die Darstellung der Ergebnismodelle der multivariaten und moderierten Regressionsanalyse. Ergebnisinterpretationen, die bereits im Rahmen des vorangegangenen Kapitels zur instrumentellen Adoption erörtert worden sind, werden dabei in Form von kurzen Querverweisen gekennzeichnet.

Die Ergebnisse der bivariaten Regressionsanalyse zeigen, dass im Vergleich zur instrumentellen Adoption weniger Hypothesen, welche einen direkten Zusammenhang zwischen den untersuchten Einflussgrößen und der konzeptionellen Adoption unterstellen, bestätigt werden können (vgl. Tab. 3.4-4).

Tab. 3.4-4: Bivariate Regressionsanalyse auf konzeptionelle Adoption

Hypothese	Zsh.	Konstrukte	R^2	Analyseergebnis
		Ausgestaltung		
H_3	+	Einbindung in Steuerungssysteme	0,219 ***	+
H_4	+	Verknüpfung mit Anreizsystemen	0,081 *	+
		Beurteilung		
H_{19}	+	Vertrauen in den Erstellungsprozess	0,220 ***	+
H_{20}	+	Kompatibilität	0,174 **	+
H_{21}	+	Aktualität	0,100 *	+
H_{22}	+	Umfang	0,171 **	+
H_{24}	+	Komplexität	0,104 *	+
H_{26}	+	Steuerungsrelevanz	0,280 ***	+
H_{27}	+	Wichtigkeit	0,187 **	+
H_{28}	+	Relativer Vorteil	0,197 **	+
		Akzeptanz		
H_{29}	+	Akzeptanz	0,244 ***	+

Legende:
* = $\alpha < 0,05$ ** = $\alpha < 0,01$ *** = $\alpha < 0,001$

Zunächst ist hinsichtlich der externen und internen Kontextmerkmale (H_5-H_{18}) zu konstatieren, dass sich keine direkten Effekte nachweisen lassen. Dieser Themenblock weist auch bei der instrumentellen Adoption die schwächsten, direkten Effekte auf. Mögliche Ursachen dafür, dass bei der konzeptionellen Adoption keinerlei direkte Einflüsse von situativen Merkmalen festzustellen sind, liegen zum einen im indirekten Charakter dieses Adoptionstyps begründet. Die Informationen, die sich aus weichen HR-Kennzahlen ergeben, führen nicht sofort zu konkreten Handlungen (vgl. Burchell et al., 1980: 15) und sind dementsprechend weniger von organisationalen oder personalen Charakteristika abhängig. Zum anderen umfasst der konzeptionelle Adoptionstyp aufgrund des inhärenten konzeptionellen Charakters wahrscheinlich die größte Bandbreite potenzieller

Ausgestaltungsformen (vgl. Kap. 2.4.2. Experteninterviews). Potenzielle Einflussdeterminanten weisen daher möglicherweise unterschiedliche Wirkungsformen auf die verschiedenen Ausgestaltungstypologien des konzeptionellen Adoptionstyps auf, so dass sich mögliche Einflüsse nivellieren.

Die Überprüfung der vier Hypothesen zur Relevanz der Ausgestaltung weicher HR-Kennzahlen (H_1-H_4) führt zu ähnlichen Ergebnissen wie bei der instrumentellen Adoption. Während Merkmale der Professionalität der methodischen Umsetzung die konzeptionelle Adoption weicher HR-Kennzahlen in einem hohen Maße beeinflussen, haben methodische Unterschiede hinsichtlich spezifischer Erhebungs- und Aufbereitungsformen keinen Effekt (vgl. Kap. 3.2). D. h. es gibt keine optimale allgemeingültige Ausgestaltungsform weicher HR-Kennzahlen (z. B. im Sinne einer quartalsweisen Erhebung oder einer Auswertung bis auf Teamebene, etc.), die eine konzeptionelle bzw. erfolgreiche Nutzungsart fördert. Die Hypothesen zur Professionalität der Entwicklung weicher HR-Kennzahlen (H_1) und der Professionalität der mit der Erhebung und Implementierung verbundenen Kommunikation (H_2) können nicht bestätigt werden. Während die erste dieser Hypothesen auch bereits für die instrumentelle Adoption nicht bestätigt werden konnte (vgl. Kap. 3.4.1), lässt sich die Hypothese H_2 zum Konstrukt Kommunikation möglicherweise mit dem indirekten und eher langfristigen Charakter der konzeptionellen Adoption erklären. Im Rahmen dieses Adoptionstyps werden die Ergebnisse weicher HR-Kennzahlen v. a. für das Management erhoben und dienen somit der Erweiterung der allgemeinen Wissensbasis. Es werden keine direkten Maßnahmen abgeleitet, die in größerer Breite an Mitarbeiter adressiert und in das Unternehmen kommuniziert werden (vgl. z. B. Auster/Choo, 1994; Diamantopoulos/Souchon, 1996)[338]. Insofern ist davon auszugehen, dass allgemeinen Kommunikationsanforderungen für diese spezielle Einsatzart eine geringere Relevanz zuzuschreiben ist. Hingegen weisen die beiden Konstrukte zur Ausgestaltung weicher HR-Kennzahlen, die das Ausmaß der Verknüpfung und Einbindung mit bestehenden Personalinstrumenten beschreiben (H_3-H_4), die stärksten direkten Effekte auf. Ein ähnliches Ergebnis ist auch bei der Analyse zu Einflussfaktoren der instrumentellen Adoption festzustellen (vgl. entsprechende Erklärungsansätze aus Kap. 3.4.1).

[338] Vgl. darüber hinaus: Beyer/Trice (1982); Ciarlo (1981); Conner (1981); Feldman/March (1981); Knorr (1977); Rich (1977; 1991); Weiss (1981).

Die Hypothesen (H_{19}–H_{29}) zu den direkten Effekten der Konstrukte Beurteilung und Akzeptanz auf den konzeptionellen Einsatz weicher HR-Kennzahlen können größtenteils bestätigt werden. Erneut ist insbesondere die Akzeptanz eine wichtige, hochsignifikante Größe, die fast ein Viertel der Varianz erklären kann (vgl. Kap. 3.4.1; z. B. Kaas, 1973: 13ff.). Acht von zehn Qualitätsmerkmalen wirken darüber hinaus direkt, positiv auf den konzeptionellen Adoptionstyp (vgl. z. B. Meyer, 1994: 25)[339]. Im Vergleich zur instrumentellen Adoption sind die Effekte insgesamt ein wenig schwächer, was auf die indirekte Einsatzform des konzeptionellen Adoptionstyps zurückzuführen ist. Auch treten bei der konzeptionellen Adoption andere Qualitätsmerkmale hervor, wie bspw. das Konstrukt Vertrauen in den Erstellungsprozess (H_{19}), welches (hochsignifikant) beinahe 22% der Varianz erklären kann. Dieses Ergebnis ist wiederum mit dem indirekten und somit zumindest teilweise auch informellen Charakter der konzeptionellen Ergebnisnutzung zu erklären. Sofern Kennzahlen zur Erweiterung der Wissensbasis im Unternehmen eingesetzt werden, ist dazu ein explorativer Umgang und somit ggf. eine zumindest in Teilen freiwillige Beschäftigung mit dem Datensatz notwendig, welche nur in enger Kooperation mit der zuständigen Abteilung erfolgen kann (vgl. z. B. Diller/Kusterer, 1988; Moorman/Zaltman/Deshpandé, 1992: 315; Zaltman/Moorman, 1988: 16). Genau dieser Aspekt stellt eine Dimension des Konstruktes Vertrauen in den Erstellungsprozess dar (vgl. Kap. 3.1). Auch das Merkmal Steuerungsrelevanz (H_{26}) kann einen vergleichsweise großen Beitrag zur Erklärung der Varianz leisten (vgl. u. a. Brandl, 2002: 45f.; Geiß, 1986: 49-71; Meyer, 1994: 13f.; Reichmann, 1995: 23f.). Dieses Ergebnis ist möglicherweise ebenfalls auf die Relevanz bzw. Wichtigkeit der unternehmerischen Sachverhalte zurückzuführen, für die man mittels der weichen HR-Kennzahlen eine konzeptionelle Erklärung sucht.

Tab. 3.4-5: Multivariates Regressionsmodell zur konzeptionellen Adoption

Zusammenhang	**Konstrukte**	**Beta-Koeffizient**	**Erklärungsgehalt (R^2)**
+	Einbindung in Steuerungssysteme	0,209**	0,311***
+	Akzeptanz	0,243**	

Legende:
* = $\alpha < 0{,}05$ ** = $\alpha < 0{,}01$ *** = $\alpha < 0{,}001$

339 Vgl. darüber hinaus: Bruns (1968); Grotz-Martin (1976); Lee/Lindquist/Acito (1997); Maltz/Kohli (1996); Moenaert/Souder (1990b); Moorman/Austin (1995); Zmud (1978).

Die Erstellung und Überprüfung des multiplen Regressionsmodells für den konzeptionellen Adoptionstyp zeigt, dass dieses Modell mit einem Erklärungsgehalt von etwas mehr als 31% nicht ganz so aussagekräftig wie das Erklärungsmodell des instrumentellen Adoptionstyps ist (vgl. Tab. 3.4-5).

Die Analyse des interaktiven Einflusses der unabhängigen Variablen verdeutlicht, dass sich auch hier die bereits vorgestellten Haupterklärungsmuster konstant weiter zeigen. Neben der Relevanz der Verknüpfung mit bestehenden Instrumenten, also der zugrunde liegenden Kompatibilität (vgl. Kap. 3.4.1), ist das Konstrukt Akzeptanz in das multivariate Regressionsmodell aufgenommen worden. Dessen besondere Erklärungskraft wird nicht nur durch die Existenz einer eigene Forschungsrichtung (vgl. Reichwald, 1982: 36; ähnlich Wiendieck, 1992: 92) untermauert, sondern kann auch durch diverse Studien bestätigt werden (vgl. z. B. Kollmann, 1996: 123ff.; Ortner, 1993: 201ff.)[340]. Interessant ist, dass sich bei der konzeptionellen Adoption, neben dem Merkmal der Verknüpfung, durch das Merkmal Akzeptanz ein zweites eher emotionales Bewertungskriterium - im Vergleich zum eher als rational einzuschätzendem Kriterium der Beurteilung im Rahmen der instrumentellen Adoption - durchgesetzt hat. Dies ist möglicherweise auf den unterschiedlichen Direktheitsgrad der beiden Nutzungsarten zurückzuführen.

Mittels der moderierten Regressionsanalyse soll abschließend überprüft werden, inwieweit identifizierte Zusammenhänge indirekt oder moderierend auf die Beziehung zwischen einer bestimmten Ausgestaltung weicher HR-Kennzahlen und der konzeptionellen Adoption wirken. Aufgrund der teilweise kleinen und damit kritischen Subgruppengröße soll an dieser Stelle darauf hingewiesen werden, dass die im Folgenden aufgeführten Ergebnisse nur als erste Indikatoren zu interpretieren sind. Viele Zusammenhänge können im Rahmen dieser Studie nicht überprüft werden. Es ist lediglich der mediierende Effekt der Beurteilungsgröße Wichtigkeit zu belegen sowie die indirekte Beeinflussung des Zusammenhangs durch das Akzeptanzkonstrukt zu vermuten. Ein solches Ergebnis ist u. a. auch deshalb plausibel, weil diese Konstrukte den bereits aufgeführten (Haupt-)Erklärungsmustern (Relevanz von Wichtigkeit und Kompatibilität, hier i. S. v. Akzeptanz, weicher HR-Kennzahlen) entsprechen.

340 Vgl. auch: Binsack (2003); ETZ (1997: 4f.); Pfeiffer (1981); Schönecker (1980); Volkmann (1985).

Tab. 3.4-6: Moderiertes Regressionsmodell zur konzeptionellen Adoption

Vermuteter Zusammenhang	Konstrukte	R^2 Gruppe mit **starker** Ausprägung	R^2 Gruppe mit **schwacher** Ausprägung	Sign. Unterschied
	Beurteilung			
+	Wichtigkeit	0,664*	--	✓
	Akzeptanz			
+	Akzeptanz	0,270**	N zu klein	(✓)

Legende:
$* = \alpha < 0,05$ $** = \alpha < 0,01$ $*** = \alpha < 0,001$

3.4.3. Manipulative Adoption

Im vorliegenden Kapitel werden die Ergebnisse der multivariaten Regressionsanalyse zu den Einflussgrößen der manipulativen Adoption vorgestellt. Diese sind mittels einer explorativen Modellerarbeitung entstanden, da keine expliziten Hypothesen zu den nicht-erfolgreichen, manipulativen Kennzahleneinsatz abgeleitet worden sind. Aus diesem Grund sind die folgenden Ergebnisse als erste Hinweise zu verstehen, die im Rahmen weiterer Studien zu überprüfen sind. Die Ergebnisse der Erarbeitung von Determinanten für eine individuumszentrierte bzw. negative Adoption weicher HR-Kennzahlen sind für die vorliegende Arbeit, trotz der explorativen Vorgehensweise, als erste Indikatoren durchaus interessant. Die Beschäftigung mit denjenigen Determinanten, die am ehesten einen Missbrauch weicher HR-Kennzahlen zur Folge haben, liefert wichtige Informationen zur Bestimmung der in der zweiten Forschungsfrage thematisierten Erfolgsfaktoren des Einsatzes weicher HR-Kennzahlen.

Zunächst ist festzustellen, dass sich aus der einfachen bivariaten Regressionsanalyse keine Zusammenhänge ableiten lassen. Erst durch die im Rahmen der multiplen Regression durchgeführte Analyse zur Interaktion mehrerer Größen miteinander entsteht ein ausreichend signifikantes Erklärungsmodell für einen manipulativen Adoptionseinsatz weicher HR-Kennzahlen. Die erklärte Varianz ist mit knapp unter 10% zwar vergleichsweise gering[341], jedoch sprechen inhaltlich-logische Argumente für die Annahme dieses Modells (vgl. Tab. 3.4-7).

Tab. 3.4-7: Multivariates Regressionsmodell zur manipulativen Adoption

Zusammenhang	Konstrukte	Beta-Koeffizient	Erklärungsgehalt (R^2)
-	Mitarbeiterorientierte Unternehmenskultur	- 0,351**	0,096*
+	Komplexität	0,260*	

Legende:
* = α < 0,05 ** = α < 0,01 *** = α < 0,001

Die Ergebnisse zeigen, dass je geringer die Mitarbeiterorientierung im Unternehmen ausgeprägt ist und je komplexer und damit undurchschaubarer die weichen HR-Kennzahlen ausgestaltet sind, desto wahrscheinlicher ist der Missbrauch der weichen HR-Kennzahlen im Rahmen eines manipulativen Einsatzes. Die Betrachtung der Beta-Koeffizienten verdeutlicht, dass fehlende unternehmenskulturelle Parameter den größten Einfluss auf einen manipulativen und somit nicht-erfolgreichen Einsatz besitzen. Diese Erkenntnis untermauert erneut die bereits mehrfach aufgeführte Bedeutung der Existenz kompatibler Systeme, Strukturen und Werte für einen erfolgreichen Einsatz weicher HR-Kennzahlen (vgl. Kap. 3.4.1 und 3.4.2). Während eine entsprechende mitarbeiterorientierte Kultur einen Missbrauch weicher HR-Kennzahlen verhindert, fördert das Fehlen einer solchen Kultur sowie eine hohe Komplexität weicher HR-Kennzahlen eben diesen Missbrauch. Der identifizierte Zusammenhang zwischen zunehmender Komplexität und einem zunehmenden Missbrauch, lässt sich u. a. damit erklären, dass komplexe Inhalte und Instrumente nicht mehr unmittelbar überprüfbar und somit einwandfrei nachvollziehbar sind (vgl. Kap. 2.2.3 und 3.1). Hierdurch werden günstige Voraussetzungen für die manipulative Adoption geschaffen.

Aufgrund der geringen Stichprobengröße erfolgt im Rahmen der Analyse der manipulativen Adoption keine Berechnung moderierter Regressionsmodelle.

[341] Hierzu ist festzuhalten, dass die Höhe des R^2 zum einen von der Anzahl der involvierten Variablen und zum anderen von der Stichprobengröße abhängt (vgl. Janssen/Laatz, 1999: 378f.). Würde man die Stichprobengröße noch erweitern, wären ggf. eindeutigere Ergebnisse zu erwarten.

3.4.4. Politische Adoption

Abschließend werden die Ergebnisse der bivariaten und multivariaten Regressionsanalyse für die politische Adoption vorgestellt. Auch diese Resultate sind mittels einer explorativen Vorgehensweise erarbeitet worden und sind somit ebenfalls nur als erste Hinweise zu verstehen. Aufgrund der geringen Stichprobengröße erfolgt auch im Rahmen der Analyse der politischen Adoption keine Berechnung moderierter Regressionsmodelle.

Die Überprüfung der bivariaten Regressionsanalysen deutet bereits auf die Erklärungskraft des Zentralisierungskonstruktes für die politische Nutzung weicher HR-Kennzahlen hin (vgl. Tab. 3.4-8). Auch wenn im Rahmen des Kap. 2.2.3 ursprünglich ein positiver Zusammenhang zwischen dem Zentralisierungsgrad einer Unternehmung und der (erfolgreichen) Adoption weicher HR-Kennzahlen postuliert worden ist, weist die vorliegende empirische Analyse ein gegensätzliches Ergebnis auf. Hierzu ist festzustellen, dass sich auf der einen Seite zwar einige empirische Studien finden, die einen positiven Zusammenhang zwischen dem Zentralisierungsgrad und der erfolgreichen Implementierung von Innovationen bzw. speziell Kennzahlen postulieren (vgl. z. B. Thom, 1980: 279; Gebert, 1978: 107)[342], jedoch ist auf der anderen Seite zu bemerken, dass auch Studien existieren, die einen fehlenden (vgl. hierzu die empirischen Befunde von Corwin, 1973; Hage/Dewar, 1973; Paulson, 1974; Pizam, 1974; Bessoth, 1975: 94ff.) oder negativen Zusammenhang nachweisen können (vgl. z. B. Eickhof, 1982: 175). Argumente sind in diesem Zusammenhang beispielsweise, dass zentralisierte Organisationen weniger aufgeschlossen gegenüber Neuerungen sind (vgl. Eickhof, 1982: 175). Darüber lässt sich vermuten, dass unternehmenspolitische Auseinandersetzungen, die zu einem indirekten Missbrauch weicher HR-Kennzahlen führen können, eher in zentralisierten Unternehmungen anzutreffen sind. Zentralisierung begünstigt Konflikte, welche sich wiederum in Form unternehmenspolitischer Auseinandersetzungen zeigen (vgl. John/Martin, 1984: 173; Sutcliffe, 1994: 1365; Deshpandé, 1982; Deshpandè/Zaltman, 1982). Diese stellen die Grundlage für einen politischen Missbrauch weicher HR-Kennzahlen dar.

[342] Vgl. hierzu die empirischen Befunde von: Aiken/Hage (1971); Child (1973a); Gebert (1977); Kieser (1974); Lorsch/Morse (1974); Pelz/Andrews (1966, 1978); Smith (1970).

Tab. 3.4-8: Bivariate Regressionsanalyse auf politische Adoption

Vermuteter Zusammenhang	Konstrukte	R^2	Analyse-ergebnis
	Kontextfaktoren		
-	Zentralisierung	0,122 **	+

Legende:
* = α < 0,05 ** = α < 0,01 *** = α < 0,001

Die Ergebnisse des multivariaten Regressionsmodells bestätigen diese Annahmen: Je zentralisierter ein Unternehmen aufgestellt ist und je weniger gut weiche HR-Kennzahlen mit anderen Instrumenten verknüpft werden, desto wahrscheinlicher ist ein Missbrauch der weichen HR-Kennzahlen in Form der politischen Adoption. Das Erklärungsmodell ist auf einem 99%-Niveau signifikant und kann fast 25% der Varianz erklären (vgl. Tab. 3.4-9). Neben diesem Ergebnis sprechen auch inhaltlich-logische Argumente für die Annahme des Modells. Insbesondere die Aufnahme der Variable „Einbindung in Steuerungssysteme" bestärkt die diesbezüglich eingangs aufgeführte Argumentation (vgl. Kap. 3.4.1 und 3.4.2). Hiernach beeinflusst das Vorhandensein einer professionellen Verknüpfung weicher HR-Kennzahlen mit bestehenden Management-Instrumenten nicht nur deren erfolgreiche Adoption. Darüber hinaus ist im Falle einer fehlenden Verknüpfung mit einem verstärkten Missbrauch und insofern mit einer nicht-erfolgreichen Adoption weicher HR-Kennzahlen zu rechnen. Eine Ursache hierfür ist darin zu sehen, dass im Falle einer systematischen Verknüpfung weicher HR-Kennzahlen mit anderen HR-Instrumenten und Kennzahlen, ein Missbrauch schwieriger und eine potenzielle Aufdeckung durch das Management wahrscheinlicher wird.

Tab. 3.4-9: Multivariates Regressionsmodell zur politischen Adoption

Zusammenhang	Konstrukte	Beta-Koeffizient	Erklärungs-gehalt (R^2)
-	Zentralisierung	0,335***	0,247**
-	Einbindung in Steuerungssysteme	- 0,284**	

Legende:
* = α < 0,05 ** = α < 0,01 *** = α < 0,001

4. Zusammenfassende Bewertung der Untersuchung

In diesem Kapitel werden der konzeptionelle und methodische Ansatz sowie die Ergebnisse der vorliegenden Untersuchung zusammengefasst (vgl. Kap. 4.1). Darüber hinaus werden die Implikationen, die sich aus den Ergebnissen der Arbeit für die Forschung (vgl. Kap. 4.2) und für die Unternehmenspraxis (vgl. Kap. 4.3) ergeben, vorgestellt.

4.1. Zentrale Ergebnisse

Aus einer großen Zahl von jüngeren Forschungsarbeiten ist die zunehmende Bedeutung des Stellenwertes weicher HR-Kennzahlen im Rahmen eines modernen, strategischen Personalmanagements deutlich geworden (vgl. z. B. Günther/Günther, 2003: 192; Leidig, 2002: 27f.; Scherm, 2003: 24f.; Wall/Gebauer, 2002: 311). Trotzdem gibt es bisher nur wenige, theoretisch fundierte, wissenschaftliche Untersuchungen zum Einsatz dieses speziellen Kennzahlentyps. Zudem liegen kaum empirische Untersuchungen über die Adoption weicher HR-Kennzahlen in strategischen Personalmanagementsystemen vor. Ein wesentliches Ziel der vorliegenden Arbeit besteht deshalb in der wissenschaftlich-theoretischen und empirischen Durchdringung der Thematik weicher HR-Kennzahlen.

Dabei lässt sich die wissenschaftstheoretische Orientierung der vorliegenden Arbeit dadurch kennzeichnen, dass eine Ausrichtung an den Prinzipien des wissenschaftlichen Realismus erfolgt. Es handelt sich bei der vorliegenden Arbeit um „angewandte Forschung“, deren wissenschaftstheoretische Konzeption durch die Leitidee des theoretischen Pluralismus gekennzeichnet ist: Es werden mit dem Situativen Ansatz und der Adoptionstheorie zwei theoretische Ansätze zur Konzeption des Forschungsmodells herangezogen. Schließlich weist die Untersuchung eine positivistische Orientierung auf: Alle im Zusammenhang mit weichen HR-Kennzahlen stehenden Fragestellungen werden empirisch untersucht. In diesem Zusammenhang tragen sowohl Deduktion als auch Induktion zum Erkenntnisgewinn bei. Aus der Akzeptanz der induktiven Schlussweise ergibt sich zwingend die Benutzung quantitativer und qualitativer Methoden.

Zur Beantwortung der beiden untersuchten Forschungsfragen wurden zunächst bisherige Erkenntnisse und Forschungsergebnisse zum Kennzahleneinsatz bzw. zur Implementierung von Neuerungen systematisiert und aufgearbeitet. Insbesondere wurden hierbei Stärken und Schwächen weicher HR-Kennzahlen analysiert. Bei der Darstellung der *Schwächen* weicher HR-Kennzahlen zeigt sich in diesem Kontext, dass den Kennzahlen neben inhaltlichen und theoretischen Kritikpunkten eine Reihe von Mess- bzw. Erfassungsproblemen zugrunde liegen (vgl. Gebauer/Wall, 2002: 686; Reichmann, 2001: Einleitung). Die Erhebung ist oftmals aufwendiger und kostspieliger als die Erhebung harter Kennzahlen (vgl. Brandl, 2002: 44; Neely et al., 2003: 132; Sandt, 2003: 77), da weiche Themeninhalte (nur) mittels methodisch anspruchsvoller Operationalisierungen (vgl. u. a. DGQ, 1999: 18-23; Fiedler-Winter, 2002: 21; Vasic, 2004: 86) sowie durch eine starke Komplexitätsreduktion abzubildender Sachverhalte quantifizierbar sind (vgl. u. a. George, 1999: 40; Günther/Günther, 2003: 194). Insofern werden auch Verknüpfungen weicher HR-Kennzahlen mit anderen Größen erschwert (vgl. z. B. Cisek, 2003: 45; Strack et al., 2000: 284). Damit geht die Gefahr von Fehlinterpretationen einher (vgl. z. B. Geiß, 1986: 46; Staudt et al., 1985: 78), die unbewusst oder, wie in Kap. 2.2.2.3 erläutert, auch bewusst durch Manipulation bei der Dateninterpretation vorgenommen werden können (vgl. z. B. Reichmann, 1993a: 344; Pfeffer, 1997: 360). Aus den genannten Gründen lässt sich in der Praxis bislang eine nur begrenzte, systematische Einbindung weicher HR-Kennzahlen in die Personalsteuerung bzw. Unternehmenssteuerung feststellen (vgl. Arnold et al., 2003: 391; Gladen, 2001: 174; Vollmuth, 2002: 29; Wall/Gebauer, 2002: 311).

Den aufgezeigten Schwächen steht allerdings eine Reihe besonderer *Stärken* weicher HR-Kennzahlen gegenüber. In diesem Zusammenhang ist insbesondere die Anwendung weicher HR-Kennzahlen als Frühwarnindikator (vgl. z. B. Gerlach, 2000: 18; Jonasch, 2001: 448; Vollmuth, 2002: 44) bzw. als Erklärungsgröße (vgl. z. B. Backes, 1996: 3f.; Brandl, 2002: 43f.; Weber, M., 2002: 134) zu betonen. Vor allem als Erklärungsgröße einer Reihe harter Kennzahlen sind weiche HR-Kennzahlen derzeit nicht substituierbar (vgl. z. B. DGQ, 1999: 49; Vollmuth, 2002: 40). In diesem Kontext können weiche HR-Kennzahlen einen Beitrag zur Sicherstellung eines nachhaltigen und langfristigen Unternehmenserfolges leisten (vgl. Arnold et al., 2003: 393, Mayer, 2002: 496; Rose, 2000: 236ff.; Scherm, 2003: 26). Vor diesem Hintergrund sowie aufgrund der zunehmenden Bedeutung des Faktors Personal (vgl. u. a. Claßen/Ahrens, 2000: 32f.; Gebauer/Wall, 2002: 685; Scherm, 2003: 24f.) wird in der jüngeren Vergangenheit vermehrt die Forderung nach der Einbindung weicher Größen in Unternehmenssteuerungssysteme erhoben.

Unter Rückgriff auf den situativen Ansatz und die Adoptionstheorie, sowie angereichert durch eigene konzeptionelle Überlegungen, wurde in einem nächsten Schritt ein Forschungsmodell entwickelt, welches zunächst im Rahmen von Experteninterviews überprüft wurde. Das auf diese Weise präzisierte Forschungsmodell wurde im Hinblick auf die in einem weiteren Schritt geplante schriftliche Befragung operationalisiert und im Rahmen eines Pretestes überprüft. In einem letzten Schritt erfolgte schließlich eine branchenübergreifende Datenerhebung bei Personalleitern deutscher Großunternehmen (mit mehr als 3.000 Mitarbeitern). Von den ca. 1.000 angeschriebenen Unternehmen haben sich 140 an der Untersuchung beteiligt, was einem Rücklauf von etwa 15% entspricht und die Basis der empirischen Datenerhebung bildet. Ausgangspunkt der vorliegenden Untersuchung waren dabei die folgenden Forschungsfragen: (1) Bestandsaufnahme und Klärung des Begriffes sowie (2) die Identifizierung von Determinanten der Adoption weicher HR-Kennzahlen. Mittels unterschiedlicher multivariater Analyseverfahren konnten in diesem Zusammenhang die nachfolgenden Ergebnisse ermittelt werden:

Die Ergebnisse der *ersten Forschungsfrage* zur empirischen Bestandsaufnahme zeigen, dass ca. 41% der befragten Unternehmen weiche HR-Kennzahlen einsetzen. Dabei handelt es sich für etwa 80% der Unternehmen um ein sehr neues Phänomen. Zur Ausgestaltung weicher HR-Kennzahlen lässt sich konstatieren, dass diese eher unregelmäßig und in größeren Abständen erhoben werden. Dabei dauert die durchschnittliche Erstellung bzw. Auswertung zwischen ein und zwei Monaten. Im Rahmen der Kennzahlenanwendung wird v. a. das Instrument der Vergleichsrechnung (insbesondere interne Vergleiche und Zeitvergleiche) genutzt. Bezogen auf die gemessenen Inhalte zeigt sich eine besonders hohe Abdeckung der allgemeinen Arbeitszufriedenheit, spezifischer Arbeitsplatz-Aspekte sowie der Führungsqualität. Aus der Bestandsaufnahme zur Adoption weicher HR-Kennzahlen wurde darüber hinaus jedoch auch deutlich, dass eine systematische Verdichtung und Einbindung in bestehende Steuerungssysteme nur bei weniger als einem Drittel der befragten Unternehmen stattfindet. Zugleich haben die Ergebnisse der empirischen Analysen verdeutlicht, dass auch eine systematische Verknüpfung weicher HR-Kennzahlen mit Anreizsystemen nur bei ca. 14% der befragten Unternehmen anzutreffen ist. Schließlich ist festzustellen, dass i. d. R. durchaus professionell bei der Konzeption und Messung weicher HR-Kennzahlen vorgegangen wird. Allerdings zeigt sich, dass in deutschen Großunternehmen oftmals eine hierarchieabhängige Kommunikation der generierten Ergebnisse erfolgt: während auf höheren Führungsebenen recht umfassend informiert wird, setzt sich dieses Verhalten nicht bis auf Mitarbeiterebene durch.

Weiterhin lässt sich feststellen, dass etwas mehr als die Hälfte der befragten Personalleiter eine hohe Akzeptanz gegenüber dem Untersuchungsgegenstand weiche HR-Kennzahlen äußert. Darüber hinaus verdeutlichen die Ergebnisse der empirischen Bestandsaufnahme, dass bei fast allen Qualitätskriterien weicher HR-Kennzahlen eine gute Beurteilung durch die Anwender erfolgt. Dabei zeigt sich, dass insbesondere Merkmale der sogenannten Potenzialqualität vergleichsweise hohe Zustimmungswerte aufweisen. Weiche HR-Kennzahlen bieten demnach nicht nur entscheidungsrelevante Informationen, sondern sind auch (nur schwer) durch mögliche Alternativen substituierbar. Demgegenüber werden Merkmale, welche die operative Umsetzung weicher HR-Kennzahlen beschreiben (z. B. Komplexität, Verlässlichkeit), kritischer bewertet.

Als Hauptprobleme beim Einsatz weicher HR-Kennzahlen werden primär ökonomische Argumente genannt. In diesem Zusammenhang benennen die Befragten zum einen Ressourcenprobleme bzw. spezielle Probleme hinsichtlich eines fehlenden internen Know-Hows. Zum anderen werden Kosten- und Effizienzkriterien aufgeführt. Im Rahmen der Nutzung weicher HR-Kennzahlen offenbaren sich in der empirischen Bestandsaufnahme darüber hinaus teilweise Defizite hinsichtlich einer mangelnden Infrastruktur zur Umsetzung dieses Personalinstrumentes, Akzeptanzprobleme sowie methodische Handhabungsprobleme. Die Resultate der vorliegenden Untersuchung verdeutlichen, dass der geringe Einbindungsgrad weicher HR-Kennzahlen in der betrieblichen Praxis neben der aufwendigen (ressourcen- und kostenintensiven) Erfassungsmethodik v. a. mit der Komplexität der Thematik zu begründen ist.

Als Hauptvorteile weicher HR-Kennzahlen gegenüber anderen Steuerungsinstrumenten werden v. a. inhaltliche Argumente wie bspw. die Bedeutung als Frühwarnindikator oder das symbolische Argument der Wertschätzung der Mitarbeiter aufgeführt. Auch wenn die Benennung der Hauptvorteile im Vergleich zu den Hauptnachteilen weniger heterogen ausfällt, ist insgesamt zu konstatieren, dass die Vorteile eines Einsatzes weicher HR-Kennzahlen mögliche Nachteile aus Sicht der Befragten dominieren.

Schließlich zeigen die Ergebnisse der empirischen Bestandsaufnahme, dass in der betrieblichen Praxis verschiedene Arten der Adoption weicher HR-Kennzahlen nebeneinander existieren. Es ist weiterhin festzustellen, dass die konzeptionelle Adoption die größte Verbreitung besitzt. Fast 60% der befragten Unternehmen verwenden weiche HR-Kennzahlen in einem solchen indirekten Kontext zur Erweiterung der allgemeinen Wissensbasis in ihrem Unternehmen. Neben dem konzeptionellen Einsatz ist auch für die instrumentelle Adoption weicher HR-Kennzahlen eine hohe Verbreitung festzustellen. Etwa ein Viertel der befragten Unternehmen nutzen weiche HR-Kennzahlen zur direkten Entscheidungsfundierung. Schließlich ist zu konstatieren - dass vor dem Hintergrund der Berücksichtigung sozial erwünschten Antwortverhaltens - eine überraschend hohe Verbreitung des manipulativen (17,0%) bzw. politischen Einsatzes (10,9%) existiert. Hierbei werden weiche HR-Kennzahlen zur Unterstützung individuell motivierter Ziele im Unternehmen eingesetzt.

Bezüglich der *zweiten Forschungsfrage* dieser Arbeit konnte der Nachweis geführt werden, dass die Adoption weicher HR-Kennzahlen im strategischen Personalmanagement von situativen Faktoren beeinflusst wird. Die Ausdifferenzierung in vier unterschiedliche Anwendungstypen weicher HR-Kennzahlen, welche jeweils durch unterschiedliche Einflussgrößen determiniert werden, konnte in diesem Zusammenhang durch die Ergebnisse der angewendeten Diskriminanzanalyse erklärt werden. Hierbei lassen sich die Haupterkenntnisse zu den Einflussfaktoren folgendermaßen zusammenfassen:

- Unternehmen, die weiche HR-Kennzahlen anwenden, zeichnen sich im Vergleich zu Unternehmen, die keine weichen HR-Kennzahlen nutzen, insbesondere durch eine mitarbeiterorientierte und innovative Unternehmenskultur aus. Eine weitere wichtige Variable für die Unterscheidung der beiden Gruppen ist das Ausmaß der strategischen HR-Steuerung, welches bei der Gruppe der Kennzahlenanwender deutlich ausgeprägter ist.
- Zur Unterscheidung der erfolgreichen (instrumentellen bzw. konzeptionellen) und der weniger erfolgreichen (manipulativen bzw. politischen) Adoption weicher HR-Kennzahlen ist zu konstatieren, dass insbesondere die wahrgenommene Professionalität der methodischen Ausgestaltung sowie die eingeschätzte Wichtigkeit und Ver-

lässlichkeit weicher HR-Kennzahlen wichtige Determinanten darstellen, welche bei geringer Ausprägung einen möglichen Kennzahlen-Missbrauch begünstigen können.

Bezüglich der zweiten Forschungsfrage dieser Arbeit wurde für die vier unterschiedlichen Adoptionstypen der Einfluss der Merkmale Kontext, Ausgestaltung, Akzeptanz und wahrgenommener Beurteilung der weichen HR-Kennzahlen analysiert. Die Analyseergebnisse zeigen, dass sich die *instrumentelle Adoption* mittels der untersuchten Determinanten am Besten von allen vier Adoptionstypen vorhersagen lässt. Im Rahmen der Konzipierung und Überprüfung des multiplen Regressionsmodells offenbart sich, dass insbesondere die Größen „Einbindung in Steuerungssysteme" und die wahrgenommene Potenzialqualität (hier v. a. über die Konstrukte Wichtigkeit und Kompatibilität) zu dem Regressionsmodell mit der größten Erklärungskraft führen. Deutlich sichtbar ist darüber hinaus der moderierende Effekt der externen und internen Kontextfaktoren, der größtenteils bestätigt werden kann. Ein hochsignifikanter Zusammenhang zeigt sich hier bspw. bei den Konstrukten „sozialer Übernahmedruck" (durch das Verhalten anderer Unternehmen), bei unternehmenskulturellen Variablen sowie bei den individuumszentrierten Einflussgrößen Fachwissen und Einbindung in die Thematik durch die befragten Personalleiter. Eine detaillierte Analyse zeigt, dass insbesondere die identifizierten Akzeptanz- und Beurteilungsmerkmale eine besondere Bedeutung besitzen. Durchweg konnten hier signifikante (positive) Effekte auf die instrumentelle Adoption festgestellt werden. In diesem Zusammenhang nehmen Determinanten, welche die Ausgestaltung weicher HR-Kennzahlen beschreiben (wahrgenommene Professionalität der Umsetzung, Verknüpfung und Einbindung in bestehende Management-Instrumente), eine wichtige Bedeutung ein.

Die Überprüfung des multivariaten Regressionsmodells für die *konzeptionelle Adoption* weicher HR-Kennzahlen ergibt, dass neben der Relevanz der Verknüpfung mit bestehenden Instrumenten, also der zugrunde liegenden Kompatibilität, v. a. das Konstrukt Akzeptanz als wichtiger Prädiktor zu betrachten ist. Darüber hinaus wird im Rahmen der moderierten Regression erneut die Bedeutung der Determinante Wichtigkeit unterstrichen. Eine detaillierte Analyse auf Einzelkonstruktebene zeigt, dass neben den Hypothesen zur Ausgestaltung weicher HR-Kennzahlen, die das Ausmaß der Verknüpfung und Einbindung mit bestehenden Personalinstrumenten beschreiben, v. a. die Hypothesen zur Beurteilung und Akzeptanz bestätigt und als wesentliche Einflussgrößen identifiziert werden konnten. Eine untergeordnete Rolle nehmen demgegenüber Einflussgrößen des unternehmensexternen oder –internen Kontextes ein.

Schließlich unterstreichen auch die (explorativen) Ergebnisse der multivariaten Regressionsmodelle zur *manipulativen und politischen Adoption* die bereits aufgeführten Haupterklärungsmuster einer erfolgreichen Adoption: Unternehmenskulturelle Kompatibilität, geringe Komplexität sowie ein hohes Ausmaß der Verknüpfung mit anderen Personalinstrumenten konnten als relevante Erklärungsgrößen identifiziert werden. Im Einzelnen heißt dies: Je geringer die Mitarbeiterorientierung im Unternehmen ausgeprägt und je komplexer und undurchschaubarer die weichen HR-Kennzahlen ausgestaltet sind, desto wahrscheinlicher ist der Missbrauch weicher HR-Kennzahlen im Rahmen eines manipulativen Einsatzes. Bezogen auf die Wahrscheinlichkeit eines Missbrauchs in Form des politischen Einsatztyps ist festzuhalten, dass ein solcher eher in zentralisierten Unternehmen aufzufinden ist, die weiche HR-Kennzahlen weniger gut mit anderen Instrumenten verknüpft haben.

4.2. Implikationen für die Forschung

Im nachfolgenden Kapitel wird eine wissenschaftliche Bewertung der vorliegenden Arbeit vorgenommen. In diesem Rahmen werden eingangs die theoretischen Bezugspunkte diskutiert. Anschließend sollen inhaltliche und methodische Überlegungen vorgestellt und Ansatzpunkte weiterer wissenschaftlicher Forschung hinsichtlich der Adoption spezifischer Kennzahlentypen aufgezeigt werden.

Dem in der relevanten Forschungsliteratur zu weichen HR-Kennzahlen häufig benannten Kritikpunkt einer „mangelhaften *theoretischen Fundierung*" wird im Rahmen der vorliegenden Arbeit durch den Einbezug des Situativen Ansatzes sowie der Adoptionstheorie begegnet. Beide Erklärungsansätze erweisen sich für die vorliegende Arbeit als relevant. Im Hinblick auf die theoretische Durchdringung des Untersuchungsgegenstandes ist somit festzustellen, dass die vorliegende Arbeit in dieser Hinsicht einen Beitrag zur existierenden Forschung leistet.

In Bezug auf die vorliegende Untersuchung postuliert der Situative Ansatz als erweiterter Bezugsrahmen folgende Annahmen (vgl. Schoonhoven, 1981: 350):

- Die Adoption weicher HR-Kennzahlen ist von situativen Einflussgrößen abhängig. Diese Annahme wird mittels der zweiten Forschungsfrage anhand von 14 Hypothesen untersucht. Dabei bestätigen die Ergebnisse der empirischen Untersuchung die Hypothesen in wesentlichen Bereichen (vgl. Kap. 3.3. – 3.4.). Die vorliegenden Ergebnisse entsprechen somit den Grundannahmen des Situativen Ansatzes.
- Die Zusammenhänge im Forschungsmodell können sich je nach Kontext unterscheiden. Diese Argumentation liegt ebenfalls der zweiten Forschungsfrage zugrunde, im Rahmen derer darüber hinaus zwischen indirekten und moderierenden Effekten unterschieden wird. Bei der empirischen Überprüfung konnten insbesondere für die Darstellung der instrumentellen Adoption die moderierenden Effekte der untersuchten Kontextfaktoren aufgezeigt werden. Hiernach gibt es nicht eine bestimmte ideale Einsatzart weicher HR-Kennzahlen. Vielmehr kann die Adoption dann als erfolgsversprechend bewertet werden, wenn ein hohes Maß an Kompatibilität mit bestehenden (Infra)Strukturen und Werten vorliegt (in Anlehnung an Stähle, 1976: 36; Galbraith, 1973: 2; Kieser, 1999: 169).
- Darüber hinaus konnten hinsichtlich der empirischen Vorgehensweise bei der Überprüfung der Forschungsfragen neue Erkenntnisse gewonnen werden. In der vorliegenden Arbeit wurde der Einfluss unterschiedlicher Determinanten auf die Adoption weicher HR-Kennzahlen parallel mittels der systematischen Berechnung multivariater Regressionsmodelle für alle vier Adoptionstypen untersucht. Dieses Vorgehen entspricht der konfigurativen Schule des Situativen Ansatzes. Die Ergebnisse der vorliegenden Untersuchung beinhalten speziell für die manipulative und politische Adoption neue und differenziertere Erkenntnisse der Wirkung potenzieller Einflussfaktoren auf einen möglichen Kennzahlen-Missbrauch und verdeutlichen somit noch einmal nachdrücklich die Relevanz des Situativen Ansatzes für die empirische Forschung der vorliegenden Arbeit.

Mit Hilfe der Adoptionstheorie wurde der durch den Situativen Ansatz gewählte Bezugsrahmen der vorliegenden Untersuchung erheblich verfeinert. Im Vergleich zum makrotheoretisch ausgerichteten Situativen Ansatz, liefert die Adoptionstheorie Hinweise auf die Integration verhaltenswissenschaftlicher Aspekte:

- Das aus der Adoptionstheorie abgeleitete zentrale Konzept der mediierenden Akzeptanz- und Beurteilungsmerkmale (vgl. z. B. Felten, 2001: 16f.; Schulz, 1972: 43) wurde im Forschungsmodell der vorliegenden Untersuchung als wesentlicher Bestandteil der zweiten Forschungsfrage übernommen und für die vorliegende Fragestellung überprüft. Hierzu wurden 11 Hypothesen entwickelt, welche sich insbesondere für die instrumentelle und konzeptionelle Adoption voll und ganz bestätigen ließen. Eine besondere Relevanz für die Annahme von Neuerungen wird hierbei der Idee der Kompatibilität der weichen HR-Kennzahlen (als einem zentralen Beurteilungsmerkmal) zugeschrieben, die sich sowohl auf Werte (z. B. Unternehmenskultur) als auch auf Strukturen und Systeme beziehen (z. B. bestehende Steuerungssysteme) kann (vgl. u. a. Gierl, 1995: 310, Rogers, 1983: 211ff.; Schmalen, 1993: 782)[343]. Diese eindeutigen Ergebnisse unterstreichen die Verallgemeinerbarkeit der Grundannahmen der Adoptionstheorie und liefern wichtige Hinweise zu Prädiktoren eines erfolgreichen Einsatzes weicher HR-Kennzahlen.

- In der Adoptionstheorie wird, insbesondere in neueren Arbeiten, zwischen unterschiedlichen Arten der Übernahme einer Adoption unterschieden (vgl. z. B. Terrahe, 1984: 42ff.; Weiber, 1992: 135). Diese Annahmen wurden für die vorliegende Untersuchung als sehr relevant eingeschätzt und durch die Unterscheidung in vier verschiedene Adoptionstypen in das Forschungsmodell aufgenommen. Die Ergebnisse der empirischen Untersuchung - und zwar insbesondere der Diskriminanzanalysen - unterstreichen die Notwendigkeit, sorgfältig zwischen unterschiedlichen Adoptionstypen weicher HR-Kennzahlen zu differenzieren und bekräftigen somit die Forderungen aktueller Forschungsarbeiten zur Adoptionstheorie.
- Darüber hinaus liefert die Adoptionstheorie für die vorliegenden Arbeit semantisch-inhaltliche Grundlagen. Durch die intensive Auseinandersetzung mit dem Innovationsbegriff innerhalb der Adoptionstheorie lassen sich die untersuchten weichen HR-Kennzahlen als Innovation betrachten (vgl. Kap. 2.3.2) und rechtfertigen somit die Übertragung der Annahmen der Adoptionstheorie auf das vorliegende Untersuchungsobjekt. Umgekehrt tragen die im Rahmen dieses Abschnittes diskutierten Annahmen zur Erweiterung und Spezifizierung des Adoptionskonzeptes auf ein neues Themengebiet „weiche HR-Kennzahlen“ bei.

Zusammenfassend lässt sich festhalten, dass der konzeptionelle Beitrag zur theoretischen Fundierung in der Zusammenführung der Ergebnisse zweier theoretischer Ansätze (Situativer Ansatz und Adoptionstheorie) in einen gemeinsamen Bezugsrahmen liegt. Die Kombination dieser beiden Ansätze ermöglicht eine deutlich breitere Abdeckung

---

[343] Vgl. darüber hinaus: Meißner (1989); Thom (1980: 23); Schulz (1972: 469); Wiswede (1995: 274f.).

des Spektrums relevanter Determinanten. Bislang beschränkten sich einzelne Arbeiten zumeist auf isolierte, spezifische Aspekte des Untersuchungsgegenstandes. In der vorliegenden Arbeit wurde die komplexe Beziehungsstruktur hinsichtlich eines (erfolgreichen) Einsatzes weicher HR-Kennzahlen erarbeitet, die neben direkten, auch indirekte und moderierende Effekte unterschiedlicher möglicher Determinanten (Kontextfaktoren, Ausgestaltung, Akzeptanz und Beurteilung) berücksichtigt.

In *inhaltlicher Hinsicht* führen die Ergebnisse der vorliegenden Untersuchung zu einem umfassenderen Verständnis der Adoption weicher HR-Kennzahlen im Rahmen des strategischen Personalmanagements. Ein erster konzeptioneller Beitrag besteht in der Systematisierung und Bestandsaufnahme der bisherigen Forschung zur Adoption weicher HR-Kennzahlen in deutschen Großunternehmen (erste Forschungsfrage). Darüber hinaus wurde durch die differenzierte, parallele und systematische Analyse unterschiedlicher Einflussfaktoren und Adoptionstypen in einem gemeinsamen, übergreifenden Modell ein hohes Ausmaß an Komplexität erzielt (zweite Forschungsfrage). Damit gehen die Resultate dieser Arbeit über die Erkenntnisse bisheriger Forschungsbeiträge hinaus. Die Untersuchung leistet in diesem Zusammenhang v. a. einen Beitrag auf dem Gebiet der Kennzahlenanwendung. So konnte bspw. festgestellt werden, dass die Adoption weicher HR-Kennzahlen in instrumenteller, konzeptioneller, manipulativer bzw. politischer Form von jeweils unterschiedlichen Determinanten beeinflusst wird. Abgesehen von den Erkenntnissen im Hinblick auf die Kennzahlenanwendung ergeben sich unter inhaltlichen Gesichtspunkten aus dieser Arbeit weitere Implikationen, die zum Erkenntnisfortschritt in angrenzenden Forschungsbereichen beitragen: So leistet die vorliegende Arbeit einen Beitrag zur Forschung, die sich mit Adoption von Innovationen auseinandersetzt. Aus den Untersuchungsergebnissen können neue Erkenntnisse hinsichtlich der Einflussfaktoren auf die Adoption einer Innovation sowie auf die Beziehung zwischen Ausgestaltungsmerkmalen einer Innovation und deren Adoption abgeleitet werden. Hiermit wird ein Beitrag zum besseren Verständnis der Adoption von Neuerungen (wie bspw. weichen HR-Kennzahlen) im unternehmerischen Kontext geleistet.

Hinsichtlich der *methodischen Umsetzung* wurde in der vorliegenden Arbeit zum einen eine sorgfältige Konzeptualisierung und Operationalisierung der verwendeten Konstrukte vorgenommen. Zum anderen wurden im Rahmen der Analyse strukturprüfende Verfahren (Diskriminanz- und Regressionsanalyse) angewandt mit deren Hilfe Abhängigkeiten und Zusammenhänge untersucht wurden.

- Die Gütebeurteilung der Konstruktmessung erfolgte über Kriterien der ersten Generation (Exploratorische Faktorenanalyse, Item to Total-Korrelation, Cronbachsches Alpha). Hierbei wurden einige neue Skalen entwickelt und empirisch validiert (z. B. Kostendruck, Wettbewerberverhalten, Einfluss der Personalabteilung, strategische Ausrichtung der Personalabteilung sowie Akzeptanz). Diese stellen einen relevanten Forschungsbeitrag zur empirischen Grundlagenarbeit hinsichtlich der Erfassung des Untersuchungsgegenstandes dar.
- In methodischer Hinsicht sei außerdem darauf verwiesen, dass erstmals eine Vollerhebung zur Kennzahlenanwendung im Personalbereich bei sämtlichen Großunternehmen in Deutschland mit mehr als 3.000 Mitarbeitern durchgeführt wurde. Dieses als sehr aufwendig zu charakterisierende Verfahren grenzt die vorliegende Untersuchung von anderen Arbeiten ab.

Nachfolgend sollen mögliche Ansatzpunkte für weitere, zukünftige Forschungsaktivitäten aufgezeigt werden, die sich aus den notwendigen Restriktionen bei der Definition und Eingrenzung der zentralen Forschungsfragen ergeben:

- Eingangs ist festzustellen, dass das Untersuchungsobjekt der vorliegenden Untersuchung bewusst auf „weiche HR-Kennzahlen" fokussiert worden ist. Nur auf diese Weise konnte die Relevanz und Komplexität des vorliegenden Untersuchungsgegenstandes angemessen und sorgfältig untersucht werden. Jedoch ergibt sich für zukünftige Forschungsarbeiten die Frage, inwieweit sich das speziell für weiche HR-Kennzahlen entwickelte Forschungsmodell auf andere Gegenstandsbereiche (wie z. B. harte Kennzahlen oder Marktforschungsinformationen) übertragen lässt.
- Ein weiterer Ansatzpunkt für die zukünftige Forschung betrifft die Zielgruppe der Datenerhebung. Im Rahmen der vorliegenden Untersuchung sind ausschließlich Personalleiter befragt worden. Eine vergleichende Befragung einer anderen Managementebene oder von denjenigen Mitarbeitern, die für die Kennzahlenentwicklung verantwortlich sind, könnte weitere Einsichten in die Thematik eröffnen[344].
- Darüber hinaus muss auf die potenzielle Abhängigkeit der Implementierung weicher HR-Kennzahlen von (Unternehmens)größe und Region eingegangen werden. In der vorliegenden Untersuchung sind ausschließlich in Deutschland ansässige Großunter-

nehmungen befragt worden[345]. In diesem Zusammenhang ist zu bemerken, dass die Kennzahlenanwendung eine besondere Tradition im deutschsprachigen Raum besitzt (vgl. Kap. 2.2), so dass die Analyse der in der vorliegenden Untersuchung behandelten Forschungsfragen und deren Validierung in anderen Ländern möglicherweise andere Resultate erwarten lässt. Spezifische Forschungen für mittelständische Unternehmen bzw. länderübergreifende Vergleichsuntersuchungen könnten (insbesondere vor dem Hintergrund der Ergebnisse der Experteninterviews) vielversprechend sein.

- Weiterhin stellt die Auswahl der Einflussgrößen (externe und interne Kontextfaktoren, Ausgestaltungs-, Akzeptanz- und Beurteilungsmerkmale) in der vorliegenden Untersuchung eine Restriktion dar, auch wenn diese systematisch und theoretisch fundiert erfolgt ist. Die Güte und Erklärungskraft der in Kap. 3.4. berechneten Regressionsmodelle könnte ggf. durch den Einbezug zusätzlicher bzw. anderer Größen noch weiter optimiert werden. Hierzu ist bspw. eine Untersuchung der Implementierungsmerkmale auf die Adoption weicher HR-Kennzahlen denkbar (vgl. Kap. 2.3.2). In diesem Zusammenhang sind auch die ersten explorativen Ergebnisse zur manipulativen und politischen Adoption zu nennen, die im Rahmen weiterer Studien zu überprüfen und zu differenzieren sind.
- Eine methodische Restriktion der Arbeit ist im statischen Untersuchungs-Design der vorliegenden Studie zu sehen. Aus Zeit und Kostenargumenten wurde die Adoption weicher HR-Kennzahlen im strategischen Personalmanagement ausschließlich in Form einer einmaligen Querschnittsuntersuchung analysiert. Jedoch findet sich weiteres Forschungspotenzial durch eine zusätzliche Betrachtung der „zeitlichen Dimension“ (vgl. Larsen 1985, S. 146). In diesem Zusammenhang sind insbesondere die Analyse der (Langzeit-)Wirkung bestimmter Kontextbedingungen oder die nähere Beobachtung einzelner Phasen des Implementierungsprozesses weicher HR-Kennzahlen zu benennen. Zudem könnten im Rahmen eines dynamischen Designs auch eventuell auftretende zeitliche Verzögerungen bei den Abhängigkeitsbeziehungen zwischen den untersuchten Einflussfaktoren und der Adoption weicher HR-Kennzahlen erfasst werden.

[344] Eine solche Erweiterung des Forschungsdesigns ist mit einer hohen Komplexität der Datenerhebung und -analyse verbunden. Als möglicher Ansatz bietet sich eine Fallstudienmethodik an.

[345] Hintergrund dieser Beschränkung ist in erster Linie die Notwendigkeit, die Komplexität und damit den Aufwand der Datenerhebung zu begrenzen.

- Eine letzte empirische Restriktion dieser Untersuchung ist in den eingesetzten Datenanalysen und ihrer Leistungsfähigkeit zu sehen. Die Untersuchung direkter, indirekter oder moderierender Beziehungsstrukturen zwischen den relevanten Untersuchungsparametern, verlangt komplexe Analyseverfahren, wie z. B. die eingesetzten Varianten der Diskriminanz- und Regressionsanalyse. Der Umfang der Stichprobe erlaubte jedoch nicht die Anwendung anderer Methoden wie bspw. der Berechnung von Strukturgleichungsmodellen oder Kausalanalysen. Der Einsatz solcher Verfahren könnte eine differenziertere Analyse und die Entdeckung weiterer Zusammenhänge ermöglichen (wodurch ggf. die Identifikation weiterer relevanter Kontextfaktoren und Abhängigkeitsbeziehungen erfolgen könnte). Letztlich besteht durch einen höheren Stichprobenumfang und die damit einsetzbaren Datenanalyseverfahren die begründete Hoffnung, insbesondere auch für die manipulative und politische Adoption weicher HR-Kennzahlen signifikante Ergebnisse zu erzielen.

4.3. Implikationen für die Unternehmenspraxis

Die Ergebnisse der vorliegenden Untersuchung enthalten schließlich auch eine Reihe von Anregungen für die Unternehmenspraxis. Die aus Unternehmenssicht wichtigsten Implikationen und Empfehlungen sollen nachfolgend dargestellt werden.

Aus der Bestandsaufnahme weicher HR-Kennzahlen als Steuerungsgrößen (vgl. *erste Forschungsfrage*) ergeben sich die folgenden Empfehlungen:

- Auch wenn es sich bei dem Untersuchungsgegenstand um ein in erster Linie mitarbeiterbezogenes Instrument handelt, zeigen die Ergebnisse der empirischen Untersuchung, dass ein solcher Bezug in fast allen Phasen des Erstellungs- und Einbindungsprozesses weicher HR-Kennzahlen nur unzureichend ausgestaltet ist. Die Konzeption und Verantwortung weicher HR-Kennzahlen ist in deutschen Großunternehmen hierarchisch hoch angesiedelt (ca. 75% beim Personalleiter). Weiche HR-Kennzahlen werden oftmals nicht bis auf Teamebene ausgewertet und vielfach nur hierarchieabhängig kommuniziert. Während auf höheren Führungsebenen durchaus umfassend informiert wird, reduziert sich die Kommunikation auf Mitarbeiterebene erheblich. Eine Steuerung mittels weicher HR-Kennzahlen sowie die umfassende Lösung der über die Kennzahlen aufgezeigten Schwächen im Unternehmen erfordert jedoch die Einbindung der Mitarbeiter sowie eine mitarbeiterbezogene Kommunikation. Aus diesem Grund lautet die Empfehlung, verstärkt auch untere Führungs- und Mitarbeiterebenen bei der Konzeption, Auswertung und Kommunikation zu berücksichtigen.

- Betrachtet man die Ergebnisse der empirischen Untersuchung, lässt sich weiterhin konstatieren, dass zwar zahlreiche Unternehmen in weiche HR-Kennzahlen investieren und diese einführen - die Kennzahlen werden jedoch nicht systematisch in bestehenden Steuerungssystemen verankert. Die Bestandsaufnahme zeigt, dass etwa die Hälfte der Unternehmen weiche HR-Kennzahlen in einem zu großen Abstand bzw. nur bedarfsorientiert misst. Auf einer solchen Basis lässt sich nicht zielgerichtet steuern (vgl. Vollmuth, 2002: 42; ähnlich Weber/Sandt, 2001: 15f.; Weber, M., 2002: 127, 141). Deshalb kann die Empfehlung abgeleitet werden, weiche HR-Kennzahlen mindestens einmal jährlich in systematischer Form zu erheben. Zudem integriert nur etwa ein Drittel der Unternehmen die erhobenen HR-Kennzahlen auch tatsächlich systematisch in bestehende Steuerungssysteme. Auch eine Verknüpfung weicher HR-Kennzahlen mit Anreizsystemen zur Unternehmenssteuerung ist nur bei 14% der befragten Unternehmen anzutreffen. Demgegenüber wird sowohl in der empirischen als auch in der theoretischen Forschungsliteratur die Bedeutung von Anreizsystemen für die Adoption weicher HR-Kennzahlen vielfach hervorgehoben (vgl. Kap. 2.2; z. B. Webster, 1988: 38). Vor dem Hintergrund der oftmals aufwendigen Erhebung weicher HR-Kennzahlen, ist zu empfehlen, weiche HR-Kennzahlen auch intensiver in der Unternehmung zu verankern, d. h. stärker in bestehende Steuerungs- und Anreizsysteme zu integrieren. Nur so lassen sich die Kennzahlen nicht nur zu Informationszwecken, sondern tatsächlich im Rahmen der intendierten Steuerungsfunktion adäquat einsetzen.
- Die Potenzialqualität weicher HR-Kennzahlen, wie bspw. die Steuerungsrelevanz und der Relative Vorteil werden von den Befragten allgemein als sehr positiv bewertet. Im Gegensatz hierzu fällt die Bewertung von Produktkriterien, die v. a. die operative Umsetzung weicher HR-Kennzahlen betreffen, eher kritisch aus. So werden für die Größen Umfang, Komplexität und Verlässlichkeit weicher HR-Kennzahlen deutlich geringere Werte erzielt. Die in den Augen der Nutzer schlechtere Bewertung der Produktkriterien weicher HR-Kennzahlen ist auf methodische Handhabungsprobleme zurückzuführen. Die detaillierte Betrachtung auf Einzel-Item-Ebene bestätigt Unsicherheiten und Schwierigkeiten bei der methodischen Erfassung. Dies entspricht den Aussagen aktueller Forschungsarbeiten, welche trotz zunehmender

Entwicklung komplexer Modelle zur Erfassung weicher Themen, noch immer methodische Defizite feststellen (vgl. u. a. DGQ, 1999: 18-23; Fiedler-Winter, 2002: 21; PwC, 2001: 4; Vasic, 2004: 86)[346]. Aufgrund der Tatsache, dass Beurteilungskriterien wichtige Prädiktoren für einen erfolgreichen Kennzahleneinsatz darstellen (siehe Forschungsfrage 2), resultiert die Forderung nach einem gezielten Einbezug oder Aufbau von professionellem Know-How, bei den Unternehmen, bei denen sich methodische Unsicherheiten in der Handhabung weicher HR-Kennzahlen zeigen.

- Schließlich sollte bei der Konzipierung und Erstellung weicher HR-Kennzahlen berücksichtigt werden, dass weiche HR-Kennzahlen im Rahmen verschiedener Adoptionstypen eingesetzt werden. Die Ergebnisse der Bestandsaufnahme zeigen in diesem Zusammenhang, dass insbesondere die konzeptionelle (und somit indirekte) Adoption weicher HR-Kennzahlen besonders weit verbreitet ist. Darüber hinaus existiert in der betrieblichen Praxis auch ein dysfunktionales Adoptionsverhalten, welches durch den manipulativen und politischen Adoptionstyp operationalisiert wurde. Bei Unternehmen, welche diese Erkenntnisse bislang nicht reflektiert haben, findet vor diesem Hintergrund möglicherweise eine Diskrepanz zwischen der tatsächlichen Ist-Nutzung und der angestrebten Soll-Nutzung weicher HR-Kennzahlen statt. Diese Interpretation wird u. a. auch durch die Vielzahl zugeschriebener, potenzieller Zielfunktionen für den Einsatz weicher HR-Kennzahlen unterstrichen, welche v. a. direkte Steuerungsfunktionen betonen (vgl. Kap. 2.2. und 2.4.1). Hinsichtlich des hieraus resultierenden Handlungsbedarfs für Unternehmungen, können ggf. zum besseren Verständnis des tatsächlichen Einsatzes weicher HR-Kennzahlen die Messinstrumente eingesetzt werden, die im Rahmen dieser Arbeit genutzt und empirisch überprüft wurden.

Im Rahmen der zweiten Forschungsfrage wurden die Einflussfaktoren der unterschiedlichen Adoptionstypen weicher HR-Kennzahlen untersucht. Bezüglich der Erfolgsdeterminanten lassen sich folgende Erkenntnisse ableiten:

- Hinsichtlich einer allgemeinen vergleichenden Betrachtung von Unternehmen mit bzw. ohne Einsatz weicher HR-Kennzahlen (vgl. Kap. 3.3.1), zeigt sich, dass eher organisationsinterne als externe Kontextfaktoren einen solchen Einsatz determinieren. Beispielsweise ergab die empirische Untersuchung der kontextualen Erfolgsde-

[346] Vgl. auch: Brandl (2002: 44); Corporate Leadership Council (1999: 5); Frank (2003: 14); Horváth (2000: 228f.); George (1999: 38f.); Pfeffer (1997: 361); Rose (2000: 238); Wall/Gebauer (2002: 311).

terminanten ganz speziell, dass die Adoption weicher HR-Kennzahlen in bestimmten organisationalen Umgebungen besonders vielversprechend ist: Insbesondere bei einer mitarbeiterorientierten Unternehmenskultur und einer ausgeprägten strategischen Grundorientierung kann der Erfolg einer (positiven) Implementierung weicher HR-Kennzahlen positiv beeinflusst werden. Dieses Ergebnis besitzt insofern eine hohe Relevanz für die betriebliche Praxis, als dass organisationsinterne Variablen, im Gegensatz zu Variablen der externen Umwelt, vergleichsweise leicht durch das Management beeinflusst werden können (vgl. Menon/Wilcox, 1996: 6). Über die Gestaltung dieser Parameter kann Einfluss auf die spezifische Adoption weicher HR-Kennzahlen genommen werden.

- Eine detailliertere Analyse der Unterscheidungsmerkmale erfolgreicher Adoptionen weicher HR-Kennzahlen in Unternehmen (instrumentell, konzeptionell) von eher dysfunktionalen Einsätzen (manipulativ, politisch) wurde im Rahmen der Kap. 3.3.2 – 3.3.3 mittels weiterer Diskriminanzanalysen vorgenommen. Die Ergebnisse zeigen, dass neben der Professionalität der Ausgestaltung und Verknüpfung weicher HR-Kennzahlen v. a. deren Verlässlichkeit und wahrgenommene Wichtigkeit entscheidende Prädiktoren für einen erfolgreichen Kennzahleneinsatz darstellen. Dieses Ergebnis unterstreicht die bereits in den vorherigen Abschnitten formulierte Forderung nach einem Einbezug professionellen Know-Hows im Falle methodischer Handhabungsprobleme.
- Ein weiteres zentrales Ergebnis bei der Untersuchung der Erfolgsdeterminanten weicher HR-Kennzahlen ist der starke Zusammenhang zwischen der wahrgenommenen Professionalität, der Akzeptanz sowie der Qualität weicher HR-Kennzahlen und einer erfolgreichen (instrumentellen bzw. konzeptionellen) Adoption (vgl. Kap. 3.4). Insbesondere die Merkmale der Verknüpfung weicher HR-Kennzahlen mit Steuerungs- und Anreizsystemen sowie das Ausmaß der Kompatibilität mit bestehenden Werten und Strukturen stellen hierbei wichtige Determinanten dar. Demgegenüber unterstreichen die Ergebnisse der Regressionsmodelle zur manipulativen und politischen Adoption, dass ein hohes Ausmaß an Komplexität der weichen HR-Kennzahlen, ein geringer Verknüpfungsgrad mit bestehenden Instrumenten sowie eine wenig mitarbeiterorientierte Unternehmenskultur einen dysfunktionalen Einsatz weicher HR-Kennzahlen fördern. Aus diesen Ergebnissen wird ersichtlich, dass die identifizierten Dimensionen (Ausgestaltung, Akzeptanz und Qualität) geeignete Erfolgsgrößen zur Förderung eines (erfolgreichen) Einsatzes weicher HR-Kennzahlen in

der unternehmerischen Praxis darstellen. Eine wesentliche Empfehlung aus der vorliegenden Untersuchung ist daher die stärkere Berücksichtigung dieser Merkmale. Das Management sollte sich in diesem Zusammenhang stärker bemühen, die Sicherstellung der Professionalität der Ausgestaltung weicher HR-Kennzahlen, eine systematische Einbindung in bestehende Steuerungs- und Anreizsysteme sowie die Berücksichtigung kontextualer Gegebenheiten zu gewährleisten.

Abschließend soll festgehalten werden, dass sich im Zusammenhang mit dem Untersuchungsobjekt weiche HR-Kennzahlen teilweise Probleme ausmachen lassen: Inhaltliche bzw. ethische Fragestellungen, methodische Erfassungsschwierigkeiten oder theoretische Unklarheiten wie bspw. Streitfragen bei der Bestimmung der Relevanz für die Personalsteuerung im Kontext des Gesamtsystems. Die soeben aufgeführten Probleme scheinen jedoch lösbar. An dieser Stelle soll zum einen auf die in jüngster Zeit, insbesondere aus dem organisationspsychologischen Forschungskontext kommende, zunehmende Grundlagenarbeit im Hinblick auf die Erfassung weicher Themengebiete in der Unternehmensführung verwiesen werden[347]. Auch finden sich immer mehr aktuelle Forschungsarbeiten, die den positiven Zusammenhang zwischen weichen Größen und unterschiedlichen (finanziellen) Erfolgsindikatoren belegen (vgl. u. a. Di Piazza/Eccles, 2002: 84ff.; Servatius, 2003: 159; Wolf/Zwick, 2003: 54ff.)[348]. In der jüngeren Forschungsliteratur wurde eine Reihe von Modellen, wie z. B. die Balanced Scorecard (vgl. Kaplan/Norton, 1996), das Performance Prism (vgl. Neely et al., 2002), das Skandia-Modell (vgl. Edvinsson/Marlone, 1997) oder sogenannte Strategy Maps (vgl. Kaplan/Norton, 2000) entwickelt, die die Einbindung weicher Größen explizit berücksichtigen (vgl. Bausch/Kaufmann, 2000: 126; Corporate Leadership Council, 2001b: 5; Strack et al., 2000: 283f.). Insofern ist anzunehmen, dass die methodisch-technischen Schwierigkeiten zunehmend geklärt werden können. Die Bedeutung weicher HR-Kennzahlen im Rahmen einer langfristig orientierten Unternehmenssteuerung wurde hierbei vielfach betont und soll zum Abschluss in der Forderung von Weber, M. (2002: 122) folgendermaßen aufgenommen werden: „Bei Messungen im Personalbereich [...] sollten neben harten Daten wie Kosten oder Fehlzeiten unbedingt auch subjektive Einschätzungen Berücksichtigung finden.".

[347] Vgl. z. B.: Betriebswirtschaftliche Forschung und Praxis, 2003: Ausgabe "Neue Vermögensdarstellung in der Bilanz" oder Controlling, 2003: Ausgabe "Controlling von Intangibles".

[348] Vgl. darüber hinaus: Gladen (2001: 163); Kail/Riedel (2001: 26); Kobi (1999: 25ff.); Leidig (2002: 27f.); Lohaus/Habermann (2002: 22, 27); Weber, M. (2002: 139).

Insgesamt ist festzustellen, dass die Adoption weicher HR-Kennzahlen in der betrieblichen Praxis noch einen relativ geringen Verbreitungsgrad aufweist. Gerade dieses Personalinstrument besitzt jedoch eine besondere Relevanz im Rahmen der Frühwarn- und Steuerungsfunktion und kann nur schwer durch andere Informationen ersetzt werden. Aufgrund der Relevanz dieser Methoden aus Sicht des Personalleiter und im Hinblick auf die Anwendungsdefizite in der Unternehmenspraxis kann die Empfehlung abgeleitet werden, weiche HR-Kennzahlen verstärkt einzusetzen, wenn entsprechende Rahmenbedingungen gegeben sind. Dabei können die Ergebnisse der Untersuchung als klare Empfehlung für ein bewusstes Management weicher HR-Kennzahlen aufgefasst werden. Beispielsweise besteht eine wichtige Managementaufgabe darin, dysfunktionale Einsätze weicher HR-Kennzahlen zu erkennen und deren Entstehung vorzubeugen. Ein weiterer relevanter Schritt in Richtung eines solchen nachhaltigen Personalmanagements ist die systematische Bezugnahme und Verknüpfung weicher HR-Kennzahlen mit wichtigen Steuerungs- und Anreizsystemen im Kontext der gegebenen Unternehmensstrategie. Darüber hinaus ist die Bedeutung der Integration weicher HR-Kennzahlen in den entsprechenden Systemkontext, wie z. B. der bestehenden Controlling-Systeme oder der gelebten Unternehmenskultur zu betonen (vgl. u. a. Daum, 2003b: 134; Servatius, 2003: 159; Stoi, 2003: 180)[349].

Mit der Umsetzung der in den vorangegangenen Absätzen beschriebenen Maßnahmen lässt sich nicht nur die Adoption weicher HR-Kennzahlen klarer reflektieren, sondern auch einige in der Unternehmenspraxis und in der Theorie anzutreffende Bedenken gegenüber dem Untersuchungsgegenstand beseitigen. Unter der Voraussetzung, dass die bestehenden Probleme überwunden und ein Aufbau auf die gerade aufgezeigte aktuelle Grundlagenarbeit erfolgt, könnten die Vorteile einer systematischen Einbindung weicher HR-Kennzahlen in die Personalsteuerung, insbesondere vor dem Hintergrund der zunehmenden Bedeutung solcher Größen, enorm sein.

[349] Vgl. darüber hinaus: Fischer (2003: 20); Günther/Günther (2003: 198); Kaps/Husmann (1995: 36); Neely et al. (2003: 132); Strack et al. (2000: 286).

5. Literaturverzeichnis

Abernathy, W. J. / Utterback, M., 1978: Patterns of Industrial Innovation, In: Technology Review, Nr. 7, 40 - 47.

Afuah, A., 2003: Innovation Management: Strategies, Implementation and Profits, 2. Aufl., New York, Oxford.

Agor, W. H., 1986: The Logic of Intuition: How Top Executives Make Important Decisions, In: Organizational Dynamics, Vol. 14, Nr. 3, 5 - 29.

Ahmed, P. K., 1997: Benchmarking Innovation Best Practice, In: Benchmarking for Quality Management and Technology, Vol. 5, Nr. 1, 45 - 58.

Ahorner, K., 1979: Kennziffern für den Chef – Führungssicherheit durch ein umfassendes Frühwarnsystem, 1. Aufl., Kissing.

Aiken, M. / Hage, J., 1966: Organizational Alienation, In: American Sociological Review, Vol. 31, Nr. 8, 497 - 507.

Aiken, M. / Hage, J., 1971: The Organic Organization and Innovation, In: Sociology, Vol. 5, 63 - 81.

Albach, H., 1961: Entscheidungsprozess und Informationsfluss in der Unternehmensorganisation, In: Organisation, TFB-Handbuchreihe, 1. Bd., Hrsg.: Schnaufer, E. / Agthe, K., Berlin, Baden-Baden, 335 - 402.

Albers, S. / Skiera, B., 1999: Regressionsanalyse, In: Marktforschung, Hrsg.: Herrmann, A. / Homburg, C., Wiesbaden, 205 - 236.

Allerbeck, M. / Helmreich, R., 1984: Akzeptanz planen – aber wie? In: Office Management, Vol. 32, 1080 - 1082.

Allison, P. D., 1977: Testing for Interaction in Multiple Regression, In: American Journal of Sociology, Vol. 83, Nr. 1, 144 - 153.

Altfelder, K., 1979: VDMA-Kennzahlen als Führungshilfe der Unternehmensleitung, In: BwV 173, 2. überarbeitete Aufl., Vol. 5, Hrsg.: Verein Deutscher Maschinenbau-Anstalten e.V., Frankfurt a. M.

Anderson, J. / Gerbig, D. / Hunter, J., 1987: On the Assessment of Unidimensional Measurement: Internal and External Consistency, and Overall Consistency Criteria, In: Journal of Marketing Research, Vol. 24, Nr. 11, 432 - 437.

Anderson, J. C. / Gerbing, D., 1988: Structural Equation Modeling in Practice: A Review and Recommended Two-Step Approach, In: Psychological Bulletin, Vol. 103, Nr. 4, 411 - 423.

Anger, H., 1969: Befragung und Erhebung, In: Handbuch der Psychologie, Bd. 7 „Sozialpsychologie“, Hrsg.: Graumann, C. F., Göttingen, 567 - 618.

Antoine, H., 1958: Kennzahlen, Richtzahlen, Planungszahlen, 2. Aufl., Wiesbaden.

Anwander, A., 2002: Strategien erfolgreich verwirklichen. Wie aus Strategie echte Wettbewerbsvorteile werden, 2. Aufl., Berlin, Heidelberg.

Aregger, K., 1976: Innovation in sozialen Systemen, Bd. 1: Einführung in die Innovationstheorie der Organisation, Bd. 2: Ein integriertes Innovationsmodell am Beispiel der Schule, Bern, Stuttgart.

Armstrong, J. S. / Overton, T. S., 1977: Estimating Nonresponse Bias in Mail Surveys, In: Journal of Marketing Research, Vol. 14, Nr. 8, 396 - 402.

Arnold, H., 1982: Moderator Variables: A Clarification of Conceptual, Analytic, and Psychometric Issues, In: Organizational Behavior and Human Performance, Vol. 29, 143 - 174.

Arnold, W. / Freimann, J. / Kurz, R., 2003: Sustainable Balanced Scorecard (SBS): Integration von Nachhaltigkeitsaspekten in das BSC-Konzept. Konzept – Erfahrungen – Perspektiven, In: Zeitschrift für Controlling und Management, Vol. 47, Nr. 6, 391 - 400.

Arvanitis, S., 1998: Arbeitsqualifikation, Beschäftigung und Innovationsaktivitäten: erste empirische Ergebnisse einer ökonomischen Analyse anhand von Unternehmensdaten, Kongress "Bildung und Arbeit", 24. - 26. September, Universität Zürich.

Atteslander, P., 1993: Methoden der empirischen Sozialforschung, 7. Aufl., Berlin.

Auster, E. / Choo, C. W., 1994: How Senior Managers Acquire and Use Information in Environmental Scanning, In: Information Processing und Management, Vol. 30, Nr. 5, 607 - 618.

Backes, U., 1996: Die wichtigsten Personalfunktionen und ihre DV-Unterstützung. Ergebnisse der CoPers-Umfrage 1995, In: Controlling und Personal, Vol. 1, 3 - 10.

Backhaus, K. et al., 2000: Multivariate Analysemethoden. Eine anwendungsorientierte Einführung, 9. Aufl., Berlin et al.

Bagozzi, R. P. / Baumgartner, H., 1994: The Evaluation of Structural Equation Models and Hypothesis Testing, In: Principles of Marketing Research, Hrsg.: Bagozzi, R. P., Cambridge, MA, 386 - 422.

Bagozzi, R. P. / Fornell, C., 1982: Theoretical Concepts, Measurements, and Meaning, In: A Second Generation of Multivariate Analysis: Measurement and Evaluation, Hrsg.: Fornell, C., New York.

Bagozzi, R. P. / Phillips, L., 1982: Representing and Testing Organizational Theories: A Holistic Construal, In: Administrative Science Quarterly, Vol. 27, 459 - 489.

Bagozzi, R. P. / Yi, Y. / Phillips, L. W., 1991: Assessing Construct Validity in Organizational Research, In: Administrative Science Quarterly, Vol. 36, 421 - 458.

Bagozzi, R. P., 1979: The Role of Measurement in Theory Construction and Hypothesis Testing: Toward a Holistic Model, In: Conceptual and Theoretical Developments in Marketing, Hrsg.: Ferell, O. / Brown, S. / Lamb, C., Chicago, 15 - 32.

Bagozzi, R. P., 1994: Structural Equation Models in Marketing Research: Basic Principles, In: Principles of Marketing Research, Hrsg.: Bagozzi, R. P., Cambridge, MA, 317 - 385.

Bailey, K. D., 1994: Typologies and Taxonomies: An Introduction to Classification Techniques, Thousands Oaks.

Bak, B., 1999: Funktion und Wirkung von Kennzahlen. Grundlagen für den Einsatz in der öffentlichen Verwaltung, In: Verwaltung, Organisation und Personal, Nr. 4, 21 - 24.

Baker, G. / Jensen, M. / Murphy, K., 1988: Compensation and Incentives: Practice vs. Theory, In: Journal of Finance, Vol. 43, Nr. 3, 593 - 616.

Balkin, D. B. / Gomez-Mejia, L. R., 1990: Matching Compensation and Organizational Strategies, In: Strategic Management Journal, Vol. 11, Nr. 2, 153 - 169.

Barabba, V. / Zaltmann, G., 1991: Hearing the Voice of the Market – Competitive Advantage through Creative Use of Market Information, Boston.

Barclay, D. W., 1991: Interdepartmental Conflict in Organizational Buying: The Impact of the Organizational Context, In: Journal of Marketing Research, Vol. 28, Nr. 5, 145 - 159.

Barnett, H. G., 1953: Innovation: The Basis of Cultural Change, New York.

Baron, R. / Kenny, D., 1986: The Moderator – Mediator Variable Distinction in Social Psychological Research. Conceptual, Strategic and Statistical Considerations, In: Journal of Personality and Social Psychology, Vol. 51, Nr. 6, 1173 - 1182.

Bauer, M., 2003: „Lotse in schwerer See“: Was Controller in Deutschland zum Unternehmenserfolg beitragen, In: Zeitschrift für Controlling und Management, Vol. 47, Nr. 2, 117 - 122.

Baumgartner, H. / Homburg, C., 1996: Applications of Structural Equation Modeling in Marketing and Consumer Research: A Review, In: International Journal of Research in Marketing, Vol. 13, 2, 139 - 161.

Bausch, A. / Kaufmann, L., 2000: Innovationen im Controlling am Beispiel der Entwicklung monetärer Kennzahlensysteme, In: Controlling, Vol. 12, Nr. 3, 121 - 128.

Bearden, W. O. / Mason, J. B., 1979: Physician and Pharmacist Perceived Risk in Generic Drug, In: Educators` Conference Proceedings, Hrsg.: Chicago: American Marketing Association, Neil Beckwith et al., 577 - 583.

Becker, S. W. / Whisler, T. L., 1977: Die innovative Organisation, In: Entscheidungstheorie, Hrsg.: Witte, E. / Thimm, A. L., Wiesbaden, 180 - 189.

Behling, O. / Eckel, N. L., 1991: Making Sense out of Intuition, In: Academy of Management Executive, Vol. 5, Nr. 1, 46 - 54.

Bei, L. T. / Widdows, R., 1999: Product Knowledge and Product Involvement as Moderators of the Effects of Information on Purchase Decisions: A Case Study Using the

Perfect Information Frontier Approach, In: Journal of Consumer Affairs, Vol. 33, Nr. 1, 165 - 186.

Bendixen, W. G., 1976: Kreativität und Unternehmensorganisation, Köln.

Benkenstein, M. / Güthoff, J., 1998: Methoden zur Messung der Dienstleistungsqualität, In: Handbuch Dienstleistungsmanagement – von der strategischen Konzeption zur praktischen Umsetzung, Hrsg.: Bruhn, M. / Meffert, H., Wiesbaden, 429 - 447.

Benkenstein, M., 1993: Dienstleistungsqualität, Ansätze zur Messung und Implikationen für die Steuerung, In: Zeitschrift für Betriebswirtschaft, Vol. 63, 1095 - 1116.

Bennett, P. D. / Harrell, G. D., 1975: The Role of Confidence in Understanding and Predicting Buyers` Attitudes and Purchase Intentions, In: Journal of Consumer Research, Vol. 2, Nr. 9, 110 - 117.

Berekoven, L. / Eckert, W. / Ellenrieder, P., 1996: Marktforschung: Methodische Grundlagen und praktische Anwendung, 7. Aufl., Wiesbaden.

Berry, W. / Feldman, S., 1985: Multiple Regression in Practice, Sage University Paper Series on Quantitative Applications in the Social Sciences, Series No. 07-050, Beverly Hills/London.

Berthel, J., 1974: Dokumentation, betriebliche, In: HWB, 4. Aufl., Hrsg.: Grochla, E. / Wittmann, W., Stuttgart, 1199 - 1208.

Bessoth, R., 1975: Leistungsfähigkeit des betrieblichen Vorschlagswesen. Aufbereitung und Darstellung der bisherigen Erkenntnisse, Göttingen.

Betriebswirtschaftliche Forschung und Praxis, 2003: Neue Vermögensdarstellung in der Bilanz, Nr. 4.

Betriebswirtschaftlicher Ausschuss des Zentralverbandes der Elektrotechnischen Industrie e. V. (Hrsg.), 1971: ZVEI-Kennzahlensystem. Ein Instrument zur Unternehmenssteuerung, 1. Aufl., Frankfurt a. M.

Beyer, J. M. / Trice, H. M., 1982: The Utilization Process: A Conceptual Framework and Synthesis of Empirical Findings, In: Administrative Science Quarterly, Vol. 27, 591 - 622.

Biecker, M. et al., 1976: Normen für die Personalstatistik, In: Schriften der Deutschen Gesellschaft für Personalführung e.V., Bd. 39, Hrsg.: Deutsche Gesellschaft für Personalführung, Köln.

Biehl, W., 1982: Investition und Innovation, Mainz.

Binsack, M., 2003: Akzeptanz neuer Produkte: Vorwissen als Determinante des Innovationserfolges, Wiesbaden.

Bischof, J. / Speckbacher, G., 2001: Mit der Balanced Scorecard zum strategiegeleiteten Unternehmen: Theorie und Methodik, In: Balanced Scorecard im Human Resource Management, Hrsg.: Grötzinger, M. / Uepping, H., Neuwied.

Blau, P. M. / Schönherr, R. A., 1971: The Structure of Organizations, New York.

Bleymüller, J. / Gehlert, G. / Gülicher, H., 1991: Statistik für Wirtschaftswissenschaftler, 7. Aufl., München.

Bobe, B. / Bobe, A.C., 1998: Benchmarking Innovation Practices of European Firms: A Research Report for the IPTS, Brüssel.

Bodenstein, G., 1972: Der Annahme- und Verbreitungsprozess neuer Produkte, Frankfurt a. M., Zürich.

Bollinger, G. / Greif, S., 1983: Innovationsprozesse. Fördernde und hemmende Einflüsse auf kreatives Verhalten, In: Handbuch der Psychologie, Bd. 12, Nr. 2 „Marktpsychologie", Hrsg.: Irle, M., Göttingen, 396 - 482.

Bolton, R. N. / Drews, J. H., 1991: A Longitudinal Analysis of the Impact of Service Changes on Customer Attitudes, In: Journal of Marketing, Vol. 55, Nr. 1, 1 - 9.

Borg, I., 2002: Mitarbeiterbefragungen kompakt, Göttingen.

Börner, D., 1972: Kennzahlen als Hilfsmittel der Unternehmensführung, In: Die informierte Unternehmung. Beiträge aus Wissenschaft und Praxis für die Zukunftsgestaltung der Unternehmung, Hrsg.: Rühle v. Lilienstern, H., Berlin, 267 - 279.

Bortz, J. / Döring, N., 2003: Forschungsmethoden und Evaluation, 3. überarbeitete Aufl., Berlin.

Bortz, J., 1984: Lehrbuch der empirischen Forschung für Sozialwissenschaftler, 2. Aufl., Berlin.

Bortz, J., 1999: Statistik für Sozialwissenschaftler, 5. Aufl., Berlin.

Botta, V., 1997: Kennzahlensysteme als Führungsinstrumente. Planung, Steuerung und Kontrolle der Rentabilität im Unternehmen, 5. Aufl., Berlin.

Boudon, R., 1980: Die Logik des gesellschaftlichen Handels, Darmstadt, Neuwied.

Boulding, K. E., 1956: General Systems Theory – The Skeleton of Science, In: Management Science, Vol. 2, Nr. 3, 197 - 208.

Brandenburg, A. G. et al., 1972: Die Innovationsentscheidung. Bestimmungsgründe für die Bereitschaft zur Investition in neuen Technologien, Göttingen.

Brander, A., 1998: Kostensenkungspotenzial und Wettbewerbsvorteile durch bessere Informationsqualität, In: IO-Management, Vol. 67, Nr. 10, 66 - 72.

Brandl., J., 2002: Die Problematik der Kennzahlen in Personalinformationssystemen, In: Personalführung, Nr. 9, 42 - 47.

Brandyberry, A. A., 2003: Determinants of Adoption for Organisational Innovations Approaching Saturation, In: European Journal of Innovation Management, Vol. 6, Nr. 3, 150 - 158.

Breisig, T. et al., 1983: Beteiligung von Arbeitnehmern beim Einsatz der Informationstechnik. Arbeitspapiere zu Organisation, Automation und Führung der Universität Trier, Bd. 5, Trier.

Brettel, M., 1997: Motivationstheorien, In: Küpper, H. U. / Weber, J.: Taschenlexikon Controlling, Stuttgart, 231 - 233.

Brockmann, E. N. / Simmonds, P. G., 1997: Strategic Decision Making: the Influence of CEO Experience and Use of Tacit Knowledge, In: Journal of Managerial Issues, Vol. 9, Nr. 4, 454 - 467.

Brose, P., 1982: Planung, Bewertung und Kontrolle technologischer Innovationen, Berlin.

Brosius, F., 1998: SPSS 8. Professionelle Statistik unter Windows, Bonn.

Brown, M., 1997: Kennzahlen. Harte und weiche Faktoren erkennen, messen und bewerten, München.

Brown, S., 1989: A Gap Analysis of Professional Service Quality, In: Journal of Marketing, Vol. 53, Nr. 4, 92 - 98.

Bruhn, M., 1995: Verfahren zur Messung der Qualität interner Dienstleistungen: Ansätze für einen Methodentransfer aus dem (externen) Dienstleistungsmarketing, In: Internes Marketing: Integration der Kunden- und Mitarbeiterorientierung, Grundlagen – Implementierung – Praxisbeispiele, Hrsg.: Bruhn, M., Wiesbaden, 611 - 649.

Brumby, L. / Pässler, K., 2002: Benchmarking in Dienstleistungsunternehmen. Mit eigenständigem Ansatz zur dauerhaften Stärkung der Innovationskraft, In: Unternehmen der Zukunft, Heft 2.1.02, Aachen, 3 - 5.

Bühl, A. / Zöfel, P., 1999: SPSS. Version 8. Einführung in die moderne Datenanalyse unter Windows, Addison-Wesley, München et al.

Burchell, S. et al., 1980: The Roles of Accounting in Organizations and Society, In: Accounting, Organizations and Society, Vol. 5, Nr. 1, 5 - 27.

Burns, T. / Stalker, G. M., 1961: The Management of Innovation, London.

Burrell, G. / Morgan, G., 1979: Sociological Paradigms and Organisational Analysis, London.

Caduff, T., 1981: Zielerreichungsorientierte Kennzahlennetze industrieller Unternehmungen: Bedingungsmerkmale, Bildung, Einsatzmöglichkeiten, Dissertation, Reihe Wirtschaftswissenschaften, Bd. 237, Frankfurt a. M.

Calori, R. / Sarnin, P., 1991: Corporate Culture and Economic Performance: A French Study, In: Organization Studies, Vol. 12, Nr. 1, 49 - 74.

Carnap, R., 1953: Testability and Meaning, In: Readings in the Philosophy of Science, Hrsg.: Feigel, H. / Brodbeck, M., New York.

Causey, R., 1979: Theory and Observation, In: Current Research in Philosophy, Hrsg.: Asquith, P. / Kyburg, H., East Lansing.

Chatman, J. / Jehn, K., 1994: Assessing the Relationship Between Industry Characteristics and Organizational Culture: How Different Can You Be?, In: Academy of Management Journal, Vol. 37, Nr. 3, 522 - 553.

Chatterjee, R. / Eliashberg, J., 1990: The Innovation Diffusion Process in a Heterogenous Population: A Micromodeling Approach, In: Management Science, Vol. 36, Nr. 9, 1057 - 1079.

Chatterljee, S. / Hadi, A. S., 1988: Sensitivity Analysis in Linear Regression, New York et al.

Child, J., 1970: More Myths of Management Organizations?, In: Journal of Management Studies, Vol. 7, 376 - 390.

Child, J., 1972: Organizational Structure, Environment and Performance: The Role of Strategic Choice, In: Sociology, Vol. 6, 1 - 22.

Child, J., 1973a: Predicting and Understanding Organizational Structure, In: Administrative Science Quarterly, Vol. 18, Nr. 2, 168 - 185.

Child, J., 1973b: Strategies of Control and Organizational Behavior, In: Administrative Science Quarterly, Vol. 18, Nr. 1, 1 - 7.

Child, J., 1977: Organization. A Guide to Problems and Practice, London et al.

Christmann, G., 1968: Grenzen und Möglichkeiten der Analyse von betrieblichen Regionalmärkten mit Hilfe von Kennzahlen, Dissertation, Mannheim.

Churchill, G. A. / Peter, P., 1984: Research Design Effects on the Reliability of Rating Scales, In: Journal of Marketing Research, Vol. 21, Nr. 11, 360 - 375.

Churchill, G. A., 1979: A Paradigm for Developing Better Measures of Marketing Constructs, In: Journal of Marketing Research, Vol. 16, Nr. 2, 64 - 73.

Churchill, G. A., 1991: Marketing Research – Methodological Foundations, 5. Aufl., Fort Worth.

Ciarlo, J. A., 1981: Editor's Introduction, In: Utilizing Evaluation: Concepts and Measurement Techniques, Hrsg.: Ciarlo, J. A., Beverly Hills, 9 - 16.

Cisek, G., 2003: HR-Balanced Scorecard – Albernheit, Zwangsjacke oder Management-Tool?, In: Personal, Nr. 3, 44 - 47.

Claßen, M. / Ahrens, S., 2000: Die Einführung intelligenter Personalcontrollingsysteme, In: Personalführung, Nr. 11, 32 - 36.

Coenenberg, A. G., 1984: Jahresabschluss und Jahresabschlussanalyse. Betriebswirtschaftliche, handels- und steuerrechtliche Grundlagen, 7. Aufl., Landsberg/Lech.

Cohen, J. R. / Cohen, P., 1975: Applied Multiple Regression and Correlation Analysis for the Behavioral Sciences, Hillsdale, New Jersey.

Cohen, J. R. / Paquette, L., 1990: Management Accounting Practices: Perceptions of Controllers, In: Journal of Cost Management for the Manufacturing Industry, Nr. 3, 73 - 83.

Coleman, J. S. / Katz, E. / Menzel, H., 1966: Medical Innovation: A Diffusion Study, New York.

Conner, R. F., 1981: Measuring Evaluation Utilization: A Critique of Different Techniques, In: Utilizing Evaluation: Concepts and Measurement Techniques, Hrsg.: Ciarlo, J. A., Beverly Hills, 59 - 75.

Controlling, 2003: Controlling von Intangibles, Vol. 15, Nr. 3/4, München.

Corporate Leadership Council, 1999: Leading-Edge Approaches to Employee Surveys, Pennsylvania.

Corporate Leadership Council, 2001a: Exploring the Measurement Challenge. Results of a Membership Survey on HR Metrics, Vol. II, Pennsylvania.

Corporate Leadership Council, 2001b: The Evolution of HR Metrics, Pennsylvania.

Corsten, H., 1984: Die Unternehmensgröße als Determinante der Innovationsaktivitäten, In: Wirtschaftswissenschaftliches Studium, Vol. 13, Nr. 5, 224 - 228.

Corsten, H., 1985: Die Produktion von Dienstleistungen. Grundzüge einer Produktionswirtschaftslehre des tertiären Sektors, Berlin.

Corsten, H., 1990: Betriebswirtschaftslehre der Dienstleistungsunternehmen: Einführung, 2. Aufl., München.

Corsten, H., 1993: Dienstleistungsproduktion, In: Handwörterbuch der Betriebswirtschaft, 5. Aufl., Hrsg. Wittmann, W. et al., Stuttgart, 765 - 776.

Cortina, J. M., 1994: What is Coefficient Alpha? An Examination of Theory and Applications, In: Journal of Applied Psychology, Vol. 78, Nr. 1, 98 - 104.

Corwin, R. G., 1973: Strategies for Organizational Innovation. An Empirical Comparison, In: American Sociological Review, Vol. 37, 441 - 454.

Craig, R., Clarke, F. and J. Amernic, J., 1999: Theatre and Intolerance in Financial Accounting Research, In: Critical Perspectives on Accounting, 65 - 88.

Cronbach, L., 1951: Coefficient Alpha and the Internal Structure of Tests, In: Psychometrika, Vol. 16, 297 - 334.

Crossan, M. M. / Lane, H. W. / White, R. E., 1999: An Organizational Learning Framework: From Intuition to Institution, In: Academy of Management Review, Vol. 24, Nr. 3, 522 - 537.

Cyert, R. M. / March, J. G., 1963: A Behavioral Theory of the Firm, New Jersey.

Daft, R. L. / Macintosh, N. B., 1978: A New Approach to Design and Use of Management Information, In: California Management Review, Vol. 21, Nr. 1, 82 - 92.

Daniel, D. R., 1963: Management Information Crisis, In: Readings in Management, Hrsg.: Richards, M. D. / Nielander, W. A., 2. Aufl., Cincinnati, Ohio.

Darrow, A. / Kahl, D., 1982: A Comparison of Moderated Regression Techniques Considering Strength of Effect, In: Journal of Management, Vol. 8, Nr. 2, 35 - 47.

Das Gupta, S., 1973: Theories and Methods in Classification: A Review, In: Discriminant Analysis and Applications, Hrsg.: Cacoullos, T., New York.

Daum, J. H., 2003a: Intellectual Capital Statements: Basis für ein Rechnungswesen- und Reportingmodell der Zukunft?, In: Controlling, Nr. 3/4, 143 - 153.

Daum, J. H., 2003b: Intangible Assets und die Optimierung der Enterprise Total Factor Productivity, In: Zeitschrift für Controlling und Management, Vol. 47, Nr. 2, 129 - 135.

Dawes, P. L. / Lee, D. Y. / Dowling, G. R., 1998: Information Control and Influence in Emergent Buying Centers, In: Journal of Marketing, Vol. 62, Nr. 7, 55 - 68.

Day, D. V. / Lord, R. G., 1992: Expertise and Problem Categorization: The Role of Expert Processing in Organizational Sense-Making, In: Journal of Management Studies, Vol. 29, Nr. 1, 35 - 47.

Day, G. S., 1970: Buyer Attitudes and Brand Choice Behavior, New York.

Day, G. S., 1994: The Capabilities of Market-Driven Organizations, In: Journal of Marketing, Vol. 58, Nr. 10, 37 - 52.

Denk, R. / Schweizer, O., 1979: Kennzahlen Handbuch. Anleitung zur Interpretation von Kennzahlen, In: WIWI Schriftenreihe Rationalisieren, Hrsg.: Wirtschaftsförderungsinstitut der Bundeskammer der gewerblichen Wirtschaft, Wien.

Dermer, J. D., 1973: Cognitive Characteristics and the Perceived Importance of Information, In: The Accounting Review, Vol. 48, Nr. 3, 511 - 519.

Deshpandé, R. / Farley, J. U. / Webster, F. E., 1993: Corporate Culture, Customer Orientation, and Innovativeness in Japanese Firms: A Quadrad Analysis, In: Journal of Marketing, Vol. 57, Nr. 1, 23 - 37.

Deshpandé, R. / Farley, J. U., 1998: Measuring Market Orientation: Generalization and Synthesis, In: Journal of Market-Focused Management, Vol. 2, 213 - 232.

Deshpandé, R. / Zaltman, G., 1982: Factors Affecting the Use of Market Research Information: A Path Analysis, In: Journal of Marketing Research, Vol. 14, Nr. 2, 14 - 31.

Deshpandé, R. / Zaltman, G., 1984: A Comparison of Factors Affecting Researcher and Manager Perceptions of Market Research Use, In: Journal of Marketing Research, Vol. 21, Nr. 2, 32 - 38.

Deshpandé, R., 1982: The Organizational Context of Market Research Use, In: Journal of Marketing, Vol. 46, Nr. 3, 91 - 101.

Dessler, G., 1976: Organization and Management. A Contingency Approach, New Jersey.

Deutsche Gesellschaft für Qualität e.V. (DGQ), 1999: Kennzahlen für erfolgreiches Management von Organisationen. Umsetzung von EFQM Excellenze. Qualität messbar machen, Berlin.

Deutsche Gesellschaft für Qualitätsforschung e. V. (DGQ), 1995: Begriffe zum Qualitätsmanagement, Berlin.

Di Piazza, D. A. / Eccles, R. G., 2002: Building Public Trust. The Future of Corporate Reporting, New York.

Diamantopoulos, A. / Schlegelmilch, B. B., 1996: Determinants of Industrial Mail Survey Response: A Survey-on-Surveys Analysis of Researchers` and Managers` Views, In: Journal of Marketing Management, Vol. 12, 505 - 531.

Diamantopoulos, A. / Souchon, A. L., 1996: Instrumental, Ceonceptual and Symbolic Use of Export Information: An Exploratory Study of U.K. Firms, In: Advances in International Marketing, Vol. 8, 117 - 144.

Dickson, G. W. / Senn, J. A. / Chervany, N. L., 1977: Research in Management Information System. The Minnesota Experiments, In: Management Science, Vol. 23, Nr. 9, 913 - 923.

Diekmann, A., 1996: Empirische Sozialforschung. Grundlagen, Methoden, Anwendungen, 2. Aufl., Reinbek bei Hamburg.

Dierkes, M. / Thienen, V., 1985: Akzeptanz und Akzeptabilität der Informationstechnologien, In: Wissenschaftsmagazin der TU Berlin, 12 -15.

Diller, H. / Kusterer, M., 1988: Beziehungsmanagement - Theoretische Grundlagen und explorative Befunde, In: Marketing - Zeitschrift für Forschung und Praxis, Vol. 10, Nr. 3, 211 - 220.

Dillman, D. A., 1978: Mail and Telephone Surveys. The Total Design Method, New York.

DIN EN ISO 8402, 1995: Qualitätsmanagement, Berlin.

Dixon, R., 1980: Hybrid Corn Revisited, In: Econometrica, Vol. 48, 1451 - 1461.

Donabedian, A., 1980: The Definition of Quality and Approaches to its Assessment, Explorations in Quality Assessment and Monitoring, Vol.1.

Donaldson, L., 1985: In Defence of Organization Theory: A Reply to the Critics, Cambridge.

Donaldson, L., 1999: American and Anti-Management Theories of Organization: A Critique of Paradigm Proliferation, Cambridge.

Doney, P. / Cannon, J., 1997: An Examination of the Nature of Trust in Buyer-Seller Relationships, In: Journal of Marketing, Vol. 61, Nr. 4, 35 - 51.

Doty, D. H. / Glick, W. H., 1994: Typologies as a Unique Form of Theory Building: Toward Improved Understanding and Modeling, In: Academy of Management Review, Vol. 19, Nr. 2, 230 - 251.

Drazin, R. / Van den Ven, A. H., 1985: Alternative Forms of Fit in Contingency Theory, In: Administrative Science Quarterly, Vol. 30, 514 - 539.

Dunn, W. N., 1986a: Conceptualizing Knowledge Use, In: Knowledge Generation, Exchange and Utilization, Hrsg.: Beal, G. M. / Dissanayake, W. / Konoshima, S., Boulder, 325 - 343.

Dunn, W. N., 1986b: Studying Knowledge Use: A Profile of Procedures and Issues, In: Knowledge Generation, Exchange and Utilization, Hrsg.: Beal, G. M. / Dissanayake, W. / Konoshima, S., Boulder, 369 - 403.

Durand, R. M. / Dur-Arie, O., 1979: Cognitive Differentiation: A Moderator of Behavioral Intentions, In: Educators` Conference Proceedings, Hrsg.: Chicago: American Marketing Association, Neil Beckwith et al., 305 - 308.

Eagly, A. H., 1967: Involvement as a Determinant of Response to Favorable and Unfavorable Information, In: Journal of Personality and Social Psychology, Vol. 7, Nr. 3, 1 - 15.

Ebers, M., 1992: Organisationstheorie, Situative, In: Handwörterbuch der Organisation, 3. Aufl., Hrsg.: Frese, E., Stuttgart, 1817 - 1838.

Eccles, R. C., 1991: Wider das Primat der Zahlen - die neuen Steuerungsgrößen, In: Harvard Business Manager, Nr. 4, 14 - 19.

Eckardstein, D. v., 1982: Kennzahlen im Personalbereich, In: Wirtschaftswissenschaftliches Studium, Nr. 9, 423 - 426.

Edström, A., 1977: User Influence and the Success of MIS Projects: A Contingency Approach, In: Human Relations, Vol. 30, Nr. 7, 589 - 607.

Edvinsson, L. / Brüning, G., 2000: Aktivposten Wissenskapital – unsichtbare Werte bilanzierbar machen, Wiesbaden.

Edvinsson, L. / Kivikas, M., 2003: The New Longitude Perspective for Value Creation, In: Controlling, Nr. 3/4, 163 - 167.

Edvinsson, L. / Malone, M. S., 1997: Intellectual Capital: The Proven Way to Establish Your Company`s Real Value by Measuring its Hidden Values, London.

Ehrlich, W. J. / Dorau, D., 2000: Business Plan Umsetzung mit Hilfe von Kennzahlen in der Fertigung der Adam Opel AG, In: IfaA: Erfolgsfaktor Kennzahlen, Köln, 59 - 81.

Eickhof, N., 1982: Strukturkrisenbekämpfung durch Innovation und Kooperation, Tübingen.

Eliashberg, J. / Chatterjee, R., 1986: Stochastic Issues in Innovation Diffusion Models, In: Innovation Diffusion Models of New Product Acceptance, Hrsg.: Mahajan, V. / Wind, Y., Cambridge, MA, 151 - 199.

Enderlein, H. / Reif, A., 1998: Innovationsfähigkeit im Bereich Montage bei veränderten Altersstrukturen: INVAS, Dokumentation 2. Chemnitzer Workshop, Chemnitz.

Endres, W., 1975: Kennzahlen, betriebliche, In: Handwörterbuch der Betriebswirtschaft, Bd. 2, 4. Aufl., Hrsg.: Grochla, E. / Wittmann, W., Stuttgart, 2155 - 2159.

Engel, J. F. / Blackwell, R. D. / Miniard, P. W., 1993: Consumer Behavior, 7. Aufl., Fort Worth.

Engelhardt, W. / Kleinaltenkamp, M. / Reckenfelderbäumer, M., 1993: Leistungsbündel als Absatzobjekte: Ein Ansatz zur Überwindung der Dichotomie von Sach- und Dienstleistungen, In: Zeitschrift für betriebswirtschaftliche Forschung, Vol. 45, Nr. 5, 395 - 426.

Ermert, K., 1999: Alter und Innovation: Wissens- und Erfahrungspotenziale älterer Menschen und ihr Austausch zwischen den Generationen, 1. Aufl., Rehburg-Loccum.

Ernst, H., 2003: Unternehmenskultur und Innovationserfolg - eine empirische Analyse, In: Schmalenbachs Zeitschrift für betriebswirtschaftliche Forschung, Vol. 55, Nr. 1, 23 - 45.

Esenwein-Rothe, I., 1970: Kennzahlen, statistische, In: HWR, 1. Aufl., Hrsg.: Kosiol, E., Stuttgart, 816 - 827.

Esser, M., 2002: Komplexitätsbeherrschung in dynamischen Diskurswelten: ein Metamodell zur Modellierung betrieblicher Informationssysteme, Lohmar, Köln.

ETZ, 1997: VDE: Innovation braucht Akzeptanz, Vol. 118, Nr. 1/2, 4.

Evanschitzky, H., 2003: Erfolg von Dienstleistungsnetzwerken: ein Netzwerkmarketingansatz, Wiesbaden.

Fahrmeir, L. / Kaufmann, H. / Kredler, C., 1984: Regressionsanalyse, In: Multivariate statistische Verfahren, Hrsg.: Fahrmeir, L. / Hamerle, A., Berlin, New York, 83 - 153.

Faltay, P. v., 1947: Die Kennziffer im Dienste innerbetrieblicher Untersuchungen, Dissertation, München.

FASB Business Reporting Research Project, 2001: Improving Business Reporting: Insights into Enhancing Voluntary Disclosures, In: http://www.fasb.org/brrp/BRRP2.pdf.

Faure, E., 1972: Strategies for Innovation, In: Prospects, Vol. 2, Nr. 1, 7 - 15.

Fayol, H., 1916: Administration Industrielle et Générale, Paris.

Feldman, M. S. / March, J. G., 1981: Information in Organizations as Signal and Symbol, In: Administrative Science Quarterly, Vol. 26, 171 - 186.

Feldt, L. S. / Brennan, R. L., 1989: Reliability, In: Educational Measurement, 3. Aufl., Hrsg.: Linn, R. L., New York, London, 105 - 146.

Felten, C., 2001: Adoption und Diffusion von Innovationen. Ein mikroökonomisches Diffusionsmodell, Dissertation, Wiesbaden.

Fiedler-Winter, R., 2002: ScoreCards fürs Personal, In: Personal, Nr. 6, 21.

Fieten, R., 1981: Was können Kennzahlen in der Materialwirtschaft leisten? In: Planung und Produktion, Vol. 29, 23 - 26.

Finn, A. / Kayande, U., 1997: Reliability Assessment and Optimization of Marketing Measurement, In: Journal of Marketing Research, Vol. 34, Nr. 5, 262 - 275.

Fischer, G. H., 1974: Einführung in die Theorie psychologischer Tests, Bern, Stuttgart.

Fischer, H., 2003: Human Capital: Führung mit neuem Selbstbewusstsein, In: Personalführung, Nr. 12, 16 - 23.

Fischer, M. / Fischer, A., 2003: Neue Konzepte für das Controlling der Zukunft, In: Kostenrechnungspraxis, Vol. 45, Nr. 1, 29 - 35.

Fischer, T., 1982: Interventionsprozesse und Unternehmensentwicklung. Die Initiierung von Neuerungsprozessen in Unternehmungen, Freiburg.

Fisher, C., 1996: The Impact of Perceived Environmental Uncertainty and Individual Differences on Management Information Requirements: A Research Note, In: Accounting, Organizations and Society, Vol. 21, Nr. 4, 361 - 369.

Fisher, R. A., 1936: The Use of Multiple Measurements in Taxonomic Problems, Ann Eugenics.

Fitz-enz, J., 1984: How to Measure Human Resources Management. New York.

Fitz-enz, J., 1991: Human Value Management: The Value-Adding Human Resource Management Strategy for the 1990s, San Francisco.

Flamholtz, E. G. / Das, T. K. / Tsui, A. S., 1985: Toward an Integrative Framework of Organizational Control, In: Accounting, Organizations and Society, Vol. 10, Nr. 1, 35 - 50.

Fleischmann, G., 1972: Wettbewerb und Innovation, In: Hamburger Jahrbuch für Wirtschafts- und Gesellschaftspolitik, 17. Jahr, 31 - 44.

Fornell, C. / Larcker, D. F., 1981: Evaluating Structural Equation Models with Unobservable Variables and Measurement Error, In: Journal of Marketing Research, Vol. 18, Nr. 2, 39 - 50.

Fornell, C., 1986: A Second Generation of Multivariate Analysis: Classification of Methods and Implications for Marketing Research, Arbeitspapier, University of Michigan, Ann Arbor.

Förster, E. / Rönz, B., 1979: Methoden der Korrelation- und Regressionsanalyse, Berlin.

Frank, S., 2003: Mitarbeiter bewerten und Kompetenzen entwickeln, In: Personal, Nr. 12, 14 - 18.

Fredersdorf, F., 2000: Kennzahlen im Personalwesen – Sind menschliche Qualitäten messbar, In: http://www.symposium.de/bsc/bsc_15.htm.

French, S., 1993: Decision Theory: An Introduction to the Mathematics of Rationality, New York et al.

Frese, E., 1975: Sparten-Organisation. Analyse einer aktuellen Organisationskonzeption. Arbeitsbericht Nr. 15/75 des Instituts für Wirtschaftswissenschaften der Rheinisch-Westfälischen Technischen Hochschule Aachen.

Frese, E., 1990: Industrielle Personalwirtschaft, In: Industriebetriebslehre – Das Wirtschaften in Industrieunternehmungen, Hrsg.: Schweitzer, M., München, 217 - 329.

Frese, E., 1992: Organisationstheorie, 2. Aufl., Wiesbaden.

Frese, E., 1998: Grundlagen der Organisation: Konzept – Prinzipien – Strukturen, 7. Aufl., Wiesbaden.

Friedrich, W. / Henning, W., 1975: Der sozialwissenschaftliche Forschungsprozess. Zur Methodologie, Methodik und Organisation der marxistisch-leninistischen Sozialforschung, Berlin.

Friedrichs, J., 1990: Methoden der empirischen Sozialforschung, 14. Aufl., Opladen.

Frisch, A., 1993: Unternehmensgröße und Innovation: die schumpeterianische Diskussion und ihre Alternativen, Reihe "Wirtschaftswissenschaften", Vol. 28, Frankfurt a. M.

Fritz, W., 1992: Marktorientierte Unternehmensführung und Unternehmenserfolg, In: Grundlagen und Ergebnisse einer empirischen Studie, Stuttgart.

Fry, J. N., 1971: Personality Variables and Cigarette Brand Choice, In: Journal of Marketing Research, Vol. 8, Nr. 8, 298 - 304.

Gaiser, C. / Stölzle, W., 1996: Logistik-Kennzahlensysteme, Kennzahlen als Instrument für den Leistungsvergleich von Distributionslagerhäusern, In: Controlling, Nr. 1, 40 - 48.

Gaitanides, M., 1979: Praktische Probleme der Verwendung von Kennzahlen für Entscheidungen, In: Zeitschrift für Betriebswirtschaftslehre, Vol. 49, 57 - 64.

Galbraith, J. R., 1973: Designing Complex Organizations, Reading.

Gallagher, C. A., 1974: Perceptions of the Value of a Management Information System, In: Academy of Management Journal, Vol. 17, Nr. 1, 46 - 55.

Galler, E., 1969: Die Kennzahlenrechnung als internes Informationsinstrument der Unternehmung: Elemente einer betriebswirtschaftlichen Theorie der Kennzahlenrechnung, Dissertation, München.

Garbe, H., 1971: Der Verdichtungsgrad von Informationen, In: Management-Informationssysteme. Eine Herausforderung an Forschung und Entwicklung, Hrsg.: Grochla, E. / Szyperski, N., Wiesbaden, 199 - 219.

Garvin, D. A., 1984: What does quality really mean? In: Sloan Management Review, Vol. 26, Nr. 1, 25 - 43.

Gebauer, M. / Wall, F., 2002: Human Resource Accounting zur Unterstützung der Unternehmensrechnung. Eine Übersicht über Entwicklungsstand, methodische Möglichkeiten und potenzielle Fallstricke, In: Controlling, Nr. 12, 685 - 690.

Gebert, D., 1977: Zur Anpassung des Grades der Entscheidungsautonomie an unterschiedliche situative Bedingungen, In: Psychologie und Praxis, Vol. 21, 145 - 154.

Gebert, D., 1978: Organisation und Umwelt, Stuttgart.

Gebert, D., 1979: Innovation – Organisationsstrukturelle Bedingungen innovatorischen Verhaltens, In: Zeitschrift für Organisation, Vol. 48, 283 - 292.

Geiß, W., 1986: Betriebswirtschaftliche Kennzahlen. Theoretische Grundlagen einer problemorientierten Kennzahlenanwendung, Bd. 1, In: Schriften zum Controlling, Hrsg.: Reichmann, T., Frankfurt a. M.

Geldermann, M., 1998: The Relation between User Satisfaction, Usage of Information Systems and Performance, In: Information and Management, Vol. 34, Nr. 1, 11 - 38.

George, G., 1999: Kennzahlen für das Projektmanagement. Projektbezogene Kennzahlen und Kennzahlensysteme. Ein Ansatz zur Unterstützung des Projektmanagements, Frankfurt a. M.

Gerberich, C. W., 1996: Kennzahlengestütztes Controlling zur aktiven Steuerung des Unternehmens, In: Deutsches Steuerrecht. Wochenzeitschrift für Steuerrecht, Wirtschaftsrecht und Betriebswirtschaft, Vol. 34, Nr. 6, 235 - 239.

Gerberich, C. W., 1998: Kennzahlen zur aktiven Steuerung der Wertschöpfungskette, Eschborn.

Gerbing, D. W. / Anderson, J. C., 1985: The Effects of Sampling Error and Model Characteristics on Parameter Estimation for Maximum Likelihood Confirmatory Factor Analysis, In: Multivariate Behavioral Research, Vol. 20, 255 - 271.

Gerbing, D. W. / Anderson, J. C., 1988: An Updated Paradigm for Scale Development Incorporating Unidimensionality and Its Assessment, In: Journal of Marketing Research, Vol. 25, Nr. 5, 186 - 192.

Gerlach, D., 2000: Das Personalcontrolling in der Commerzbank AG, In: Personalführung, Nr. 11, 18 - 22.

Ghiselin, B., 1963: Ultimate Criteria for two Levels of Creativity, In: Scientific Creativity: Recognition and Development, Hrsg.: Taylor, C. W. / Barron, F., New York.

Ghiselli, E. E., 1960: The Prediction of Predictability, In: Educational and Psychological Measurement, Vol. 20, Nr. 1, 3 - 8.

Ghiselli, E. E., 1963: Moderating Effects and Differential Reliabilty and Validity, In: Journal of Applied Psychology, Vol. 47, Nr. 4, 81 - 86.

Gierl, H., 1987: Die Erklärung der Diffusion technischer Produkte, Berlin.

Gierl, H., 1995: Marketing, Stuttgart et al.

Gilly, M. C. et al., 1998: A Dyadic Study of Interpersonal Information Search, In: Journal of the Academy of Marketing Science, Vol. 26, Nr. 2, 83 - 100.

Ginzberg, M. J., 1980: An Organizational Contingencies View of Accounting and Information Systems Implementation, In: Accounting, Organizations and Society, Vol. 5, Nr. 4, 369 - 382.

Gladen, W., 2001: Kennzahlen- und Berichtsysteme. Grundlagen zum Performance Measurement, Wiesbaden.

Göbel, W., 2001: Organisatorische Gestaltung und betriebswirtschaftliche Instrumente, Führungsinstrumente, Kennzahlen zur Steuerung, Elektronische Ressource.

Goodman, S. K., 1993: Information Needs for Management Decision-Making, In: Records Management Quarterly, Vol. 27, Nr. 4, 12 - 23.

Göpfert, P., 2003: Innovation - eine Frage des Alters?: Bedingungen effizienter geistig-schöpferischer Arbeit über die gesamte Arbeitslebensspanne, Dresden.

Gosselin, M., 1997: The Effect of Strategy and Organizational Structure on the Adoption and Implementation of Activity-Based Costing, In: Accounting, Organizations and Society, Vol. 22, Nr. 2, 105 - 122.

Graf, A. / Hunziker, A. / Scheerer, F., 1961: Betriebsstatistik und Betriebsüberwachung, 2. Aufl., Stuttgart.

Green, P. E. / Srinivasan, V., 1990: Conjoint Analysis in Marketing. New Developments with Implications for Research and Practice, In: Journal of Marketing, Vol. 54, 3 - 19.

Griliches, Z., 1957: Hybrid Corn: An Exploration in the Economics of Technological Change, In: Econometrica, Vol. 25, 630 - 653.

Griliches, Z., 1980: Hybrid Corn Revisited: A Reply, In: Econometrica, Vol. 48, 1463 - 1465.

Groll, K. H., 1988: Erfolgssicherung durch Kennzahlensysteme, 2. Aufl., Freiburg i. Br.

Großklaus, A., 1997: Kennzahlensysteme, In: Taschenlexikon Controlling, Hrsg.: Küpper, H. U. / Weber, J., Stuttgart, 174 - 175.

Grossmann, W. / Hoskisson, R. E., 1998: CEO Pay at the Crossroads of Wall Street and Main: Toward the Strategic Design of Executive Compensation, In: Academy of Management Executive, Vol. 12, Nr. 1, 43 - 57.

Grotz-Martin, S., 1976: Informations-Qualität und Informations-Akzeptanz in Entscheidungsprozessen, Theoretische Ansätze und ihre empirische Überprüfung, Dissertation, Saarbrücken.

Grudowski, S., 1998: Informationsmanagement und Unternehmenskultur: Untersuchung der wechselseitigen Beziehung des betrieblichen Informationsmanagements und der Unternehmenskultur, 2. Aufl., Stuttgart.

Grünefeld, H. G., 1981: Personalkennzahlensystem. Planung, Kontrolle, Analyse von Personalaufwand und –daten, Wiesbaden.

Gruner, K., 1997: Kundeneinbindung in den Produktionsinnovationsprozess: Bestandsaufnahme, Determinanten und Erfolgsauswirkungen, Dissertation, Wiesbaden.

Günter, T. / Grüning, M., 2000: Performance Measurement im praktischen Einsatz – deskriptiver Auswertungsbericht, In: Dresdner Beiträge zur Betriebswirtschaftslehre, Nr. 44, Dresden.

Güntert, B., 1988: Managementorientierte Informations- und Kennzahlensysteme für Krankenhäuser – Analyse und Konzepte, Dissertation, St. Gallen.

Günther, E. / Günther, T., 2003: Zur adäquaten Berücksichtigung von immateriellen und ökologischen Ressourcen im Rechnungswesen, In: Controlling, Nr. 3/4, 191 - 199.

Gupta, A. K. / Govindarajan, V., 1986: Resource Sharing among SBUs: Strategic Antecedents and Administrative Implications, In: Academy of Management Journal, Vol. 29, Nr. 4, 695 - 714.

Gupta, A. K. / Wilemon, D., 1988: The Credibility-Cooperation Connection at the R&D-Marketing Interface, In: Journal of Product Innovation Management, Vol. 5, Nr. 1, 20 - 31.

Gussmann, B., 1988: Innovationsfördernde Unternehmenskultur: die Steigerung der Innovationsbereitschaft als Aufgabe der Organisationsentwicklung, Berlin.

Gutschelhofer, A., 1999: Koordinierendes Personal-Controlling: Entwicklungslinien und Barrieren, Habilitation, Wiesbaden.

Hage, J. / Aiken, M., 1967: Relationship of Centralization to Other Structural Properties, In: Administrative Science Quarterly, Vol. 12, 72 - 92.

Hage, J. / Dewar, R., 1973: Elite Values versus Organizational Structure in Predicting Innovations, In: Administrative Science Quarterly, Vol. 18, Nr. 3, 279 - 290.

Hage, J., 1980: Theories of Organizations. Form, Process and Transformation. New York.

Hahn, D., 1976: Zum Inhalt und Umfang der Unternehmungsanalyse als bisheriges und zukünftiges Aufgabengebiet des Wirtschaftsprüfers, In: Unternehmensprüfung und –Beratung, Hrsg.: Aschfalk, B. / Hellfors, S. / Marattek, A., Freiburg i. Br., 31 - 53.

Haire, M., 1976: Innovationen fördern, In: Zeitschrift für Organisation, Vol. 42, 287 - 291.

Hall, R. / Haas, E. F. / Johnson, E. F., 1967: Organizational Size, Complexity, and Formalization, In: American Sociological Review, Vol. 32, 903 - 911.

Hall, R. H., 1963: The Concept of Bureaucracy: An Empirical Assessment, In: American Journal of Sociology, Vol. 69, 32 - 40.

Hall, R. H., 1987: Organizations: Structure and Process. 4. Aufl., New Jersey.

Haller, S., 1993: Methoden zur Beurteilung von Dienstleistungsqualität – Überblick zum State of the Art, In: Zeitschrift für betriebswirtschaftliche Forschung, Vol. 45, Nr. 1, 9 - 40.

Hansen, G., 1993: Quantitative Wirtschaftsforschung, München.

Harris, R. G. et al., 1990: Strategies for Innovation: an Overview, In: Californian Management Review, Vol. 32, Nr. 3, 7.

Hartung, J. / Elpelt, B., 1992: Multivariate Statistik, 4. Aufl., München.

Harvey, E., 1968: Technology and the Structure of Organization, In: American Sociological Review, Vol. 33, 247 - 259.

Hauke, E., 1978: Betriebswirtschaftliche Kennzahlen für das Krankenhaus, Hrsg.: Ludwig Boltzmann-Institut für Krankenhaus-Ökonomie, Wien.

Hauschildt, J., 1971: Entwicklungslinien der Bilanzanalyse, In: Zeitschrift für betriebswirtschaftliche Forschung, Vol. 23, 335 - 351.

Havelock, R. G., 1973: The Change Agents Guide to Innovation in Education, New Jersey.

Heinen, E. / Dietel, B., 1983: Informationswirtschaft, In: Industriebetriebslehre. Entscheidungen im Industriebetrieb, 5. Aufl., Hrsg.: Heinen, E., Wiesbaden, 889 - 1027.

Heinen, E., 1965: Betriebswirtschaftliche Kostenlehre, Begriff und Theorie der Kosten, 2. Aufl., Bd. I, Wiesbaden.

Heinen, E., 1966: Das Zielsystem der Unternehmung – Grundlagen betriebswirtschaftlicher Entscheidungen, Wiesbaden.

Heinen, E., 1969: Kennzahlen und deren Aussagekraft für die Unternehmungsführung, In: Veröffentlichung 2 des Kollegs für Unternehmungsführung an der Universität Stuttgart, Führungsstil, Kennzahlen, Marketing, Frankfurt a. M, 105 - 118.

Heinen, E., 1970: Betriebliche Kennzahlen – Eine organisationstheoretische und kybernetische Analyse, In: Dienstleistungen in Theorie und Praxis, Festschrift zum 70. Geburtstag von Otto Hinter, Hrsg.: Linhardt, H. / Penzkofer, P. / Scherf, P., Stuttgart, 227 - 236.

Heinen, E., 1976: Grundlagen betriebswirtschaftlicher Entscheidungen. Das Zielsystem der Unternehmung, 3. Aufl., Wiesbaden.

Hempel, J. / Kehler, A., 1974: Probleme der Kosten-Nutzen-Analyse für Informationssysteme in öffentlichen Verwaltungen, Pullach bei München.

Hentschel, B., 1992: Dienstleistungsqualität aus Kundensicht: Vom merkmals- zum ereignisorientierten Ansatz, Düsseldorf.

Herrmann, A. / Homburg, C., 2000: Marktforschung: Ziele, Vorgehensweisen und Methoden, In: Marktforschung, Hrsg.: Herrmann, A. / Homburg, C., 2. Aufl., Wiesbaden, 265 - 294.

Hewitt, 2002: Wie messen Sie das Engagement Ihrer Mitarbeiter? Wiesbaden.

Heydebrand, W. V., 1973: Comparatative Organizations. The Results of Empirical Research, New Jersey.

Hildebrandt, L., 1984: Kausalanalytische Validierung in der Marketingforschung, In: Marketing – Zeitschrift für Forschung und Praxis, Vol. 6, Nr. 1, 41 - 51.

Hildebrandt, L., 1998: Kausalanalytische Validierung in der Marketingforschung, In: Die Kausalanalyse, Ein Instrument der empirischen betriebswirtschaftlichen Forschung, Hrsg.: Hildebrandt, L. / Homburg, C., Stuttgart, 86 - 115.

Hill, W. / Fehlbaum, R. / Ulrich, P., 1989: Organisationslehre, 4. Aufl., Bd. 1 und 2, Bern.

Hinterhuber, H. H., 1973: Technische Innovation und Unternehmensführung, In: Unternehmensführung und Organisation, Hrsg.: Kirsch, W., Wiesbaden, 151 - 173.

Hinterhuber, H. H., 1975: Innovationsdynamik und Unternehmensführung, Wien, New York.

Hobert, R. / Dunette, M. D., 1967: Development of Moderator Variables to Enhance the Prediction of Managerial Effectiveness, In: Journal of Applied Psychology, Vol. 51, Nr. 2, 50 - 64.

Hofmann, R., 1977: Bilanzkennzahlen. Industrielle Bilanzanalyse und Bilanzkritik, 4. Aufl., Wiesbaden.

Hofstätter, H., 1977: Die Erfassung der langfristigen Absatzmöglichkeiten mit Hilfe des Lebenszyklus eines Produktes, Würzburg, Wien.

Hofstede, G., 1980: Kultur und Organisation, In: Handwörterbuch der Organisation, 2. Aufl., Hrsg.: Grochla, E., Stuttgart, 1168 - 1182.

Homburg, C. / Giering, A., 1996: Konzeptualisierung und Operationalisierung komplexer Konstrukte – Ein Leitfaden für die Marketingforschung, In: Marketing – Zeitschrift für Forschung und Praxis, Vol. 18, Nr. 1, 5 - 24.

Homburg, C. / Stock, R., 2001: Kundenorientiertes Führungsverhalten. Die weichen Faktoren messbar machen, In: Zeitschrift für Führung und Organisation, Nr. 1, 13 - 19.

Homburg, C. et al., 1998: Interne Kundenorientierung der Kostenrechnung – Ergebnisse der Koblenzer Studie, Bd. 7 der Reihe Advanced Controlling, Vallendar.

Homburg, C., 2000: Kundennähe von Industriegüterunternehmen: Konzeption – Erfolgsauswirkungen – Determinanten, 3. Aufl., Wiesbaden.

Horton, R. L., 1979: Some Relationships Between Personality and Consumer Decision Making, In: Journal of Marketing Research, Vol. 16, Nr. 5, 233 - 246.

Horváth, P. / Sprenger, R. K., 2002: Der „Aufstand des Individuums" aus Controllersicht, In: Controlling, Nr. 8/9, 511 - 513.

Horváth, P., 1983: Der Einsatz von Kennzahlen im Rahmen des Controlling, In: Wirtschaftswissenschaftliches Studium, Vol. 12, Nr. 7, 349 - 356.

Horváth, P., 1993a: Personal-Audit, In: Vahlens Großes Controllinglexikon, Hrsg.: Horváth, P. / Reichmann, T., München, 471 - 474.

Horváth, P., 1993b: Personalcontrolling, In: Vahlens Großes Controllinglexikon, Hrsg.: Horváth, P. / Reichmann, T., München, 476 - 480.

Horváth, P., 2000: Das Controllingkonzept. Der Weg zu einem wirkungsvollen Controllingsystem, 4. Aufl., München.

Horváth, P., 2001: Einleitungswort, In: Controlling, Nr. 3.

Horváth, P., 2003: Controlling, 9. vollständig überarbeitete Aufl., München.

Howard, J. A. / Sheth, J. N., 1969: The Theory of Buyer Behavior, New York.

Howard, J. A., 1977: Consumer Behavior: Application of Theory, New York.

Huber, G. P., 1982: Organizational Information Systems: Determinants of their Performance and Behavior, In: Management Science, Vol. 28, Nr. 2, 138 - 155.

Huberty, C. J., 1975: Discriminant Analysis, In: Review of Educational Research, Vol. 45, 543 - 598.

Huberty, C. J., 1984: Issues in the Use and Interpretation of Discriminant Analysis, In: Psychological Bulletin, Vol. 95, 156 - 171.

Huberty, C. J., 1994: Applied Discriminant Analysis, New York.

Hummel, T. / Kurras, K. / Niemeyer, K., 1980: Kennzahlensysteme zur Unternehmensplanung, In: Zeitschrift für Organisation, Vol. 49, Nr. 2, 94 - 101.

Hundt, S. / Liebau, E., 1972: Zum Verhältnis von Theorie und Praxis – Gegen ein beschränktes Verhältnis der Betriebswirtschaftslehre als „Unternehmenswissenschaft“, In: Wissenschaftstheorie und Betriebswirtschaftslehre, Hrsg.: Dlugos, G. / Eberlein, G. / Steinmann, H., Düsseldorf.

Hunt, S. D., 1984: Should Marketing Adopt Relativism? In: Scientific Method in Marketing, Hrsg.: Anderson, P. / Ryan, M., Chicago.

Hunt, S. D., 1990: Truth in Marketing Theory and Research, In: Journal of Marketing, Vol. 54, Nr. 7, 1 - 15.

Hunt, S. D., 1991: Modern Marketing Theory: Critical Issues in the Philosophy of Marketing Science, Cincinnati.

Hunt, S. D., 1992: Marketing Is ..., In: Journal of the Academy of Marketing Science, Vol. 20, Nr. 4, 301 - 311.

Hunt, S. D., 1994: A Realist Theory of Empirical Testing: Resolving the Theory-Ladenness/Objectivity Debate, In: Philosophy of the Social Sciences, Vol. 24, Nr. 2, 133 - 158.

Hunziker, A. / Scheerer, F., 1975: Statistik – Instrument der Betriebsführung, 5. Aufl., Stuttgart.

Hupp, O., 1998: Das Involvement als Erklärungsvariable für das Entscheidungs- und Informationsverhalten von Konsumenten, In: Konsum und Verhalten, Forschungsgruppe Konsum und Verhalten, Arbeitspapier Nr. 22.

Hüttner, M. / Schwarting, U., 2000: Exploratorische Faktorenanalyse, In: Marktforschung, 2. Aufl., Hrsg.: Herrmann, A. / Homburg, C., Wiesbaden, 381 - 412.

Igou, E. R., 2001: Determinanten der Wichtigkeit von Information: eine kommunikative Perspektive zur Erklärung von primacy und recency Effekten bei Urteilen und Entscheidungen, Lengerich.

Institut für angewandte Arbeitswissenschaft e.V. (IfaA), 2000: Erfolgsfaktor Kennzahlen, Köln.

Ives, B. / Olson, M. H., 1984: User Involvement and MIS Success: A Review of Research, In: Management Science, Vol. 30, Nr. 5, 586 - 603.

Jackson, J. H. / Morgan, C. P., 1978: Organization Theory. A Macro Perspective for Management, New Jersey.

Jacoby, J., 1978: Consumer Research: A State of the Art Review, In: Journal of Marketing, Vol. 42, Nr. 4, 87 - 96.

Jain, D., 1994: Regression Analysis for Marketing Decisions, In: Principles of Marketing Research, Hrsg.: Bagozzi, R., Cambridge, 162 - 194.

Janssen, J. / Laatz, W., 1999: Statistische Datenanalyse mit SPSS für Windows, 3. neubearbeitete und erweiterte Aufl., Berlin.

Jaworski, B., 1988: Toward a Theory of Marketing Control: Environmental Context, Control Types, and Consequences, In: Journal of Marketing, Vol. 52, Nr. 7, 23 - 39.

Jensen, R., 1982: Adoption and Diffusion of an Innovation of Uncertain Profitability, In: Journal of Economic Theory, Vol. 27, 181 - 193.

Jensen, R., 1983: Innovation, Adaption and Diffusion. When There Are Competing Innovations, In: Journal of Economic Theory, Vol. 29, 161 - 171.

John, G. / Martin, J., 1984: Effects of Organizational Structure of Marketing Planning on Credibility and Utilization of Plan Output, In: Journal of Marketing Research, Vol. 21, Nr. 5, 170 - 183.

Johnson, H. T. / Kaplan, R. S., 1987: Relevance Lost – The Rise and Fall of Management Accounting, Boston.

Jonasch, G. / Möller, K. / Walter, S. C., 2001: Die Personalbedarfsrechnung – Substitut oder Ergänzung der Budgetierung. Konzept und Anwendung einer deckungsbeitragsorientierten Personalbedarfsrechnung bei der GETRAG Synchron Technik, In: Controlling, Nr. 8/9, 447 - 455.

Jöreskog, K. G. / Sörbom, D., 1993: LISREL 8: Structural Equation Modeling with the SIMPLIS Command Language, Chicago.

Kaas, K. P., 1973: Diffusion und Marketing. Das Konsumentenverhalten bei der Einführung neuer Produkte, Stuttgart.

Kail, G. / Riedel, H., 2001: Mitarbeiterzufriedenheit beeinflusst die Leistung, In: Verwaltung, Organisation und Personal, Nr. 1/2, 26 - 29.

Kaiser, H., 1974: An Index of Factorial Simplicity, In: Psychometrica, Vol. 39, 31 - 36.

Kaminski, A. O., 1997: Kennzahlen, In: Taschenlexikon Controlling, Hrsg.: Küpper, H. U. / Weber, J., Stuttgart, 305.

Kaplan, R. S. / Norton, D. P., 1996: The Balanced Scorecard – Translating Strategy into Action, Boston.

Kaplan, R. S. / Norton, D. P., 2000: The Strategy Focused Organization: How Balanced Scorecard Companies thrive in the New Business Environment, Boston.

Kaplaner, K., 1987: Betriebliche Voraussetzungen erfolgreicher Produktinnovationen, München.

Kaps, A. / Husmann, U., 1995: Kennzahlen als Steuerungs- und Führungsinstrument, In: Angewandte Arbeitswissenschaft, Nr. 144, 29 - 46.

Kaschube, J. / von Rosenstiel, L., 2000: Motivation von Führungskräften durch leistungsorientierte Bezahlung, In: Zeitschrift für Organisation, Vol. 69, Nr. 2, 70 - 76.

Kasper, H., 1985: Der Innovationsprozess in Abhängigkeit von der psychosozialen Konstellation von Managern und deren Arbeitszufriedenheit – Ergebnisse einer empirischen Studie, In: Psychologie und Praxis, Vol. 29, Nr. 3, 52 - 61.

Kasper, H., 1987: Organisationskultur. Über den Stand der Forschung, Wien.

Kast, F. E. / Rosenzweig, J. E. (Hrsg.), 1973: Contingency Views of Organization and Management, Chicago et al.

Kast, F. E. / Rosenzweig, J. E. (Hrsg.), 1974: Organization and Management: A Systems Approach, 2. Aufl., New York.

Kast, F. E. / Rosenzweig, J. E. (Hrsg.), 1975: Contingency Views of Organization and Management, Chicago et al.

Kast, F. E. / Rosenzweig, J. E., 1972: General Systems Theory: Applications for Organization and Management, In: Academy of Management Journal, Vol. 15, Nr. 12, 447 - 465.

Kast, F. E. / Rosenzweig, J. E., 1985: Organization & Management. A Systems and Contingency Approach, 4. Aufl., McGrawHill.

Katz, D. / Kahn, R. L., 1966: The Social Psychology of Organizations, New York.

Katz, D. / Kahn, R. L., 1966: The Social Psychology of Organizations (überarbeitete NeuAufl. 1978), New York.

Katz, E. / Levin, M. L. / Hamilton, H., 1963: Traditions of Research on the Diffusion of Innovation, In: American Sociological Review, Vol. 28, 237 - 252.

Käuflin, A., 1995: Ermittlung und Nutzung von Kennzahlen (Indikatoren) des Personal-Controllings als Managementinstrument der Personalwirtschaft, Wiesbaden.

Kemper, H. G., 1994: Die Sicherstellung bzw. Erhöhung der Benutzer-Akzeptanz bei dem Einsatz von Executive Information Systems - Erfahrungen aus einem Arbeitskreis, In: Wirtschaftsinformatik, Vol. 36, Nr. 4, 394 - 395.

Kenis, I., 1979: Effects of Budgetary Goal Characteristics on Managerial Attitudes and Performance, In: The Accounting Review, Vol. 54, Nr. 4, 707 - 721.

Kepper, G., 1996: Qualitative Marktforschung. Methoden, Einsatzmöglichkeiten und Beurteilungskriterien, 2. Aufl., Wiesbaden.

Keßler, U., 1992: Unternehmensgröße, Innovation und Wertschöpfungswachstum: eine empirische Untersuchung im Lichte der Schumpeterianischen Innovationsdiskussion, Europäische Hochschulschriften, Frankfurt a. M.

Ketchen, D. J. / Thomas, J. B. / Snow, C. C., 1993: Organizational Configuration and Performance: A Comparison of Theoretical Approaches, In: Academy of Management Journal, Vol. 36, Nr. 6, 1278 - 1293.

Khandwalla, P. N., 1977: The Design of Organizations, New York.

Kieckhöfel, B., 2000: Soft Facts zu Hard Facts, In: Personalwirtschaft, Vol. 7, 26 - 31.

Kiefer, K., 1967: Die Diffusion von Neuerungen, In: Heidelberger Sociologica, Bd. 4, Hrsg.: Mühlmann, W. E. / Topitsch, E., Tübingen.

Kieser, A. (Hrsg.), 1999: Organisationstheorien, 3. überarbeitete und erweiterte Aufl., Stuttgart et al.

Kieser, A. / Kubicek, H., 1978: Organisationstheorien II: Wissenschaftstheoretische Anforderungen und kritische Analyse klassischer Ansätze, Stuttgart.

Kieser, A. / Kubicek, H., 1992: Organisation, 3. Aufl., Berlin, New York.

Kieser, A. / Segler, T., 1981: Quasi-mechanistische Situative Ansätze, In: Organisationstheoretische Ansätze, Hrsg.: Kieser, A., München, 173 - 184.

Kieser, A., 1969: Innovation, In: Handwörterbuch der Organisation, Hrsg.: Grochla, E., Stuttgart, 741 - 750.

Kieser, A., 1970: Unternehmungswachstum und Produktinnovation, Berlin.

Kieser, A., 1974: Der Einfluss der Umwelt auf die Organisationsstruktur der Unternehmung, In: Zeitschrift für Organisation, Vol. 43, 302 - 314.

Kieser, A., 1977: Organisationsstruktur und Individuum, In: Personal- und Sozialorientierung der Betriebswirtschaftslehre, Bd. 1, Hrsg.: Reber, G., Stuttgart.

Kieser, A., 1990: Organisationsstruktur, Unternehmenskultur und Innovation, Stuttgart.

Kieser, A., 1993: Der situative Ansatz, In: Organisationstheorien, Hrsg.: Kieser, A., Stuttgart, 161 - 191.

Kieser, A., 1999a: Konstruktivistische Ansätze, In: Organisationstheorie, 3. Aufl., Hrsg.: Kieser, A., Stuttgart, 287 - 318.

Kieser, A., 1999b: Ziele und Zielbildung, In: Unternehmungspolitik, Hrsg.: Kieser, A. / Oechsler, W., Stuttgart.

Kinnear, T. / Taylor, J., 1991: Marketing Research – An Applied Approach, 4. Aufl., New York et al.

Kirchmann, E. M. W., 1996: Gründe und Effizienz der Involvierung des Anwenders in den Innovationsprozess, In: Journal für Betriebswirtschaft, Vol. 46, Nr. 2, 76 - 88.

Kirsch, W. / Esser, W.-M. / Gabele, E., 1979: Das Management des geplanten Wandels von Organisationen, Stuttgart.

Kirsch, W., 1971: Entscheidungsprozesse, Bd. 1: Verhaltenswissenschaftliche Ansätze der Entscheidungstheorie, Bd. 2: Informationsverarbeitungstheorie des Entscheidungsverhalten, Bd. 3: Entscheidungen in Organisationen, Wiesbaden.

Klee, J., 2003: What is State-of-the-Art in HR-Management, In: Personalführung, Nr. 12, 36 - 43.

Kleinaltenkamp, M., 1998: Begriffsabgrenzungen und Erscheinungsformen von Dienstleistungen, In: Handbuch Dienstleistungsmanagement – von der strategischen Konzeption zur praktischen Umsetzung, Hrsg.: Bruhn, M. / Meffert, H., Wiesbaden, 29 - 52.

Kleine, J., 1980: Innovation und Unternehmensgröße: International Institute of Management, Wissenschaftszentrum Berlin.

Klingebiel, N., 1996: Leistungsrechnung & Performance Measurement als bedeutsamer Bestandteil des internen Rechnungswesens, In: Kostenrechnungspraxis, Vol. 40, Nr. 2, 77 - 84.

Klingebiel, N., 2000: Integriertes Performance Measurement, Habilitationsschrift St. Gallen, Wiesbaden.

Klophaus, R., 1995: Marktausbreitung neuer Konsumgüter: verhaltenswissenschaftliche Grundlagen, Modellbildung und Simulation, Wiesbaden.

Kmenta, J., 1986: Elements of Econometrics, 2. Aufl., New York et al.

Knight, K. E., 1967: A Descriptive Model of the Intra-Firm Innovation Process, In: Journal of Business, 478 - 496.

Knorr, K. D., 1977: Policymakers' Use of Social Science Knowledge: Symbolic or Instrumental?, In: Using Social Science in Public Policy Making, Hrsg.: Weiss, C., Lexington, 165 - 182.

Kobi, J.-M., 1999: Personalrisikomanagement. Eine neue Dimension im Human Resource Management: Strategien zur Steigerung des People Value, Wiesbaden.

Köhler, R., 1977: Die empirische und handlungstheoretische Forschungskonzeption im Sinne Eberhard Wittes bzw. Helmut Kochs – Stand und Entwicklungsmöglichkeit, In: Empirische und handlungstheoretische Forschungskonzeptionen in der Betriebswirtschaftslehre, Hrsg.: Köhler, R., Stuttgart, 301 - 335.

Köhler, R., 1993: Beiträge zum Marketing-Management, Planung, Organisation, Controlling, 3. Aufl., Stuttgart.

Kohli, A. K. / Jaworski, B. J. / Kumar, A., 1993: MARKOR: A Measure of Market Orientation, In: Journal of Marketing Research, Vol. 30, Nr. 11, 467 - 477.

Kohli, A. K. / Jaworski, B. J., 1990: Market Orientation: The Construct, Research Propositions, and Managerial Implications, In: Journal of Marketing, Vol. 54, Nr. 4, 1 - 18.

Kollmann, T., 1996: Die Akzeptanz technologischer Innovationen: eine absatztheoretische Fundierung am Beispiel von Multimedia-Systemen, Trier.

Kräkel, M., 1996: Direkte versus indirekte Leistungsanreize – eine kritische Diskussion der traditionellen ökonomischen Anreiztheorie, In: Zeitschrift für Personalforschung, Vol. 10, 358 - 371.

Kranzelmayer, F., 1977: Aufbau und Anwendung betriebswirtschaftlicher Kennzahlen als Instrument der Internen Revision, In: Interne Revision, Vol. 12, Nr. 2, 170 - 176.

Kroeber-Riel, W. / Weinberg, P., 1999: Konsumentenverhalten, 7. Aufl., München.

Kroeber-Riel, W., 1992: Konsumentenverhalten, 5. Aufl., München.

Krohmer, H., 1999: Marktorientierte Unternehmenskultur als Erfolgsfaktor der Strategieimplementierung, Wiesbaden.

Kröll, M., 1997: Kompetenzentwicklung als Schlüsselproblem des Innovationsmanagements, In: Grundlagen der Weiterbildung, Vol. 8, Nr. 5, 205 - 211.

Kromrey, H., 1998: Empirische Sozialforschung, 8. Aufl., Opladen.

Kubicek, H., 1975: Empirische Organisationsforschung, Stuttgart.

Kubicek, H., 1977: Heuristische Bezugsrahmen und heuristisch angelegte Forschungsdesigns als Elemente einer Konstruktionsstrategie empirischer Forschung, In: Empirische und handlungstheoretische Forschungskonzeptionen in der Betriebswirtschaftslehre, Hrsg.: Köhler, R., Stuttgart.

Kühlmann, T. M., 1988: Technische und organisatorische Neuerungen im Erleben betroffener Arbeitnehmer. Längsschnittstudien zum Verlauf neuerungsbezogener Wahrnehmungen und Erwartungen, Stuttgart.

Kühnel, S. M. / Krebs, D., 2001: Statistik für die Sozialwissenschaften. Grundlagen, Methoden, Anwendungen, Reinbek bei Hamburg.

Künzle, H., 1975: Ausbreitung und Übernahme von Neuerungen am Beispiel der langfristigen Absatzprognostik, Dissertation, St. Gallen.

Küpper, H. U., 1995: Controlling: Konzeption, Aufgaben, Instrumente, Stuttgart.

Laatz, W., 1993: Empirische Methoden: ein Lehrbuch für Sozialwissenschaftler, Thun, Frankfurt a. M.

Lachnit, L., 1979: Systemorientierte Jahresabschlussanalyse. Weiterentwicklung der externen Jahresabschlussanalyse mit Kennzahlensystemen, EDV und mathematisch-statistischen Methoden, Wiesbaden.

Läge, K., 2003: Steuerungssysteme, Controlling und Kennzahlen, In: Erfolgsfaktor Ideenmanagement: Kreativität im Vorschlagswesen, 117 - 127.

Lammers, C. J. / Hickson, D. J., 1979: Organizations Alike and Unlike. International and Interinstitutional Studies in the Sociology of Organizations, London et al.

Larsen, J. K. / Werner, P. D., 1981: Measuring Utilization of Mental Health Program Consultation, In: Utilizing Evaluation: Concepts and Measurement Techniques, Hrsg.: Ciarlo, J. A., Beverly Hills, 77 - 96.

Larsen, J. K., 1986: Critical Variables in Utilization Research, In: Knowledge Generation, Exchange, and Utilization, Hrsg.: Beal, G. M. / Dissanayake, W. / Konoshima, S., Boulder, 345 - 367.

Lasek, H., 1997: Unternehmenskultur und Innovationsverhalten, In: Wirtschaftspolitische Blätter, Vol. 44, Nr. 1, 14 - 23.

Lawler, E. / Rhode, J., 1976: Information and Control in Organizations, Pacific Palisades, CA.

Lawler, E. E., 1987: The Design of Effective Reward Systems, In: Handbook of Organizational Behavior, Hrsg.: Lorsch, J. W., New Jersey, 255 - 271.

Lawler, E., 1987: The Strategic Design of Reward Systems, In: Motivation and Work Behavior, 4. Aufl., Hrsg.: Steers, R. / Porter, L., New York, 210 - 228.

Lawrence, P. R. / Lorsch, J., 1969: Organization and Environment, Homewood, IL.

Lawrence, P. R., 1954: Wie man Widerstände gegen Neuerungen abbaut, In: Harvardmanager, Sonderband 1: Führung und Organisation, Hamburg (bzw. amerikanisches Orginal: Harvard Business Review, Vol. 32, Nr. 3).

Lazarsfeld, P. E., 1965: Wissenschaftslogik und empirische Sozialforschung, In: Logik der Sozialwissenschaften, Hrsg.: Topitsch, E., Köln, Berlin.

Lazear, E., 1992: The Job as a Concept, In: Performance Measurement, Evaluation, and Incentives, Hrsg.: Bruns, W., Boston, 183 - 215.

Lee, H. / Lindquist, J. D. / Acito, F., 1997: Managers' Evaluation of Research Design and Its Impact on the Use of Research: An Experimental Approach, In: Journal of Business Research, Vol. 39, Nr. 3, 231 - 240.

Lehnert, S., 1983: Die Bedeutung von Kontingenzansätzen für das Strategische Management. Analyse und Realisationsmöglichkeiten des Strategischen Managements, Frankfurt a. M.

Leidig, G., 2002: Risikomanagement im Human-Ressourcen-Bereich, In: Der Betriebswirt, Nr. 2, 27 - 33.

Lembcke, R., 1971: Kennziffern als Führungsinstrument, In: Das Rechnungswesen. Handbuch der Buchführungsorganisation, Bilanzierung und Kostenrechnung, 12. Aufl., Gütersloh, 638 - 654.

Leplin, J. (Hrsg.), 1984: Scientific Realism, Berkeley.

Leplin, J., 1986: Methodological Realism and Scientific Rationality, In: Philosophy of Science, Vol. 53, 31 - 51.

Lev, B., 2001: Intangibles. Management and Reporting, Washington.

Lev, B., 2003: Intangibles at a crossroads, In: Controlling, Vol. 15, Nr. 3/4, 121 - 127.

Lewis, D. / Shea, T., 1996: The Impact of Culture on Management Information Needs, In: International Journal of Management, Vol. 13, Nr. 2, 241 - 248.

Libby, R. / Lewis, B. L., 1982: Human Information Processing Research in Accounting: The State of the Art in 1982, In: Accounting, Organizations and Society, Vol. 7, Nr. 3, 231 - 285.

Liebig, V. W., 1977: Kennzahlenanalyse. Grundlagen und Möglichkeiten der praktischen Anwendung, In: Zeitschrift für betriebswirtschaftliche Forschung, Vol. 29, 77 - 95.

Lin, C., 1998: Exploring Personal Computer Adoption Dynamics, In: Journal of Broadcasting and Electronic Media, Vol. 42, Nr. 1, 95-112.

Lindner, R. / Fischer, A. / Pardey, P., 1979: The Time to Adoption, In: Economic Letters 2, 187 - 190.

Linton, R., 1936 (1964 Neuauflage): The Study of Man, New York.

Lionberger, H. F., 1960: Adoption of New Ideas and Practices: A Summary of the Research Dealing with the Acceptance of Technological Change in Agriculture, with Implication for Action in Facilitating Social Change, Ames.

Lohaus, D. / Habermann, W., 2002: Kosten des Motivationsrückgangs, In: Personal, Nr. 12, 22 - 27.

Long, J., 1983: Confirmatory Factor Analysis, Sage University Paper Series on Quantitative Applications in the Social Sciences, Series No. 07-033, Beverly Hills.

Lorsch, J. W. / Morse, J. H., 1974: Organization and their Members – A Contingency Approach, London.

Lucas, H., 1975: Performance and the Use of Information Systems, In: Management Science, Vol. 21, Nr. 8, 908 - 919.

Lutschewitz, H. / Kutschker, M., 1977: Die Diffusion von innovativen Investitionsgütern, Hrsg.: Kirsch, W., München.

Lybaert, N., 1998: The Information Use in a SME: Its Importance and Some Elements of Influence, In: Small Business Economics, Vol. 10, Nr. 2, 171 - 191.

Lynch, R. L. / Cross, K. F., 1991: Measure Up! Yardsticks for Continuous Improvement, Cambridge (Massachusetts), Basil, Blackwell.

Maccoby, E. E. / Maccoby, N., 1965: Das Interview: Ein Werkzeug der Sozialforschung, In: Praktische Sozialforschung, Bd. 1, 4. Aufl., Hrsg.: König, R., Köln, 37 - 85.

Macharzina, K., 1973: On the Integration of Behavioural Science into Accounting Theory, In: Management International Review, Nr. 2/3, 3 - 19.

Macharzina, K., 1995: Unternehmensführung. Das internationale Managementwissen, 2. Aufl., Wiesbaden.

Macintosh, N. B., 1981: A Contextual Model of Information Systems, In: Accounting, Organizations and Society, Vol. 6, Nr. 1, 39 - 53.

Mag, W., 1977: Entscheidung und Information, München.

Mahajan, J. / Churchill, G. A., 1990: Alternative Approaches for Investigating Contingency-based Organizational Predictions in Personal Selling, In: International Journal of Research in Marketing, Vol. 7, 149 - 169.

Mahajan, V. / Muller, E. / Bass, F. M., 1993: New-Product Diffusion Models, In: Marketing, Hrsg.: Eliashberg, J. / Lilien, G. L., In: Handbooks in Operations Research and Management Science, Hrsg.: Nemhauser, G. L. / Rinnoog Kann, A. H. G., Vol. 5, Amsterdam et al., 349 - 408.

Mahajan, V. / Muller, E. / Kerin, R. A., 1984: Introduction Strategy for New Products with Positive and Negative Word-of-Mouth, In: Management Science, Vol. 30, Nr. 12, 1389 - 1404.

Mahler, A. / Stötzer, M. W., 1995: Die Diffusion von Innovationen in der Telekommunikation und Überblick des Buches, In: Die Diffusion von Innovationen in der Telekommunikation, Hrsg.: Mahler, A. / Stötzer, M. W., Berlin et al., 1 - 24.

Malhotra, N., 1993: Marketing Research: An Applied Orientation, New Jersey.

Maltz, E. / Kohli, A. K., 1996: Market Intelligence Dissemination across Functional Boundaries, In: Journal of Marketing Research, Vol. 33, Nr. 2, 47 - 61.

Mansfield, E., 1961: Technical Change and the Rate of Imitation, In: Econometrica, Vol. 29, 741 - 766.

Manz, U., 1983: Zur Einordnung der Akzeptanzforschung in das Programm der sozialwissenschaftlichen Begleitforschung, München.

March, J. G. / Simon, H. A., 1976: Organisation und Individuum (Erstauflage, 1958), Wiesbaden.

Marr, R. / Stietzel, M., 1979: Personalwirtschaft. Ein konfliktorientierter Ansatz, München.

Marr, R., 1973: Innovation und Kreativität, Wiesbaden.

Marr, R., 1980: Innovation, In: Handwörterbuch der Organisation, 2. Aufl., Hrsg.: Grochla, E., Stuttgart, 947 - 959.

Martin, L. E., 1987: Consistency in Individual Consumer Choice Strategies: the Influence of Product Class Involvement, Information Structure, Similarity among Alternatives, and Time, New York.

Marxt, C. G. C., 2000: Management von Innovationskooperationen unter besonderer Berücksichtigung unternehmenskultureller Faktoren, Eidgenössische Technische Hochschule Zürich.

März, T., 1983: Interdependenzen in einem Kennzahlensystem. Eine empirische Untersuchung zur Aussagefähigkeit von Kennzahlen bei der Unternehmensanalyse, Dissertation, In: Hochschulschriften zur Betriebswirtschaftslehre, Bd. 25, Hrsg.: Beschorner, D. / Heinhold, M., München.

Mason, C. H. / Perreault, W. D., 1991: Collinearity, Power, and Interpretation of Multiple Regression Analysis, In: Journal of Marketing Research, Vol. 28, Nr. 8, 268 - 280.

Mason, R. O. / Mitroff, I. I., 1973: A Program for Research on Management Information Systems, In: Management Science, Vol. 19, Nr. 5, 475 - 487.

Matiaske, W. / Mellewigt, T., 2001: Arbeitszufriedenheit: Quo Vadis? Eine Längsschnitt-Untersuchung zu Determinanten und zur Dynamik von Arbeitszufriedenheit, In: Der Betriebswirt, Nr. 61, 7 - 24.

Maydl, E., 1987: Technologie-Akzeptanz im Unternehmen: Mitarbeiter gewinnen für neue Informationstechnologien, Wiesbaden.

Mayer, B., 1998: Innovation und Unternehmenskultur, In: Personalwirtschaft, Nr. 2, 15 - 17.

Mayer, V., 2002: Das strategiefokussierte Wertschöpfungscenter Personal. Der Transformationsprozess des Personalbereichs, dargestellt am Beispiel der Finanzdienstleister, In: Controlling, Nr. 8/9, 491 - 499.

Mayntz, R., 1971: Bürokratische Organisation, 2. Aufl., Köln, Berlin.

McCaskey, M. B., 1974: A Contingency Approach to Planning: Planning with Goals and Planning without Goals, In: Academy of Management Journal, Nr. 2, 281.

McMahon, J. T. / Perrit, G. W., 1973: Toward a Contingency Theory of Organizational Control, In: Academy of Management Journal, Nr. 4, 624 - 635.

McMullin, E., 1984: A Case for Scientific Realism, In: Scientific Realism, Hrsg.: Leplin, J., Berkely.

Meffert, H. / Bruhn, M., 1997: Dienstleistungsmarketing: Grundlagen, Konzepte, Methoden, 2. Aufl., Wiesbaden.

Meier, B., 1982: Die Bedeutung der Organisationsstruktur für Innovationsprozesse, In: Innovation und Technologietransfer. Festschrift zum sechzigsten Geburtstag von Herbert Wilhelm, Hrsg.: Engeleitner, H. J. / Corsten, H., Berlin, 173 - 199.

Meißner, W., 1987: Innovation und Organisation, Stuttgart.

Meißner, W., 1989: Innovation und Organisation, In: Beiträge zur Organisationspsychologie, Bd. 6, Hrsg.: Schuler, H. / Staehle, W. H., Stuttgart.

Mellerowicz, K., 1963/1964: Allgemeine Betriebswirtschaftslehre, 11. und 12. Aufl., Berlin.

Mellerowicz, K., 1967: Kosten und Kostenrechnung, Bd. 1 - 2, Berlin.

Melone, N. P., 1994: Reasoning in the Executive Suite: The Influence of Role & Experience-based Expertise on Decision Processes of Corporate Executives, In: Organization Science, Vol. 5, Nr. 3, 438 - 455.

Menon, A. / Varadarajan, R., 1992: A Model of Marketing Knowledge Use Within Firms, In: Journal of Marketing, Vol. 56, Nr. 4, 53 - 71.

Menon, A. / Wilcox, J. B., 1994: USER: A Scale to Measure Use of Market Research, Arbeitspapier, Report Number 94 - 108, May 1994, Marketing Science Institute, Cambridge.

Menon, A. et al., 1999: Antecedents and Consequences of Marketing Strategy Making: A Model and a Test, In: Journal of Marketing, Vol. 63, Nr. 4, 18 - 40.

Mensch, G., 1972: Basisinnovationen und Verbesserungsinnovationen, In: Zeitschrift für Betriebswirtschaft, Vol. 42, 291 - 297.

Menzel, H., 1960: Innovation, Integration and Marginality: A Survey of Physicians, In: American Sociological Review, Vol. 25, 704 - 713.

Merkle, E., 1982: Betriebswirtschaftliche Formeln und Kennzahlen und deren betriebswirtschaftliche Relevanz, In: Wirtschaftswissenschaftliches Studium, Vol. 11, Nr. 7, 325 - 330.

Meyer, A. / Mattmüller, R., 1987: Qualität von Dienstleistungen: Entwurf eines praxisorientierten Qualitätsmodells, In: Marketing - Zeitschrift für Forschung und Praxis, Vol. 3, Nr. 8, 187 - 195.

Meyer, A. D. / Tsui, A. S. / Hinings, C. R., 1993: Configurational Approaches to Organizational Analysis, In: Academy of Management Journal, Vol. 36, Nr. 6, 1175 - 1195.

Meyer, C., 1978: Normung und zentrale Ermittlung betriebswirtschaftlicher Kennzahlen und Kennzahlen-Systeme, In: Der Betrieb, Vol. 31, Nr. 33, 1553 - 1557.

Meyer, C., 1994: Betriebswirtschaftliche Kennzahlen und Kennzahlen-Systeme, 2. Aufl., Stuttgart.

Meyer, M. W. et al., 1978: Environments and Organizations, San Francisco.

Midgley, D. F., 1976: A Simple Mathematical Theory of Innovative Behavior, In: Journal of Consumer Research, Vol. 3, Nr. 6, 31 - 41.

Midgley, D. F., 1977: Innovation and New Product Marketing, London.

Miles, M. B. (Hrsg.), 1964: Innovation in Education, New York.

Miller, D., 1981: Toward a New Contingency Approach: The Search for Organizational Gestalts, In: Journal of Management Studies, Vol. 18, 1 - 26.

Miller, K. E. / Ginter, J. L., 1979: An Investigation of Situational Variation in Brand Choice Behavior and Attitude, In: Journal of Marketing Research, Vol. 6, Nr. 2, 111 - 123.

Mintzberg, H., 1979: The Structuring of Organizations: A Synthesis of the Research, New Jersey.

Mockler, R. J., 1971: Business Planning and Policy Formulation, New York.

Mockler, R. J., 1972: The Management Control Process, New York.

Moenaert, R. K. / Souder, W. E., 1990a: An Analysis of the Use of Extrafunctional Information by R&D and Marketing Personnel: Review and Model, In: Journal of Product Innovation Management, Vol. 7, Nr. 3, 213 - 229.

Moenaert, R. K. / Souder, W. E., 1990b: An Information Transfer Model for Integrating Marketing and R&D Personnel in New Product Development Projects, In: Journal of Product Innovation Management, Vol. 7, 91 - 107.

Moenaert, R. K. / Souder, W. E., 1996: Context and Antecedents of Information Utility at the R&D / Marketing Interface, In: Management Science, Vol. 42, Nr. 11, 1592 - 1610.

Mohr, H.-W., 1977: Bestimmungsgründe für die Verbreitung von neuen Technologien, Berlin.

Möller, K. / Walker, U., 2003: Intangibles in der wertorientierten Planung, In: Controlling, Nr. 9, 491 - 498.

Moorman, C. / Deshpandé, R. / Zaltman, G., 1993: Factors Affecting Trust in Market Research Relationships, In: Journal of Marketing, Vol. 57, Nr. 1, 81 - 101.

Moorman, C. / Zaltman, G. / Deshpandé, R., 1992: Relationships between Providers and Users of Market Research: The Dynamics of Trust within and between Organizations, In: Journal of Marketing Research, Vol. 29, Nr. 8, 314 - 328.

Moorman, C., 1995: Organizational Market Information Processes: Cultural Antecedents and New Product Outcomes, In: Journal of Marketing Research, Vol. 32, Nr. 8, 318 - 335.

Moormann, C. / Austin, J. R., 1995: The Paradox of Low Quality and High Use: How Trust Impacts Market Research Outcomes, Arbeitspapier, Report Nummer 95 - 116, November, Cambridge.

Morris, J. D. / Meshbane, A., 1995: Selecting Predictor Variable in Two-Group Classification Problems, In: Educational Psychological Measurement, Vol. 55, 438 - 441.

Mühlmann, W. E., 1972: Homo Creator, Abhandlungen zur Soziologie, Anthropologie und Ethnologie, Wiesbaden.

Müller, R., 1990: Qualitative und Quantitative Aspekte der Wirtschaftlichkeit von Informationsdienstleistungen, In: Nachrichten für Dokumentation. Zeitschrift für Informationswissenschaft und -praxis, Vol. 41, Nr. 3, 175 - 179.

Müller, U., 1975: Wettbewerb, Unternehmenskonzentration und Innovation. Literaturanalyse zur These von Wettbewerb als Entdeckungsverfahren, Göttingen.

Müller, V. / Schienstock, G., 1978: Der Innovationsprozess in westeuropäischen Industrieländern, Bd. 1 „Sozialwissenschaftliche Innovationstheorien", Berlin.

Müller, W., 1980: Entwicklungsverfahren der Organisationstheorie: Der Situative Ansatz (III), In: WISU, 371 - 376.

Müller-Böling, D. / Müller, M., 1986: Akzeptanzfaktoren der Bürokommunikation, München.

Müller-Böling, D. / Ramme, I., 1988: Die Arbeit von Führungskräften und ihre Akzeptanz neuer Informations- und Kommunikationstechniken: Ergebnisse von zwölf Interviews, Dortmund.

Müller-Böling, D., 1978: Arbeitszufriedenheit bei automatisierter Datenverarbeitung, München.

Murphy, K. / Davidshofer, C., 1988: Psychological Testing: Principles and Applications, New Jersey.

Nabseth, L. / Ray, G. F., 1974: The Diffusion of New Industrial Processes: An International Study, London, Cambridge.

Neely, A. / Adams, C. / Kennerley, M., 2002: The Performance Prism: The Scorecard for Measuring and Managing Business Success, London.

Neely, A. et al., 2003: Towards the Third Generation of Performance Measurement, In: Controlling, Nr. 3/4, 129 - 135.

Negandhi, A. R., 1973: Modern Organizational Theory, Kent, OH.

Neter, J. / Wassermann, W. / Kutner, M. H., 1989: Applied Linear Regression Models, 2. Aufl., Homewood, Il.

Neubäumer, R. / Kohaut, S., 2002: Unternehmen investieren nicht nur in Sachkapital – ein theoretischer Ansatz und seine empirische Überprüfung mit dem Betriebs-Panel des IAB 1998, In: Zeitschrift für Betriebswirtschaft, Nr. 4, 403 - 427.

Newstrom, J. W. / Reif, W. E. / Monczka, R. M. (Hrsg.), 1975: A Contingency Approach to Management. Readings, New York et al.

Nieschlag, R. / Dichtl, E. / Hörschgen, H., 2002: Marketing, 19. überarbeitete und ergänzte Aufl., Berlin.

Norusis, M., 1993: SPSS for Windows, Professional Statistics, Release 6.0., Chicago.

Norusis, M., 1995: The SPSS Guide to Data Analysis for Release 4, 6. Aufl., Chicago.

Noth, T. / Töpelmann, M., 1986: Konzeption eines Kennzahlensystems zur Unterstützung des Software-Projektmanagements, In: Projektmanagement, Beiträge zur GPM-Jahrestagung 1986, München, 305 - 314.

Nowak, P., 1966: Betriebswirtschaftliche Kennzahlen, In: Handbuch der Wirtschaftswissenschaften, 2. Aufl., Bd. I: Betriebswirtschaft, Hrsg.: Hax, K. / Wessels, T., Köln, Opladen, 701 - 726.

Nunnally, J.,1978: Psychometric Theory, 2. Aufl., New York et al.

O. V., 1997: Kennzahlen: Über 60% der deutschen Unternehmen arbeiten mit Kennzahlensystemen zur Messung der Produktivität. Zahlreiche Defizite mindern aber die Akzeptanz solcher Systeme seitens der Mitarbeiter, Vol. 103, Nr. 24, 44 - 48.

O. V., 1999: Vom Kostendruck zur Innovationsdynamik: Tagung München, 19. - 21. Mai 1999.

O. V., 2004: Kennzahlen sind eine wichtige Grundlage für die Steuerung von Unternehmen, Nr. 1/2, 20 - 21.

O. V., Symposium des Informationsring Kreditwirtschaft, 1989: Information und Unternehmenskultur: am 27.10.1989 in Frankfurt a. M.

O`Reilly, C. / Chatman, J. / Caldwell, D., 1991: People and Organizational Culture: A Profile Comparison Approach to Assessing Person-Organization Fit, In: Academy of Management Journal, Vol. 34, Nr. 3, 487 - 516.

O`Reilly, C. A., 1980: Individuals and Information Overload in Organizations: Is More Necessarily Better?, In: Academy of Management Journal, Vol. 23, Nr. 4, 684 - 696.

O`Reilly, C. A., 1982: Variations in Decision Makers' Use of Information Sources: The Impact of Quality and Accessibility of Information, In: Academy of Management Journal, Vol. 25, Nr. 4, 756 - 771.

O`Reilly, C. A., 1983: The Use of Information in Organizational Decision Making: A Model and Some Propositions, In: Research in Organizational Behavior: An Annual Series of Analytical Essays and Critical Reviews, Vol. 5, Hrsg.: Cunnings, L. L. / Staw, B. M., Greenwich, 103 - 139.

Oechsler, W., 2000: Personal und Arbeit, 7. grundlegend überarbeitete und erweiterte Aufl., München.

Oehler, O., 1980: Checklist Frühwarnsystem mit Alarmkennziffern. Zur Steuerung und Sicherung Ihres Unternehmens, München.

Oeller, K. H., 1979: Systemorientierte Unternehmensführung mit Hilfe kybernetischer Kennzahlensysteme, In: Praxis des systemorientierten Managements, Hrsg.: Malik, F., Bern, Stuttgart, 11 - 153.

Opp, K. D., 1970: Soziales Handeln, Rollen und soziale Systeme. Stuttgart.

Ortner, G. E., 1993: Akzeptanz-Management als Voraussetzung erfolgreicher Innovation, In: Strukturwandel in Management und Organisation: neue Konzepte sichern die Zukunft, 201 - 216.

Otley, D. T., 1980: The Contingency Theory of Management Accounting: Achievement and Prognosis, In: Accounting, Organizations and Society, Vol. 5, Nr. 4, 413 - 428.

Parasuraman, A. / Zeithaml, V. / Berry, L., 1985: A Conceptual Model of Service Quality and its Implication for Future Research, In: Journal of Marketing, Vol. 49, Nr. 3, 41 - 50.

Parasuraman, A. / Zeithaml, V. / Berry, L., 1988: SERVQUAL: A Multiple-Item Scale for Measuring Consumer Perceptions of Service Quality, In: Journal of Retailing, Vol. 64, Nr. 1, 12 - 40.

Parasuraman, A., 1987: Customer-Oriented Corporate Cultures are Crucial to Service Marketing Success, In: The Journal of Service Marketing, Vol. 1, Nr. 1, 39 - 46.

Pareek, U. / Chattopaduyay, S. N., 1966: Adoption Quotient: A Measure of Multipractice Adoption Behavior, In: Journal of Applied Behavioral Science, Vol. 83, Nr. 2, 95 - 108.

Pässler, K. / Brumby, L., 2001: Benchmarking von industriellen Dienstleistungsunternehmen: welchen Beitrag kann das Benchmarking zur Innovationsförderung bei industriellen Dienstleistungsunternehmen leisten?, In: IO-Management, Vol. 70, Nr. 9, 56 - 61.

Pastors, P. M., 1996: Wirtschaftlichkeit der unternehmensweiten Informationsverarbeitung, 1. Aufl., Würzburg.

Paulson, S. K., 1974: Causal analysis of interorganizational relations – An axiomatic theory revised, In: Administrative Science Quarterly, Vol. 19, Nr. 3, 319 - 337.

Pauschert, D., 1999: Benchmarking und Innovation: Der Benchmarking-Ansatz als Instrument der Analyse innovationsfördernder Wettbewerbsbedingungen, Wuppertal.

Pechtl, H., 1991: Innovatoren und Imitatoren im Adoptionsprozess von technischen Neuerungen, Berg. Gladbach et. al.

Pelz, D. C. / Andrews, F. M., 1966: Scientists in Organizations (2. überarbeitete Aufl., 1978), Ann Arbor.

Pelz, D. C., 1978: Some Expanded Perspectives on Use of Social Science in Public Policy, In: Major Social Issues: A Multidisciplinary View, Hrsg.: Yinger, M., Cutler, S., New York, 346 - 357.

Penzkofer, H., 1991: Innovationstätigkeit und Unternehmensgröße: ein Test der Neo-Schumpeter-Hypothesen auf der Basis der Ifo-Innovationsdienst-Daten, Projekt: Der Zusammenhang zwischen Marktstruktur, Innovationsverhalten und dynamischem Wettbewerb - eine empirische Analyse, München: Ifo-Institut für Wirtschaftsforschung.

Perkins, W. S. / Rao, R. C., 1990: The Role of Experience in Information Use and Decision Making by Marketing Managers, In: Journal of Marketing Research, Vol. 27, Nr. 2, 1 - 10.

Perrow, C., 1970: Organizational Analysis: A Sociological View, London.

Peske, T. / Perlitz, M., 2003: Strategie, Innovation und Internationalisierung: für Prof. Dr. Manfred Perlitz anlässlich seines 60. Geburtstages, Köln.

Peter, J. / Churchill, G. A., 1986: Relationships Among Research Design Choices and Psychometric Properties of Rating Scales: A Meta-Analysis, In: Journal of Marketing Research, Vol. 23, Nr. 2, 1 - 10.

Peter, J., 1979: Reliability: A Review of Psychometric Basics and Recent Marketing Practices, In: Journal of Marketing Research, Vol. 16, Nr. 2, 6 - 17.

Peter, J., 1981: Construct Validity: A Review of Basis Issues and Marketing Practices, In: Journal of Marketing Research, Vol. 18, Nr. 5, 133 - 145.

Peters, W. S. / Champoux, J. E., 1979: The Use of Moderated Regressions in Job Redesign Decisions, In: Decision Sciences, Vol. 10, Nr. 1, 85 - 95.

Peterson, R. A., 1994: A Meta-Analysis of Cronbach`s Coefficient Alpha, In: Journal of Consumer Research, Vol. 21, Nr. 9, 381 - 391.

Pfaffenholz, B., 1973: Funktionsorientiertes Klassifikationsmodell zur quantitativen Analyse arbeitsorganisatorischer Strukturen unter besonderer Berücksichtigung von Fertigungsprozessen, Dissertation, Aachen.

Pfeffer, J. S. / Salancik, G. R., 1977: Administrator Effectiveness: The Effects of Advocacy and Information on Resource Allocations, In: Human Relations, Vol. 30, 641 - 656.

Pfeffer, J. S., 1982: Organizations and Organization Theory, Cambridge.

Pfeffer, J. S., 1997: Pitfalls on the Road to Measurement: the Dangerous Liaison of Human Resources with the Ideas of Accounting and Finance, In: Human Resource Management, Vol. 36, Nr. 3, 357 - 365.

Pfeffer, J., 1992: Managing with Power: Politics and influence in Organizations, Boston.

Pfeiffer, S., 1981: Die Akzeptanz von Neuprodukten im Handel: eine empirische Untersuchung zum Innovationsverhalten des Lebensmittelhandels, Wiesbaden.

Pfeiffer, W. / Bischof, P., 1974: Einflussgrößen von Produkt-Marktzyklen, Nürnberg.

Pfeiffer, W. / Staudt, E., 1975: Innovation, In: Handwörterbuch der Betriebswirtschaft, 2. Bd. (4. Aufl.), Hrsg.: Grochla, E. / Wittmann, W., Stuttgart, 1943 - 1953.

Pfetsch, F. R., 1975: Zum Stand der Innovationsforschung, In: Innovationsforschung als multidisziplinäre Aufgabe. Beiträge zur Theorie und Wirklichkeit von Innovationen im 19. Jahrhundert, Hrsg.: Neuloh, O. / Rüegg, W., Göttingen, 9 - 24.

Pfeuffer, E., 1993: Mitarbeiterbefragung, In: Handbuch Personalmarketing, 2. Aufl., Hrsg.: Strutz, H., Wiesbaden.

Pflesser, C., 1999: Marktorientierte Unternehmenskultur – Konzeption und Untersuchung eines Mehrebenenmodells, Wiesbaden.

Philipps, G. / Windheim, J., 2003: Balanced Scorecard zur Cost Center Steuerung von Unternehmen, In: Personal, Nr. 9, 48 - 50.

Picot, A. / Reichwald, R., 1984: Bürokommunikation. Leitsätze für die Anwender, München.

Piercy, N., 1986: The Role and Function of the Chief Marketing Executive and the Marketing Department – A Study of Medium-sized Companies in the UK, In: Journal of Marketing Management, Vol. 1, 265 - 290.

Pigors, P. / Myers, C. A., 1973: Personnel Administration, 7. Aufl., Tokio.

Pindyck, R. S. / Rubenfeld, D., 1991: Econometric Models and Econometric Forecasts, New York et al.

Pirkner, P., 2002: HCM – Human Capital Management. Gemeinsam besser werden. Mit System, In: Projektmanagement Praxis 2002, 3. praxisorientierter Anwendertag zum Projektmanagement, Bd. 1726, Düsseldorf, 33 - 50.

Pizam, A., 1974: Some Correlates of Innovation within Industrial Suggestions Systems, In: Personal Psychology, Vol. 27, Nr. 1, 63 - 76.

Poser, H., 2001: Wissenschaftstheorie. Eine philosophische Einführung, Stuttgart.

Price Waterhouse Coopers (PwC), 2001: Die Balanced Scorecard im Praxistest: Wie zufrieden sind die Anwender?, Frankfurt a. M.

Price Waterhouse Coopers / Günther, T. / Beyer, D., 2003: Immaterielle Werte und andere weiche Faktoren in der Unternehmensberichtserstattung. Eine Bestandsaufnahme, Frankfurt a. M.

Pugh, D. et al., 1968: Dimensions of Organization Structure, In: Administrative Science Quarterly, Vol. 13, 65 - 105.

Pugh, D. et al., 1969: The Context of Organization Structures, In: Administrative Science Quarterly, Vol. 14, 91 - 114.

Pugh, D. et al., 1978: Der Bedingungsrahmen organisatorischer Strukturen, In: Elemente der organisatorischen Gestaltung, Hrsg: Grochla, E., Reinbek bei Hamburg.

Pugh, D., 1981: The Aston Programme Perspective, In: Perspectives on Organization Design and Behavior, Hrsg.: Van de Ven, A. / Joyce, W., New York, 199 - 203.

Putnam, H., 1978: Meaning and the Moral Sciences, London.

Radke, M., 1968: Betriebswirtschaftliche Kennzahlen – Entscheidungshilfen zur elastischen Unternehmenssteuerung und Maßstäbe zur Unternehmensbeurteilung, In: Stabilität durch betriebliche Elastizität, Hrsg.: Deutsche Gesellschaft für Betriebswirtschaft, Berlin, 144 - 177.

Radke, M., 1969: Statistik für den Betriebsleiter, München.

Radke, M., 1975: Betriebswirtschaftliche Absatzkennzahlen, München.

Radke, M., 1982: Die große betriebswirtschaftliche Formelsammlung, 6. Aufl., Landsberg am Lech.

Raffée, H. / Abel, B., 1979: Aufgaben und aktuelle Tendenzen der Wissenschaftstheorie in den Wirtschaftswissenschaften, In: Grundfragen der Wirtschaftswissenschaften, Hrsg. Raffée, H. / Abel, B., München.

Rahmann, M. / McCosh, A. M., 1976: The Influence of Organizational and Personal Factors on the Use of Accounting Information: An Empirical Study, In: Accounting, Organizations and Society, Vol. 1, Nr. 4, 339 - 355.

Raymond, L. / Magnenat-Thalmann, N., 1982: Information Systems in Small Business: Are They Used in Managerial Decisions?, In: American Journal of Small Business, Vol. 6, Nr. 4, 20 - 26.

Rehberg, J., 1973: Wert und Kosten von Informationen, Frankfurt a. M., Zürich.

Rehkugler, H., 1975: Kennzahlen im Personal- und Sozialwesen, In: Handwörterbuch des Personalwesens, Enzyklopädie der Betriebswirtschaftslehre, Bd. V, Hrsg.: Gaugler, E., Stuttgart, 1106 - 1112.

Reichheld, F. F., 1996: The Loyalty Effect, Boston, MA: Harvard Business School Press.

Reichmann, T. / Lachnit, L., 1976: Planung, Steuerung und Kontrolle mit Hilfe von Kennzahlen, In: Zeitschrift für betriebswirtschaftliche Forschung, Vol. 28, 705 - 723.

Reichmann, T., 1985: Controlling mit Kennzahlen, München.

Reichmann, T., 1993a: Kennzahlen, In: Vahlens Großes Controllinglexikon, Hrsg.: Horváth, P. / Reichmann, T., München, 343 - 344.

Reichmann, T., 1993b: Kennzahlenbildung, In: Vahlens Großes Controllinglexikon, Hrsg.: Horváth, P. / Reichmann, T., München, 344 - 346.

Reichmann, T., 1993c: Kennzahlensysteme, In: Vahlens Großes Controllinglexikon, Hrsg.: Horváth, P. / Reichmann, T., München, 346 - 347.

Reichmann, T., 1995: Controlling mit Kennzahlen und Managementberichten. Grundlagen einer systemgestützten Controlling-Konzeption, 4. Aufl., München.

Reichmann, T., 2001: Einleitung, In: Controlling, Nr. 12.

Reichwald, R., 1978: Zur Notwendigkeit der Akzeptanzforschung bei der Entwicklung neuer Systeme der Bürotechnik. Arbeitsberichte der Hochschule der Bundeswehr, Forschungsprogramm „Die Akzeptanz neuer Bürotechnologie", FB Wirtschafts- und Organisationswissenschaften, Bd. 1, München.

Reichwald, R., 1982: Neue Systeme der Bürotechnik und Büroarbeitsgestaltung - Problemzusammenhänge, In: Neue Systeme der Bürotechnik. Beiträge zur Büroarbeitsgestaltung aus Anwendersicht, Hrsg.: Reichwald, R. / Schmidt, S., Berlin et al., 11 - 48.

Rich, P., 1992: The Organizational Taxonomy: Definition and Design, In: Academy of Management Review, Vol. 17, 4, 758 - 781.

Rich, R. F., 1977: Uses of Social Science Information by Federal Bureaucrats: Knowledge for Action versus Knowlegde for Understanding, In: Using Social Research in Public Policy Making, Hrsg.: Weiss, C. H., Lexington, MA, 199 - 211.

Rich, R. F., 1991: Knowledge Creation, Diffusion, and Utilization, In: Knowledge Creation, Diffusion, Utilization, Vol. 12, Nr. 3, 319 - 337.

Riedel, G., 1973: Betriebsstatistik – Wie aufbauen, wie auswerten?, Stuttgart.

Roberts, K. H. / O`Reilly, C. A. III, 1979: Some Corrrelates of Communication Roles in Organizations, In: Academy of Management Journal, Vol. 22, Nr. 1, 42 - 57.

Robertson, T. S., 1971: Innovative Behavior and Communication, New York.

Rogers, E. M. / Shoemaker, F. F., 1971: Communication of Innovations: A Cross-Cultural Approach, 2. Aufl., New York.

Rogers, E. M. / Stanfield, J. D., 1968: Adoption and Diffusion of New Products: Emerging Generalisations and Hypotheses, In: Applications of the Science in Marketing Management, Hrsg.: Bass, F. M. / King, C. W. / Pessemier, E. A., New York et al., 227 - 250.

Rogers, E. M., 1995: Diffusion of Innovations, 4. Aufl., New York.

Röpke, J., 1970: Innovation, Organisationsstruktur und wirtschaftliche Entwicklung: Zu den Ursachen des wirtschaftlichen Aufstiegs von Japan, In: Jahrbuch für Sozialwissenschaft, Bd. 21, 203 - 231.

Röpke, J., 1977: Die Strategie der Innovation. Eine systemtheoretische Untersuchung der Interaktion von Individuum, Organisation und Markt im Neuerungsprozess, Tübingen.

Rose, C., 2000: Planung, Steuerung und Kontrolle von Mitarbeiterwissen. Schnittstelle zwischen Controlling und Knowledge Management, In: Controlling, Nr. 4/5, 231 - 241.

Rosemann, M., 1996: Komplexität in Prozessmodellen. Methodenspezifische Gestaltungsempfehlungen für die Informationsmodellierung, Wiesbaden.

Rosenzweig, K., 1981: An Exploratory Field Study of the Relationship between the Controller`s Department and Overall Organizational Characteristics, In: Accounting, Organizations and Society, Vol. 6, Nr. 4, 339 - 354.

Ross, D. H., 1958: Administration for Adaptability: A Source Book Drawing Together The Results of More than 150 Individual Studies Related to the Question of Why and How Schools improve, New York.

Ruekert, R., 1992: Developing a Market Orientation: An Organizational Strategy Perspective, In: International Journal of Research in Marketing, Vol. 9, 225 - 245.

Rühli, E., 1996: Unternehmungsführung und Unternehmungspolitik, 3. Aufl., Bd. 1, Bern.

Ryan, B. / Gross, N. C., 1943: The Diffusion of Hybrid Corn in Two Iowa Communities, In: Rural Sociology, Vol. 8, 15 - 24.

Sackmann, S. A., 2000: Unternehmenskultur – Konstruktivistische Betrachtungen und deren Implikationen für die Unternehmenspraxis, In: Management und Wirklichkeit, Hrsg.: Hejl, P. / Stahl, H., Heidelberg, 141 - 158.

Sackmann, S., 1991: Uncovering Culture in Organizations, In: Journal of Applied Behavioral Science, Vol. 27, 3, 295 - 317.

Salancik, G. R. / Pfeffer, J., 1974: The Bases and Use of Power in Organizational Decision Making: The Case of a University, In: Administrative Science Quarterly, Vol. 19, 453 - 473.

Sanchez, J. C., 1993: The Long and Thorny Way to an Organizational Taxonomy, In: Organization Studies, Vol. 14, Nr. 1, 73 - 92.

Sandt, J., 2003: Kennzahlen für die Unternehmensführung – verlorenes Heimspiel für Controller, In: Controlling und Management, Vol. 47, Nr. 1, 75 - 79.

Sauer, S. / Schlenker, C., 1972: Kennziffern als Entscheidungshilfe, In: bt, Vol. 20, 177 - 180.

Schäffer, U. / Steiners, D., 2004: Zur Nutzung von Controllinginformationen, In: Zeitschrift für Planung und Unternehmenssteuerung, Vol. 15, Nr. 6, 377 - 404.

Schäffer, U. / Weber, J., 2004: Thesen zum Controlling, In: Controlling – Theorien und Konzeptionen, Hrsg.: Scherm, E. / Pietsch, G., München, 459 - 466.

Schäffer, U. / Weber, J. / Willauer, B., 2003: Mit Loyalität und Vertrauen besser planen – Ergebnisse einer empirischen Erhebung, In: Zeitschrift für Controlling und Management, Vol. 47, Nr. 1, 42 - 50.

Schanz, G., 1982: Organisationsgestaltung. Struktur und Verhalten, München.

Schanz, G., 1988: Methodologie für Betriebswirte, 2. Aufl., Stuttgart.

Scheer, W., 1960: Die gegenseitige Abhängigkeit von betrieblichen Kennzahlen. Dargestellt an der Kennzahl „Umsatz je beschäftigte Person" als Personalleistungsziffer. Teil 1 / Teil 2, In: Neue Betriebswirtschaft, Nr. 4 und 5, 81 - 83 und 104 - 106.

Schein, E., 1985: Organizational Culture and Leadership, San Francisco.

Schenk, H., 1936: Die Betriebskennzahlen. Begriff, Ordnung und Bedeutung für die Betriebsbeurteilung, Borna-Leipzig.

Scherer, A. G. / Beyer, R., 1998: Der Konfigurationsansatz im Strategischen Management: Rekonstruktion und Kritik, In: Die Betriebswirtschaft, Vol. 58, 332 - 347.

Scherer, A. G., 1999: Kritik der Organisation oder Organisation der Kritik? – Wissenschaftstheoretische Bemerkungen zum kritischen Umgang mit Organisationstheorien, In: Organisationstheorie, 3. Aufl., Hrsg.: Kieser, A., Stuttgart, 1 - 38.

Scherm, E., 2003: Fünf Thesen zur Situation des Personalmanagements. Die aktuelle Diskussion über die Rolle und Funktion der Personalarbeit vernachlässigt die genaue Ursachenanalyse, In: Personalführung, Nr. 12, 24 - 27.

Scheuch, E. K., 1973: Das Interview in der Sozialforschung, In: Handbuch der empirischen Sozialforschung, Grundlegende Methoden und Techniken, 3. Aufl., Bd. 2, Hrsg.: König, R., Stuttgart, 66 - 190.

Scheuing, E. E., 1970: Das Marketing neuer Produkte, Wiesbaden.

Scheuing, E. E., 1976: Unternehmensführung mit Kennzahlen, Baden-Baden, Bad Homburg.

Schlosser, O., 1976: Einführung in die sozialwissenschaftliche Zusammenhangsanalyse, Hamburg.

Schlütter, B., 1990: Akzeptanz von Informations- und Kommunikationstechnologien und Akzeptanzforschung, In: Wissenschaftliche Zeitschrift der technischen Hochschule Ilmenau, Vol. 36, Nr. 6, 137 - 141.

Schmalen, H. / Binninger, F. M., 1994: Ist die klassische Diffusionsmodellierung wirklich am Ende?, In: Marketing - Zeitschrift für Forschung und Praxis, Vol. 16, Nr. 1, 5 - 11.

Schmalen, H. / Pechtl, H., 1996: Die Rolle der Innovationseigenschaften als Determinanten im Adoptionsverhalten, In: Zeitschrift für betriebswirtschaftliche Forschung, Vol. 48, Nr. 9, 816 - 836.

Schmalen, H., 1993: Diffusionsprozesse und Diffusionstheorie, In: Handwörterbuch der Betriebswirtschaft, 5. Aufl., Teilband 1, Hrsg.: Wittmann, W. et al., Stuttgart.

Schmalenbach, E., 1963: Kostenrechnung und Preispolitik, 8. Aufl., Köln, Opladen.

Schmidt, A., 1986: Das Controlling als Instrument zur Koordination der Unternehmensführung: eine Analyse der Koordinationsfunktion des Controlling unter entscheidungsorientierten Gesichtspunkten, Frankfurt a. M.

Schmidt, P. (Hrsg.), 1976: Innovation. Diffusion von Neuerungen im sozialen Bereich, Hamburg.

Schneeweiß, H., 1990: Ökonometrie, 4. Aufl., Heidelberg.

Schnell, R. / Hill, P. B. / Esser, E., 1999: Methoden der empirischen Sozialforschung, 6. Aufl., München.

Scholz, C., 2000: Personalmanagement, 5. Aufl., München.

Scholz, C., 2002: Performance Controlling im Personalmanagement, In: Controlling, Nr. 8/9, 483 - 489.

Schönecker, H. G., 1980: Bedienerakzeptanz und technische Innovationen: akzeptanzrelevante Aspekte bei der Einführung neuer Bürotechniksysteme, München.

Schönecker, H. G., 1982: Akzeptanzforschung als Regulativ bei Entwicklung, Verbreitung und Anwendung technischer Innovationen, In: Neue Systeme der Bürotechnik. Beiträge zur Büroarbeitsgestaltung aus Anwendersicht, Hrsg.: Reichwald, R., Berlin, 49 - 69.

Schönecker, H. G., 1985: Kommunikationstechnik und Bedienerakzeptanz, München.

Schoonhoven, C. B., 1981: Problems with Contingency Theory: Testing Assumptions Hidden within the Language of Contingency Theory, In: Administrative Science Quarterly, Vol. 26, Nr. 9, 349 - 377.

Schott, G., 1991: Kennzahlen. Instrument der Unternehmensführung, 4. Aufl., Wiesbaden.

Schreyögg, G. / Steinmann, H., 1980: Wissenschaftstheorie, In: Handwörterbuch der Organisation, 2. Aufl., Hrsg.: Grochla, E., Stuttgart, 2394 - 2404.

Schreyögg, G., 1980: Contingency and Choice in Organization Theory, In: Organization Science, Vol. 1, Nr. 4, 305 - 326.

Schulte, C., 1989: Personal-Controlling, München.

Schultz-Gambard, J., 1993: Zum Problem von Drittvariablen in arbeits- und organisationspsychologischer Forschung, In: Arbeits- und Organisationspsychologie im Spannungsfeld zwischen Grundlagenorientierung und Anwendung, Hrsg.: Bungard, W. / Hermann, T., Bern.

Schulz, R., 1972: Kaufentscheidungsprozesse des Konsumenten, Wiesbaden.

Schulze, P. M., 1990: Beschreibende Statistik, München.

Schulz-Mehrin, O., 1960: Betriebswirtschaftliche Kennzahlen als Mittel zur Betriebskontrolle und Betriebsführung, Berlin.

Schumpeter, J. A., 1953: Theorie der wirtschaftlichen Entwicklung, 5. Aufl., Berlin.

Schwantag, K. et al., 1969: Die Bedeutung der Kennzahlen für eine rationelle Unternehmenssteuerung. Eine Literaturstudie, In: Reihe „Betriebswirtschaftlicher Infodienst", Sonderheft 016, Hrsg.: AGPLAN Gesellschaft für Planung e.V., Frankfurt a. M.

Schweikart, J. A., 1986: The Relevance of Managerial Accounting Information: A Multinational Analysis, In: Accounting, Organizations and Society, Vol. 11, Nr. 6, 541 - 554.

Schwer, D., 1985: Zum Innovationsmanagement – betriebsbezogene Innovationsstrategien, Krefeld.

Scott, R., 1992: Organizations: Rational, Natural and Open Systems, 3. Aufl., New Jersey.

SEC Taskforce, 2001: Strenghtening Financial Markets: Do Investors have the Information they need?, New York, Auf: http://www.fei.org/finrep/files/SEC-Taskforce-Final-6-6-2k1.pdf.

Segler, T., 1981: Situative Organisationstheorie, In: Organisationstheoretische Ansätze, Hrsg.: Kieser, A., München, 227 - 272.

Seidel, R. E., 2003: Was darf die Informationsverarbeitung kosten? In: Versicherungswirtschaft, Vol. 58, Nr. 8, 564 - 566.

Sen, T., 1995: HR Effectiveness and Business Success. Presentation at the California Strategic Human Resource Partnership Conference "Measuring HR Impact and Effectiveness".

Serfling, K., 1992: Controlling, 2. Aufl., Stuttgart et al.

Servatius, H. G., 2003: Immaterielles Vermögen, innovative Geschäftskonzepte und nachhaltige Wertsteigerung, In: Controlling, Nr. 3/4, 155 - 161.

Sharma, S. / Durand, R. M. / Gur-Arie, O., 1981: Identification and Analysis of Moderator Variables, In: Journal of Marketing Research, Vol. 18, Nr. 8, 291 - 300.

Shepard, H. A., 1967: Innovation-Resisting and Innovation Producing Organizations, In: Journal of Business, Vol. 40, Nr. 4, 470 - 477.

Sheridan, J., 1992: Organizational Culture and Employee Retention, In: Academy of Management Journal, Vol. 35, Nr. 5, 1036 - 1056.

Sheth, J. N., 1968: Perceived Risk and Diffusion of Innovations, In: Insights into Consumer Behavior, Hrsg.: Arndt, J., Boston, 173 - 188.

Siegel, H., 1983: Brown on Epistemology and the New Philosophy of Science, In: Synthese, Vol. 14, 61 - 89.

Siegert, W., 1967: Taschenbuch für Erfolgskontrolle der Personalarbeit mit Hilfe von Kennziffern, Heidelberg.

Siegwart, H., 1992: Kennzahlen für die Unternehmensführung, 4. Aufl., Bern.

Simon, H. A., 1987: Making Management Decisions: The Role of Intuition and Emotion, In: Academy of Management Executive, Vol. 1, Nr. 1, 57 - 64.

Sinkula, J. M. / Baker, E. W. / Nordewier, T., 1997: A Framework for Market-Based Organizational Learning: Linking Values, Knowledge, and Behavior, In: Journal of the Academy of Marketing Science, Vol. 25, Nr. 4, 305 - 318.

Sinkula, J. M., 1990: Perceived Characteristics, Organizational Factors, and the Utilization of External Market Research Suppliers, In: Journal of Business Research, Vol. 21, 1 - 17.

Sinkula, J. M., 1994: Market Information Processing and Organizational Learning, In: Journal of Marketing, Vol. 58, Nr. 1, 35 - 45.

Smith, C. G., 1970: Consultation and Decision Processes in a Research and Development Laboratory, In: Administrative Science Quarterly, Vol. 15, 203 - 215.

Sommerlatte, T., 1988: Innovationsfähigkeit und betriebswirtschaftliche Steuerung. Lässt sich das vereinbaren?, In: Die Betriebswirtschaft, Vol. 48, Nr. 2, 161.

SPSS Base 8.0., 1998: Diskriminanzanalyse, Bonn, 321 - 328.

SPSS Base 9.0, 1999: Discriminant Analysis, Chicago, 243 - 292.

Srinivasan, R. / Lilien, G., 1999: Leveraging Customer Information for Competitive Advantage, ISBM Report 17 - 1999, Institute for the Study of Business Markets, Pennsylvania State University.

Sriram, V. / Krapfel, R. / Spekman, R., 1992: Antecedents to Buyer-Seller Collaboration: An Analysis from the Buyer`s Perspective, In: Journal of Business Research, Vol. 25, Nr. 4, 303 - 320.

Stächelin, W., 1976: Betriebswirtschaftliche Kennzahlen zur Personalkostenplanung, In: Personal – Mensch und Arbeit, Nr. 4, 137 - 141.

Staehle, W. H., 1967: Kennzahlen und Kennzahlensysteme. Ein Beitrag zur modernen Organisationstheorie, Dissertation, München.

Staehle, W. H., 1969: Kennzahlen und Kennzahlensysteme als Mittel der Organisation und Führung von Unternehmen, Wiesbaden.

Staehle, W. H., 1973: Organisation und Führung sozio-technischer Systeme. Grundlagen einer Situationstheorie, Stuttgart.

Staehle, W. H., 1976: Kennzahlen im Personal- und Sozialwesen, In: Handwörterbuch des öffentlichen Dienstes. Das Personalwesen, Hrsg.: Bierfelder, W., 1. Aufl., Berlin, 845 - 856.

Staehle, W. H., 1981: Deutschsprachige situative Ansätze in der Managementlehre, In: Organisationstheoretische Ansätze, Hrsg.: Kieser, A., München, 215 - 226.

Staehle, W. H., 1999: Management - Eine verhaltenswissenschaftliche Perspektive, 8. Aufl., München.

Staudt, E. / Kriegesmann, B., 2002: Zusammenhang von Kompetenz, Kompetenzentwicklung und Innovation: Objekt, Maßnahmen und Bewertungsansätze der Kompetenzentwicklung - ein Überblick, In: Kompetenzentwicklung und Innovation: die Rolle der Kompetenz bei Organisations-, Unternehmens- und Regionalentwicklung, Hrsg.: Staudt, E., Münster, 15 - 70.

Staudt, E. et al., 1985: Kennzahlen und Kennzahlensysteme. Grundlagen zur Entwicklung und Anwendung, Berlin.

Staudt, E., 1996a: Die Kompetenz zur Innovation fördern und stärken, In: Arbeitgeber. Bundesvereinigung der deutschen Arbeitgeberverbände, Vol. 48, Nr. 5, 138 - 141.

Staudt, E., 1996b: Kompetenz zur Innovation. Defizite der Forschungs-, Bildungs-, Wirtschafts- und Arbeitsmarktpolitik, In: Rostocker Arbeitspapiere zu Wirtschaftsentwicklung und Human Resource Development, Nr. 5, 1 - 23.

Staudt, E., 2002: Kompetenzentwicklung und Innovation: die Rolle der Kompetenz bei Organisations-, Unternehmens- und Regionalentwicklung, Münster.

Stauss, B. / Hentschel, B., 1990: Die Qualität von Dienstleistungen: Konzeption, Messung und Management, Diskussionsbeiträge der Wirtschaftswissenschaftlichen Fakultät Ingolstadt, Nr. 10, Katholische Universität Eichstätt.

Stauss, B. / Hentschel, B., 1990: Verfahren der Problementdeckung und -analyse im Qualitätsmanagement von Dienstleistungsunternehmen, In: Jahrbuch der Absatz- und Verbrauchsforschung, 232 - 259.

Stauss, B., 1999: Kundenzufriedenheit, In: Marketing – Zeitschrift für Forschung und Praxis, Vol. 21, 5 - 24.

Steffens-Duch, S., 2000: Mitarbeiter stehen zur Deutschen Bank. Die Bedeutung der Messung von Commitment, In: Personal, Nr. 6, 295 - 297.

Stefflre, V., 1965: Simulation of People`s Behavior Towards New Objects and Events, In: American Behavior Science, Vol 9, 3.

Steiner, A., 1979: Contingency Theories of Strategy and Strategic Management, In: Strategic Management, Hrsg.: Schendel, D. E. / Hofer, C. W., Boston, Toronto, 405 - 416.

Steinle, C. / Thiem, H. / Rohden, H., 2000: Controlling als interne Serviceleistung, In: Controlling, Vol. 12, Nr. 6, 281 - 287.

Stewart, T. I., 1980: A Study of Factors, Affecting the Development of a General Contingency Theory, Dissertation, Ann Arbor, Mi.

Stiff, R. / Gleason, S., 1981: The Effect of Marketing Activities on the Quality of Professional Services, In: Marketing of Services, Hrsg.: Donnelly, J. H. / George, W. R., Chicago, 78 - 81.

Stoetzer, M.-W. / Mahler, A., 1995: Die Diffusion von Innovationen in der Telekommunikation, Berlin.

Stoi, R., 2003: Controlling von Intangibles. Identifikation und Steuerung der immateriellen Werttreiber, In: Controlling, Nr. 3/4, 175 - 183.

Stoneman, P., 1981: Intra-Firm Diffusion, Bayesian Learning and Profitability, In: Economic Journal, Vol. 91, 375 - 388.

Strack, R. / Franke, J. / Dertnig, S., 2000: Workonomics™: Der Faktor Mensch im Wertmanagement, In: Zeitschrift für Organisation, Vol. 69, Nr. 5, 283 - 288.

Sturm, R., 1979: Finanzwirtschaftliche Kennzahlen als Führungsmittel, Berlin.

Sutcliffe, K. M., 1994: What Executives Notice: Accurate Perceptions in Top Management Teams, In: Academy of Management Journal, Vol. 37, Nr. 5, 1360 - 1378.

Swoboda, B., 1996: Akzeptanzmessung bei modernen Informations- und Kommunikationstechnologien: theoretische und empirische Ergebnisse am Beispiel multimedialer Kundeninformationssysteme, St. Gallen.

Szyperski, N., 1962: Zur Problematik der quantitativen Terminologie in der Betriebswirtschaftslehre, Berlin.

Tait, P. / Vessey, I., 1988: The Effect of User Involvement on System Success: A Contingency Approach, In: MIS Quarterly, Vol. 12, 91 - 108.

Tarde, G., 1903: Les Lois Sociales, Paris (Dt. Übersetzung, 1908: Die sozialen Gesetze. Skizze zu einer Soziologie, Leipzig).

Taylor, F. W., 1911: The Principles of Scientific Management, New York.

Taylor, R. N., 1975: Age and Experience as Determinants of Managerial Information Processing and Decision Making Performance, In: Academy of Management Journal, Vol. 18, Nr. 1, 74 - 81.

Teichmann, H., 1971: Die Bestimmung der optimalen Information, In: Zeitschrift für Betriebswirtschaftslehre, Vol. 41, 745 - 774.

Terrahe, J., 1984: Kommunikationspolitik für moderne Kunst. Am Beispiel von Galerien für moderne Kunst in der Bundesrepublik Deutschland unter besonderer Berücksichtigung der Diffusions- und Adoptionstheorie, Frankfurt a. M. et al.

Thom, N., 1976: Zur Effizienz betrieblicher Innovationsprozesse. Vorstudie zu einer empirisch begründeten Theorie des betrieblichen Innovationsmanagements, Köln.

Thom, N., 1980: Grundlagen des betrieblichen Innovationsmanagements, 2. Aufl., Königstein.

Thom, N., 2001: Innovationsförderliche Ausrichtung von Führungsinstrumenten: Grundbausteine und ihre Anpassung an die Unternehmensgröße, Köln.

Thommen, J.-P., 2004: Betriebswirtschaftslehre, 6. aktualisierte Aufl., Zürich.

Thommen, J.-P. / Achleitner, A.-K., 2003: Allgemeine Betriebswirtschaftslehre, 4. überarbeitete und erweiterte Aufl., Wiesbaden.

Thompson, J. D., 1967: Organizations in Action. Social Science Bases of Administrative Theory, New York et al.

Thompson, V. A., 1965: Bürokratie und Innovation, In: Innovation, Hrsg.: Schmidt, P., Hamburg, 266 - 284.

Thurstone, L., 1947: Multiple Factor Analysis, Chicago.

Tiemeyer, E., 1985: Das moderne Büro in kleinen und mittleren Betrieben. Ein Leitfaden zur Einführung neuer Techniken im Büro, Köln.

Tomassini, L. A., 1976: Behavioral Research on Human Resource Accounting: A Contingency Framework, In: Accounting, Organizations and Society, Vol. 1, Nr. 2/3, 239 - 250.

Töpfer, A. / Gabel, B., 2000: Benchmarks zur Mitarbeiterbefragung, In: Personalwirtschaft, Nr. 4, 51 - 59.

Töpfer, A., 1976: Planungs- und Kontrollsysteme industrieller Unternehmungen. Eine theoretische, technologische und empirische Analyse, In: Betriebswirtschaftliche Forschungsergebnisse, Bd. 73, Hrsg.: Kosiol, E. et al., Berlin.

Tosi, H. L. / Carroll, S. J., 1976: Management: Contingencies, Structure, and Process, Chicago, IL.

Tosi, H. L. / Slocum, J. W., 1984: Contingency Theory: Some Suggested Directions, In: Journal of Management, Vol. 10, Nr. 1, 9 - 26.

Tränkle, U., 1991: Mathematische und statistische Methoden für Studierende der Psychologie, Biologie, Medizin, Pädagogik, Soziologie, 2. neue und erweiterte Aufl., Münster.

Udy, S. H., 1959: Bureaucracy and Rationality in Weber`s Organization Theory: An Empirical Study, In: American Sociological Review, Vol. 24, 791 - 795.

Ulrich, D., 1997: Measuring Human Resources: An Overview of Practice and Prescription for Results, In: Human Resource Management, Vol. 36, Nr. 3, 303 - 320.

Ulrich, P. / Hill, W., 1976a: Wissenschaftstheoretische Grundlagen der Betriebswirtschaftslehre (Teil I), In: Wirtschaftswissenschaftliches Studium, Nr. 7, 304 - 309.

Ulrich, P. / Hill, W., 1976b: Wissenschaftstheoretische Grundlagen der Betriebswirtschaftslehre (Teil II), In: Wirtschaftswissenschaftliches Studium, Nr. 8, 345 - 350.

Ulrich, P., 1984: Systemsteuerung und Kulturentwicklung - Auf der Suche nach einem ganzheitlichen Paradigma der Managementlehre, In: Die Unternehmung, Vol. 38, Nr. 4, 303 - 325.

Unger, A., 1972: Die Bedeutung betriebswirtschaftlicher Kennzahlen für die Unternehmensleitung. Untersucht am Beispiel eines größeren Mittelbetriebes der metallverarbeitenden Industrie, Dissertation, Ebingen.

Utterbeck, J. M., 1971: The Process of Technological Innovation within the Firm, In: Academy of Management Journal, Vol. 14, Nr. 1, 75 - 88.

Vasic, A., 2004: Faktoren für ein effizientes Personalcontrolling, In: Personalführung, Nr. 2, 86 - 87.

Velicer, W. F., 1972: The Moderator Variable Viewed as Heterogeneous Regression, In: Journal of Applied Psychology, Vol. 3, Nr. 6, 266 - 269.

Volkmann, H., 1985: Der Informationsmarkt: theoretische Ansätze zur Zweckprogrammierung, Akzeptanz und Wirkung einer Novität im Innovationssystem der Organisation, Betrachtung und Analyse eines Einzelfalles, Unterföhring.

Vollmuth, H. J., 2002: Kennzahlen, 2. Aufl., Freiburg i. Br.

Von Bertalanffy, L., 1949: Zu einer allgemeinen Systemtheorie, In: Biologia Generalis, Vol. 19, 114 - 129.

Voss, K. E. / Stem, D. E. / Fotopoulos, S., 2000: A Comment on the Relationship between Coefficient Alpha and Scale Characteristics, In: Marketing Letters, Vol. 11, Nr. 2, 177 - 191.

Wall, F. / Gebauer, M., 2002: Human Resource Accounting Considered Harmful? Ein Stakeholder-orientierter Argumentationsleitfaden für ein neues altes Instrumentarium des Rechnungswesens, In: Kostenrechnungspraxis, Vol. 46, Nr. 5, 311 - 318.

Wallau, S., 1990: Akzeptanz betrieblicher Informationssysteme: eine empirische Untersuchung, Tübingen.

Warner, M., 1977: Organizational Choice and Constraint. Approaches to the Sociology of Enterprise Behavior, Westmead.

Wätzold, von V., 2000: Der Gruppencheck - Instrument der Kennzahlenermittlung zum Sozialverhalten von Fertigungsgruppen bei der ZF Getriebe GmbH, Saarbrücken, In: IfaA: Erfolgsfaktor Kennzahlen, Köln, 98 - 114.

Weber, J. / Sandt, J., 2001: Erfolg durch Kennzahlen – Neue empirische Erkenntnisse, In: Advanced Controlling, Vallendar.

Weber, J. / Schaeffer, U., 1999: Auf dem Weg zu einem aktiven Kennzahlenmanagement, In: Die Unternehmung, Vol. 53, Nr. 5, 333 - 350.

Weber, J. / Schaeffer, U., 2000: Balanced Scorecard / Controlling. Implementierung – Nutzen für Manager und Controller – Erfahrungen in deutschen Unternehmen, 3. überarbeitete Aufl., Wiesbaden.

Weber, J., 2004: Einführung in das Controlling, 10. überarbeitete und erweiterte Aufl., Stuttgart.

Weber, J., 1997: Kennzahlen, In: Taschenlexikon Controlling, Hrsg.: Küpper, H. U. / Weber, J., Stuttgart, 172 - 173.

Weber, J., 2000: Balanced Scorecard & Controlling: Implementierung, Nutzen für Manager und Controller, Erfahrungen in deutschen Unternehmen, 3. überarbeitete Aufl., Stuttgart.

Weber, M., 1921: Wirtschaft und Gesellschaft, Tübingen.

Weber, M., 2002: Kennzahlen: Unternehmen mit Erfolg führen, 3. Aufl., WRS-Verlag: Planegg.

Webster, F. E., 1988: The Rediscovery of the Marketing Concept, In: Business Horizons, Vol. 31, Nr. 3, 29 - 39.

Wegener, B., 1983: Wer skaliert? Die Messfehler-Testtheorie und die Frage nach dem Akteur, In: ZUMA-Handbuch sozialwissenschaftlicher Skalen, Mannheim, Bonn, Hrsg.: ZUMA – Zentrum für Umfragen, Methoden und Analysen, 1 - 110.

Weiber, R., 1991: Die Diffusion von Kritische Masse-Systemen – Problem der Kritischen Masse, Münster.

Weiber, R., 1992: Diffusion von Telekommunikation: Problem der kritischen Masse, Wiesbaden.

Weiss, C. H., 1981: Measuring the Use of Evaluation, In: Utilizing Evaluation: Concepts and Measurement Techniques, Hrsg.: Ciarlo, J. A., Beverly Hills, 17 - 33.

Weizäcker, C. C., 1999: Logik der Globalisierung, Göttingen.

Wicher, H., 1986: Unternehmensgröße und Innovationsverhalten, In: Das Wirtschaftsstudium, Vol. 15, Nr. 5, 237 - 242.

Wiendahl, N. A., 2001: Expertise und Zentralisierung: Beeinflussungsfaktoren des Informationsaustausches von Gruppen im Rahmen computervermittelter Kommunikation, Göttingen.

Wiendieck, G., 1992: Akzeptanz, In: Handwörterbuch der Organisation, 3. Aufl., Hrsg.: Frese, E., Stuttgart, 89 - 98.

Wierenga, B. / Oude Ophuis, P. A. M., 1997: Marketing Decision Support Systems: Adoption, Use, and Satisfaction, In: International Journal of Research in Marketing, Vol. 14, Nr. 3, 275 - 290.

Wild, J., 1971: Zur Problematik der Nutzenbewertung von Informationen, In: Zeitschrift für Betriebswirtschaft, Vol. 41, 315 - 334.

Wilson, J. E., 1999: Research Practice in Business Marketing. A Comment on Response Rate and Response Bias, In: Industrial Marketing Management, Vol. 28, 257 - 260.

Wilson, J. Q., 1966: Innovation in Organisation: Notes towards a Theory, In: Approaches to Organizational Design, Hrsg.: Thompson, J. D., Pittsburgh, 195 - 218.

Wintermantel, R. E. / Maltimoore, K. L., 1997: In the Changing World of Human Resources: Matching Measures to Mission, In: Human Resource Management, Vol. 36, Nr. 3, 337 - 342.

Wissenbach, H., 1967: Betriebliche Kennzahlen und ihre Bedeutung im Rahmen der Unternehmensentscheidung: Bildung, Auswertung und Verwendungsmöglichkeiten von Betriebskennzahlen in der unternehmerischen Praxis, Berlin.

Wiswede, G., 1991: Soziologie, 2. Aufl., Landsberg am Lech.

Wiswede, G., 1995: Einführung in die Wirtschaftspsychologie, 2. Aufl., Base.

Wiswede, G., 1998: Soziologie: Grundlagen und Perspektiven für den wirtschafts- und sozialwissenschaftlichen Bereich, 3. neubearbeitete Aufl., Landsberg am Lech.

Witte, E., 1973a: Innovationsfähige Organisation, In: Zeitschrift für Organisation, Vol. 42, 17 - 24.

Witte, E., 1973b: Organisation für Innovationsentscheidungen: Das Promotoren-Modell, Göttingen.

Witte, E., 1977: Lehrgeld für empirische Forschung: Notizen während einer Diskussion, In: Empirische und handlungstheoretische Forschungskonzeptionen in der Betriebswirtschaftslehre, Hrsg.: Köhler, R., Stuttgart.

Witte, E., 1981: Nutzungsanspruch und Nutzungsvielfalt, In: Der praktische Nutzen empirischer Forschung, Hrsg.: Witte, E., Tübingen.

Wittenberg, R. / Cramer, H., 1998: Datenanalyse mit SPSS für Windows 95/NT, Stuttgart.

Wittmann, W., 1959: Unternehmung und unvollkommene Information, Köln.

Wöhe, G., 2002: Einführung in die Allgemeine Betriebswirtschaftslehre, 21. neubearbeitete Aufl., München.

Wolf, E. / Zwick, T., 2003: Höhere Produktivität durch modernes Personalmanagement? Schwierigkeiten bei der Messung und Beurteilung des Beitrags innovativer HR-Maßnahmen zur Produktivität, In: Personalführung, Nr. 3, 54 - 58.

Wolf, J., 1977: Kennzahlensysteme als betriebliche Führungsinstrumente, München.

Wolff, H. / Spieß, K. / Mohr, H., 2001: Arbeit, Altern, Innovation, 1. Aufl., Wiesbaden.

Wonnacott, T. H. / Wonnacott, R. J., 1987: Regression: A Second Course in Statistics, New York et al.

Wonnacott, T. H. / Wonnacott, R. J., 1990: Introductory Statistics, 5. Aufl., New York.

Woodward, J., 1958: Management and Technology, London.

Woratschek, H., 2004: Qualitätsmanagement im Dienstleistungsbereich. Eignung der Qualitätsmessung für das Kennzahlen-Controlling, In: Controlling, Nr. 2, 73 - 84.

Wottawa, H., 1998: Qualitätsoptimierung psychologischer Testverfahren, In: Zeitschrift für differentielle und diagnostische Psychologie, Vol. 19, Nr. 1/2.

Wunderer, R. / Jaritz, A., 1999: Unternehmerisches Personalcontrolling, Neuwied.

Wunderer, R. / Sailer, M., 1988: Personal-Controlling in der Praxis – Entwicklungsstand, Erwartungen, Aufgaben, In: Personalwirtschaft, Nr. 4, 177 - 182.

Wunderer, R. / Schlagenhaufer, P., 1994: Personalcontrolling. Funktionen – Instrumente – Praxisbeispiele, Stuttgart.

Wunderer, R., 2000: Entwicklungstendenzen im Personal-Controlling und der Wertschöpfungsmessung, In: Personal, Nr. 6, 298 - 304.

Wüstendörfer, W., 1974: Die Diffusion von Neuerungen. Aspekte einer Adoptionstheorie und deren paradigmatische Prüfung, Dissertation, Nürnberg.

Zairi, M., 1998: Benchmarking for Best Practice: Continous Learning through Sustainable Innovation, Oxford.

Zaltman, G. / Duncan, R. / Holbek, J., 1973: Innovations and Organizations, New York.

Zaltman, G. / Moorman, C., 1988: The Role of Personal Trust in the Use of Research, In: Journal of Advertising Research, Vol. 28, Nr. 5, 16 - 24.

Zedeck, S. et. al., 1971: Comparison of 'Joint Moderators' in Three Prediction Techniques, In: Journal of Applied Psychology, Vol. 55, Nr. 6, 234 - 240.

Zedeck, S., 1971: Problems with the Use of 'Moderator' Variables, In: Psychological Bulletin, Vol. 76, Nr. 10, 295 - 310.

Zeithaml, V. / Parasuraman, A. / Berry, L., 1990: Delivering Service Quality – Balancing Customer Perceptions and Expectations, New York.

Zeithaml, V. / Varadarajan, P. / Zeithaml, C., 1988: The Contingency Approach: Its Foundations and Relevance to Theory Building and Research in Marketing, In: European Journal of Marketing, Vol. 22, Nr. 7, 37 - 64.

Zey-Ferrell, M., 1979: Dimensions of Organizations. Environment, Context, Structure, Process and Performance, Santa Monica, CA.

Zikmund, W. G., 1994: Business Research Methods, 4. Aufl., Orlando.

Zmud, R. W., 1978: An Empirical Investigation of the Dimensionality of the Concept of Information, In: Decision Sciences, Vol. 9, Nr. 2, 187 - 195.

Zmud, R. W., 1979: Individual Differences and MIS Success: A Review of the Empirical Literature, In: Management Science, Vol. 25, Nr. 10, 966 - 979.

Zwicker, E., 1975: Grenzen und Möglichkeiten der betrieblichen Planung mit Hilfe von Kennzahlen, In: Diskussionspapier Nr. 13, Hrsg.: Institut für Wirtschaftswissenschaften der TU Berlin, Berlin.

Zwicker, E., 1976: Möglichkeiten und Grenzen der betrieblichen Planung mit Hilfe von Kennzahlen, In: Zeitschrift für Betriebswirtschaft, Vol. 46, 225 – 244.

AUSGEWÄHLTE VERÖFFENTLICHUNGEN

PERSONAL, ORGANISATION UND ARBEITSBEZIEHUNGEN

Herausgegeben von Prof. Dr. Fred G. Becker, Bielefeld, Prof. (em.) Dr. Jürgen Berthel †, Siegen, und Prof. Dr. Walter A. Oechsler, Mannheim

Band 18
Christian Orth
Unternehmensplanspiele in der betriebswirtschaftlichen Aus- und Weiterbildung – Entwicklung eines Planspiels mit variabler Modellkomplexität
Lohmar – Köln 1999 • 248 S. • € 39,- (D) • ISBN 3-89012-648-0

Band 19
Hanno Stöcker
Leistungsbeurteilungsverfahren in deutschen Banken – Eine empirische Untersuchung
Lohmar – Köln 1999 • 272 S. • € 43,- (D) • ISBN 3-89012-670-7

Band 20
Monika Stricker
Personalabbau mit Perspektive – Ansätze zur Förderung der beruflichen Neuorientierung vor dem besonderen Hintergrund von Restrukturierungen
Lohmar – Köln 1999 • 360 S. • € 46,- (D) • ISBN 3-89012-695-2

Band 21
Sven Günther
Evaluation von Personalentwicklung on-the-job – Konzeptionelle Grundlagen einer integrativen Gestaltung
Lohmar – Köln 2001 • 284 S. • € 44,- (D) • ISBN 3-89012-839-4

Band 22
André Fleer
Der Leistungsbeitrag der Personalabteilung – Systematisierung und Ansätze zu dessen Beurteilung
Lohmar – Köln 2001 • 322 S. • € 46,- (D) • ISBN 3-89012-879-3

Band 23
Marc Kastner
Nutzenanalyse von Personalprogrammen – Betriebliche Berufsausbildung und Personalauswahl aus entscheidungstheoretischer Sicht
Lohmar – Köln 2001 • 310 S. • € 45,- (D) • ISBN 3-89012-884-X

Band 24
Thomas Peuntner
Einfluß des Arbeitsrechts auf Beschäftigungsentscheidungen
Lohmar – Köln 2002 • 424 S. • € 51,- (D) • ISBN 3-89012-926-9

Band 25
Lars Renner
Flexibilität durch individualisierte Arbeitsinhalte und Arbeitszeiten
Lohmar – Köln 2002 • 326 S. • € 49,- (D) • ISBN 3-89012-988-9

Band 26
Lars Reichmann
Entgeltflexibilisierung – Betriebswirtschaftliche und rechtliche Möglichkeiten an Beispielen der IT-Branche
Lohmar – Köln 2002 • 362 S. • € 53,- (D) • ISBN 3-89012-989-7

Band 27
Frank Bau
Anreizsysteme in jungen Unternehmen – Eine empirische Untersuchung
Lohmar – Köln 2003 • 282 S. • € 47,- (D) • ISBN 3-89936-081-8

Band 28
Maike Gattermann-Kasper
Gestaltungsperspektiven von Telearbeit
Lohmar – Köln 2003 • 292 S. • € 48,- (D) • ISBN 3-89936-085-0

Band 29
Christian Rafflenbeul-Schaub
Die Wahl der Lohnform für Verkäufer im Einzelhandel – Eine empirische Untersuchung
Lohmar – Köln 2003 • 254 S. • € 46,- (D) • ISBN 3-89936-151-2

Band 30
Katja Hüfner
Anreizsysteme für Führungskräfte in multinationalen Unternehmungen – Eine Konzeptualisierung unter Berücksichtigung multinational-relevanter Einflussfaktoren
Lohmar – Köln 2003 • 322 S. • € 52,- (D) • ISBN 3-89936-152-0

Band 31
Dirk Quermann
Führungsorganisation in Familienunternehmungen – Eine explorative Studie
Lohmar – Köln 2004 • 298 S. • € 48,- (D) • ISBN 3-89936-199-7

Band 32
Frank Schlein
Die marktorientierte Organisation einer virtuellen Unternehmung
Lohmar – Köln 2004 • 362 S. • € 54,- (D) • ISBN 3-89936-207-1

Band 33
Karsten Huffstadt
Personal und Arbeit im CRM-Geschäftsmodell
Lohmar – Köln 2004 • 286 S. • € 48,- (D) • ISBN 3-89936-262-4

Band 34
Lars W. Mitlacher
Zeitarbeit in Deutschland und den USA – Eine vergleichende Analyse von Einflussfaktoren auf die Nutzung von Zeitarbeit
Lohmar – Köln 2004 • 456 S. • € 59,- (D) • ISBN 3-89936-298-5

Band 35
Hilmar F. Henselek
Gestaltung von Personalkosten und Personalinvestitionen in Unternehmungen
Lohmar – Köln 2005 • 436 S. • € 58,- (D) • ISBN 3-89936-334-5

Band 36
Anke Pankoke
Organisation der strategischen Führung von Energiekonzernen – Fallstudien zu Führungsanspruch, Organisation und Restriktionen
Lohmar – Köln 2005 • 332 S. • € 53,- (D) • ISBN 3-89936-350-7

Band 37
Andreas Schmidt
Strategisch-aktienorientiertes Anreizsystem für Führungskräfte
Lohmar – Köln 2005 • 310 S. • € 52,- (D) • ISBN 3-89936-361-2

Band 38
Michael Gebauer
Unternehmensbewertung auf der Basis von Humankapital
Lohmar – Köln 2005 • 290 S. • € 49,- (D) • ISBN 3-89936-381-7

Band 39
Anja Karlshaus
Weiche HR-Kennzahlen im strategischen Personalmanagement
Lohmar – Köln 2005 • 370 S. • € 55,- (D) • ISBN 3-89936-391-4

PLANUNG, ORGANISATION UND UNTERNEHMUNGSFÜHRUNG

Herausgegeben von Prof. Dr. Dr. h. c. Norbert Szyperski, Köln, Prof. Dr. Winfried Matthes, Wuppertal, Prof. Dr. Udo Winand, Kassel, Prof. (em.) Dr. Joachim Griese, Bern, PD Dr. Harald F. O. von Kortzfleisch, Kassel, Prof. Dr. Ludwig Theuvsen, Göttingen, und Prof. Dr. Andreas Al-Laham, Stuttgart

Band 99
Lars-Heiko Rauscher
Strategische Frühaufklärung – Neuer Vorschlag zur finanziellen Bewertung
Lohmar – Köln 2004 • 292 S. • € 49,- (D) • ISBN 3-89936-271-3

Band 100
Katharina Brigitte Rick
Corporate Governance and Balanced Scorecard – A Strategic Monitoring System for Swiss Boards of Directors
Lohmar – Köln 2004 • 288 S. • € 48,- (D) • ISBN 3-89936-273-X

Band 101
Jens D.-O. Heymans
Management der textilen Supply Chain durch den Bekleidungseinzelhandel
Lohmar – Köln 2004 • 314 S. • € 52,- (D) • ISBN 3-89936-274-8

Band 102
Roland Rolles
Content Management in der öffentlichen Verwaltung
Lohmar – Köln 2004 • 268 S. • € 47,- (D) • ISBN 3-89936-287-X

Band 103
Erik Hofmann
Strategisches Synergie- und Dyssynergiemanagement
Lohmar – Köln 2004 • 406 S. • € 56,- (D) • ISBN 3-89936-289-6

Band 104
Hanns Martin Schindewolf
Organisches Wachstum internationaler Unternehmen – Eine empirische Exploration
Lohmar – Köln 2004 • 350 S. • € 54,- (D) • ISBN 3-89936-292-6

Band 105
Oliver Schwarz
Die Anwendung des Markt- und Ressourcenorientierten Ansatzes des Strategischen Managements – Dargestellt am Beispiel der IPOs am Neuen Markt
Lohmar – Köln 2004 • 442 S. • € 58,- (D) • ISBN 3-89936-304-3

Band 106
Leonhard von Metzler
Risikoaggregation im industriellen Controlling
Lohmar – Köln 2004 • 262 S. • € 47,- (D) • ISBN 3-89936-306-X

Band 107
Markus Welter
Informations-, Wissens- und Meinungsmanagement für Dienstleistungsunternehmen – Analyse und Entwurf unter besonderer Berücksichtigung informationsökonomischer Aspekte
Lohmar – Köln 2005 • 328 S. • € 52,- (D) • ISBN 3-89936-332-9

Band 108
Michael Krupp
Kooperatives Verhalten auf der sozialen Ebene einer Supply Chain
Lohmar – Köln 2005 • 252 S. • € 47,- (D) • ISBN 3-89936-379-5

WIRTSCHAFTSINFORMATIK

Herausgegeben von Prof. Dr. Dietrich Seibt, Köln, Prof. Dr. Hans-Georg Kemper, Stuttgart, Prof. Dr. Georg Herzwurm, Dresden, Prof. Dr. Dirk Stelzer, Ilmenau, und Prof. Dr. Detlef Schoder, Köln

Band 45
Rainer Endl
Regelbasierte Entwicklung betrieblicher Informationssysteme – Gestaltung flexibler Informationssysteme durch explizite Modellierung der Geschäftslogistik
Lohmar – Köln 2004 • 370 S. • € 55,- (D) • ISBN 3-89936-263-2

Band 46
Malte Beinhauer
Knowledge Communities
Lohmar – Köln 2004 • 256 S. • € 47,- (D) • ISBN 3-89936-308-6

Band 47
Elke Wolf
IS Risks and Operational Risk Management in Banks
Lohmar – Köln 2005 • 686 S. • € 75,- (D) • ISBN 3-89936-326-4

Band 48
Michael Breidung
Nutzen und Risiken komplexer IT-Projekte – Methoden und Kennzahlen
Lohmar – Köln 2005 • 270 S. • € 48,- (D) • ISBN 3-89936-360-4

Band 49
Oliver Klaus
Geschäftsregeln zur Unterstützung des Supply Chain Managements
Lohmar – Köln 2005 • 298 S. • € 49,- (D) • ISBN 3-89936-378-7

ELECTRONIC COMMERCE

Herausgegeben von Prof. Dr. Dr. h. c. Norbert Szyperski, Köln, Prof. Dr. Beat F. Schmid, St. Gallen, Prof. Dr. Dr. h. c. mult. August-Wilhelm Scheer, Saarbrücken, Prof. Dr. Günther Pernul, Regensburg, Prof. Dr. Stefan Klein, Münster, Prof. Dr. Detlef Schoder, Köln, und Prof. Dr. Tobias Kollmann, Kiel

Band 28
Dietmar Eifert
Wert von Kundenprofilen im Electronic Commerce
Lohmar – Köln 2004 • 238 S. • € 46,- (D) • ISBN 3-89936-276-4

Band 29
Andreas Voß
Dominantes Design im Electronic Commerce – Analysen und Befunde bei Tourismus-Web Sites
Lohmar – Köln 2004 • 286 S. • € 48,- (D) • ISBN 3-89936-293-4

Band 30
Jörg Leukel
Katalogdatenmanagement im B2B E-Commerce
Lohmar – Köln 2004 • 388 S. • € 55,- (D) • ISBN 3-89936-316-7

Band 31
Ralf Brüning
E-Commerce-Strategien für kleine und mittlere Unternehmungen – Hybrid-Commerce, Kooperation und Cross-Selling auf regionalen Internet-portalen
Lohmar – Köln 2005 • 190 S. • € 44,- (D) • ISBN 3-89936-380-9

Band 32
Nils Madeja
Corporate Success in Electronic Business – Results from an Empirical Investigation
Lohmar – Köln 2005 • 292 S. • € 49,- (D) • ISBN 3-89936-385-X

Weitere Schriftenreihen:

UNIVERSITÄTS-SCHRIFTENREIHEN

- Reihe: Steuer, Wirtschaft und Recht
Herausgegeben von vBP StB Prof. Dr. Johannes Georg Bischoff, Wuppertal, Dr. Alfred Kellermann, Vorsitzender Richter (a. D.) am BGH, Karlsruhe, Prof. (em.) Dr. Günter Sieben, Köln, und WP StB Prof. Dr. Norbert Herzig, Köln

- Reihe: Rechnungslegung und Wirtschaftsprüfung
Herausgegeben von Prof. (em.) Dr. Dr. h. c. Jörg Baetge, Universität Münster, Prof. Dr. Hans-Jürgen Kirsch, Universität Münster, und Dr. Stefan Thiele, Universität Münster

- Reihe: Controlling
Herausgegeben von Prof. Dr. Volker Lingnau, Kaiserslautern, und Prof. Dr. Albrecht Becker, Innsbruck

- Reihe: Schriften zu Kooperations- und Mediensystemen
Herausgegeben von Prof. Dr. Volker Wulf, Siegen, Prof. Dr. Jörg Haake, Hagen, Prof. Dr. Thomas Herrmann, Dortmund, Prof. Dr. Helmut Krcmar, München, Prof. Dr. Johann Schlichter, München, Prof. Dr. Gerhard Schwabe, Zürich, und Dr.-Ing. Jürgen Ziegler, Stuttgart

- Reihe: Telekommunikation @ Medienwirtschaft
Herausgegeben von Prof. Dr. Dr. h. c. Norbert Szyperski, Köln, Prof. Dr. Udo Winand, Kassel, Prof. Dr. Dietrich Seibt, Köln, Prof. Dr. Rainer Kuhlen, Konstanz, Dr. Rudolf Pospischil, Bonn, Prof. Dr. Claudia Löbbecke, Köln, und Prof. Dr. Christoph Zacharias, Köln

- Reihe: E-Learning
Herausgegeben von Prof. Dr. Dietrich Seibt, Köln, Prof. Dr. Freimut Bodendorf, Nürnberg, Prof. Dr. Dieter Euler, St. Gallen, und Prof. Dr. Udo Winand, Kassel

- Reihe: InterScience Reports
Herausgegeben von Prof. Dr. Dr. h. c. Norbert Szyperski, Köln, PD Dr. Harald F. O. von Kortzfleisch, Kassel, und Prof. Dr. Dietrich Seibt, Köln

- Reihe: FGF Entrepreneurship-Research Monographien
Herausgegeben von Prof. Dr. Heinz Klandt, Oestrich-Winkel, Prof. Dr. Dr. h. c. Norbert Szyperski, Köln, Prof. Dr. Michael Frese, Gießen, Prof. Dr. Josef Brüderl, Mannheim, Prof. Dr. Rolf Sternberg, Köln, Prof. Dr. Ulrich Braukmann, Wuppertal, und Prof. Dr. Lambert T. Koch, Wuppertal

- Reihe: Venture Capital, Neue Folge
Herausgegeben von Prof. Dr. Klaus Nathusius

- Reihe: Technologiemanagement, Innovation und Beratung
Herausgegeben von Prof. Dr. Dr. h. c. Norbert Szyperski, Köln, vBP StB Prof. Dr. Johannes Georg Bischoff, Wuppertal, und Prof. Dr. Heinz Klandt, Oestrich-Winkel

- Reihe: Kleine und mittlere Unternehmen
Herausgegeben von Prof. Dr. Jörn-Axel Meyer, Flensburg

- Reihe: Wissenschafts- und Hochschulmanagement
Herausgegeben von Prof. Dr. Detlef Müller-Böling, Gütersloh, und Prof. Dr. Reinhard Schulte, Lüneburg

- Reihe: Forum Finanzwissenschaft und Public Management
Herausgegeben von Prof. Dr. Kurt Reding, Kassel, und PD Dr. Walter Müller, Kassel

- Reihe: Finanzierung, Kapitalmarkt und Banken
Herausgegeben von Prof. Dr. Hermann Locarek-Junge, Dresden, Prof. Dr. Klaus Röder, Regensburg, und Prof. Dr. Mark Wahrenburg, Frankfurt

- Reihe: Marketing
Herausgegeben von Prof. Dr. Heribert Gierl, Augsburg, Prof. Dr. Roland Helm, Jena, Prof. Dr. Frank Huber, Mainz, und Prof. Dr. Henrik Sattler, Hamburg

- **Reihe: Marketing, Handel und Management**
  Herausgegeben von Prof. Dr. Rainer Olbrich, Hagen

- **Reihe: Kundenorientierte Unternehmensführung**
  Herausgegeben von Prof. Dr. Hendrik Schröder, Essen

- **Reihe: Produktionswirtschaft und Industriebetriebslehre**
  Herausgegeben von Prof. Dr. Jörg Schlüchtermann, Bayreuth

- **Reihe: Europäische Wirtschaft**
  Herausgegeben von Prof. Dr. Winfried Matthes, Wuppertal

- **Reihe: Katallaktik – Quantitative Modellierung menschlicher Interaktionen auf Märkten**
  Herausgegeben von Prof. Dr. Otto Loistl, Wien, und Prof. Dr. Markus Rudolf, Koblenz

- **Reihe: Quantitative Ökonomie**
  Herausgegeben von Prof. Dr. Eckart Bomsdorf, Köln, Prof. Dr. Wim Kösters, Bochum, und Prof. Dr. Winfried Matthes, Wuppertal

- **Reihe: Internationale Wirtschaft**
  Herausgegeben von Prof. Dr. Manfred Borchert, Münster, Prof. Dr. Gustav Dieckheuer, Münster, und Prof. Dr. Paul J. J. Welfens, Wuppertal

- **Reihe: Studien zur Dynamik der Wirtschaftsstruktur**
  Herausgegeben von Prof. Dr. Heinz Grossekettler, Münster

- **Reihe: Versicherungswirtschaft**
  Herausgegeben von Prof. (em.) Dr. Dieter Farny, Köln, und Prof. Dr. Heinrich R. Schradin, Köln

- **Reihe: Wirtschaftsgeographie und Wirtschaftsgeschichte**
  Herausgegeben von Prof. Dr. Ewald Gläßer, Köln, Prof. Dr. Josef Nipper, Köln, Dr. Martin W. Schmied, Köln, und Prof. Dr. Günther Schulz, Bonn

- **Reihe: Wirtschafts- und Sozialordnung: FRANZ-BÖHM-KOLLEG – Vorträge und Essays**
  Herausgegeben von Prof. Dr. Bodo B. Gemper, Siegen

- **Reihe: WISO-Studientexte**
  Herausgegeben von Prof. Dr. Eckart Bomsdorf, Köln, und Prof. (em.) Dr. Dr. h. c. Dr. h. c. Josef Kloock, Köln

- **Reihe: Rechtswissenschaft**

FACHHOCHSCHUL-SCHRIFTENREIHEN

- **Reihe: Institut für betriebliche Datenverarbeitung (IBD) e. V. im Forschungsschwerpunkt Informationsmanagement für KMU**
  Herausgegeben von Prof. Dr. Felicitas Albers, Düsseldorf

- **Reihe: FH-Schriften zu Marketing und IT**
  Herausgegeben von Prof. Dr. Doris Kortus-Schultes, Mönchengladbach, und Prof. Dr. Frank Victor, Gummersbach

- **Reihe: Medienmanagement**
  Herausgegeben von Prof. Dr. Thomas Breyer-Mayländer, Offenburg

- **Reihe: FuturE-Business**
  Herausgegeben von Prof. Dr. Michael Müßig, Würzburg-Schweinfurt

- **Reihe: Controlling-Forum – Wege zum Erfolg**
  Herausgegeben von Prof. Dr. Jochem Müller, Ansbach

- Reihe: Unternehmensführung und Controlling in der Praxis
Herausgegeben von Prof. Dr. Thomas Rautenstrauch, Bielefeld

- Reihe: Economy and Labour
Herausgegeben von EUR ING Prof. Dr.-Ing. Hans-Georg Nollau MBCS, Regensburg

- Reihe: Institut für Regionale Innovationsforschung (IRI)
Herausgegeben von Prof. Dr. Rainer Voß, Wildau

- Reihe: Interkulturelles Medienmanagement
Herausgegeben von Prof. Dr. Edda Pulst, Gelsenkirchen

PRAKTIKER-SCHRIFTENREIHEN

- Reihe: Transparenz im Versicherungsmarkt
Herausgegeben von *ASSEKURATA* GmbH, Köln

- Reihe: Betriebliche Praxis
Herausgegeben von vBP StB Prof. Dr. Johannes Georg Bischoff, Wuppertal

- Reihe: Regulierungsrecht und Regulierungsökonomie
Herausgegeben von Piepenbrock ♦ Schuster, Düsseldorf